装备科技译著出版基金

Explosion Blast Response of Composites

复合材料爆炸冲击响应

[澳] 阿德里安·P. 穆里茨（Adrian P. Mouritz）
[美] 雅帕·D. S. 拉贾帕克塞（Yapa D. S. Rajapakse） 著
冯兴民 张 博 滑 林 张 攀 译

国防工业出版社
·北京·

著作权合同登记　图字：01－2024－4833号

内 容 简 介

本书全面阐述了纤维复合层压材料和夹层复合材料对爆炸冲击载荷的响应特征，涵盖了复合材料在爆炸冲击下的最新研究成果，涉及计算分析、分析模型、试验测试和评估等方面，为研究各种层压材料和夹层复合材料在不同类型爆炸载荷作用下的变形、损伤和失效提供了最新的重要参考。此外本书还从材料选择、结构外观设计等方面介绍了提升复合材料抗爆性能的相关方法。

本书覆盖范围全面，内容细致翔实，能够为从事复合材料爆炸响应的研究人员、从事复合材料结构抗爆的设计师提供指导，也可供对冲击载荷感兴趣或对复合材料及其应用感兴趣的人学习和使用。

图书在版编目（CIP）数据

复合材料爆炸冲击响应／（澳）阿德里安·P. 穆里茨（Adrian P. Mouritz），（美）雅帕·D. S. 拉贾帕克塞（Yapa D. S. Rajapakse）著；冯兴民等译. －－北京：国防工业出版社，2025. 7. －－ISBN 978－7－118－13713－2

Ⅰ. TB33；O38

中国国家版本馆 CIP 数据核字第 20255S2U41 号

※

国防工业出版社出版发行

（北京市海淀区紫竹院南路23号　邮政编码100048）

雅迪云印（天津）科技有限公司印刷

新华书店经售

＊

开本 710×1000　1/16　插页 5　印张 21¼　字数 376 千字

2025 年 7 月第 1 版第 1 次印刷　印数 1—1500 册　定价 168.00 元

（本书如有印装错误，我社负责调换）

国防书店：（010）88540777　书店传真：（010）88540776

发行业务：（010）88540717　发行传真：（010）88540762

前 言

本书阐述了层压材料和夹层复合材料的爆炸响应相关的问题。从微米层面（如单根纤维、纤维基体界面）、材料层（如多层）、部件层直至全尺寸结构等多个维度，对复合材料爆炸载荷响应进行了全面研究。本书介绍了在空中和水下爆炸情形下，冲击波、爆轰产物以及其他爆炸相关现象（如气穴现象）产生的动态载荷的基本物理特性，收集了关于复合材料在爆炸冲击下的最新、最先进的研究成果，涉及计算分析、分析模型、试验测试和评估等方面，为研究各种层压材料和夹层复合材料在不同类型爆炸载荷作用下的变形、损伤和失效提供了重要参考价值。书中还介绍了预测复合材料对空中和水下爆炸响应的新型有限元分析模型。此外，本书介绍的一种新的试验程序，用于测试和评估复合材料对爆炸冲击波响应。虽然本书主要关注复合材料的爆炸响应，但也考察了其他材料（如钢）的特性。本书包含改善复合材料抵抗爆炸冲击的相关方法，例如：通过合理选择纤维类型、纤维基体界面和聚合物基体，提高层压材料和夹层复合材料蒙皮的变形和损伤抗力；通过芯材的设计和性能提高夹层复合材料的吸能效果和抗损伤性能。此外，本书还介绍了利用仿生设计和厚度加强等提升复合材料抗爆性能的途径，以及利用弹性涂层和吸能容器降低冲击波能量的方法。

大多数针对层压材料和复合材料爆炸冲击载荷展开的研究，都受到美国海军研究办公室（ONR）主导的固体力学项目的资助，该项目的负责人为雅帕·D. S. 拉贾帕克塞（Yapa D. S. Rajapakse）博士。美国海军研究办公室与美国及国际防务机构合作，引领了全球范围内针对复合材料爆炸响应的研究，并致力于提升此类材料的抗爆炸冲击性能。

本书源于美国海军研究办公室资助的一项为期 3 天的国际合作活动——海军复合材料与结构爆炸冲击响应国际研讨会，该活动于 2016 年 4 月在澳大利亚墨尔本皇家理工大学（RMIT）举办，参加该研讨会的代表都是复合材料爆炸响应领域的领先学者、国防和军事研究人员（图 1）。

图1 海军复合材料与结构爆炸冲击响应国际研讨会的参会代表

诚挚感谢在雅帕·D. S. 拉贾帕克塞博士带领下的海军研究办公室、国际海军研究办公室的鼎力资助（基金号：N62909-15-1-2000）。

阿德里安·P. 穆里茨（Adrian P. Mouritz）
澳大利亚维多利亚墨尔本皇家墨尔本理工大学
雅帕·D. S. 拉贾帕克塞（Yapa D. S. Rajapakse）
美国弗吉尼亚州阿林顿美国海军研究办公室

目　录

第1章

结构爆炸载荷的物理特征

Stephen J. Cimpoeru[1]，**David V. Ritzel**[2]，**John M. Brett**[1]
1　澳大利亚维多利亚渔人湾国防科技集团
2　加拿大安大略阿默斯特堡 Dyn – FX 咨询公司

1.1　简　　介

爆炸和冲击的防护十分复杂。由于爆炸冲击过程的强动态变化特性，其载荷难以准确界定，因而导致结构抗爆设计往往达不到预期的效果。此外，人们对于爆炸的传播以及爆炸载荷如何施加等关键因素的理解也往往存在误区。本章阐述了炸药爆炸的特性以及在空气和水下爆炸中载荷的主要作用方式，其目的不是对该领域大量文献进行综述，而是对结构在遭受空气或水下爆炸时所面临的复杂动态载荷条件进行归纳总结，并用作者此前的研究示例加以说明。

1.2　空气中爆炸

1.2.1　简单球形空爆

早在至少公元前220年，炸药的破坏威力就为人所知，首例有记载的爆炸事故发生在中国，炼丹师阴差阳错地配制出火药并将自己炸伤，从此推动了黑火药的发展。直到20世纪40年代人们才开始对爆炸物理学形成基本的科学认识，这主要归功于人们急需对首批核武器的爆炸形成认识。爆炸物理学关注的是爆炸源的能量向周围环境中传播，并与材料、结构和系统相互作用、加载和破坏的过程。只有弄清爆炸过程中的这种复杂本质，才能发展出最有效的爆炸防护技术。本节描述了爆炸流场载荷工况对应的基本物理现象，这对研究结构受到的空爆载荷十分重要。

本节首先讨论了空气中裸装球状高爆炸药理想爆炸这种最简单情况。现实中，实际的爆炸事件大多是非理想的，并且受到炸药类型、装药形状和外壳等诸多因素的强烈影响。图 1.1 描述了理想裸装球状高爆炸药中心起爆时爆炸波流场的早期发展过程。起爆后，爆轰波以 6～8km/s 的速度扫过未反应的爆炸物，迅速将固体炸药转化为温度约 3000K、压强 40GPa 的高温高压气体。由于受到极端压力，气体爆轰产物迅速膨胀到原始装药体积（可见为发光火球）的 4000 倍左右。正是这种膨胀过程的流体动力学，才产生了爆炸波流场。

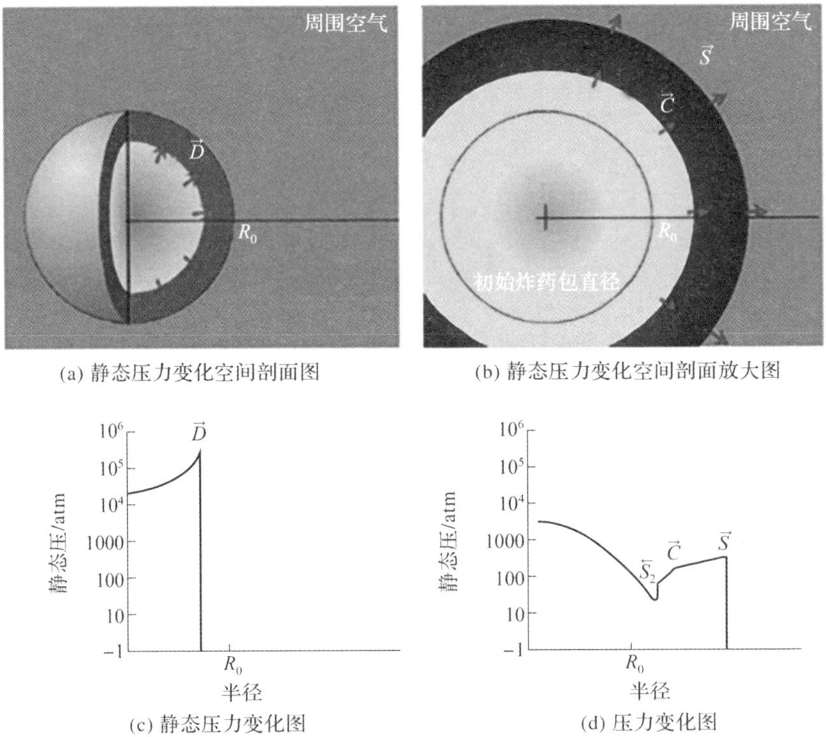

(a) 静态压力变化空间剖面图　(b) 静态压力变化空间剖面放大图

(c) 静态压力变化图　(d) 压力变化图

图 1.1　裸装球状高爆炸药在中心引爆后的冲击波流形成示意图（见彩图）

$\vec{D}$：引爆前沿；$\vec{S}$：空气冲击波；$\vec{C}$：火球接触表面；$\overleftarrow{S_2}$："内嵌"的向后冲击波；→：向外；←：向内。

爆轰产物形成的火球迅速膨胀，像球状活塞一样将周围的空气向外侧挤压形成冲击波。膨胀火球的边缘实际上可被看作两种物质的分界面，理论上不存在质量或热传递。在这个界面上总是存在一定程度的湍流混合以及随之而来的动量、材料和传热。空气冲击波传播的最显著特征是冲击波阵面，通过冲击波阵面，在空气的所有气体动态条件下，包括静态压力、密度、流速和温度，几乎瞬间就会发生微小的阶跃变化。

图 1.1 为裸装球状高爆炸药在中心引爆后的冲击波形成示意图，其中 ΔP 表示静态压、R 表示炸药半径。图 1.1（a）中的 $\vec{D}$ 是到达炸药表面之前的引

爆前沿，后期产出的空气冲击波 $\vec{S}$ 受到火球接触表面 $\vec{C}$ 的扩张驱动，不断扩张的爆轰产物中的气流被一种“内嵌”的向后冲击波 $\overleftarrow{S}$ 进一步分割开。不同材料用不同颜色表示，绿色表示未反应炸药、黄色/橙色表示气体爆轰产物（橙色代表引爆中心）、蓝色代表空气；R_0 表示初始炸药半径。

早期爆炸气流发展的一个潜在且重要但又未被普遍意识的是，装药周围的空气由于强烈的波阵面的通过，会被“冲击加热”到8000K左右的极端温度。这个过程通常会被认为是火球将热量传递给空气，然而实际上并非如此，热量实际上是从被冲击加热的空气传递给火球的。冲击波通过后，火球外围超高温空气的存在是火球燃烧产物发生二次燃烧的原因，这些燃烧产物会被湍流卷入或直接推入到被冲击加热的超高温空气区域，从而发生二次燃烧。尽管火球（约500K）通常具有很强的辐射力和亮度，但实际上在其完全膨胀时，比其外界紧邻的空气层要冷得多，后者将在高达3000K的温度下持续存在，直到冲击波通过几秒后才会消散。

爆轰气体产物和由此产生的空气冲击波这二者的剧烈膨胀共同构成了“爆炸流场”的载荷环境，人们意识到爆炸流场载荷的这种双重性是非常重要的。也就是说，在火球膨胀区域内，离炸药较近不仅爆炸载荷的幅值会比预期的更大，而且其流场也主要由与空气差异明显的膨胀的爆轰气体产物组成。与远场爆炸相比，近场爆炸[1]不仅具有更高的动能，而且能量在时间和空间上的分布也极为不同。

近场爆炸会对载荷的加载和结构的破坏过程产生显著的影响，应将其与远场爆炸时静态超压加载和破坏的经典理解区分开[2]。近场爆炸时，由动态压强引起的这种极强的近流场作用力，特别是由膨胀爆轰产物产生的冲击力等，都是有方向的，并且它们同结构物的相互作用方式与静压力的相互作用方式非常不同。

火球膨胀区域以外的目标不仅由于距离较远而承受较小的爆炸载荷，而且随着距离的增加动态压力的影响将迅速减少。随着火球的膨胀和减弱，来自动压力的能量被逐渐传递到空气爆炸冲击波中并继续传播，这种冲击波是基于静态压力而不是动态压力。在火球外部，产生爆炸动态压力部分的成因是空气冲击波传播通过后产生的诱导气流，而非爆轰产物的膨胀所引起。这种动态压力或“爆炸风”随着距离的增加而不断减小，使得结构物在远场（<0.1atm 静压）的载荷几乎完全由冲击波的静压力控制。空气冲击波在结构周围不断反射和绕射，形成高度非均匀的时变载荷。至于究竟是静压还是动压对结构损伤的影响更大，则取决于结构在爆炸作用下的具体特性。

空气冲击波的传播和在结构界面上的耦合作用与其他的波明显不同，如电磁学和放射学中的波。虽然声波理论的某些方面可以应用于极弱的空气冲击波，但这对于研究结构的爆炸载荷并没有多大意义。远场爆炸时，爆炸流被完全认为是空气冲击波（区别于近场爆炸时的空气冲击波和爆轰产物的组合），在大多数实际结构物表面，空气冲击波被认为是完全反射或绕射的，而非传播穿透过去，这是因为结构和空气波阻抗 ρ_c 存在巨大差异，其中 ρ 为材料密度，c 为波的传播速度。

1.2.2 气体动力学曲线

虽然爆炸现象通常是通过其远场的静态超压－时间历程来理解和测量，但爆炸波远比这复杂得多。在距离火球较远处传播的爆炸波的波形几乎会呈现“准稳态”或相似的形式，其波形如图 1.2 所示。陡峭的前缘定义为冲击波波阵面，也可被视为其他气体动力学参数的不连续性，如图 1.3 所示。所有气体动力学参数的波动曲线都是相似的，随着距离的增加，振幅单调衰减，波长增大。

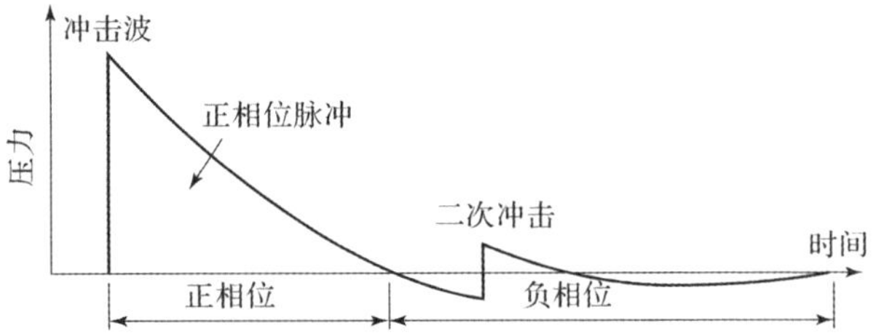

图 1.2 远场静态超压测量值的时间记录图

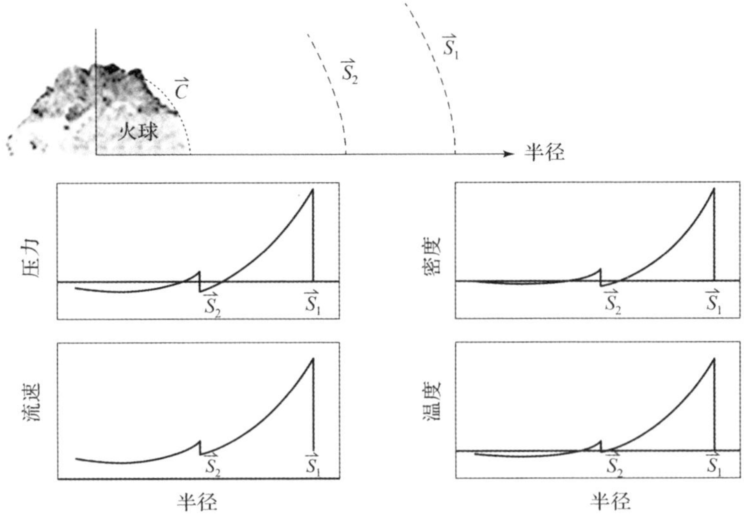

图 1.3 远超火球扩张范围的远场爆炸条件空间分布

（随着波幅不断减弱，波长不断增大，波形逐渐均衡，进入准稳态）

$\vec{S}_2$：向外反射形成的相对较弱的冲击波；→：向外；←向内。

在爆炸近场区，气体动力学参数的波形变化幅度很大。图 1.4 中的二次冲击波$\overleftarrow{S}_2$形成于火球内部，这是因为爆轰产物过度向外膨胀而产生的，这是圆柱形或球形爆炸流场的特有现象。20 世纪 50 年代[3-4]首先观测到了这种二次冲击现象，并给出了合理解释。在火球膨胀的早期阶段，二次冲击波$\overleftarrow{S}_2$是内嵌于或者基本稳定在外流产物中的，而不是像初始冲击波一样不断向外传播的。二次冲击可视为流动“制动器”，爆轰气体产物经过$\overleftarrow{S}_2$后，其膨胀速度会突然急剧下降，相应地，气体压力会突然升高。因此，$\overleftarrow{S}_2$也称为“面朝后”的冲击波，它试图汇聚于原点，却被向外的超声速气流阻挡。$\overleftarrow{S}_2$所能到达的最大范围非常接近火球自身的外缘，见图 1.4，但随着外流的减弱，它会迅速向原点内塌缩。冲击波在原点收缩到极限，产生巨大的汇聚压力，然后向外反射形成相对较弱的冲击波$\overrightarrow{S}_2$（图 1.3）。二次冲击波最常在以这种形式的压力测量中被观测到，即在压力－时间曲线中位于主波范围之外的一个相对较弱的冲击波，它其实是之前嵌于火球内的波的一个弱反射。

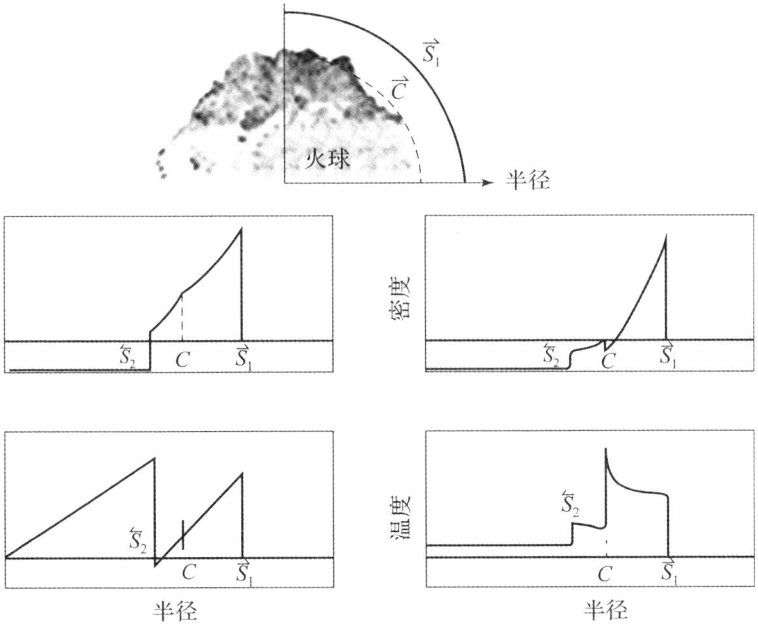

图 1.4 近场爆炸条件的空间分布

（随着火球的扩张，尤其是在二次冲击波$\overleftarrow{S}_2$的相对运动影响下，

波形发生剧烈变化，$\overleftarrow{S}_2$因为火球的遮蔽作用，上图未显示）

1.2.3 空气冲击波载荷现象

1. 爆破学范围

处于火球扩张早期的目标，将会承受最为严重的载荷。对于位于裸装球状炸药最大火球半径一半范围内的目标来说，不断扩张的气体产物的能量非常大，空气冲击波本身的影响可以被忽略。目标会受到高压且高速扩张的高能爆轰气体产物的冲击，即其主要受载。在加载目标表面，混合流的能量会转换成滞止压力，若气流消散滞止压力也减弱，则又会由滞止压力转换回来（滞止压力是指气流携带的总压力，包括静态压力和动态压力，如果将气流以“绝热的、不可逆的”方式带入静止状态，不造成任何能量损失，那么就可以完全回收其中的滞止压力）。

2. 近场冲击波载荷增强

近场范围为火球扩张范围的一半到全部。扩张中的爆轰产物在这一阶段将大量能量转移到空气冲击波的传播上，因此有必要阐明该阶段爆炸流场中关于爆轰产物和空气之间的双重性，以及它们相应的能量分配状况。

当近场冲击波遇到目标，即使是最简单的冲击形式，如无壳球状炸药爆炸冲击波冲击平板时，也是一个复杂的加载过程。如图 1.5 所示，近场目标（该

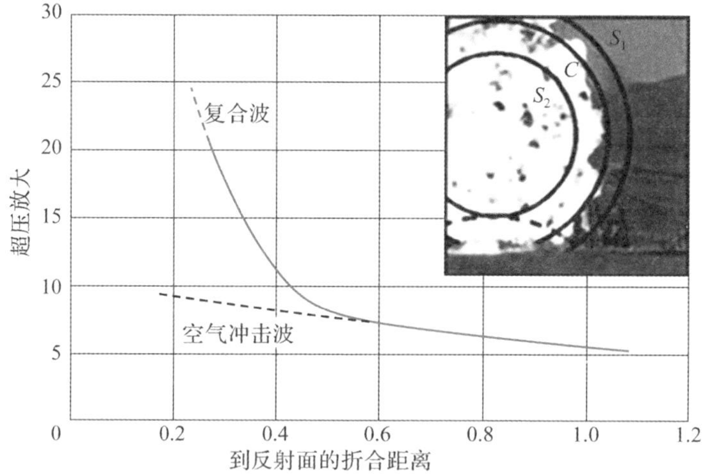

图 1.5 地面与接触面 C 互相作用引起的近场反射波、火球扩张时向外横扫的二次冲击波 S_2 带来的载荷放大。到火球中心的距离与火球直径成比例，因此当目标表面靠近火球边缘时，折合距离为 0.5，就会开始放大（摘编自 D. V. Ritzel、R. C. Ripley、S. B. Murray 的《温压爆炸下近场载荷现象》，国际军火对构造物影响研讨会会议记录，ISIEMS12，奥兰多，佛罗里达州，2007）

情况下，为一与地面平齐的平板）反射回来的空气冲击波遇到还在扩张的火球以及嵌入在火球中的二次冲击波。由此引起的复合波相互作用会大幅增强载荷，使其远远超过标准文献中所描述的纯空气冲击波产生的反射载荷[2]。冲击波强度的大幅增强会导致空气中的氮气和氧气发生离子化和分解，从而进一步加强载荷的增强效应。

3. 复合冲击波载荷增强

图 1.6 展示了非线性或复合波效应的重要性，复合反射冲击波在角隅处发生的载荷增强效应；超压为 1atm 的入射波在角隅处发生三向（3D）汇聚后，峰值载荷放大超过 100 倍。需要注意的是，这些局部高增强效应是由简单的 1D 入射波引起的。如果入射波本身就具有复合激波结构，如受到炸药爆轰的影响，那么峰值载荷的增强将远大于参考值。

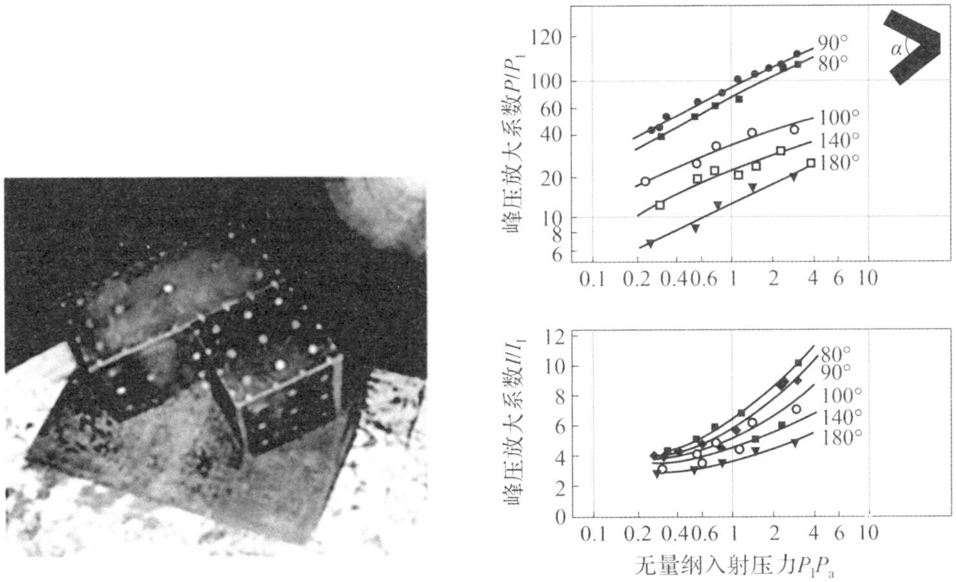

(a)　(b)

图 1.6　拐角内的载荷放大系数为入射冲击强度和拐角角度函数的函数。图（a）中激波管实验中使用的目标几何形状是倾斜的，这样能够让 3D 冲击复合波反射撞入拐角。图（b）中可以看到归一化压力 P、冲量 I、拐角顶点的放大，其中 P_a、P_I、I_I 分别为环境压力、入射压力、入射冲量。注意：对于 1atm 的入射冲击强度，拐角顶点的峰值载荷放大能够达到入射冲击波超压的 100 倍。

（摘编自 J. E. Slater、D. V. Ritzel、P. A. Thibault，《冲击载荷分析中计算方法以及实验测试的发展》，Trans. Built Env. 8（1994）383－392。照片与数据由加拿大 DRDCSuffield 友情提供）

4. 冲击波反射与衍射

大多数远场冲击波与目标相遇时，主要载荷均源自冲击波的反射与绕射。冲击波在目标表面发生正常反射形成压力，即反射超压，其原因是冲击波的入射气体动态微粒受到目标表面阻挡速度下降为零。冲击波反射与绕射引起的复杂载荷见图1.7。在冲击波衍射后，目标可能会受到准稳态衰减的后滞气流或“爆炸气浪”的影响，这些动态压力主要由气动阻力和升力构成。但是，只有目标的特征长度小于冲击波长时（如 $\lambda > 10L$），才会出现准稳态阻滞现象，如图1.7（a）所示。图1.7（b）展示了一束入射冲击波 S_i 从一堵无限墙壁上反射，形成反射冲击波 S_r。如果墙壁面积有限，入射冲击波在拐角上绕射，形成衍射波 S_d，而入射冲击波则越过有限墙壁拐角继续前行，图1.7（c）、（d）显示，随着时间的推移，壁前反射的冲击波载荷 S_r 被稀薄波 R 不断削弱。因此，墙壁前不同位置处的载荷值将随着时间发生变化。

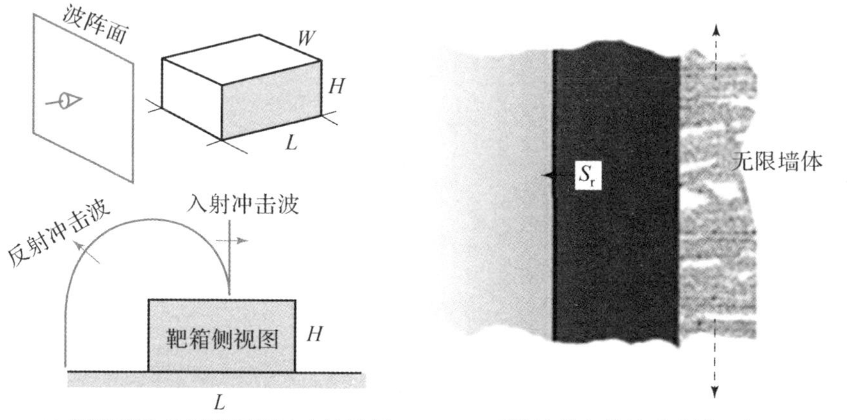

(a) 固定箱体目标表面的冲击波反射　　(b) 无限墙壁上的纯冲击波反射

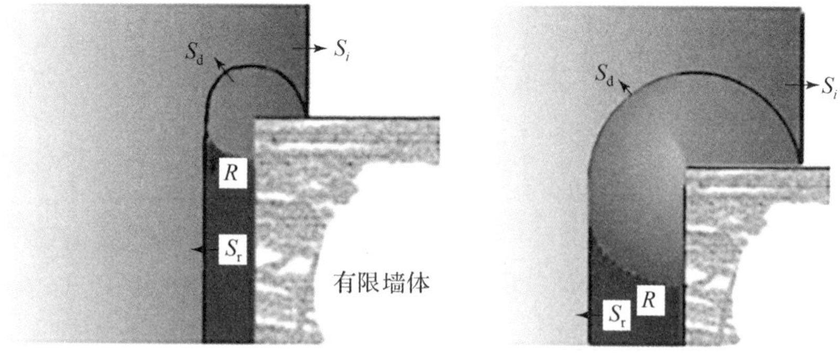

(c)、(d)有限墙壁的衍射稀薄波 R，不断在其正面上释放反射冲击波载荷 S_r

图1.7　衍射载荷现象的发展过程

5. 有限尺寸靶板的衍射和非均匀载荷

爆炸载荷现象在很大程度上受边界条件的影响。如图1.8（a）中CFD模型所示，由于目标板支撑底座的几何形式带来的边缘稀疏效应，使得目标板承受的载荷存在显著差异。也就是说，当空气冲击波能够在目标支撑装置边缘发生衍射时，目标板表面将被引入一个稀薄前沿，它将以非均匀的方式大大减弱

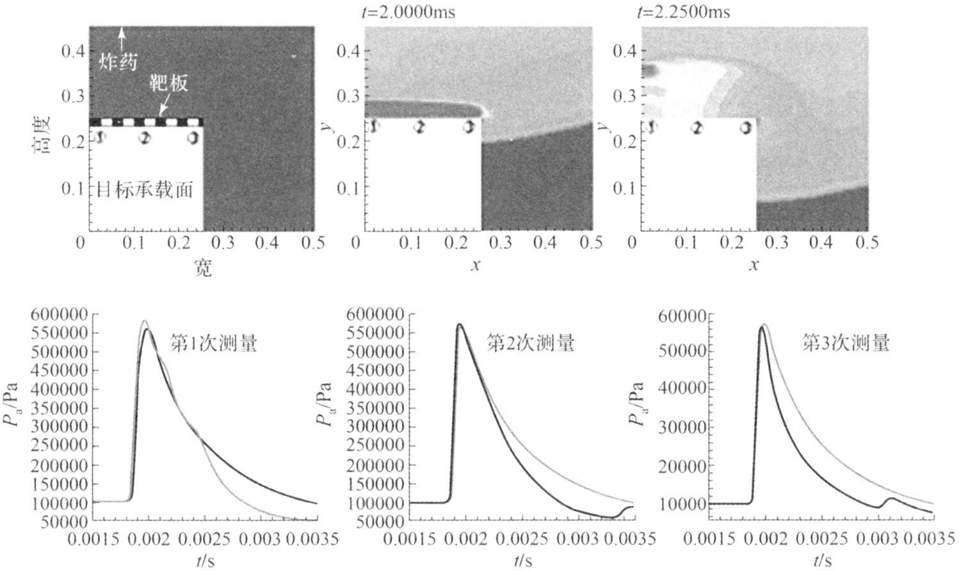

(a) 反射冲击衍射产生的波动力学，因此有限形状面板承载结构导致非均匀载荷和压力-时间曲线（其中压力用P_a表示），与完整的正常反射相比（灰色曲线表示），其冲量大大减弱（黑色曲线表示）

(b) 在面板中心附近出现了冷凝云，因为这里与周围压力相比，此处空气更加稀薄（图片由美国AFRL/Tyndall友情提供）

图1.8 爆炸载荷现象受边界条件影响的示意图

冲击载荷，这与将面板视为无限反射面一部分的理想假设相比，存在很大差异。如图1.8（b）所示，冲击波衍射效应可在方板中心形成特殊的局部真空区（可以清楚地看到，因环境空气潮湿，当压力明显低于环境压力时，形成了冷凝云），它不仅不均匀，而且降低了最终受到的总冲量（即图1.8（a）第3次测量中 $t=2.25\text{ms}$ 时测得的压力-时间记录）。在其他情况下，也会发生真空现象，例如将水平靶板安装在地面上的一个标准固定装置上，在靶板正上方引爆炸药。从地面反射回来的空气冲击波会再次包围面板，引起波阵面，并在面板中心附近发生汇聚，引起图1.8所示的类似现象。

1.3 水下爆炸载荷

在过去数年中，水下爆炸现象及其造成的破坏一直是研究的焦点[5-6]。在第一次世界大战时，因为人们意识到非接触爆炸物带来的破坏，尤其是针对潜水艇的爆炸物，所以对该领域研究的兴趣也不断增加。第二次世界大战期间，大规模海战促使科学界对该领域开展了更多的调查研究。Cole[7]发表的研究为当时科学了解水下爆炸提供了广泛且珍贵的总结意见。然后由Snay[8]、Keil[9]、Holt[10]等提出了一些评论综述。相关研究继续开展，更先进的仪器设备使研究者能够更深入地剖析这些动力学事件的动态过程。随着计算能力和数值计算方法的进步（见Mair[11]的综述），采用数值模拟方法进行与水下爆炸相关的复杂流体动力学研究成为了一个活跃的研究领域。水下爆炸非常复杂，其中很多原理尚未弄清，尤其是流固耦合和气泡动力学领域，近期研究主要集中在这些方面。水下爆炸的初始阶段与空爆是类似的，如产生带有爆轰产物气体的火球，并在周围介质中形成冲击波。但是，由于周围介质的物理性质不同，爆炸的后续发展及其产生的结构性载荷将存在显著差异。由于水的密度更高，火球气体不会马上与周围介质混合，而是以气泡的形式独立存在于水中，保留大量的能量，引起额外的载荷机制。尽管气泡演变也很迅速，但是与冲击波演变速度相比，它要慢得多，所以应该分开讨论冲击波和气泡的作用。

1.3.1 水下冲击波

在爆炸气泡的边缘，一部分爆轰波以冲击波的形式传导入水中，一部分爆轰波以张力波的形式反射回爆炸气泡中。冲击波的初始峰值静压接近爆轰波的一半。在如此高的压力下，冲击波以超声波速度向外围传递。但是，峰值压力随着距离的增长而迅速下降，在传递10个左右的炸药半径后，冲击波速度已经减缓到声速。在海水中，声速大概为1500m/s。在这些条件下，冲击波的峰值压力随着距离的增加而衰减得越来越缓慢，但是依然要高于声波的衰减速度。衰减速度取决于炸药类型，以TNT（三硝基甲苯）为例，峰值压力与距离的 -1.13 次方成正比。

图1.9中可以看到水下冲击波的典型特征，非连续波峰，随后慢慢下降，趋向周围液体静压。如图1.9所示，初始衰减近似于指数衰减如下：

$$P(t) = P_{\max} e^{-t/\theta} \tag{1.1}$$

式中：$P_{\max}$ 为初始峰值压力；θ 为时间常数，即压力衰减到 $P_{\max}$ 的1/e所需的时间。

冲击波的峰值强度与持续时间取决于炸药的质量和类型。

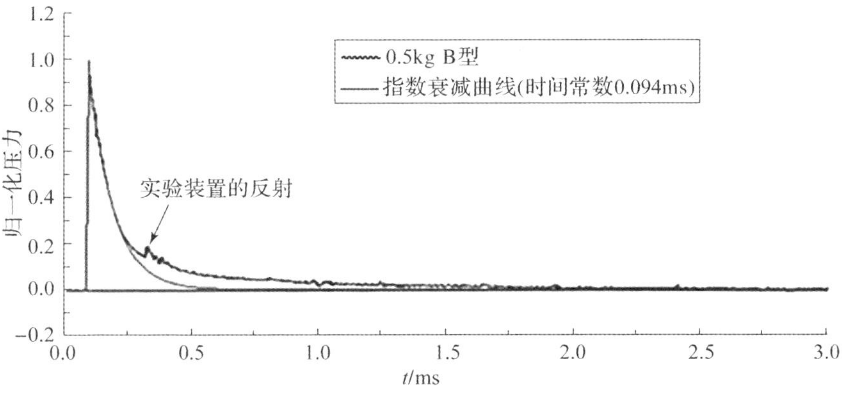

图1.9 冲击波曲线示例（在距离一个0.5kg B型药包4.5m地方测得的压力）

由图1.9也可以看出，冲击波测量结果的尾部与简单指数衰减模式之间的重合度很低，其主要原因是扩张气泡内的气体压力也正不断向周围水中辐射出去，通过调整炸药的化学成分，使其在初始引爆后产生额外的能量，从而提高该时间间隔内的压力，一般称为“后燃烧”。对于水下爆炸来说，后燃烧在提高气泡中总能量方面带来了额外的好处，这会对水下爆炸载荷后期阶段产生影响，具体原因后续再做介绍。

冲击波提供的载荷可通过其峰值压力 $P_{\max}$ 来评估，也可以用冲量 I 或能通量密度 E 来评估，其定义如下：

$$I = \int_0^t P(t)\,dt \tag{1.2}$$

$$E = \frac{1}{\rho_0 c_0}(1 - AP_{\max} - BP_{\max}^2)\int_0^t P^2(t)\,dt \tag{1.3}$$

式中：ρ_0 和 c_0 分别为周围水的密度与声速；A 和 B 为常数，是考虑尾流速度的修正系数。

这些参数的实验值可从相关文献中找到，其中 Swisdak[12] 的相关研究内容参考价值较高。一般来说，使用哪个参数来评估冲击波载荷并不是很明确，但是可以将冲击波的相对持续时间以及相应结构的特征响应时间作为考虑因素。如果结构响应时间较冲击波持续时间短，则选择载荷的峰值压力来评估冲击波载荷更合适。如果结构响应时间较长，则选择冲击波的冲量或能量更合适。

1. 边界反射与载荷修正

在很多情况下，水下爆炸会在液体边界附近。此时，应考虑边界反射冲击波对结构形成载荷的可能性。冲击波以压缩波的形式从海底反射回来。这种波的强度取决于海底的物理构成，根据从岩石到淤泥、砂石以及包含其中的空气、水的量，反射波的差异会非常大。图 1.10 所示为在一个不规则岩石底板上方 1.6m 处引爆一个 10kg 炸药后的压力示例。由该图可知，海底反射增强了冲击波的冲量。水体表面的气 - 水边界为入射冲击波提供了一个自由表面，将入射波以张力波的形式反射回去。张力波反射回水中后，会遇到后续抵达的冲击压缩波。

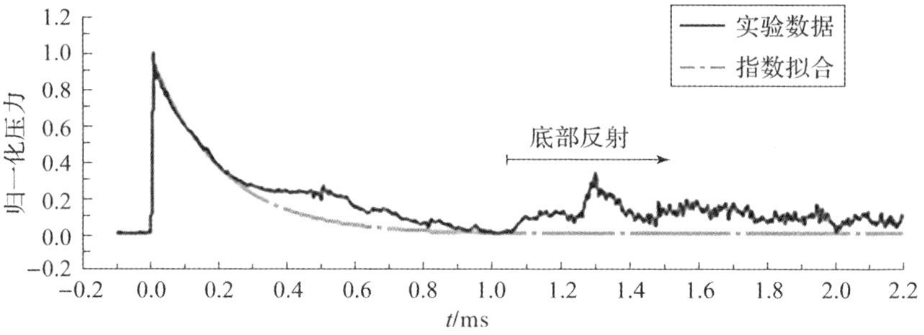

图 1.10 冲击波曲线显示一个水下炸药在距不规则岩石底板上方 1.6m 处引爆后的反射现象

如图 1.11（a）所示，在靠近水面的地方，这些波叠加在一起，形成整体负压。水无法承受较大张力，因此它会形成空泡，分裂为气体和小水珠的混合物。这个过程会在水面以下形成一空化区域，这就是所谓的片空泡区，如图 1.11（b）所示，与深色海水相比，该区域为一个反射亮区。如果从冲击波破坏角度来看，片空泡的意义在于，它的形成使水中分隔出一个内嵌结构，从而阻止了冲击波载荷的继续施加。然而，在极短时间后，片空泡区在液体静压影响下溃灭，这种溃灭会导致内嵌结构的重新加载，如图 1.11（c）所示。

(a) 片空泡的起因

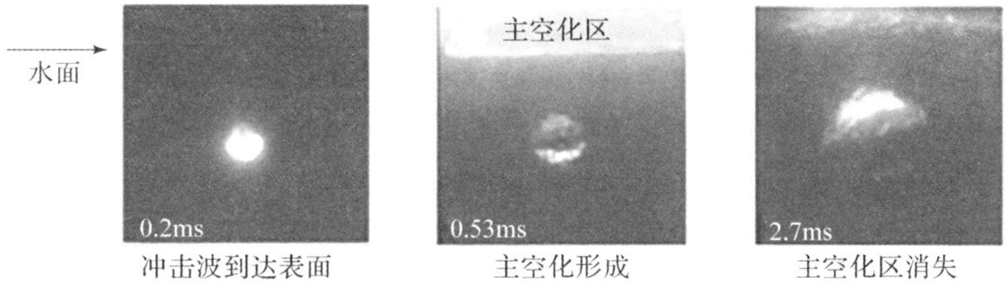

(b) 片空泡形成图像（在30cm深度引爆一个1g雷管）表现为水面附近的亮区

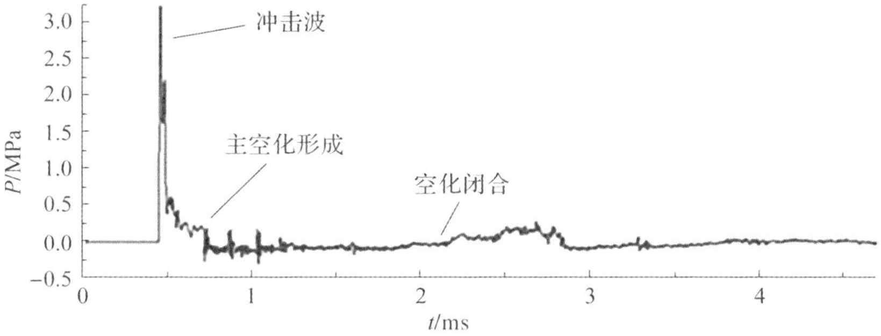

(c) 引爆后记录的压力，注意：视野内看不到压力计位置，(c)中片空泡区形成时间要比(b)中的晚

图 1.11　片空泡现象

2. 结构响应的载荷修正

片空泡现象只会对近水面附近的结构产生直接影响。但是当水下结构在冲击载荷下快速变形时，也会向水中传递张力波，故也可能形成空泡。由于这种效应紧邻结构发生，因此又称为局部空泡。与片空泡一样，局部空泡也会将水和结构分隔开，从而保护结构不受后续入射冲击波载荷的影响。同样，当局部空泡溃灭时，结构也会重新受载。然而，值得注意的是，局部空泡并不局限于浅水结构。图 1.12 展示了在距离钢筒 7.5cm 处引爆一个小药包后，钢筒表面形成局部空泡的过程。

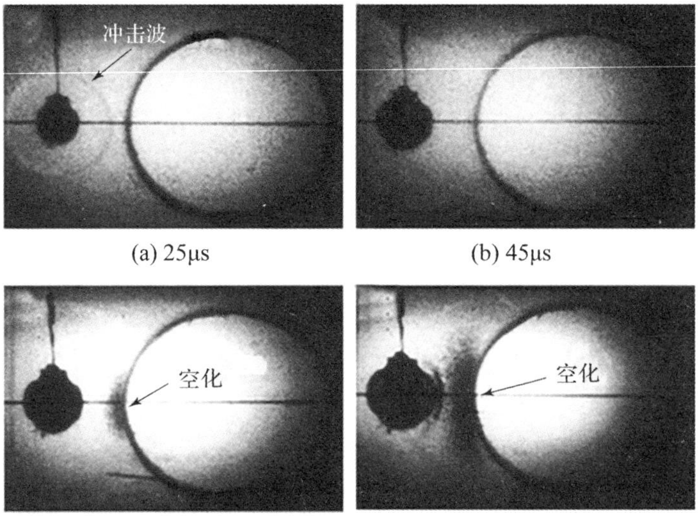

(a) 25μs　(b) 45μs

(c) 55μs　(d) 75μs

图 1.12　冲击波与钢筒互动过程中产生的局部空泡（外径：273mm；壁厚：2mm）。在以上时间点，在这些背光图像中，后面图像中局部空泡区显示为钢筒表面的深色区

1.3.2　气泡

如图 1.12 所示，水下爆炸将产生充满爆轰气体产物的高压气泡。该气泡的膨胀受静水压力 P_{hydro} 以及周围水惯性的阻碍。随着气泡不断扩大，其内部压力迅速降低，但是由于被排开的水的持续运动，气泡扩大的程度将超过内部气压 P_g 与静水压力 P_{hydro} 相等时的气泡大小。因此，当气泡达到最大体积并停止膨胀时，静水压力 P_{hydro} 将大于 P_g，从而导致气泡开始收缩。同膨胀阶段一样，持续回压的液体使得气泡被压缩超过压力平衡点，导致气泡内部压力高于 P_{hydro}。

当气泡被压缩至最小体积时，气泡又会再次膨胀。这个过程不断重复，气泡开始有规律地脉动。脉动过程中会发生能量损失，因此气泡的最大体积会随着时间的持续而变小。不在水面附近的气泡会一边脉动一边向水面移动。受到诸多因素的影响，气泡有可能会到达水面，也有可能因为气－液的紊乱而在到达之前破碎。气泡的最大直径、脉动时间会随着炸药药量的增加而增加，随着引爆深度的增加而减小。

在脉动期间，气泡的内部气压被辐射到水中。在达到气泡最小体积时，可以看到短暂的压力脉冲，又称为“气泡脉动压力波”。图 1.13 对比了一个典型水下爆炸后引发的冲击波和气泡脉动波。尽管气泡脉动波没有波阵面，而且峰值波幅小于之前的冲击波，但是它持续的时间较长，因此脉动的总冲量还是较大的。对于一些结构来说，气泡脉动是非常重要的附加载荷。

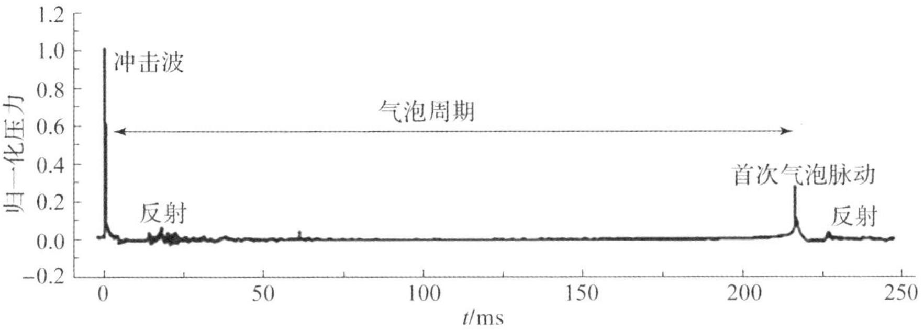

图 1.13 比较 1kg 典型炸药引爆后产生的冲击波和脉动波

如果结构距离水下爆源非常近，那么就有可能接触到气泡周围快速流动的液体。这些快速流动的液体能够引起显著的附加结构载荷。为了证明这些附加载荷与水流有关，在水下 5m 处引爆了一个 0.5kg 的 TNT 炸药。爆炸产生了一个最大直径为 2.2m、脉动周期为 0.175s 的水下气泡。在气泡溃灭过程中，它将在 0.09s 时间间隔内，从最大直径 2.2m 收缩到最小直径 0.5m 左右，同时也伴随着 5.5t 水在 0.09s 内的快速运动。如果气泡脉动的频率与结构固有频率相匹配，这些径向流动的液体与气泡脉动压力所产生的破坏性将大大提高。这就是舰船鞭状效应的原理，即让气泡的脉动频率（通过选择合适的炸药当量）与船体的弯曲频率产生共振。这样可放大船体的总体弯曲变形幅值，极端情况下，可能导致船体结构的破坏。当结构阻碍了气泡周围液体的流动时，气泡溃灭动力学现象会变得尤为复杂。这要求结构的尺寸与全面膨胀的气泡尺寸相当，而且两者位置相近。在这些情况下，结构会集中或增强气泡的溃灭载荷，从而改变气泡的流体动力学性能。由此带来的最显著的破坏性后果是射流的形成和冲击。驱动射流形成的动力学原理较为复杂，但是简单地从流体流动的角度来思考，就能够将这个过程看明白一些。

结构的存在阻碍了溃灭气泡周围流体运动，导致气泡靠近结构一侧的溃灭速度减缓。在另一侧，气泡溃灭速度较快，相应的流体流动速度也更快，随着气泡收缩，液体流动变得更一致。最终，当气泡接近最小体积时，该水流变成高速水射流，穿透气泡，形成环面并不断逼近结构，该过程见图 1.14。如果射流消散前与结构表面离得足够近，有可能引起强烈的局部载荷。水射流的形成及其速度同气泡与结构的初始距离、结构物的几何形状以及气泡与结构间的相对大小密切相关。

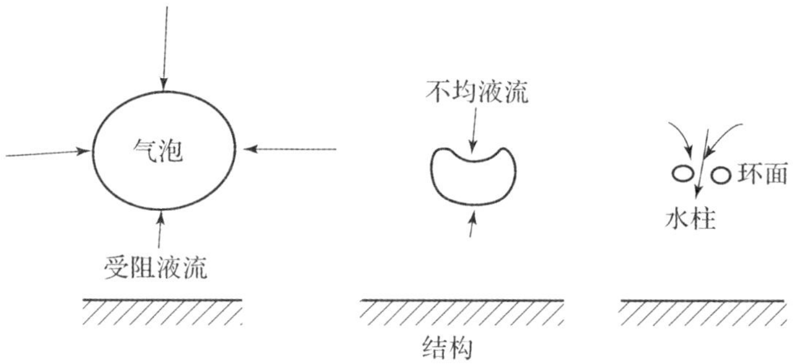

图 1.14 水柱形成示意图

例如，在大的扁平结构附近形成的气泡，如果它的形成地点与平板间的距离为气泡最大半径的 1.5 倍左右时，则能够形成极具破坏力的射流。对于直径等于气泡直径的圆柱体，气泡的形成位置需要更近一点，大概为气泡最大半径的 1.0 倍（图 1.15）。此时形成的射流速度可能超过 100m/s。图 1.15 所示试验通过在距离钢筒（外径：233mm；壁厚：2mm）不同距离处引爆一个 5g 的炸药包，研究了距离对气泡溃灭动力学的影响。当两者距离超过气泡最大半径的 1.2 倍时，只会发生有限的耦合作用。当两者距离降至最大气泡半径的 0.9 倍时，会发生较强的耦合作用，包括射流的形成和冲击。在筒体表面可以看到大面积的局部空泡，这就是在射流冲击下形成的。

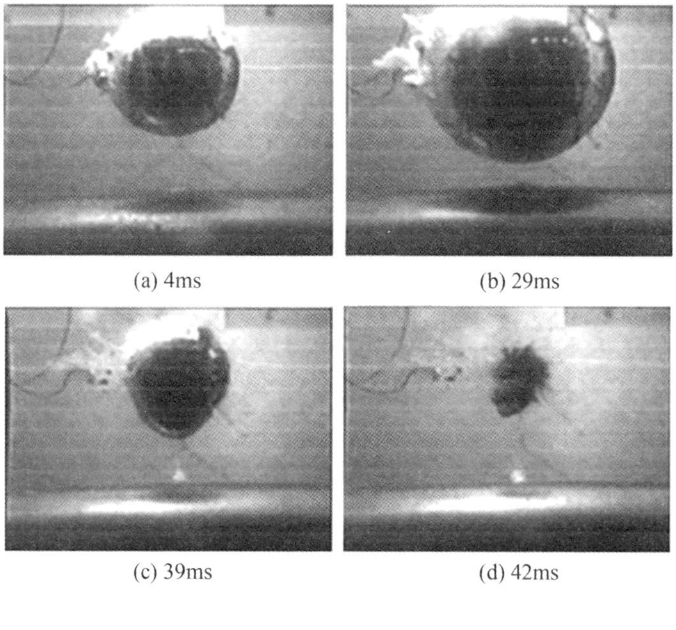

(a) 4ms　(b) 29ms　(c) 39ms　(d) 42ms

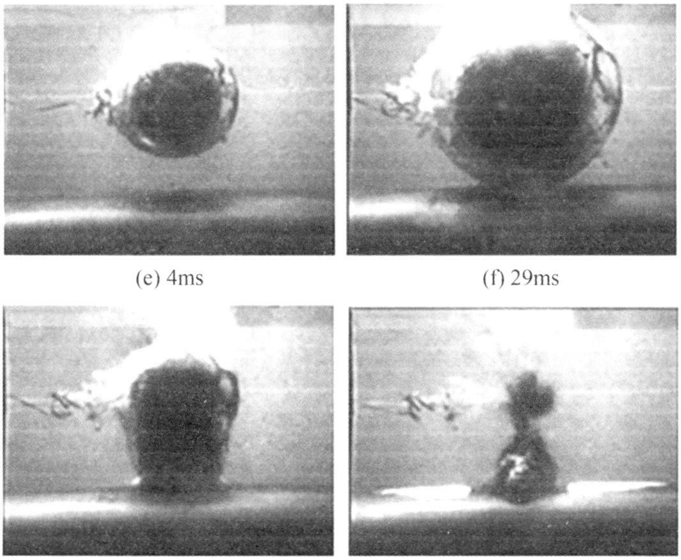

(e) 4ms　　(f) 29ms

(g) 39ms　　(h) 44ms

图 1.15　气泡溃灭动力学的时移及其对纯筒体结构距离的依赖性。当两者距离超过最大气泡半径的 1.2 倍时，只会发生有限的相互作用(图(a)~图(d))。当两者距离将至最大气泡半径的 0.9 倍时，会发生较强的相互作用，包括形成具有影响力的水柱(图(e)~图(h))

气泡与目标结构相互作用的同时，气泡也在向结构移动。因此，即使在第一次脉动时，二者距离较远，耦合作用过于微弱，无法引发射流和气泡溃灭，但是随着二者的接近，这些现象在第二次或者后续的脉动时仍会发生。由于先前的能量损失，后续脉动的破坏能力被减弱，但是总的来说，仍然较为明显。

1.4　结　　论

在本章，我们主要总结了空中或水下爆炸时邻近结构所受爆炸载荷的主要特征。空爆时，爆炸流场与结构表面互相作用，其中蕴含的复杂流体动力学问题是影响结构响应的主要因素，一般会引起板体变形和加速。这种载荷十分复杂，而且随时间和空间的变化非常迅速。这些基本结论也同样适用于水下爆炸的结构响应。但是，在水下爆炸中，水介质的物理特性显著改变了载荷，包括冲击波的性质与重要性。同时，气泡中包含的爆轰产物不断演变，进而引起严重的附加载荷。

参考文献

[1] H.M. Sternberg, H. Hurwitz, Calculated spherical shock waves produced by condensed explosives in air and water, Proceedings of the Sixth International Symposium on Detonation, ACR-221, Arlington VA, 1976, pp. 528–539.
[2] W.E. Baker, Explosions in Air, University of Texas Press, Austin, TX, 1973.
[3] H.L. Brode, The blast from a sphere of high pressure gas, Report P-582, The Rand Corporation, Santa Monica, CA, 1955.
[4] M.P. Friedman, A Simplified Description of Spherical and Cylindrical Blast Waves, Report NY-9352, AEC Computing and Applied Mathematics Centre, New York University, New York, NY, 1960.
[5] D.V. Ritzel, R.C. Ripley, S.B. Murray, Phenomenology of near-field loading from thermobaric blast [C]// Proceedings of the Twelfth International Symposium on the Effects of Munitions with Structures, ISIEMS12, Orlando, FL, 2007.
[6] J.E. Slater, D.V. Ritzel, P.A. Thibault, Development of computational methods and conduct of experimental tests for blast loading analysis, Trans. Built Env. 8 (1994) 383–392.
[7] R.H. Cole, Underwater Explosions, Princeton University Press, Princeton, NJ, 1948.
[8] H.G. Snay, Hydrodynamics of underwater explosions, Proceedings of the Symposium on Naval Hydrodynamics, Publication 515, National Academy of Science, National Research Council, Washington, DC, 1957, pp. 325–352.
[9] A.H. Keil, The response of ships to underwater explosions, Proceedings of Annual Meeting of the Society of Naval Architects and Marine Engineers, New York, NY, 1961, pp. 16–16.
[10] M. Holt, Underwater explosions, Ann. Rev. Fluid Mech. 9 (1977) 187–214.
[11] H.U. Mair, Review: hydrocodes for structural response to underwater explosions, Shock Vib. 6 (1999) 81–96.
[12] M. Swisdak, Explosive effects and properties. II Explosive effects in water[R], NSWC/WOL/TR. 76.116, Naval Surface Warfare Centre, White Oak, Silver Spring, MD, 1978.

第 2 章

舰船抗武器攻击轻质结构试验技术与检测

Warren Reid, Zenka Mathys, Vanessa Pickerd,
Pat McCarthy, Paul Elischer, Evan Gellert
澳大利亚维多利亚渔人湾国防科技集团

2.1 舰船结构易损性评估

攻击海军平台的武器可能是炮弹或者静态武器，爆炸载荷从几千克到1000多千克不等。这些武器可能是海军舰炮、掠海导弹、空投炸弹、轻型或重型鱼雷、海底或浮标式地雷、简易爆炸装置（IED）的非对称攻击。海军平台，尤其是平台战斗人员，在被武器攻击后，应该能够保全下来，继续执行使命，与敌人战斗。武器的主要作用一般就是降低平台的运行能力。可能表现为结构完整性、设备、系统的受损，或者是人员损伤。现代海军平台一般采用不同等级的钢材制成，某些上部结构区域可能采用轻质材料。对于扫雷艇来说，整艘船可能都采用非铁金属材料制成。近几十年来，战舰中越来越多地使用轻质材料，以达到重量要求，从而提高舰船总体性能。轻质材料的使用会导致结构性能的提高或降低，因此有必要评估使用这些材料时，海军平台上在动态载荷影响下的结构性能。

对平台开展结构易损性评估，可引导平台设计，更好地抵御不同武器带来的破坏。同时还能够指导降低易损性采取的措施，如加固存放高价值舱室的结构、创建抗损伤区和引入冗余系统、修改设计策略以应对新型武器威胁，以及采用新材料和新制造技术。在平台设计的早期，知道如何对重要区域和设备进行分区、分隔、备份，能够加强平台抵御已知武器破坏的能力，推荐应用先进的技术（如水雾[1]），削弱破坏力，增强平台保全能力。在舰船寿命后期，易损性评估有助于为军队提供作战指导，例如与关键武器威胁的对峙距离，或协助制定作战策略，确保在遭遇特定武器袭击时，将损害降至最低或者直接消除。

本章列出了一些试验技术，用于评估轻质舰船结构对动态载荷的响应。这些试验结果可用来评估在武器袭击下海军平台的易损性，验证用于预测平台生存能力的建模和仿真研究的有效性。

2.2 水上武器攻击下结构的易损性评估

现代军用空中武器对战舰的杀伤力和精准度越来越高。针对不同的入侵者，可以随时选择对目标使用匹配或超匹配的武器。现代战争涉及很多先进武器，可部署在陆地、海洋和空中，以克服现有平台的防御手段，并对船舶结构和系统造成巨大破坏。此外，还有港口不对称攻击的威胁，例如美国海军“科尔”号驱逐舰[2]遭受的攻击。这些载有爆炸物的小型船只或码头附近的简易爆炸装置，需要在平台的生存能力设计中加以考虑。

在水上攻击事件中对水面平台进行易损性分析，需要评估典型武器的毁伤属性，即空爆载荷和破片侵彻的影响。大多数用来对付海面战舰的传统武器都有可能产生冲击波、冲击超压、致命的高速金属破片，这些都有可能损坏平台上的结构物、系统及人员。评估爆炸载荷对结构的预期破坏需要先了解结构物的构造与装配特征、空爆载荷的物理特征、高应变率变形、材料失效特征等。舰船舱室内部爆炸产生的压力脉冲表现为峰值压力（冲击波阵面）突然上升，紧跟着呈指数衰减，超压远高于大气压力并持续数毫秒，如图 2.1 所示。在指数衰减过程中，还可能出现由舱室壁反射冲击波产生的一系列峰值。在这种情况下，爆炸受到约束，冲击波和爆炸超压在舱室内不断反射，对面板和无支撑装配接头等薄弱点进行过度加载。图 2.2 给出了舰船舱室内部空爆对内部面板

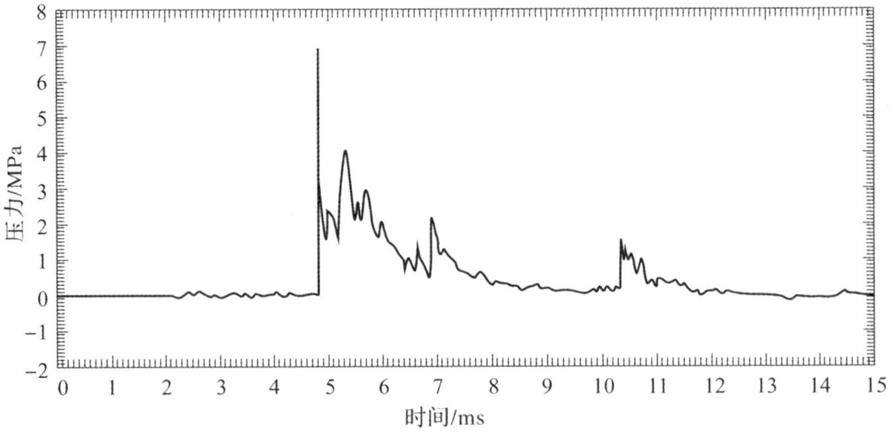

图 2.1 舰船舱室内部爆炸后产生的压力脉冲

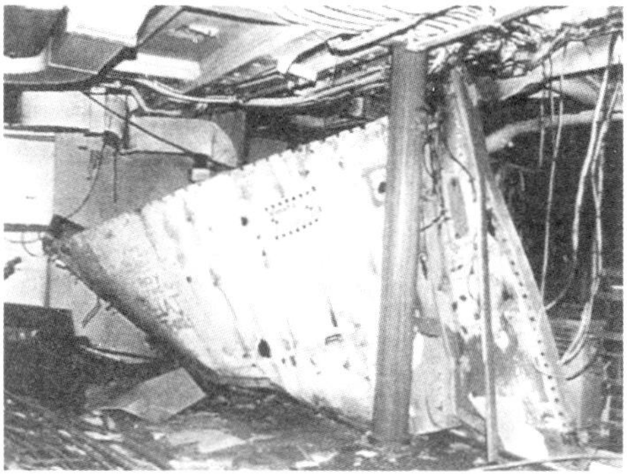

图 2.2　舰船舱室内部爆炸后某面板的结构损坏情况

所造成的结构损伤。对于海军平台结构外部的爆炸载荷，冲击波和超压从爆炸点向各个方向传播，并迅速消散。与结构相互作用的爆炸载荷会立即损伤外露设备，并可能损伤大块无支撑的上层结构，具体取决于炸高和装药量大小(图 2.2)。

许多空爆武器利用壳体破片毁伤目标。评估弹丸破片造成的损伤需要考虑破片与结构相互作用时的动能和破片区域分布。易损性评估综合了所有毁伤元素，以获得舰船的整体损伤，这通常需要将经验数据集[3-5]和物理方程[6-9]结合起来实现。近年来，有限元建模（FEM)，尤其在涉及复杂结构材料和几何结构时[10-12]，被广泛用于增进对结构爆炸载荷的理解。试验测试流程主要用于验证系统的易损性和提高易损性评估能力。这些测试包括对退役船舶的试验测试[13-16]，以及对防爆舱壁和防水门、轻型结构和典型缩比舱室的研究[11,13-19]。

2.2.1　空爆测试技术

试验测试是易损性评估过程的重要组成部分，可对模型和仿真技术进行验证。本节介绍了各种空爆试验技术以及获取相关试验数据而采用的数据采集过程，如冲击波和爆炸超压载荷、结构的弹性和塑性应变变形、动态断裂和破片的动能效应。

2.2.2　结构位移与应变

为获得材料在动态爆炸载荷下的累积应变，需要开发和验证用于建模和仿真的材料状态方程和先进的失效算法[20]。在载荷作用下，结构上某一位置应变测量的传统方法通常采用应变计等局部测量装置完成。这种局域化测量方法限制了数据采集量，并且需要对失效区域有深入了解才能够获得正确的数据。新兴技术，如数字图像相关法（digital image correlation，DIC）技术，能够获取目标全场的应变剖面，是一种获取应变和位移数据的有效方法[21-23]。

采用 DIC 技术测量爆炸载荷下目标的全场（及相应的局部）应变需要使用摄影测量技术进行三维（3D）分析。这种评估方法需要在测试时间段内依次拍摄具有最小分离度的成对图像，且要求每对图像必须同步[24-26]。DIC 需要获得变形物体表面的图案，然后通过时间映射获得载荷下各点位移，最后根据位移数据确定物体表面的应变。图 2.3 给出了对钢和铝容器进行 DIC 测试的试验装置示意图。两个同步高速摄像机（HSV）置于防破片盒中，并以 25°角分开。摄像头朝向反射镜，以记录容器的反射图像。

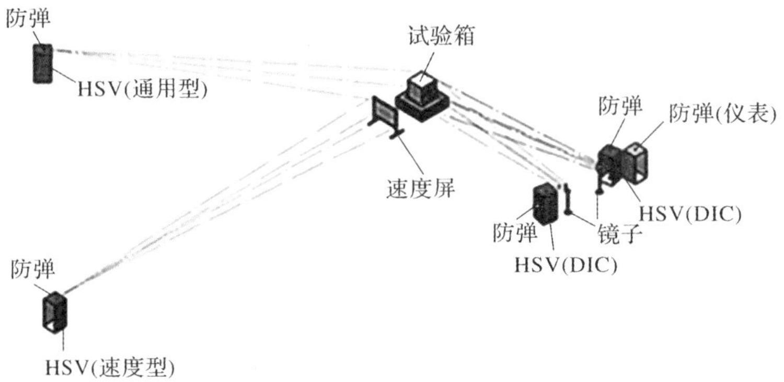

图 2.3 冲击容器试验的数字图像相关布置图

DIC 技术已被用于测量一系列钢和铝船状舱室（缩比为 $1m^3$ 容器）、加筋铝面板和玻璃纤维增强聚合物（GRP）面板上的位移、变形和应变。缩比的船状舱室承受高爆炸药（HE）装药（有壳和无壳）的内部爆炸载荷，加筋铝板和玻璃钢板承受近场爆炸载荷。在每次试验测试中，需要检测爆炸冲击效应以及爆炸和破片联合效应，从而为易损性评估模型提供数据支撑。

图 2.4 展示一个无响应金属容器的 DIC 应变剖面结果。随着爆炸中压力载荷的不断增加，等效应变剖面随着容器的变形而发生变化。根据 DIC 数据应变的计算结果，在 3.6ms 和 4.6ms 时，容器高应变区的等效应变高达 3%左右。

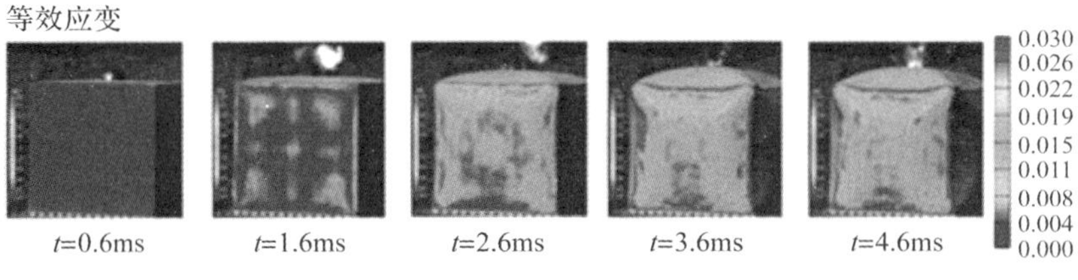

图 2.4 包含 DIC 容器表面的等效应变

此外，DIC 提供了表面位移的数字表示，可与易损性建模关联，有助于理解结构的整体变形。在舰船上，舱壁变形可阻碍走廊的通过能力，进而影响疏散流程。图 2.5 给出了一个无约束容器在 5ms 时的最大表面位移（以 mm 为单位），给出了面板正面视图、侧面视图和等轴测视图。DIC 也可用于测量金属结构焊接棱处的应变，焊接结构的最大应变和失效通常发生在焊接接头处。图 2.6 给出了在 100g 无壳高爆药爆炸作用下铝容器焊缝的 DIC 测量结果。根据 DIC 测量结果计算了该容器棱处的应变，计算的应变场叠加在容器上，并给出了 1ms、3ms 和 5ms 时的等效应变分布。

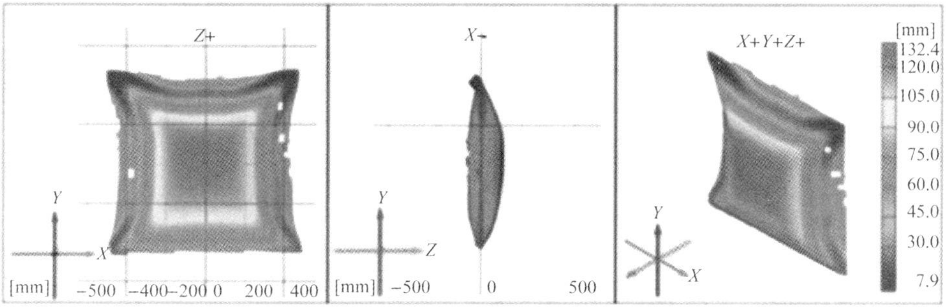

图 2.5　爆炸 5ms 后，Z 轴（左）、X 轴（中）、等轴（右）的 DIC 方向视图（最大变形）（见彩图）

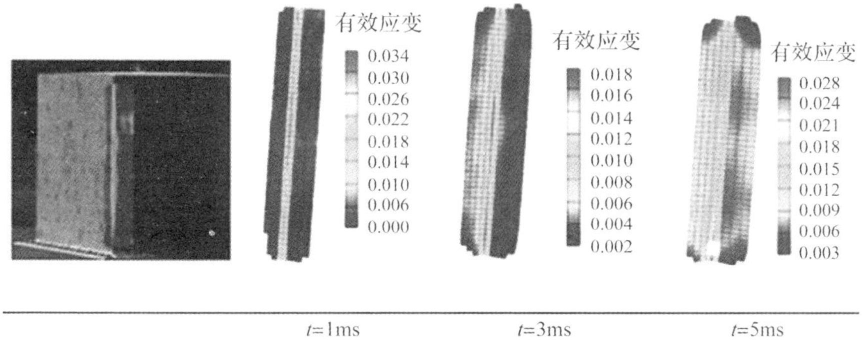

图 2.6　1ms、3ms、5ms 时，爆炸影响下容器焊缝的叠加应变场边视图与焊缝应变的 DIC（见彩图）

1. 碎片分析

易损性评估通常会检查炮弹或引爆弹头产生的破片对结构和设备造成的损伤。表示结构或系统受损程度的破片特征包括大小、形状、速度和整个区域分布或破片飞散方式[27]。

表征破片的试验装置如图 2.7 所示。该图显示了部分区域测试（未完全安置炸药)，其目的是表征弹出的破片及其速度。在测试中，将测试板放置在距离炸药的预定距离处，以捕获在钢瓶破裂过程中飞散的一部分破片。使用 HSV 相机测量飞散破片速度，该相机记录了穿透铝材料的破片。

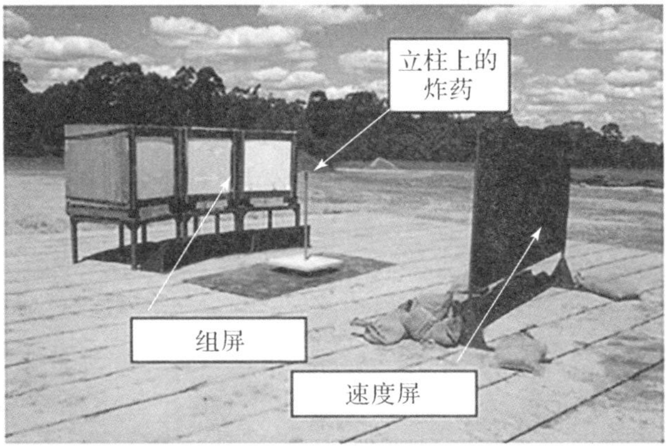

图 2.7 炸药表征装置图

自然破碎的炸药包括一个带有爆炸炸药填充物的圆柱形钢制外壳，如图 2.8（a）所示。图 2.8（b）所示为从爆炸中捕获装药的破片分布。外壳的存在会降低冲击波压力，而冲击波压力通常是由爆炸性装药而产生的，因此需要能量来破坏外壳。

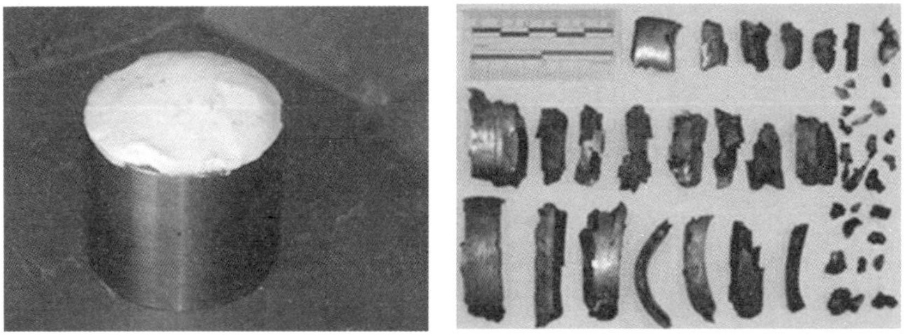

(a) (b)

图 2.8 装满炸药的圆筒和部分自然碎片分布

破碎外壳时耗散的能量取决于炸药质量与壳体质量之比，这将确定片段的大小和分布，可以使用 Payman 或 Mott[28] 分布进行评估。如果外壳材料的类型或微结构状态发生变化，那么破片的类型和分布也会发生变化，可以使用预穿孔外壳来增加分布中的破片数量。钨（增加的动能）和钛（自燃）等其他材料也可用于评估它们对目标的杀伤。这些破片表征的数据为弹药和弹头的理论外壳破裂提供依据，使得经验破片表征工具逐步发展[29]。这些程序可以根据各种尺寸和壳体几何形状的爆炸装药估算所得破片的质量和初始破片速度，对于研究用于杀伤力和易损性分析模拟的武器非常有用。

2. 冲击波分析

易损性评估和有限元代码的准确性取决于真实武器感应的算法。弹头爆炸的爆炸波（动态和静态超压）是易损性分析的重要组成，因为这种载荷会给结构和设备带来破坏力。因此，根据测得的压力分布验证爆炸算法对易损性评估代码中使用的爆炸算法的准确性具有重要意义。根据压力历史测量记录，通常使用额定值在约 690 ~ 6900kPa 的压电传感器。自由场压力传感器通常安装在直立的挡板中或安装在地面或测试台中。压力传感器可能需要电气隔离和热保护，以免受爆炸火球恶劣环境的影响。

图 2.9 是一个安装式压力传感器的示例，材质是钢和铝容器，并在受限容器内使用内部爆炸的高能爆炸装药进行测试。如图 2.9（a）所示，将受约束的容器通过法兰用螺栓固定在一个平面上，该表面由 20mm 钢板固定在 6t 钢筋混凝土块上。安装在钢板中的压力传感器用于捕获内部压力时间曲线，如图 2.9（b）所示。图 2.9（c）给出了混凝土上容器内悬浮物料的示意图。一种观察冲击波的试验方法是利用斑马板产生对比度并用 HSV 摄像机捕获初始冲击波和任何后续反射。用斑马板观察到的冲击波如图 2.10 所示，该图显示了带壳装药的爆轰波以及冲击波和碎片的传播。此时，可以从冲击波阵面上看到从带壳装药中产生的碎片。

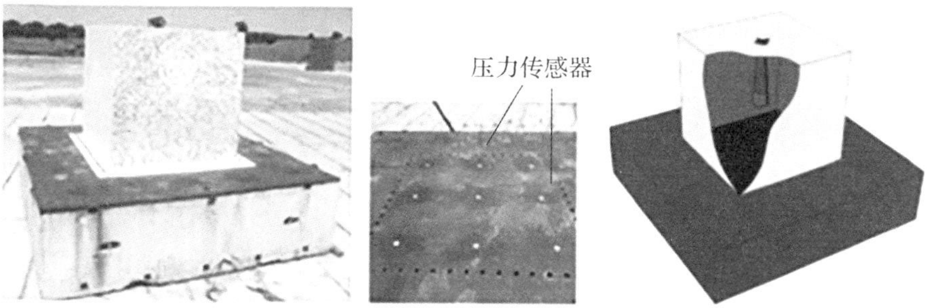

(a) 安装在混凝土砌块上的受限容器　(b) 附在混凝土砌块上的20mm钢制基板，显示了九个找平安装的压力传感器位置　(c) 容器内悬吊炸药示意图

图 2.9 安装式压力传感器示例

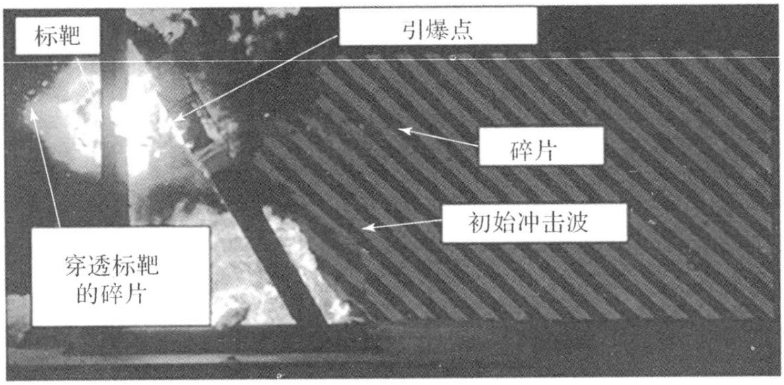

图 2.10　245g 炸药在铝制硬化板爆破 0.6ms 后的爆炸与冲击波

2.2.3　复合板试验

澳大利亚海军已经将复合材料面板应用于舰船上。因此，必须分析武器攻击对 GRP 的制造结构和部件的影响。空爆载荷试验已用于研究大型 GRP 板材的结构响应，如具有代表性的海军舰艇的建造板材，试验测试可以检测冲击波和爆炸超压载荷下板材的破坏机理以及由此产生的变形和应变。

在这些试验中都采用了 DIC 技术、压力传感器、斑马板和 HSV 摄像机，图 2.11（a）所示为 GRP 板材的部分试验示例。在爆炸发生前后都进行了超声波检查，以确定分层和受损程度，如图 2.11（b）所示。加筋复合板承受了高达 1kg 的近场炸药。DIC 变形曲线的示例如图 2.12 所示。从该试验获得的数据将用于研究更先进的易损性建模技术以确定承受爆炸载荷的 GRP 结构。

(a) 运用DIC的GRP板材试验设置图

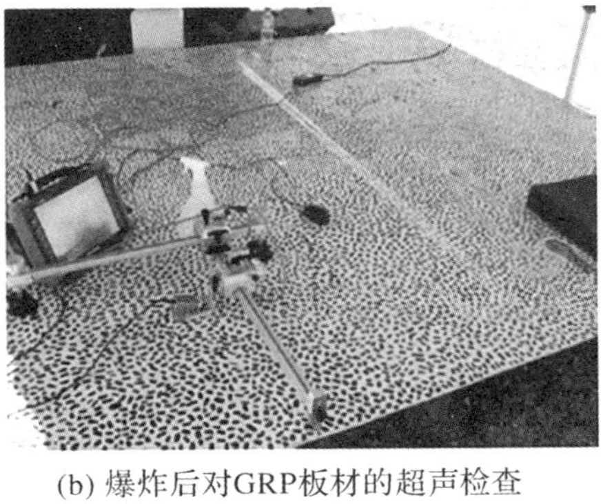

(b) 爆炸后对GRP板材的超声检查

图 2.11　GRP 板材的部分试验示例

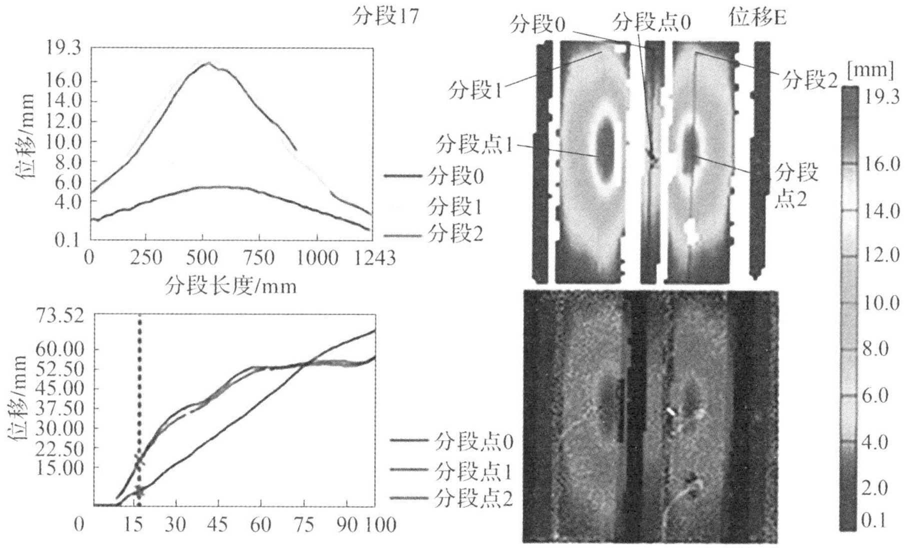

图 2.12 GRP 代表结构的 DIC 变形曲线（见彩图）

2.3 水下武器对结构的易损性评估

海军舰艇旨在承受战争的严峻考验，这意味着在设计过程中要结合某种形式的“加固”，以便舰船可以抵抗各种类型的武器攻击[30-31]。典型的水下武器是各种类型的海雷和鱼雷。水下任何类型爆炸物的爆炸一般都会产生冲击波波面，该冲击波波面和过热的脉动气泡从爆炸点向各个方向传播[32]。水中早期冲击波与空气中产生的冲击波相同（图 2.1）。但如果在水中传播，它将以更大的速度运动（约 1490m/s），并且不会像空爆冲击波那样迅速消散。与在空气中爆炸不同，爆炸产物会形成高压气泡，当气泡压力超过或降至周围静水压力以下时，气泡会迅速振荡。气泡每次达到最小尺寸时，都会产生压力脉冲，其压力低于冲击波，但持续时间更长。冲击波和振荡气泡中的能量大致相等，并且两者对舰艇都能造成很大损伤。为更深入地了解水下爆炸的物理原理，读者应参考 Cole 的著作[32]。

水下武器利用多种机制使舰艇失效或损伤，包括对结构和设备/系统的冲击波破坏，气泡对船体结构的鞭状破坏，以及气泡溃灭对船体结构破裂，在这三种破坏机制中，都将大量能量传递到结构中，可能造成从设备轻微受损到结构承受破坏性损伤等，如图 2.13 所示。

图 2.13 重量级鱼雷对前澳大利亚皇家海军舰艇 Torrens 号造成的灾难性船体损坏
（图片由 RAN 友情提供）（见彩图）

在设计中通常需要考虑对水下武器的加固措施，包括使用的结构材料和分布、设备和系统的放置与防护等方面。

2.3.1 结构响应

冲击波对舰船船体的损伤变化很大，具体取决于装药量、方向、与船体的接近程度以及建造材料。如图 2.14 所示，如果炸药直接放置在船底，爆炸所产生的气泡会击垮船体或使船体弯曲损伤。如果炸药放置在离船体较远的地方，则结构受损的可能性会迅速降低，但在较大的爆炸距离下，设备和系统仍可能受到损伤。

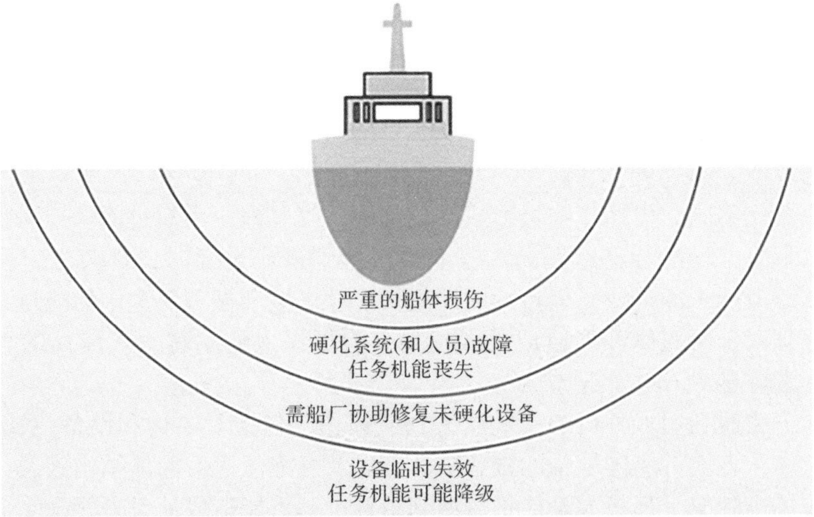

图 2.14 非接触式水下爆炸破坏严重程度随着相隔距离的增加而降低

对于刚性的金属壳船，如果船体厚度不大且装药量足够大，则爆炸装药在与船体接触或非常接近的位置引爆时通常会撕开一个大孔。由于直接暴露在爆炸载荷下，靠近攻击点的舱壁也会破裂；或者由于舱壁的变形引起船体的受损。爆炸导致外壳破裂可能对附近的设备造成严重损伤，总体而言，损伤可能很严重，但是可能不会延伸到船内或前后方向。如果爆炸发生在船体附近，也会产生与接触爆炸相同形式的破裂。随着距离的增加，可以达到船体破裂的临界点。超过此点时，船体仍是防水的，但变形很大，变形度随着爆炸距离的增加而减小。弹性船体材料（如 GRP）与钢材料船体的响应不同，在炸药装药量大且足够近时会发生分层，也会撕开孔洞。当爆炸距离较大时，还会到达船体仅发生弹性变形的位置。自由场的冲击波和船体附近的超压显示出几乎是瞬时上升到峰值压力，然后压力呈指数衰减（图 2.19）。压力波从船体反射并与入射波相互作用，在板中迅速产生一块缺口。在此阶段，与船体相邻的水已经空化，船体所达到的速度称为启动速度。在以后的某个阶段，邻近船体的空化包络闭合，船体重新加载，但不再是先前的水平。

当遇到水下冲击时，水面舰艇或潜艇整体响应会有所不同。不管装药在何处（假设它位于船的重心以下），船舶都将朝着向上的方向移动（也将发生少量的对抗和前后运动）。潜艇通过沿冲击波传播的方向移动来响应冲击波。当冲击波撞击到船体时，其一部分能量传递到船体，然后作为相对速度平移传递到整个船上的舱壁和甲板结构。在诸如壁板之类的坚硬区域中，沿着壁板一直延伸到船的顶层甲板，速度一直保持有效地传递，几乎没有衰减。舱壁和甲板的速度之和通常与舱壁的速度有差异（±20%~30%）。

图 2.15 显示了在船的龙骨处以及在船体结构中更高处记录速度与时间的关系。冲击加速度通常在船的任何部分都会有很大的变化。在龙骨处，加速计将准确反映船舶对冲击波的加速度，它也将记录船舶结构在该特定区域的局部高频响应。由于这个原因，速度计经常被用在整个船上需要刚体响应的位置。冲击加速度在船位置都会发生很大变化。如果需要加速度数据，则可以通过所记录速度数据的微分得到。完整的加速度数据不包含加速度计记录的高频部分；但速度计只能用于记录冲击载荷的初始加速部分。如果需要位移数据，还可将速度数据积分生成位移数据。

随着舰船结构测量位置的升高，所测舱壁上的加速度大小也将降低。其原因在于，隔板不是完全刚性的，因此不会在隔板的高度上瞬时传递这些加速度，从而导致响应逐渐降低。在舱壁各个点处的速度将是恒定的，因为非稳态运动而降低加速度响应的弹性能最终将在舱壁的远处反映出类似的速度运动（图 2.16）。远离舱壁，加速度可能会发生很大变化，尤其是在柔性横梁和甲

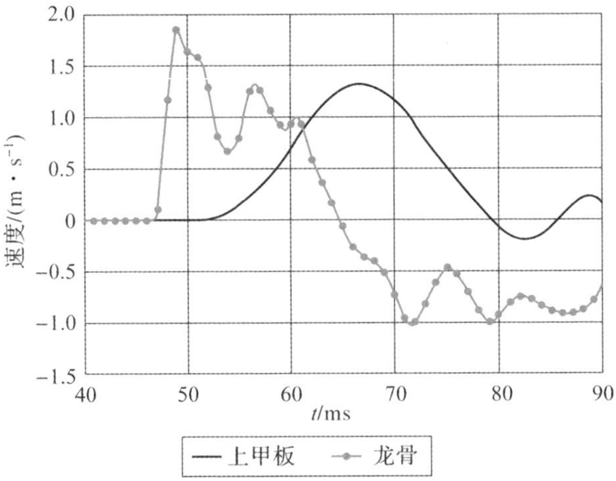

图 2.15 水下爆炸后，冲击波抵达舰艇船体时，龙骨与上甲板结构处记录的速度随时间变化曲线

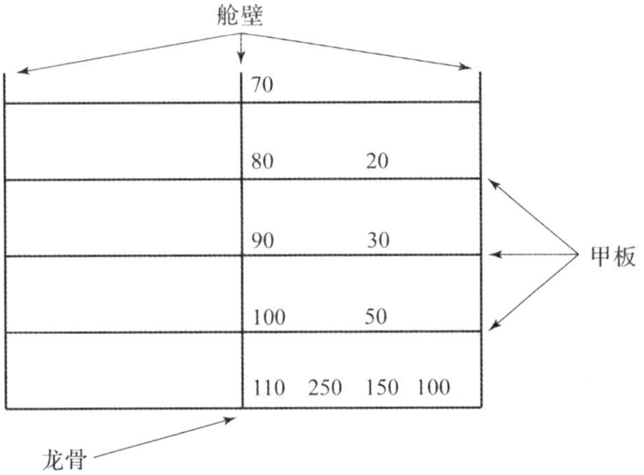

图 2.16 冲击载荷下，一艘舰艇周身加速度分布情况示意图

板上。这些区域的加速度响应将是该区域的质量和刚度的函数，这就是为什么通常只将加速度计用于记录远离龙骨的局部区域和特定设备的响应的原因。若加速度计已在舱壁和龙骨附近使用，所记录信息需要大量筛检且经验丰富才能够确定该区域的实际响应。

2.3.2 冲击试验技术与评估舰艇响应

海军平台水下爆炸物冲击试验通常是评估平台上设备和系统的适配情况，以及相对于海军条令规定，在特定水下武器载荷水平下，评估这些设备/系统易损性的一种手段。然而，也可以从这些试验中收集到有价值的结构和材料的响应信息。本节研究用于评估复合外壳扫雷艇结构响应的冲击测试技术以及从整个船只传感器中收集到的响应信息。此外，还包括舱壁与船体层合板接头的冲击前试验，作为在全尺寸船舶冲击试验之前确定这些接头类型的可能性能的一种方法。

2.3.3　扫雷舰一级舰艇冲击试验

澳大利亚皇家海军收购了“休恩”级近海扫雷舰（MHC），作为其前线探雷和处置工具。该级别的2号舰 HMAS Hawkesbury 于1999年在澳大利亚纽卡斯尔海岸进行了冲击试验，这是为了确定其结构和设备对一系列水下爆炸的抵抗力。MHC是一艘720t的单体船，在吃水线处长48m，横梁10m，吃水深度2.97m，如图2.17所示。避震试验位移量为635t，GRP结构以九个横向水密舱壁作为主要结构，并通过GRP－T型接头连接到壳体。

图2.17　澳大利亚近海扫雷舰（图片由RAN友情提供）

在对HMAS Hawkesbury进行水下爆炸测试后，对压力传感器、速度计和加速度计的测量响应进行了分析。由于信息敏感，本章将不详细介绍某些船舶的响应。但是，将对从整个船舶的传感器中提取的测试技术和信息类型进行讨论，作为检查复合船体对大型水下爆炸施加的重载的响应的一种手段。船体的响应可以通过龙骨刚体运动来表征，该信息表示MHC对冲击载荷的总体响应，并且通常会根据设备的质量分布和结构性舱壁的存在而沿船体的横梁变化。由于用于船体的复合材料（与钢相比）的弹性模量较低，因此局部结构响应存在较大差异。冲击试验包括在离MHC不同距离处引爆六支UNDEX炸药。炸药从一个漂浮物上展开，该漂浮物通过三点式控制系统拴在MHC的船头和船尾以及一艘支援船上，大型传感器套件用于测量船只的响应。图2.18

显示了在整个 MHC 中速度计和加速度计的位置。大多数换能器的位置都尽可能靠近纵向中心线。速度计通常放置于龙骨的位置，而加速度计则置于远离龙骨或吃水线以下与船体不直接接触的其他区域。

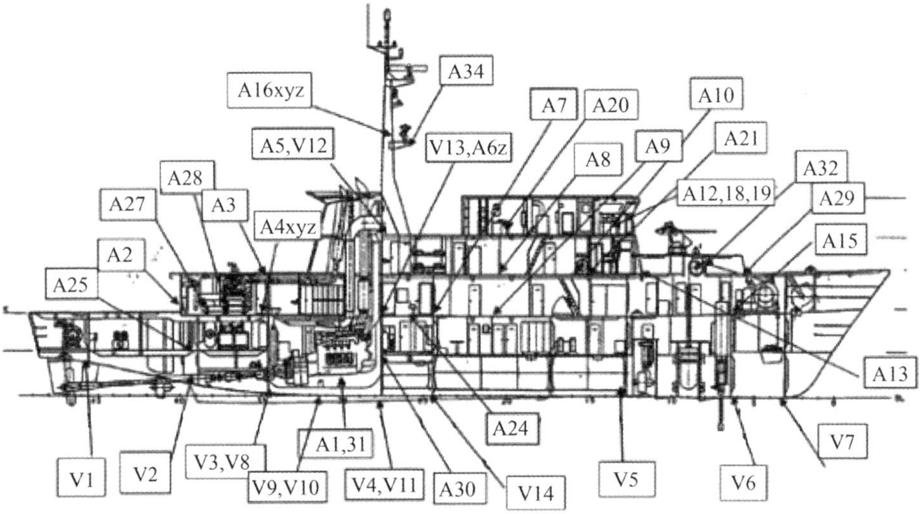

图 2.18 近海扫雷舰上的传感器位置（前缀 V 表示速度计，A 表示加速度计）

1. 理论响应和试验响应

图 2.19 显示了在 MHC 船体附近测得的和理论计算得到的典型爆炸压力 - 时间曲线。在试验过程中使用理论计算尝试预测即将发生的冲击压力曲线。从图 2.19 可以看出，试验压力和理论压力与时间的关系是合理的。与 Swisdak[33] 的相似性方程式和 Drimmer[34] 的爆炸常数计算理论值对比，试验压力确

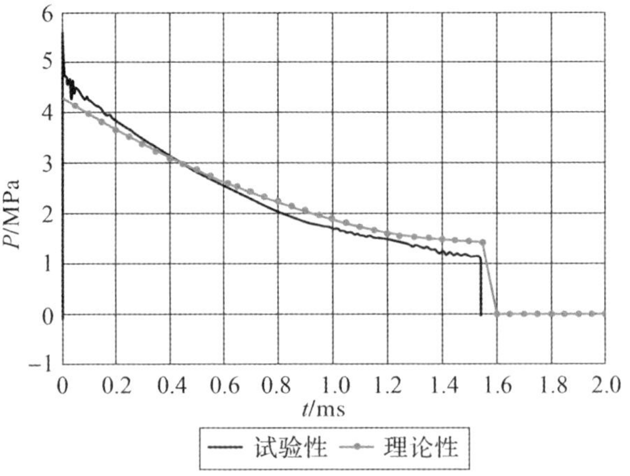

图 2.19 自由场试验与理论压力随时间变化的比较

实发生了一致的变化，因使用了钢制装药炸药，试验压力图始终显示出较大的峰值压力和更快的衰减速率。外壳限制了爆炸，从而导致更高的峰值压力，但是需要能量才能破碎外壳，从而导致压力波尾部下降更快。

2. 结构型响应测量

使用速度计和加速度计来确定 MHC－GRP 容器的结构响应。龙骨速度测量在船的多个位置进行，通常由结构舱壁和龙骨线相交处或附近的速度计组成，所有其他位置都使用加速度计来显示加速度与时间的关系。加速度响应体现了产生速度与时间的关系。所有响应的分析程序包括：

（1）所有传感器的速度与时间响应。

（2）过滤测量数据（250Hz 低通）以减少信号的杂散高频分量。高频成分对结构和设备影响较小。

（3）分析响应以确定峰值平移速度（PTV）或速度变化（Δv）（其中存在大量零偏移）以及对 PTV 的平均加速度，通过微分速度－时间图或直接从加速度与时间响应中读取峰值加速度值来确定 PTV 期间的峰值加速度。

图 2.20 显示了积分后的典型加速度计响应以及峰值平移速度 PTV、速度变化 Δv 和平均加速度。绝对峰值加速度值指示换能器位置处响应的峰值瞬时值。另外，平均峰值加速度值是通过考虑相关速度的上升得出的。这些平均加速度值通常更能代表该特定换能器总体区域中的环境、船上结构和设备的响应。沿着船的龙骨，更容易确定 PTV，而在船体的较高位置，冲击载荷响应（使用加速度计测量）显示为速度变化。在许多情况下这等效于 PTV，主冲击波负载到达换能器位置之前的结构响应意味着通常存在零偏移，因此可以测量速度的变化。一旦冲击载荷上升到船舶结构中，载荷响应就会变成正弦曲线，通常有必要测量正负峰值加速度和速度（与加速度和速度相对于零的变化相对）。

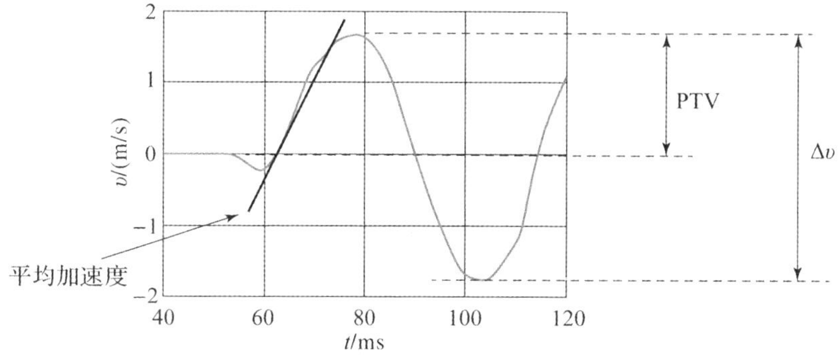

图 2.20　综合加速度计结果得出的速度－时间响应（标记 PTV、Δv、平均加速度）

3. 刚体运动

记录速度和时间的关系是获得受到冲击载荷作用船只响应的首选方法。例如在图 2.21 中，冲击载荷使 MHC 在爆炸后约 48ms 的时间开始垂直响应。负载会在约 4ms 内产生约 36g 的正（向上）平均加速度，直到 PTV 达到 1.1m/s。PTV 的加速度是冲击波直接加载到换能器附近的船体结构的直接结果。

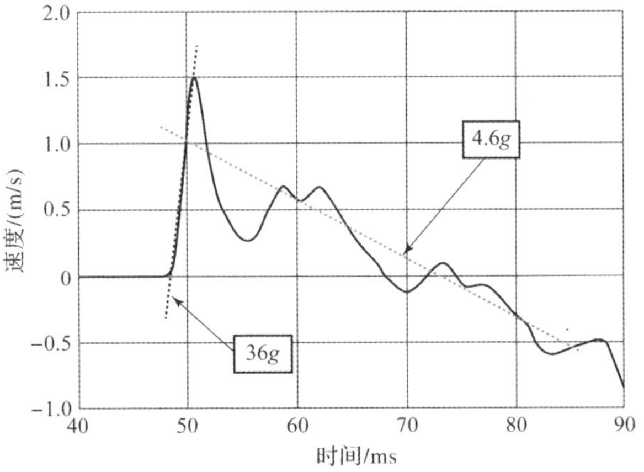

图 2.21 典型的速度计响应表明，在向 PTV 加速以及冲击波停止加载后近海扫雷舰的减速

在达到 PTV 后，船只减速到 4.6g 左右。这种减速发生在冲击波停止加载后，取决于重力以及环境压力。因为平台潮湿船体区域周围的低压区域（相对于环境）受到来自环境压力的额外载荷的影响，当平台因为冲击载荷而开始向上移动出水面时，就会产生低压区域。水无法迅速涌入来填补平台向上移出水面时产生的空缺（如平台主体正在被拖回水中）。当冲击载荷停止时，这种向上的减速就会继续，直至平台达到零速度，然后开始向下加速。冲击波能量（SWE）与船舶刚性结构部分的 PTV 响应之间存在近似线性关系：

$$\mathrm{PTV} = A \times \mathrm{SWE} + C \tag{2.1}$$

式中：PTV 为船舶的峰值平移速度；SWE 为冲击波能量；A 为最佳拟合线的斜率（由最小二乘拟合确定）；C 为 PTV 截距。

类似的关系可以用来描述 PTV 的平均加速度，这些关系可以在建模和仿真工具中使用，从而快速、简单地评估船只的响应，而不必借助于有限元计算。图 2.22 显示了针对 SWE 的平均加速度建立的关系示例。对冲击试验的结果进行线性近似模拟，然后将近似值外推到船舶的设计。响应适用于整个船舶上与不同冲击强度区域相关的各个区域。这些区域中每个区域的特征在于平均加速度响应后迅速下降，这些区域对于分类区域的设备和系统的冲击载荷都具有重要意义。舰船的相关冲击要求可以与船舶的联系起来，并用于建模或仿真工具中。

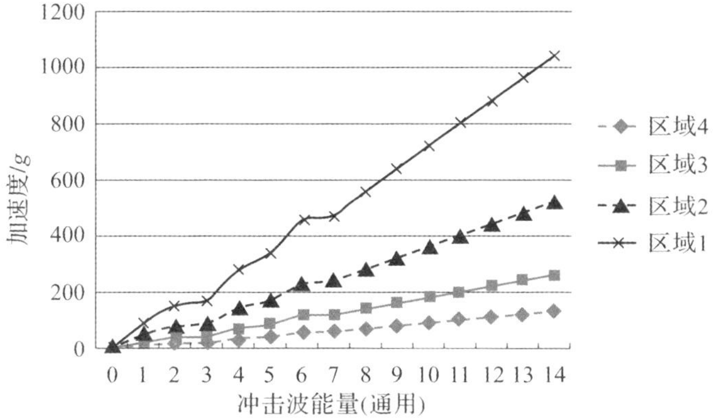

图 2.22　整艘船不同冲击区域都出现接近于加速度响应的线性接近

4. 结构谐振频率响应

在速度计和加速度计位置处获得的每个结构响应执行傅里叶变换，以获得在换能器位置处的共振结构频率响应。其中一些响应如图 2.23 所示。MHC 的响应频率为 8 ~ 50Hz，这些响应通常在靠近船体结构的龙骨处，频率较低（8 ~ 15Hz），而在船体结构中较高的位置，共振响应频率则增加，这与整个容器的平均 GRP 层合板厚度变化有关。在结构的下方，例如在主甲板下方，该结构比主甲板上方的厚度要厚得多。由于较高的结构刚度和阻尼特性，厚度和质量的增加通常将产生具有较小共振频率的结构。

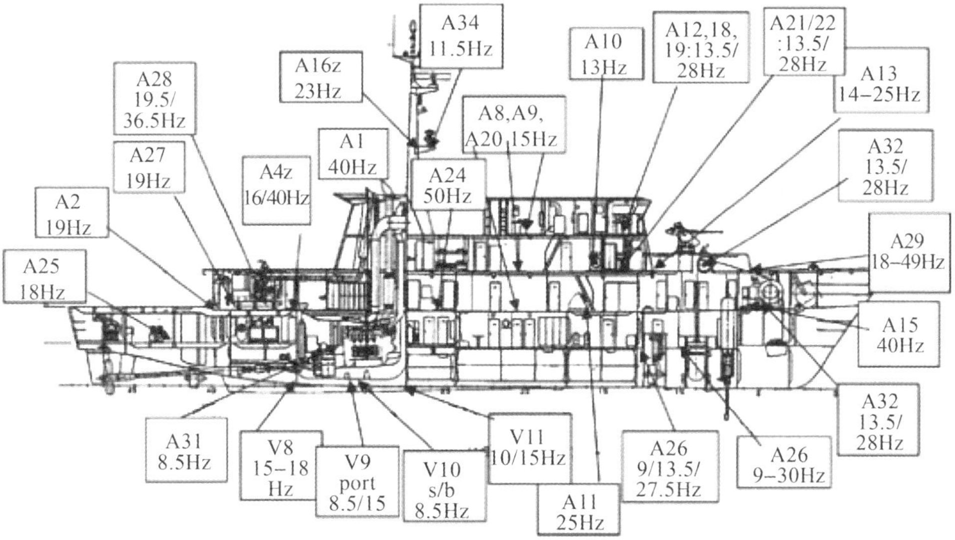

图 2.23　传感器位置的主导基础模态响应

MHC 旨在通过将大多数系统安装在悬挂在主甲板上的支架中来减少对设备和系统造成冲击载荷的可能性，起到了将系统与严重的高频加速度负载和潮湿船体区域周围发生的大位移隔离的作用。但是，MHC 减震设计的主要缺点是船体的挠曲给水密舱壁和船体之间的接头施加了相当大的载荷。从图 2. 24 中可以看出，船体中跨的回弹速度（在约 80ms 处）比舱壁处船体响应的冲击载荷速度高 50%。在冲击载荷中，反弹最初是遵循舱壁响应的；然而，当移动船体继续运动，在接头上施加拉力，这是由船体和安装在舱壁上的仪表响应之间的差异在 80ms 左右表示的。在进行电击试验前，设计了一系列小规模的测试试验，并对 GRP 复合 T 形接头进行评估（见 2. 3. 4 节），评估它们在 MHC 电击试验中的方式以及受损的可能性。

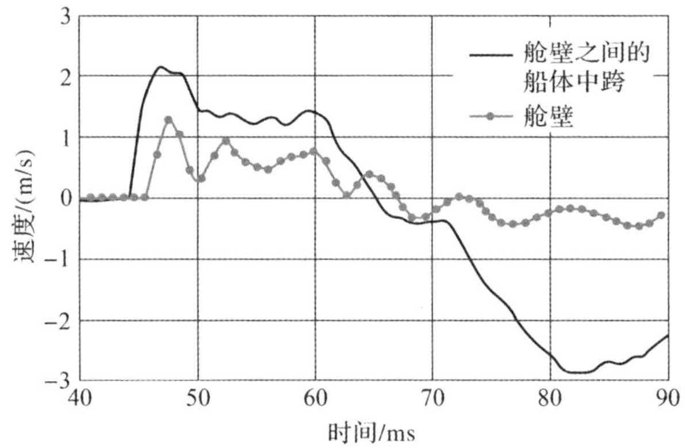

图 2. 24 比较船体响应（舱壁之间的船体中跨）与舱壁响应

2. 3. 4 GRP 复合 T 形接头试验

在进行冲击试验前，对 MHC 上的舱壁与船体之间的连接接头受损的可能性进行评估，制作了 T 形接头试样，如图 2. 25 所示。这些试样在隔板和壳板的大部分横截面中使用了 E 玻璃纤维增强的层合板。层合板的外表面和阶梯式覆膜结构使 MHC 结构增强。

1. 试验设备与 T 形接头样本安装

如图 2. 26 所示，舱壁至船体的 T 形接头在顶部和底部均敞开的钢箱测试架中进行测试。开口面积 800mm^2、宽 100mm 和厚 12mm。下法兰用于固定接头试样的壳板。将接头试件钻孔，然后用螺栓固定在壳板的每个 790mm 端部（图 2. 27）。接头的壳板位于吃水线以下约 350mm 处。用弹性密封带将外壳板的两个未固定侧面密封到测试框架，以确保防水密封。该密封件设计为在壳体变形期间失效，能够使侧向自由变形，从而避免了在接头端部产生载荷。外壳

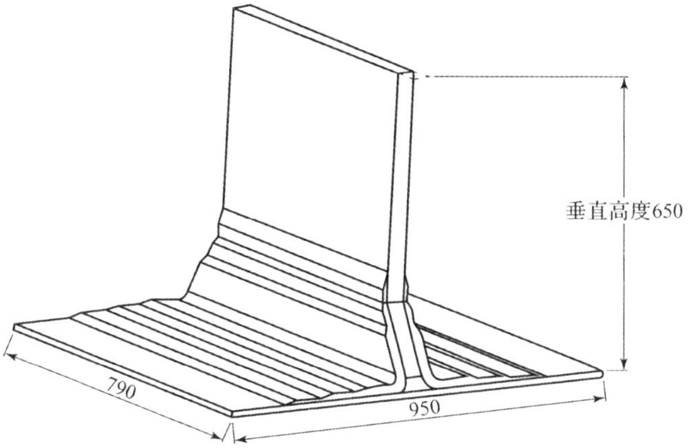

图 2.25 GRP 的 T 形接头冲击试验样本的构造（尺寸单位为 mm）

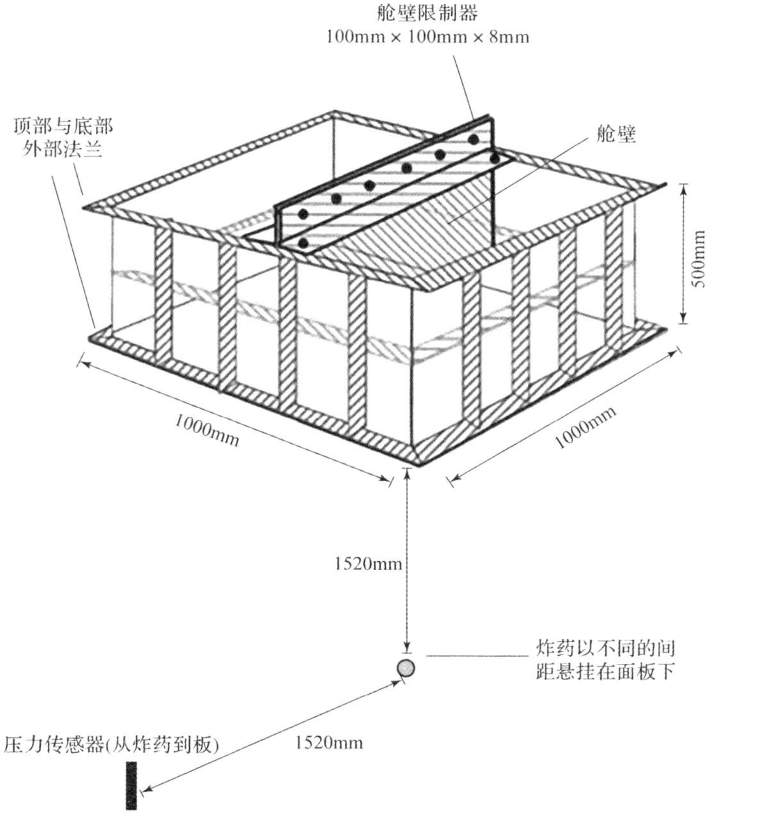

图 2.26 钢制试验框架顶部与底部有 800 × 800m² 开口接头。接头的壳板用螺栓固定到低处法兰上（可以看到舱壁用螺栓穿过顶部的约束性角梁表示，以及相对于试验框架与 GRP 板上的压力传感器和炸药位置）

图 2.27　冲击试验将 GRP 试验板与试验框架分开，部分舱壁在箱体内

板可以自由向上弹性变形到测试框架中，在螺栓端受到约束。两根 150 × 150 × 8m^3 的角钢横梁的舱壁约束以夹层结构用螺栓固定在舱壁板的顶部。这种横跨试验架上法兰的约束装置是为了在冲击载荷后，当舱壁返回到原始的预试验位置时，将其固定。

在 UNDEX 期间，为了限制测试框架在水中的移动，将测试框架牢固地固定在一个重约 7t 的较大浮动平台上（图 2.28），这提供了很大的约束。测试框架的顶部和底部法兰用于连接浮动平台。在试验过程中，将盒子固定在平台上，以防止过度移动。试验中设置的 MSV 镜头证实，在加载的最初 400ms 内，目标盒几乎没有移动。在试验过程中刺入密封件和/或板材时，浮动平台还可以防止目标箱沉没。

图 2.28　安装和固定在较大浮动平台上的 GRP 测试框架

2. 仪器

GRP 板材测试使用水下压力传感器记录自由场压力曲线。水下压力传感器位于与壳板中心装药相等的装药间隔处（图 2.26）。该阵列用于确认比较事件的重复初始载荷，而不是作为载荷的绝对量度。由于气泡、外壳和传感器之间的空间偏移，压力传感器无法用来定义整个加载时间。使用两种技术测量舱

壁相对于测试架的位移。将 HSV 摄像机安装在岸上，以记录舱壁与测试架以及舱壁与壳体的相对运动。为了能够直接观测到壳体和舱壁的相对垂直位移，将一根直径为 7mm 的聚碳酸酯棒通过一个销钉连接到壳体板上，并沿着舱壁的前部通过。视频中记录了杆尖和舱壁上对比标记的相对运动，对于记录舱壁与壳体的接头分离失效的时刻非常有用。外壳位移的视频记录也证实了双仪器事件，例如线性电位计的位移输出。由于水的遮挡，视频记录被限制在最初的 50~100ms 内，而位移传感器可以记录完整的位移历史。

3. 试验步骤与载荷示例

用连接在测试框架上的四根绳索，将 100g 的圆柱形烈性炸药装在壳板的中心下方。装药与外壳板之间的间隔为 1.52~1.10m，每个试样仅承受一次冲击载荷。自由场压力记录表明，主脉冲在 0.7（间隔 1.10m 时）~1.0ms（间隔 1.52m 时）之间，第一和第二气泡脉冲分别在爆炸后约 120ms 和 215ms（图 2.29）。当振荡的气泡移向板材并远离压力传感器时，应注意来自气泡脉动的连续压力。位移历史记录表明，气泡载荷很大。

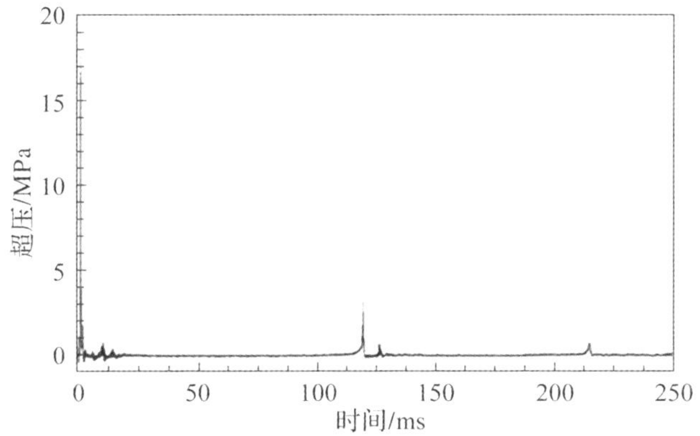

图 2.29　间隔 1.25m 时测得的自由场水下压力变化

检查证实，接头没有产生明显的边缘效应的迹象，这可能表明沿接头长度的载荷不均匀。根据试验工作，板材对冲击波和气泡脉冲载荷的概述如下。冲击波和气泡脉冲载荷使板材拱起进入目标箱，如图 2.30 所示。当这些载荷中的其中一个停止作用时，板材将返回其原始预载荷位置，并通过舱壁限制器阻止其继续越过该位置。当板材受到舱壁约束触及目标箱的顶部，板材返回其初始位置时，舱壁和板材之间的连接处将处于拉紧状态。如果分层失败，则可能是由于板材的拱起而引起的，然后在舱壁被其约束装置阻止时，通过在接头上的拉力载荷而传播。

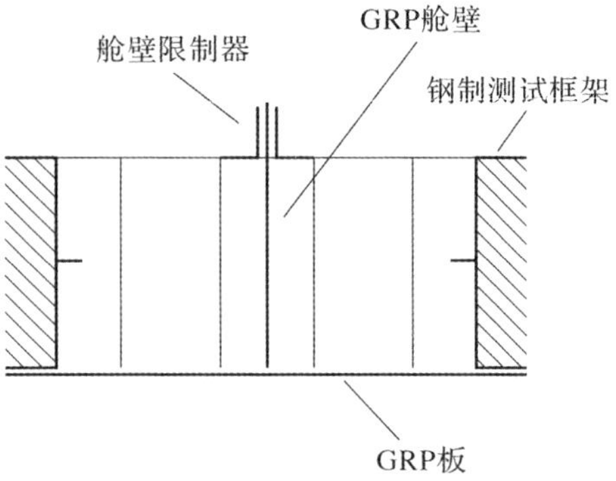

(a) 加载前，试验框架与GRP板/舱壁横截面示意图

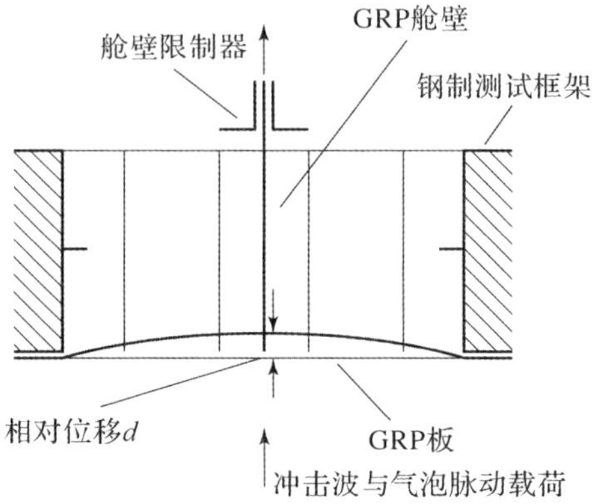

(b) 加载过程中，测试框架与GRP板/舱壁横截面示意图，
表明板（拱起）与舱壁在向上移动(利用一个位移传感器
来测定测试框架与板之间的相对位移)

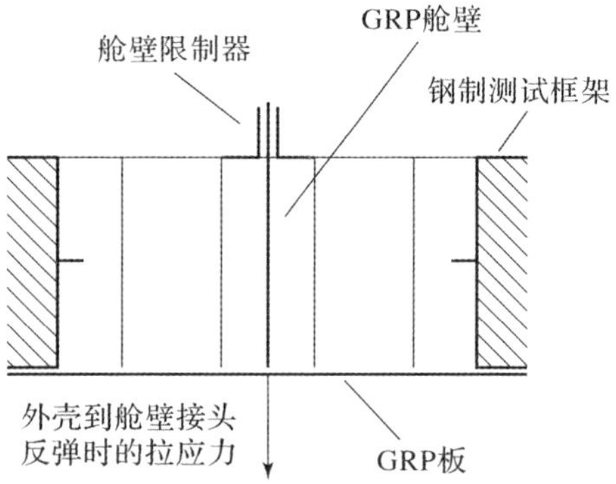

(c) 测试框架与舱壁在加载过程中的横截面示意图，
表明板与舱壁短暂地停留在零位移位置

图 2.30 冲击波和气泡脉动载荷使板材拱起进入目标箱示意图

4. UNDEX 载荷下接头的动态响应情况

舱壁位移记录表明了复杂的载荷过程，可以将其分为由两组位移峰表示的两个阶段。第一个位移峰与主冲击载荷有关，发生在最初的 100ms 左右（图 2.31）。第一个峰值是由于冲击波产生的，冲击波使板材逐渐加速直到发生局部气蚀。当载荷受到气蚀停止时，相对位移减小，直到舱壁约束装置撞击到测试框架的顶部法兰为止。冲击载荷仅持续 1ms，40ms 和 65ms 处的峰值是由测试框架顶部法兰上的舱壁约束弹性引起的。

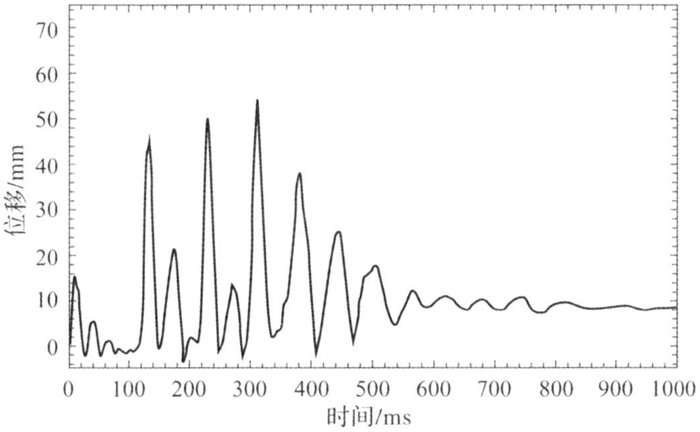

图 2.31　舱壁板相对于测试框架的位移（采用绕线式位移传感器测定）

从 120ms 到约 500ms 的第二个峰值与气泡的膨胀和收缩有关。根据压力记录，第一个压力气泡脉动出现在 120ms 处，这与在 120ms 左右开始的第一个大位移峰值有很大的关系。在 215ms 左右出现第二个气泡脉动。假定气泡会从压力传感器移开并更靠近 GRP 船体，在 220ms 左右的第二次大偏转与第二次气泡脉动一致，在这两个主要位移峰之间的一个小峰值（尽管比冲击感应响应大）约为 160ms，该峰值很可能是由测试框架法兰上的舱壁约束弹性引起的，在气泡脉动之间，气泡也会膨胀到最大直径。这种膨胀还将导致水在气泡之前被挤出，这也可能导致较小的位移峰值，主气泡脉动感应峰的强度增加，直到在约 300ms 处的第三个峰值。在第三个脉冲之后，气泡开始破裂，从 350ms 开始的一系列衰减峰可能是由舱壁约束再次反弹引起的。

气泡脉动以较慢的速度进行加载，不会像主冲击脉冲那样发生局部气蚀闭合。因此，板材继续偏转至高位移，气泡脉动的加载时间越长，局部接头分层后壳板的刚度越低，这都将导致更大的位移。

2.4 结　论

本章概述了在评估舰船平台对武器攻击下的结构易损性时进行的类型。评估船只对这些类型攻击的结构响应在很大程度上依赖于建模和仿真，这些建模和仿真已通过模拟和缩比模型试验程序验证。针对澳大利亚 MHC 的空气爆炸面板试验和水下爆炸事件，给出了相关试验技术实例。本章还介绍了玻璃增强塑料 T 形接头的冲击前缩比测试，以评估其在冲击试验中的可能行为。

参考文献

[1] A.D. Resnyansky, T.G. Delaney, Experimental study of blast mitigation in a water mist, Report No. DSTO-TR-1944, Defence Science and Technology Organisation, Department of Defence, Melbourne, Australia, 2006.
[2] R. Perl, R. O'Rourke, Terrorist attack on USS Cole: background and issues for congress, Congressional Research Service, Library of Congress, 2001.
[3] John Hopkins University Cockeysville MD Ballistic Analysis Lab, The resistance of various metallic materials to perforation by steel fragments; empirical relationships for fragment residual velocity and residual weight, Ballistic Research Laboratories, MD, 1961.
[4] D.W. Hyde, Fundamentals of protective design for conventional weapons, Report No. TM-5-855-1, United States Army Corps of Engineers, 1991.
[5] J.D. Yatteau, R.H. Zernow, G.W. Recht, K.T. Ediquist, FATEPEN: Fast Air Target Encounter Penetration, Terminal Ballistics Penetration Model V3.0.0 Vol.1—User's Guide, Applied Research Associations Incorporated, CO, 1999.
[6] https://www.scribd.com/doc/103350203/A-Manual-for-the-Prediction-of-Blast-and-Fragment-Loading-on-Structures, http://www.springer.com/us/book/9783642052873.
[7] G. Yiannakopoulos. FE modelling of an internal air blast inside a steel cubicle, Proceedings of the Sixth Asia Pacific Conference on Shock and Impact Loads on Structures, Perth, Western Australia, 2005.
[8] I. Sochet. Blast effects of external explosions, Proceedings of the Eighth Symposium on Hazards, Prevention and Mitigation of Industrial Explosions, Japan, 2010.
[9] C.E. Needham, Blast Waves, Springer-Verlag, Berlin Heidelberg, 2010.
[10] L. Gilson, J. Van Roey, G. Gueders, L. Rabet. A simple coupling of ALE domain with empirical blast load function in LS-DYNA, EPJ Web of Conferences 26, 04018, 2012.
[11] V. Pickerd, H. Borstein, P. McCarthy, M. Buckland, Analysis of the structural response and failure of containers subjected to internal blast loading, Int. J. Impact Eng. 95 (2016) 40–53.
[12] A. van Erkel, Blast on and in Ships, Course Notes from TNO Resilient Ship Design Course Against Under Water and Above Water Threats, Shock Course, Melbourne, Australia, 2015.

[13] N.M. Burman, D.S. Saunders, D.V. Ritzel, M.E. Buckland. Deformation and fracture of compartments subjected to internal blast loading, Proceedings of the Fifth Australian Aeronautical Conference, Melbourne, Australia, 1993.
[14] T. Turner, Deformation and Failure in Compartments Subjected to Internal Blast Loading; Part 1 Experimental Series, Report DSTO-TR-1038, Defence Science and Technology Organisation, Department of Defence, Melbourne, Australia, 2000.
[15] N.M. Burman, B.E. Walsh, Ship Survivability Enhancement Program (SSEP) Experimental Program, Results From DSTO Trial, Department of Defence, Melbourne, Australia, 1994 (unpublished data)
[16] B.E. Walsh, Ship Survivability Enhancement Program (SSEP)—Manual of Conventional Weapon Data, Report DSTO-GD-0105, Defence Science and Technology Organisation, Melbourne, Australia, 1996.
[17] M. Buckland, G. Gamble, M. Skeen, L. de Yong. The identification of the battle damage to HMAS Sydney II, Proceedings of the Pacific 2010 International Maritime Conference, Sydney, Australia, 2010.
[18] B.E. Walsh, N.M. Burman, Blast Resistance of Water-Tight Doors for Warships, Report DSTO-TR-0617, Defence Science and Technology Organisation, Department of Defence, Melbourne, Australia, 1998.
[19] B.E. Walsh, N.M. Burman, Blast Resistance of Water-Tight Doors for Warships: Part 2, Report DSTO-TR-0732, Defence Science and Technology Organisation, Department of Defence, Melbourne, Australia, 1998.
[20] J. Zukas, High Velocity Impact Dynamics, John Wiley and Sons, New York, NY, 1990.
[21] F. Ackermann, Digital image correlation: performance and potential application in photogrammetry, Photogramm. Rec. 11 (1984) 429–439.
[22] R. Moser, J.G. Lightner, Using three-dimensional digital imaging correlation techniques to validate tire finite-element model, Exp. Techniques 31 (2007) 29–36.
[23] M. Bolduc, D. Nandlall, R. Arsenault, M. Jutras, Improving Hydrocode Models Using High Strain Rate Testing. Technical Memorandum, Defence R&D Canada, Valcartier, Canada, 2008.
[24] C.A. Sciammarella, F.M. Sciammarella, Digital image correlation (DIC), Experimental Mechanics of Solids, John Wiley & Sons, New York, NY, 2012, pp. 607–629.
[25] F. Hild, S. Roux, Digital image correlation: from displacement measurement to identification of elastic properties: a review, Strain 42 (2006) 69–80.
[26] E. Verhulp, B. van Rietbergen, R. Huiskes, A three-dimensional digital image correlation technique for strain measurements in microstructures, J. Biomechan. 31 (2003) 1313–1320.
[27] S. Ryan, A Review of Penetration Models for Ballistic Impact, Report DSTO-TR-2640, Defence Science & Technology Organisation, Department of Defence, Melbourne, Australia, 2011.
[28] A.J. Bedford, B.E. Walsh, Scatter in Fragment Mass/Number Distributions From Nominally Identical Fragmentation Tests, Report MRL-TN-447, Materials Research Laboratory, Department of Defence, Melbourne, Australia, November 1980.
[29] J.G. Anderson, J.A. Waschl, T.T. Nguyen, Prediction of Fragmentation (Fragment Mass/Number) Distributed From Cased HE Munitions: A User Guide for ZofragGUI, Report DSTO-CR-2008-0025, Defence Science and Technology Organisation, Department of Defence, Melbourne, Australia, 2007.
[30] A.H. Keil, The Response of Ships to Underwater Explosions, Department of the Navy, David Taylor Model Basin Structural Mechanics Laboratory Research and Development Report 1576, 1961.
[31] W.D. Reid, The Response of Surface Ships to Underwater Explosions. Report DSTO-GD-0109, Defence Science and Technology Organisation, Department of Defence, Melbourne, Australia, 1996.

[32] R.H. Cole, Underwater Explosions, Princetown University Press, Princeton, NJ, 1948.
[33] M. Swisdak, Explosion Effects and Properties. Part II. Explosion Effects in Water, Report NSWC/WOL/TR-76-116, Naval Surface Warfare Center, Dahlgren, VA, 1978.
[34] B.E. Drimmer, Navy Bank of Explosives Data (NAVBED)—Volume II, Report NSWC MP 83-230, Naval Surface Warfare Center, Dahlgren, VA, 1983.

第3章

空爆载荷下复合材料板的动态特性：试验和理论

Halit S. Turkmen
土耳其伊斯坦布尔伊斯坦布尔理工大学

3.1 简　　介

空气爆炸载荷（简称“空爆载荷”）可能导致结构部件的失效。因此，弄清空爆载荷对结构部件的影响具有重要意义，结构部件包括梁、板、壳等。如今，海军与航空领域中的很多工程结构都采用复合面板制成，这些面板可能是平直的或者弯曲的。在设计这些结构时，应该考虑空爆载荷对结构部件的影响。要想做到这一点，可以从了解复合面板在空爆载荷下的瞬态响应入手。很多学者针对层合板遭遇空爆载荷时的动态特性展开研究[1-19]，这些研究给出试验结果，理论结果，有些研究同时给出试验结果与数值结果。

本章阐述了复合层合板在遭遇空爆载荷时的瞬态响应情况，同时运用试验与理论方法来解释空爆载荷影响下层压复合材料的动态特性。在解释爆炸波、测量冲击波及面板应变时，通过一些示例加以佐证。在这些示例中，也解释了如何运用一些理论和数值方法来预测面板在空爆载荷下的动态响应特性。在发生爆炸冲击、空气动力学冲击时，可能会引起空爆载荷。这些载荷有可能对结构造成损伤。冲击效应形式包括突发气压、颗粒撞击和/或温度上升，所有这些效应都有可能引起结构变形，变形可能是永久的，也可能是非永久的。在本章，只考虑爆炸的突发气压效应。突发气压可能是均匀的，也可能并不均匀，这取决于与爆炸源之间的距离。在某些示例中，即使压力分布不一定完全均匀，但是在对爆炸效应进行理论预测时，也可以假设它对爆炸效应的理论预测是一致的。爆炸试验一般具有危险性，而且很难在实验室环境中展开。因此，有必要在避免对人员和周围环境产生任何伤害的情况下进行爆炸波试验。在开展冲击试验时，可运用多种方法来避免给人员和周围环境带来危险或伤害。这里展示了两种获取冲击波的不同方法。在实验室环境中，可以通过爆轰管或者增压管来产生空爆载荷，本章对该方法进行了阐述。理论方法包括封闭解和数值法，如有限元法（FEM）和微分求积法（DQM），本章对这些方法进行了阐述。

3.2 试验方法

3.2.1 获取冲击波

1. 爆轰管产生的冲击波

利用爆轰管来获取空爆载荷。所谓的爆轰就是高速燃烧，可通过在一个长圆柱钢制爆轰管中 LPG - 氧气混合物的反应形成爆轰效应[20]。将 LPG 与氧气的混合物从一端送入钢制爆轰管中，然后用一个火花塞引燃混合气体。将钢管固定到一个放置在地面上的混凝土底座上，保证钢管在试验过程中不会发生任何移动。此处提及的爆轰管见图 3.1。

图 3.1　爆轰管

整个过程由计算机程序来控制。送入管中的 LPG - 氧气混合物体积以及引燃前等待的时间都会影响获取的空气冲击波。计算机程序可控制这些参数，因此可利用相同参数进行反复试验。利用数字示波器和 RS232C 串联接口，对数据进行数字化处理，并转移到计算机上。图 3.2 展示了 LPG 和氧气罐、数字示波器、计算机。图 3.3 是试验布置示意图。

图 3.2　试验布置图

试验具有可重复性，使用同一个传感器，每次试验选取一点测量空气冲击压力，这样能够确定整个表面的压力分布情况。此外，由于爆轰管相对于面板居中，所以 1/4 模型上的压力测定是足够的（图 3.4）。

2. 使用加压管的冲击波

空爆压力也可以通过使用管道中的加压空气来产生[21-23]，以下是具体流程。空气冲击压力系统由压缩机、压力罐、连接软管、阀门、圆柱钢管和薄膜组成。压缩机能够压缩罐内的空气。安全阀用来防止罐内产生过高气压。通过阀门将加压空气转移到圆柱钢管中，圆柱钢管中的压力可通过阀门来控制。圆柱钢管的开放端用薄膜封闭起来，用于封闭圆柱钢管的薄膜是圆形薄片。当管中压力超过限值时，薄膜裂开，限值取决于薄膜的材质与厚度。圆柱冲击管、压缩机、罐子如图 3.5 所示。

薄膜可能采用紫铜、黄铜、橡胶、聚碳酸酯、玻璃纤维/环氧树脂复合材料、聚酯等制成。图 3.6 中展示了紫铜、Mylar 聚酯、玻璃纤维/环氧树脂、橡胶材质的薄膜。紫铜与玻璃纤维/环氧树脂薄膜具有高强度特点，因此它们可能需要初始损伤处理。玻璃纤维/环氧树脂与橡胶联合使用能够获得突然破裂的效果。研究表明，Mylar 聚酯不需要初始损伤处理。破裂的薄膜如图 3.7 所示。

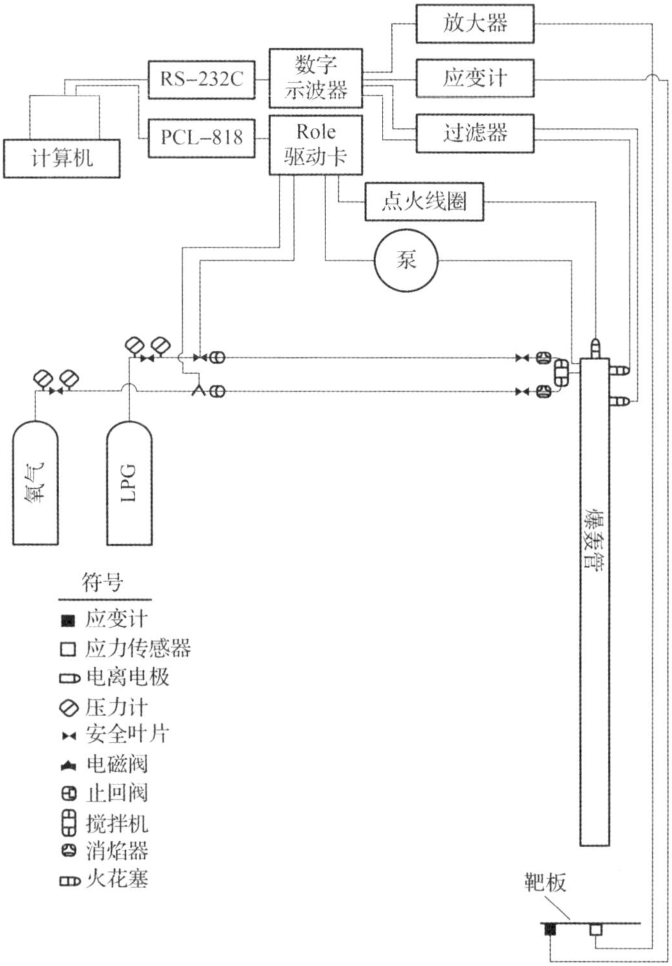

图 3.3　试验布置示意图[20]

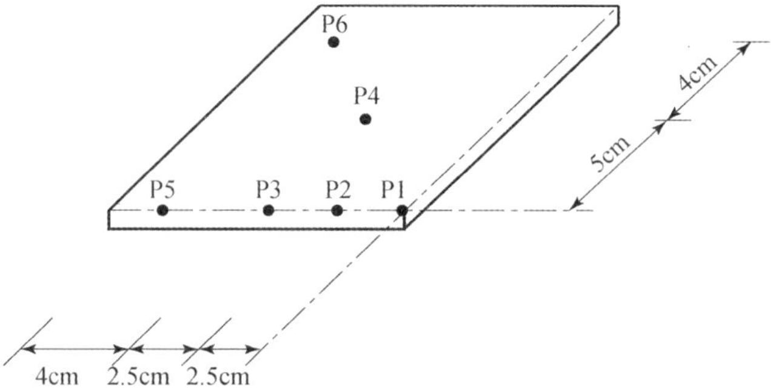

图 3.4　1/4 模型中冲击压力测量点

(a)

(b)

图3.5　加压冲击管与试验部件[21]

(a) 紫铜

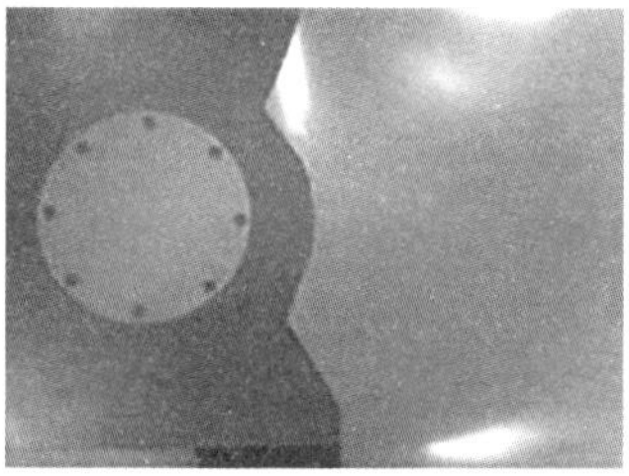

(b) Mylar聚酯

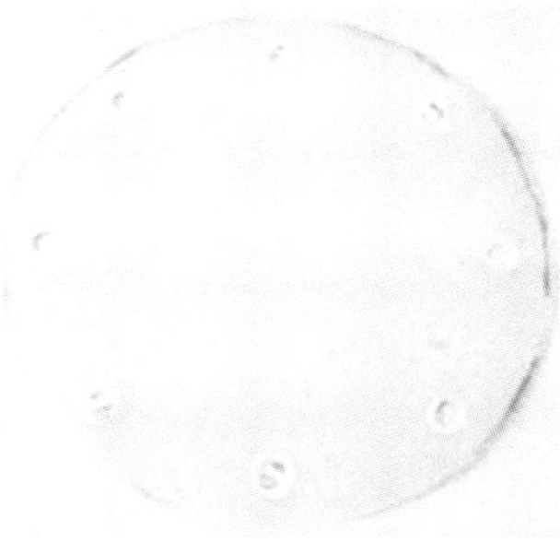

(c) 玻璃纤维/环氧树脂

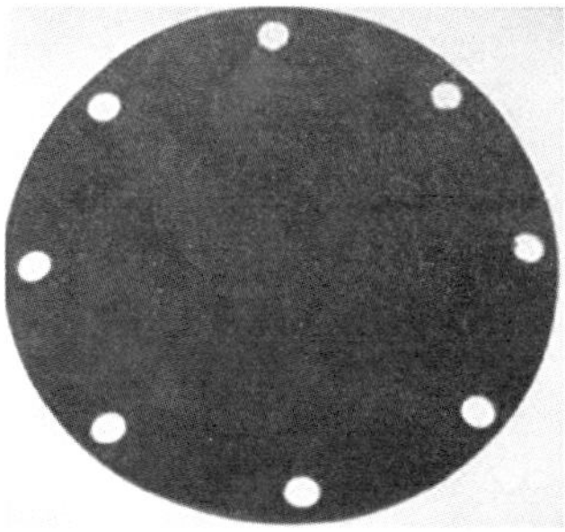

(d) 橡胶

图3.6　压力薄膜

(a)　　(b)　　(c)

图 3.7　破裂的薄膜

3.2.2　空气冲击波的测量

利用位于面板上某些点的压力传感器来测量（平直或弯曲的）面板上冲击压力的分布情况。可利用压力传感器来测量空爆压力。在测定空爆载荷时，采用的传感器包括石英晶体压力传感器、压电式压力传感器、微型压力传感器，如图 3.8 所示。石英晶体或压电式压力传感器不能安装在复合面板上。因此，在使用这些传感器时，可在木制或树脂玻璃等刚性结构上完成压力测量。微型压力传感器不能用来直接测定复合面板的压力。

(a)　　(b)　　(c)

图 3.8　压力传感器的类型

利用电荷放大器将石英晶体传感器的信号进行放大处理，然后用数字示波器对其进行数字化处理。接着，将数字化处理后的信号转移到计算机上。若使用压电式压力传感器或微型压力传感器，则用数据采集系统对信号进行数字化处理，然后转移到计算机上。

空爆载荷试验中测得的典型压力变化测量结果见图 3.9。图 3.9（a）显示距离爆轰管末端 35cm 处的空气爆炸冲击波，可以看到压力迅速下降，然后衰减到负值，表明形成了真空。图 3.9（b）显示的是距离爆轰管末端 100cm 处的空气爆炸冲击波。之前的峰值压力几乎是此处的 10 倍。这里的真空度也要比 35cm 处的要低。同时，在 100cm 处压力变化一致，而 35cm 处的压力变化并不一致。面板上的爆炸压力测量结果表明压力变化的特征在很大程度上取决于管子开口端与靶板之间的距离。例如，如果我们将距离减小到 1/3，那么面板上的峰值压力就会增加 10 倍左右。此外，正峰值压力与负峰值压力的比也随着距离的增加而增加。距离比较小时，面板上的压力分布呈现正弦变化。另外，压力的空间分布随着距离的增加也变得更加一致。

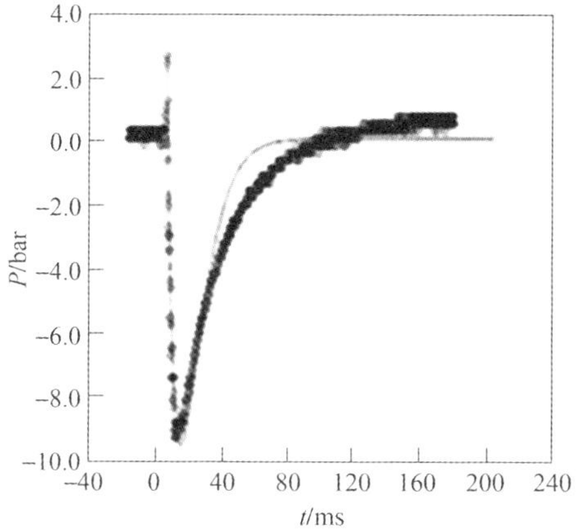

(a) 距35 cm处　　(b) 距100 cm处

图 3.9　距离爆轰管末端 35cm 和 100cm 处的空气冲击波测定结果[24]

图 3.10 中可以看到微型压力传感器测得的空气冲击波。图 3.10 还给出了描述空气冲击波的函数。B1 表示面板中心的空气冲击波，可以看出压力的上升与下降速度几乎是一样的。B2 显示的是 B2 点的空气冲击波，在这个点形成了真空。在试验研究中，利用加压管产生空气冲击波，在面板上多个点，用压电式压力传感器来测量空气冲击波。图 3.11 显示的是面板上 12 个点测得的空气冲击波。图中可以看出空气冲击波和峰值压力在所有点彼此接近，表明面板上获得的压力分布是一致的。

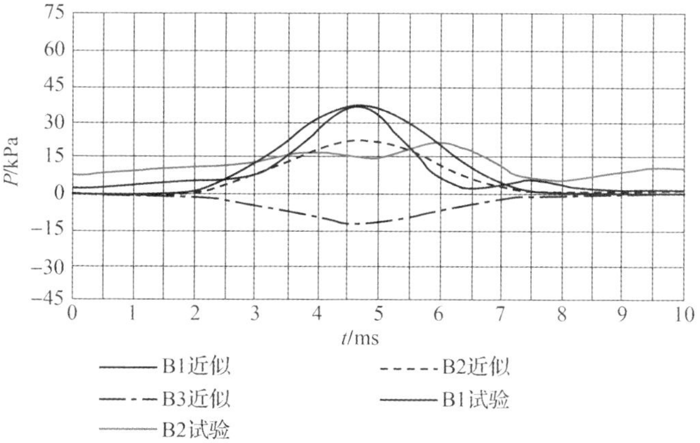

图 3.10　空气冲击波[23]

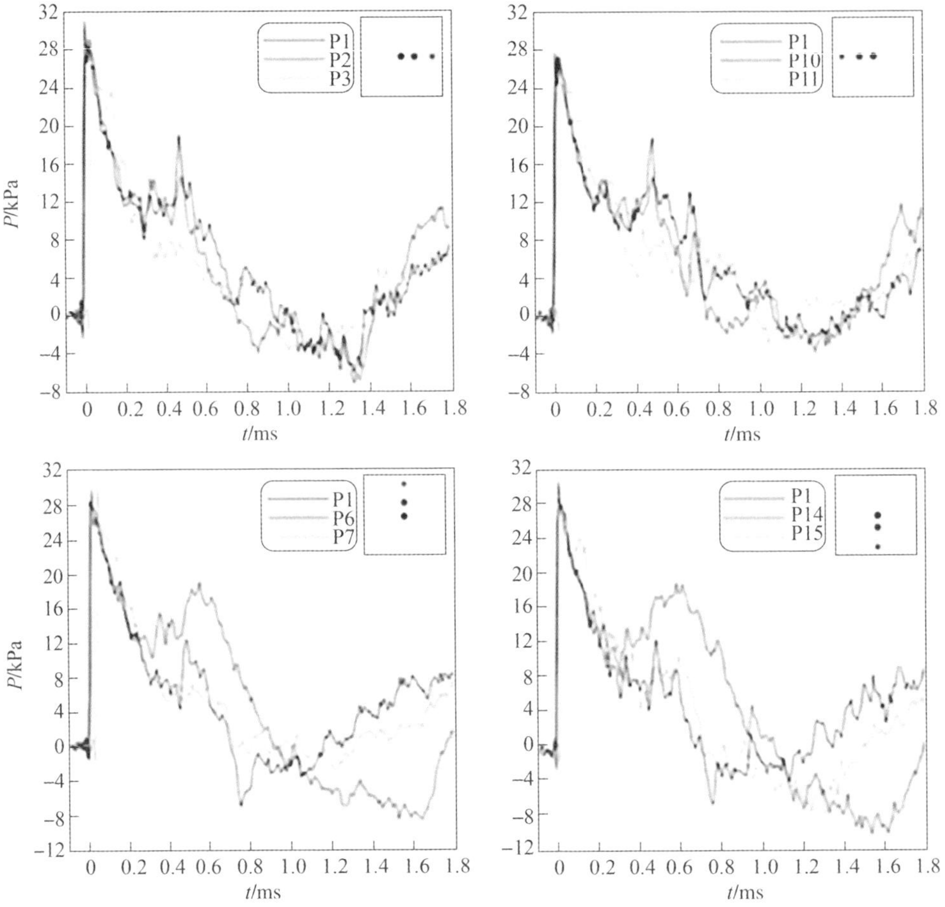

图 3.11 面板上不同点测得的空气冲击波[21]

3.3 应变测量

利用应变计测量应变。对应变计测得的信号进行数字化处理，然后转移到计算机上。利用数字示波器或数据采集系统对模拟信号进行数字化处理。可测量面板上多点的应变，确定空气冲击波对复合材料层合板的影响。通过应变变化，我们能够理解复合面板遭遇空爆载荷后的变形行为。应变幅度随着时间的减少，表明存在减振性能。可通过应变结果，确定振动频率。

3.4 理论方法

本节解释了空爆载荷下层合板材的动态特性预测的一些理论方法。可利用理论方法，来预测空爆载荷下复合面板的动态响应情况。动态响应情况可以是线性，也可以是非线性的。非线性可分为几何非线性和材质非线性。微分体积单元在经历原始构造的转化后，其直线出现较大应变、转动、位移，形成几何非线性。材质非线性一般是因为应变较大超过比例极限而造成的。超过这个极限后，应力应变关系是非线性的；一个特殊的示例就是应变超过屈服点和塑性流动的材料。因此，两种类型的非线性都可以单独处理。在这一方面，kraus总结、分类了弹性力学理论中的四个基本问题[25]：

(1) 几何/材质线性；

(2) 材质非线性；

(3) 几何非线性；

(4) 几何/材质非线性。

可以利用解析方法来解决几何与材质线性问题。在这种情况下，可以得出封闭解。然而，不论是线性还是非线性问题，一般都可以使用数值方法来解决。这些方法包括 FEM、DQM 等。也可利用封闭解来解决几何非线性问题。这里，将线性与几何非线性表现纳入考虑范围。

3.4.1 动力学方程

本节给出了外壳结构的动力学方程，用来描述较薄弹性外壳特性的基本方程最初是由 Love 在 1888 年推导出来的。这些方程以及方程基于的假设构成了弹性薄壳理论，通常称为 Love 第一近似值。在本节中，运用了基于冯·卡门假设和 Love 外壳理论的非线性应变位移关系。在三维弹性理论中，基本方程都包括在这三大类中。因此，我们应该想到在弹性力学中有动力学方程，这些方程是从作用于一些基本常见介质元素的力平衡中得出的；还有应变位移关系式，这些关系式是严格地考虑变形过程的几何因素后得出的；还有弹性本构定律，该定律的引入就是要找出弹性介质中应力与应变之间的关系。然而，对于三维弹性理论问题，求解过程非常复杂。因此，Love 提出了一组简化假设，能够合理地描述弹性薄壳的特性，这些假设也促成了一系列子理论的形成，又称为弹性薄壳理论。对于弹性薄壳理论的 Love 第一近似值是基于以下假设的：①外壳较薄；②横向法向应力是可以忽略的；③与外壳参考表面的正交线保持垂直，在变形过程中，长度保持不变。此外，有些假设被用于复合材料层合板。假设相比于层合板的横向尺寸，复合材料层合板厚度是非常小的。因此，作用于层合板内部层间平面的应力非常小，可以忽略不计，如远离自由边的部分。还假设任意两层之间存在完美的黏结。因此，层与层之间是不会相向滑动的，而且不会有超过黏结部分的持续位移。

在本节中，我们讨论了近似解。近似法可以粗略地分为两类。在第一类中，采用的是能量法最小化。变分积分法、Galerkin 法、Rayleigh - Ritz 法都属于第一类。基于 FEM、有限差分法、DQM 的离散技术都属于第二类。

动力学方程衍生于虚功原理。忽略横向剪切应力和平面内惯性，将虚功原理应用于外壳，得到以下方程：

$$\delta J_e = \int_T \mathrm{d}t \iint_A [\sigma_x \delta\varepsilon_x + \sigma_s \delta\varepsilon_s + \sigma_{xs} \delta\varepsilon_{xs}]\mathrm{d}A - \iint_A [q_s\delta_u + q_s\delta_v + q_z\delta_w]\mathrm{d}A - \iint_A [\bar{m}(\dot{u}\delta\dot{u} + \dot{v}\delta\dot{v} + \dot{w}\delta\dot{w})]\mathrm{d}A = 0 \tag{3.1}$$

利用方程（3.1）中变分原理得出的平衡方程如下：

$$-\frac{\partial N_x}{\partial_x} - \frac{\partial N_{xs}}{\partial_s} - q_x - \bar{m}\ddot{u}^0 = 0 \tag{3.2}$$

$$-\frac{\partial N_s}{\partial_s} - \frac{\partial N_{xs}}{\partial_s} - \frac{1}{r}\frac{\partial M_s}{\partial_s} - \frac{1}{r}\frac{\partial M_{xs}}{\partial_x} - q_s - \bar{m}\ddot{v}^0 = 0 \tag{3.3}$$

$$-\frac{\partial^2 N_s}{\partial x^2} - \frac{\partial^2 M_s}{\partial s^2} - 2\frac{\partial^2 M_{xs}}{\partial_x\partial_s} + \frac{N_s}{r} - \left(\frac{\partial N_x}{\partial_x} + \frac{\partial N_{xs}}{\partial_s}\right)\frac{\partial w^0}{\partial_x} - \left(\frac{\partial N_s}{\partial_s} - \frac{\partial N_{xs}}{\partial_x}\right)\frac{\partial w^0}{\partial_s} - \left(N_x\frac{\partial^2 w^0}{\partial x^2} + N_{xs}\frac{\partial^2 w^0}{\partial_x\partial_s} + N_s\frac{\partial^2 w^0}{\partial s^2}\right) - q_z - \bar{m}\ddot{v}^0 = 0 \tag{3.4}$$

通过本构方程与应变位移关系式，可将式(3.2)~式（3.4）用位移表示：

$$\begin{aligned} L_{11}u^0 + L_{12}v^0 + L_{13}w^0 + N_1(w^0) + \bar{m}\ddot{u}^0 - q_x = 0 \\ L_{21}u^0 + L_{22}v^0 + L_{23}w^0 + N_2(w^0) + \bar{m}\ddot{v}^0 - q_s = 0 \\ L_{31}u^0 + L_{32}v^0 + L_{33}w^0 + N_3(u^0, v^0, w^0) + \bar{m}\ddot{w}^0 - q_z = 0 \end{aligned} \tag{3.5}$$

3.4.2 闭合解

闭合解是根据假设函数来预测面板特性的。可利用数值法得出动力学方程的解。一种方法就是假设解函数，来求出动力学方程的解。解函数必须满足边界条件，而且要能够预测变形的形状。文献中有些研究致力于利用解函数来预测空爆载荷影响下层压单片板和夹层板的动态特性[15-17,24,29]。

以下解函数可用于固支边界条件。之所以考虑固支边界条件，主要是因为试验研究中有可能出现这样的条件，因此预测结果可与试验结果进行比较。另外一个原因是，固支边界条件下面板一般都用于工程设计。满足固支边界条件的位移函数采用下列形式的假设[20,24]：

$$u^0 = \sum_{m=1}^{M}\sum_{n=1}^{N} U_{mn}(t)\left(1-\cos\frac{2m\pi x}{\ell}\right)\left(1-\cos\frac{2n\pi x}{s_0}\right)$$
$$v^0 = \sum_{m=1}^{M}\sum_{n=1}^{N} V_{mn}(t)\left(1-\cos\frac{2m\pi x}{\ell}\right)\left(1-\cos\frac{2n\pi s}{s_0}\right) \tag{3.6}$$
$$w^0 = \sum_{m=1}^{M}\sum_{n=1}^{N} W_{mn}(t)\left(1-\cos\frac{2m\pi x}{\ell}\right)\left(1-\cos\frac{2n\pi s}{s_0}\right)$$

其他一些解函数也能够用于固支边界条件，包括[26]：

$$u^0 = U(t)x^2(x-a)^2\left(x-\frac{a}{2}\right)\left(1-\cos\frac{2\pi\gamma}{b}\right)$$
$$v^0 = V(t)\left(1-\cos\frac{2\pi x}{a}\right)y^2(\gamma-b)\left(\gamma-\frac{b}{2}\right) \tag{3.7}$$
$$w^0 = W(t)\left(1-\cos\frac{2\pi x}{a}\right)\left(1-\cos\frac{2\pi\gamma}{b}\right)$$

简支边界条件也被用于工程设计中。简支边界条件的解函数，如下[26]：

$$u^0 = U(t)\sin\frac{2\pi x}{a}\gamma^2(\gamma-b)^2$$
$$v^0 = V(t)x^2(x-a)^2(x-a)^2\sin\frac{2\pi\gamma}{b} \tag{3.8}$$
$$w^0 = W(t)\sin\frac{\pi x}{a}\sin\frac{\pi\gamma}{b}$$

在闭合解中，重要的是要提出能够复制空气冲击波的函数。有很多函数都能够用于复制冲击波，这主要取决于导致冲击的现象本质。例如，可利用 Friedlander 衰减函数来建立爆炸模型。有些情况下，也可以使用三角函数。在核爆炸中，可使用阶梯状三角函数[15]。

Friedlander 衰减函数可用来近似模拟空气冲击波，对其进行了适当修改，复制面板上的冲击波。例如，以下衰减函数描述的是面板上的正弦曲线压力分布[20,24]：

$$p(x,s,t) = [(p_m - p_c)\sin(\pi x/l)^2\sin(\pi s/s_0)^2 + p_c](1-t/t_p)\mathrm{e}^{-\alpha t/t_p} \tag{3.9}$$

Galerkin 法被用来从动力学方程中获取非线性微分方程。将面板内效应纳入考虑范围。对于平板（板材）来说，可通过计算位移函数的首项得出三个动力学方程（非线性微分方程）。面板受到法向冲击压力波的影响，在这种情形下，可得到以下形式的方程[26]：

$$\begin{aligned}&a_0\ddot{U}+a_1U+a_3W+a_4w^2+a_5=0\\&b_0\ddot{V}+b_1V+b_2U+b_3W+b_4W^2+b_5=0\\&c_0\ddot{W}+c_1W+c_2W^2+c_3W^3+c_4U+c_5V+c_6UW+c_7VW+c_8=0\end{aligned}\tag{3.10}$$

如果忽略板内惯性的话，前两个方程计算出的 U 和 V 是零。因此，得出下式[20,24]：

$$\ddot{W}+c_1W+c_2W^2+c_3W^3=c_4P_t\tag{3.11}$$

改进的欧拉、四阶 Runge - Kutta、Milne、Adams - Moulton、有限差（时域）等方法可用来求出上述非线性动力学方程的解。

3.4.3 有限元法

有限元法（FEM）也可用来测定空爆载荷下面板的动态响应情况。本节给出了有限元公式的一般过程。利用层合外壳元素，实现复合材料层合板的离散化处理。这里采用的层合外壳元素在每个模式中具有六个自由度。将 FEM 应用于问题时，能够得出以下矩阵形式的均衡方程：

$$M\ddot{U}+K\boldsymbol{U}=F\tag{3.12}$$

在有限元分析中，利用 Newton - Rapmson 法和 Newmark 积分求解，可得

$$\dot{U}_{t+\Delta t}=\dot{U}_t+[(1-\delta)\dot{U}_t+\delta\dot{U}_{t+\Delta t}]\Delta t\tag{3.13}$$

$$U_{t+\Delta t}=U_t+\dot{U}_t\Delta t+\left[\left(\frac{1}{2}-\alpha\right)\dot{U}_t+\alpha\,\dot{U}_{t+\Delta t}\right]\Delta t^2\tag{3.14}$$

除了上面的方程，对于时间 $t+\Delta t$ 的位移、速度、加速度的解，时间 $t+\Delta t$ 时的均衡方程为

$$M\dot{U}_{t+\Delta t}+KU_{t+\Delta t}=F_{t+\Delta t}\tag{3.15}$$

最后，得出了以下形式的动力学方程 $U_{t+\Delta t}$：

$$(a_0M+K)U_{t+\Delta t}=F+M(a_0U_t+a_2\,\dot{U}_t+a_3\,\ddot{U}_t)\tag{3.16}$$

利用之前方程中时间 t 的计算量，得出时间 $t+\Delta t$ 中的位移场，不断迭代，直至求出解。

3.4.4 微分求积法

微分求积法（DQM）是另一个用来分析空爆载荷下复合材料层合板动态特性的方法，复合板材的厚度可以不变也可以变化。这里给出了针对锥形复合板的控制微分方程以及控制微分方程的微分求积模拟。假设板材较薄，且忽略板内惯性。板材是弹性的、同质的、各向同性或正交各向异性的。对于沿 x 轴

厚度不同的特殊正交各向异性复合矩形薄板，适用于其强迫弯曲振动的无量纲方程可写为[27-29]：

$$H^3\left[\bar{D}_{11}\frac{\partial^4 W}{\partial X^4}+2\lambda^2(\bar{D}_{12}+2\bar{D}_{66})\frac{\partial^4 W}{\partial X^2\partial Y^2}+\lambda^4\bar{D}_{22}\frac{\partial^4 W}{\partial Y^4}\right]+$$
$$2HH'\left[\bar{D}_{11}\frac{\partial^3 W}{\partial X^3}+\lambda^2(\bar{D}_{12}+2\bar{D}_{66})\frac{\partial^3 W}{\partial X\partial Y^2}\right]+HH''\left[\bar{D}_{11}\frac{\partial^2 W}{\partial X^2}+\lambda^2\bar{D}_{12}\frac{\partial^2 W}{\partial Y^2}\right]+$$
$$\bar{m}\frac{\partial^2 W}{\partial t^2}=p(t) \tag{3.17}$$

式中：H、$\bar{D}_{i,j}$、W、$\lambda=a/b$ 是无量纲厚度函数、复合材料无量纲弯曲硬度系数、板块位移、纵横比。

无量纲坐标设为 $X=x/a$、$Y=y/b$，其中 a 和 b 分别表示平行于 x 轴和 y 轴的矩形板维度。H 仅设为 X 的函数，这一点在之前有提及过。此外，$\bar{m}$ 指平板的单位面积质量，$p(t)$ 指板面压力随时间变化的情况，最后，t 指时间。H' 和 H'' 的定义如下：

$$H'=\frac{1}{H}\frac{\mathrm{d}(H^3)}{\mathrm{d}x}\quad 和\quad H''=\frac{1}{H}\frac{\mathrm{d}^2(H^3)}{\mathrm{d}x^2} \tag{3.18}$$

式（3.17）中无量纲弯曲硬度系数的定义如下：

$$\bar{D}_{11}=\frac{E_1h_0^3}{12(1-v_{21}v_{21})D_0},\quad \bar{D}_{22}=\frac{E_2h_0^3}{12(1-v_{21}v_{21})D_0},$$
$$\bar{D}_{12}=v_{21}\bar{D}_{11}=v_{12}\bar{D}_{22},\quad \bar{D}_{66}=\frac{G_{12}h_0^3}{12D_0},\quad D_0=\frac{E_1h_0^3}{12(1-v_{12}v_{21})}$$

式中：E_i 为板内弹性模量；G_{12} 为板内剪切模量；h_0 为 $X=0$ 时的板厚；v_{12} 和 v_{21} 为平板正交各向异性材质的泊松比。

在本研究中，假设降低现象是沿着 x 方向以线性函数形式发生的。采用无量纲厚度函数，有

$$H=1+\frac{h_1-h_0}{h_0}X=1+\beta X \tag{3.19}$$

由式（3.17）可得

$$(1+\beta X)^3\left[\bar{D}_{11}\frac{\partial^4 W}{\partial X^4}+2\lambda^2(\bar{D}_{12}+2\bar{D}_{66})\frac{\partial^4 W}{\partial X^2\partial Y^2}+\lambda^4\bar{D}_{22}\frac{\partial^4 W}{\partial Y^4}\right]+$$
$$6\beta(1+\beta X)^2\left[\bar{D}_{11}\frac{\partial^3 W}{\partial X^3}+\lambda^2(\bar{D}_{12}+2\bar{D}_{66})\frac{\partial^3 W}{\partial X\partial Y^2}\right]+$$
$$6\beta^2(1+\beta X)\left[\bar{D}_{11}\frac{\partial^2 W}{\partial X^2}+\lambda^2\bar{D}_{12}\frac{\partial^2 W}{\partial Y^2}\right]+\bar{m}\frac{\partial^2 W}{\partial t^2}=p(t) \tag{3.20}$$

式中：$\beta=(h_1-h_0)/h_0$ 为锥度比，h_0 和 h_1 分别为 $X=0$ 和 $X=1$ 时的板厚。

本研究考虑了四边采用固支与简支的平板。固支板的边界条件为

$$W(X,0)=W(X,1)=W(1,Y)=0 \tag{3.21a}$$

$$\frac{\partial W}{\partial X}(0,Y)=\frac{\partial W}{\partial X}(1,Y)=\frac{\partial W}{\partial Y}(X,0)=\frac{\partial W}{\partial Y}(X,1)=0 \tag{3.21b}$$

简支板的边界条件为

$$W(X,0)=W(X,1)=W(0,Y)=W(1,Y)=0 \tag{3.22a}$$

$$\frac{\partial^2 W}{\partial X^2}(0,Y)=\frac{\partial^2 W}{\partial X^2}(1,Y)=\frac{\partial^2 W}{\partial Y^2}(X,0)=\frac{\partial^2 W}{\partial Y^2}(X,1)=0 \tag{3.22b}$$

式（3.20）也可用于各向同性材质的平板，以及 $\bar{D}_{11}=\bar{D}_{22}=1$，$\bar{D}_{12}=v$，$G_{12}=\frac{1-v}{2}$，其中 v 为泊松比。这里的载荷可用 Friedlander 衰减函数来表示，而冲击幅度与函数系数可根据文献来确定[20]。

$$p(t)=p_m\left(1-\frac{t}{t_p}\right)\mathrm{e}^{-\frac{\alpha t}{t_p}} \tag{3.23}$$

将求积规则应用于动力学方程，即式（3.20），可得

$$\begin{aligned}&(1+\beta X)^3\left[\bar{D}_{11}\sum_{k=2}^{N_x-1}\tilde{A}_{ik}^{(4)}W_{kj}+2\lambda^2(\bar{D}_{12}+2\bar{D}_{66})\sum_{k=2}^{N_x-1}\tilde{A}_{ik}^{(2)}\sum_{l=2}^{N_y-1}\tilde{B}_{jl}^{(2)}W_{kl}+\right.\\&\left.\lambda^4\bar{D}_{22}\sum_{l=2}^{N_y-1}\tilde{B}_{jl}^{(4)}W_{il}\right]+6\beta(1+\beta X)^2\left[\bar{D}_{11}\sum_{k=2}^{N_x-1}\tilde{A}_{ik}^{(3)}W_{kj}+\lambda^2(\bar{D}_{12}+2\bar{D}_{66})\sum_{k=2}^{N_x-1}\right.\\&\left.\tilde{A}_{ik}^{(1)}\sum_{l=2}^{N_y-1}\tilde{B}_{jl}^{(2)}W_{kl}\right]+6\beta^2(1+\beta X)\left[\bar{D}_{11}\sum_{k=2}^{N_x-1}\tilde{A}_{ik}^{(2)}W_{kj}+\lambda^2\bar{D}_{12}\sum_{l=2}^{N_y-1}\tilde{B}_{jl}^{(2)}W_{il}\right]+\\&\bar{m}_{ij}\frac{\partial^2 W_{ij}}{\partial t^2}=p_{ij}\end{aligned} \tag{3.24}$$

式中：$i=2,3,\cdots,(N_x-1)$；$j=2,3,\cdots,(N_y-1)$。

值得注意的是，由 DQM 模拟方程（3.24）的解得出无量纲位移。为了从式（3.24）中得出有量纲位移，应该在解中乘以 D_0。应该指出的是，式（3.24）中单位面积质量项 $\bar{m}_{ij}$ 沿着存在变窄现象的 x 方向发生变化，而沿着 y 方向则是保持不变的。然而，没有必要考虑项 ρh_0 在自由振动分析中的对等现象，因为在 DQM 公式中已经考虑过。另外，在瞬态分析中，需要考虑利用厚度变化函数来计算 x 方向的位移与应变。为了计算 y 方向的应变，用于计算应变的那个点的板厚也要归入应变方程的 DQM 公式。

3.5 示　　例

本节例举了一些来自文献的有关层合板和夹芯板在空爆载荷条件下的动态响应示例。

示例1：玻璃纤维/环氧树脂复合材料层合板

玻璃纤维/环氧树脂复合材料层合板放在空爆载荷环境下进行试验，并测定平板中心点的应变[24]。在平板的各条边上都采用固支方式。平板的尺寸为22cm×22cm。材质特性如下：E_1 = 22kPa、E_2 = 22kPa、G_{12} = 3.79kPa、ν = 0.11，ρ = 1800kg/m^3。这块平板由七层双轴玻璃纤维/环氧树脂制成，每层的厚度为0.28mm。平板承受的冲击波如图3.9（b）所示。在平板中央测量应变情况，利用闭合解和FEM来获得理论预测值。在闭合解中采用复合材料的9个工程常数，且忽略掉板内惯性。玻璃纤维/环氧树脂复合材料层合板的动态特性如图3.12所示。

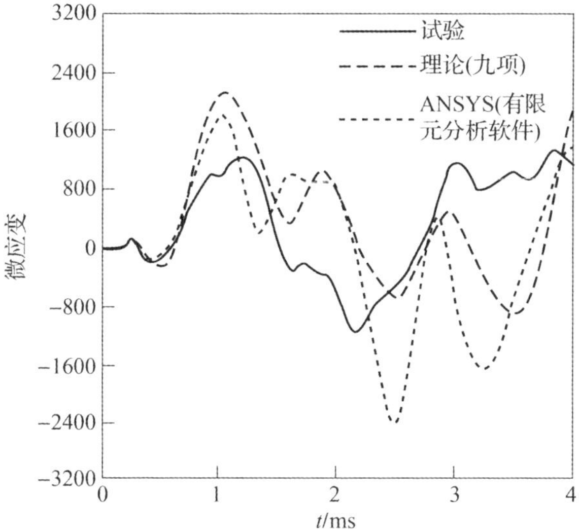

图3.12　空爆载荷下复合材料层合板的动态特性[24]

使用上述闭合解和FEM得出的预测结果是一致的。与试验结果相比，预测结果的峰值应变更高些。另外，如果考虑频率，试验结果与其他结果之间存在良好的一致性。需要注意的是，相比于理论求解过程，数值求解时需要花费更长的计算时间。因此，可利用理论解为初始设计阶段提供材料。

示例 2：锥形层压夹芯板

夹芯板一般用于工程构造中。在工程学领域，探索空爆载荷对不同厚度层压夹芯板的影响是一个令人感兴趣的方向。在本例中，采用闭合解来研究空爆载荷影响下不同厚度复合夹芯板表现出的非线性动态特性，将得到的结果与试验结果、数值结果（FEM）相比较[21]。锥形夹芯板用蜂窝芯材、碳纤维/环氧树脂复合材料层合板制成。利用加压管产生空气冲击波。在试验中采用了聚酯薄膜，利用压电式压力传感器测得有机玻璃纤维模型上多点的冲击压力分布情况以及冲击波（图 3.11）。锥形夹芯板的所有边都夹紧到一个钢架上，测得锥形夹芯板上多个点的应变与加速度。理论方面，采用包括大变形效应、板内刚度与惯性、剪切变形等在内的夹芯板理论。采用冯·卡门针对薄板的大变形理论来探索几何非线性效应。在空间域中假设近似解函数，并将函数代入动力学方程。采用 Galerkin 法确定时间域中的非线性微分方程。应用有限差分法求解耦合非线性方程组。最后，对动力学方程进行还原，通过 LU（下上）分解等线性方程组求解方法就能求出解。沿着变细的方向，测得多点的位移变化图、应变变化图、加速度变化图。比较加速度测量值与预测值，发现测量值与计算值之间具有良好的关联性（图 3.13），但应变试验值与理论值之间存在差异。使用闭合解得到的应变值和加速度值与使用 FEM 得到的数值结果是一致的。因此，考虑到 FEM 耗时的缺点，预测中可使用理论法。

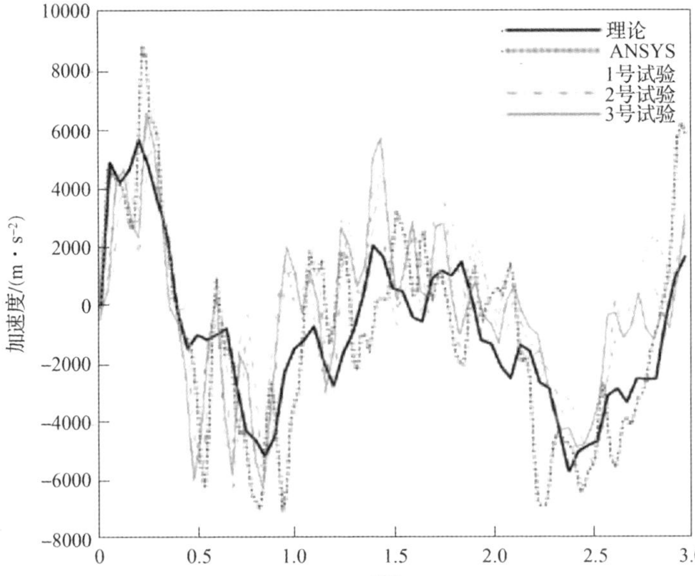

图 3.13 夹芯板加速度测量值与计算值[21]

示例3：板内惰性效应

在本例中，分析层合板在受到冲击载荷时是否考虑板内惰性的结果。研究发现，当冲击载荷较小时，考虑和忽略板内惰性得出的结果彼此非常接近[30]。当空气冲击压力升高，厚度降低时，会出现细微差异，这是因为几何非线性效应变大。可以看出在简支边界条件下，闭合解和有限元的结果是一致的；在固支边界条件下，两者之间存在稍许差异。考虑和不考虑板内效应的情况下，得出的应变随时间变化是存在差异的。当压力幅度增加而厚度降低时，这种差异越发明显（图3.14）。这是因为弯曲与拉伸的部分被耦合，这种耦合过程影响了结果。在图3.14中，LDWI为考虑板内惰性的结果，LD为不考虑板内惰性的结果，LDI为只考虑薄膜（板内）效应的结果，LDW为仅考虑弯曲效应的结果。

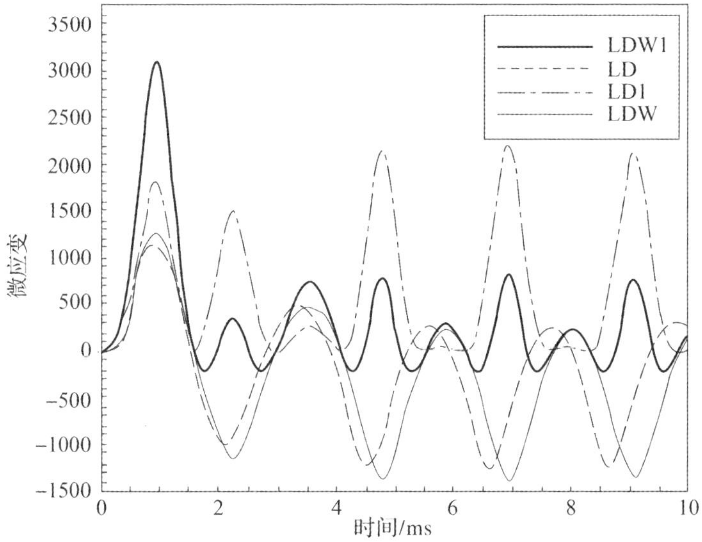

图3.14 板内惰性对动态响应的影响[30]

与固支相比，简支板的拉伸程度更高。当载荷较高时，板越薄，偏转效应越明显，因此拉伸也更占据主导地位。因此，当载荷增加时，简支板对于爆炸载荷的阻力上升要比固支板的更加明显。因此，当载荷较高时，越薄的板，其固支效果越小。在多个正相阶段，展开分析，弄清正压载荷持续时间对板的动态响应会产生怎样的影响。不管是简支板还是固支板，当正相时间增加时，峰值位移都有所提高，但是峰值压力保持不变。同时，我们也发现，正压载荷时间与峰值位移上升之间不存在线性关系。可以看出，纤维取向角是能够影响板的动态响应的，通过选择角度，能够得到最大阻力。

示例 4：层压球壳

球形或双曲壳板在很多领域都有应用，尤其是航空航天领域。雷达、外部储罐、导弹导缘、轮槽都是双曲壳板应用的示例。这些板材通常采用层压复合材料制成，这样能够减轻重量。因此，需要弄清层压球壳板在空爆载荷下的动态特性，故要开展冲击试验，研究层压球壳的动态特性[31-32]。在本研究中，假设球形结构为半径为 101.5mm 的半球形。一共三层，每层都采用玻璃纤维/环氧树脂层压复合材料制成，层厚为 0.16mm。

试验装置由压力管、主框架、压缩机、数字示波器、动态应变计、万用表、计算机组成。在数值研究中，使用 FEM 建立空爆载荷下的层压球壳模型。出于这个原因，采用了有限元分析软件（ANSYS）。比较应变与振动频率的试验结果与数值结果，在这两种结果之间发现了定性一致。使用 FEM 能够很好地预测响应频率。数值法得出的峰值应变不同于试验法得出的结果，如图 3.15 所示。通过压力计上的压力读数可以近似预测出空气压力，而压力随着与管子开放端距离的增加而下降。因此，空气冲击压力预测值可能会不同于面板上的实际压力值。这是影响峰值应变的主要原因。试验表明，在空气冲击载荷影响下，促进了高度振动模式的产生。数值法得出的响应频率与试验法得出的响应频率一致，可以观察到响应频率匹配面板高频振动模式。

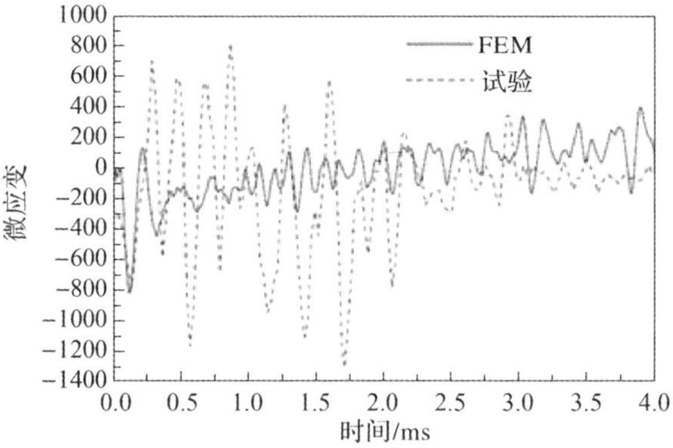

图 3.15 球壳中央的应变[32]

示例 5：带有逐步分级黏弹性内核的层压夹芯板

在这个示例中，对于带一个逐步分级黏弹性内核的层压夹芯板，用试验法与数值法对其进行检验[23]。为此，用手工铺层法制取了复合夹芯板，板的尺寸为 300cm × $300mm^2$。详细制造方法见文献［23］。复合夹芯板由两层双向玻璃纤维/环氧树脂面板、三层不同芯层材质制成。这里使用的芯层材质包括芳族聚酰胺蜂巢、Lexan 聚碳酸酯片材、Airex 结构泡沫。在本研究中，通过改变每层的布置模式，形成两种不同的内核构造。复合夹芯板的各条边被固支到一个钢框上。通过压缩冲击管中的气体，使得冲击管开放端的薄膜破裂，让压缩气体骤然扩张，形成空爆载荷。在夹芯板处测量压力与应变，在板表面安装三个压力传感器可达到这一目的。两个应变计安装在板的背面，位于板的中央和对角线的 1/4 处。用 EX1629 多信道应变测量系统测量压力与应变，频率为 25kHz。在数值研究中，建立夹芯板模型，利用 ANSYS 展开瞬态分析。将玻璃纤维/环氧树脂面板与芳纶蜂巢建模成正交异性材料。另外，将聚碳酸酯片材与结构泡沫建模成各向同性材料。复合夹芯板采用 SHELL281 壳单元实现离散化，这是一种有限应变壳单元。该单元有八个节点，每个节点为六个自由度，沿 x 轴、y 轴、z 轴转动和平移，适用于线性和大幅度转动以及大幅度应变非线性场景。它能够用于层压夹芯板的建模。面板中所有边都被分成 30 个单元。因此，900 个 SHELL281 单元被用于复合夹芯板的建模。根据试验数据，在时间域与空间域中都形成压力函数[23]：

$$p(x,y,t)=\left[1-\cos\left(\frac{2\pi t}{t_a}\right)\right]^u\left\{\frac{P_p+P_s}{2^u\cdot 2^v\cdot 2^w}\left[1-\cos\left(\frac{2\pi x}{a}\right)\right]^v\times\right.$$
$$\left.\left[1-\cos\left(\frac{2\pi\left(y+\dfrac{(a-b)}{2}\right)}{a}\right)\right]^w-\frac{P_s}{2^u}\right\} \tag{3.25}$$

式中：t_a 为作用时间；P_p 和 P_s 分别为峰值压力和吸入压力；时间系数 u，v 表示 x 方向系数，w 为 y 方向系数；a 和 b 为板的尺寸。

如图 3.16 和图 3.17 所示，峰值应变结果具有良好的一致性。频率的试验结果稍低于数值结果，这种差异可能是因为分析中采用的材料特性不同。芯层结构对位移和应变的影响约为 2% 和 8% 。芯层结构主要是对复合夹芯板的黏弹性阻尼产生影响。

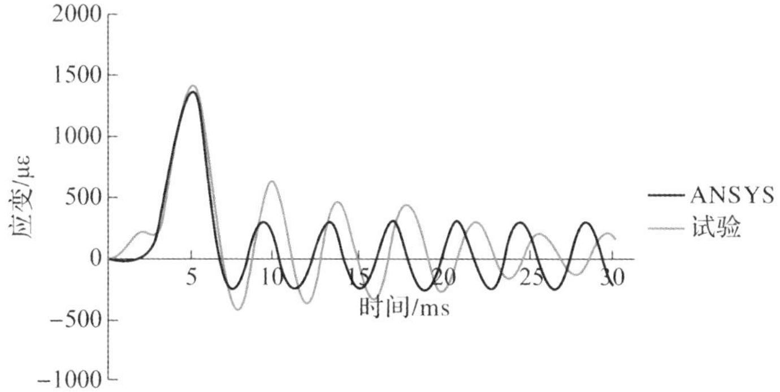

图 3.16　应变随时间变化的试验结果和数值结果（一）[23]

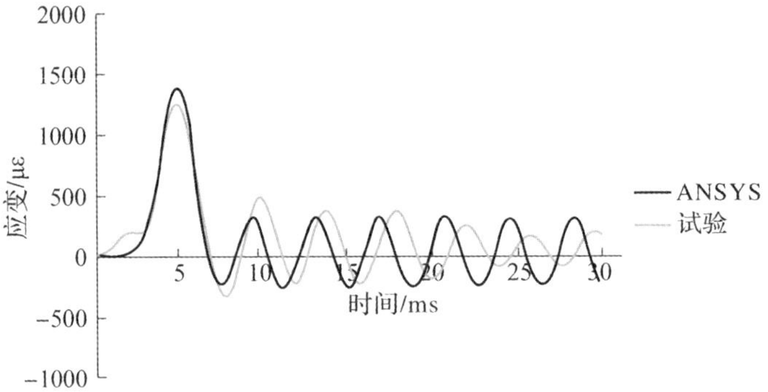

图 3.17 应变随时间变化的试验结果和数值结果（二）[23]

示例 6：层压锥形板

利用 DQM 和 FEM 确定锥形各向同性板和正交异性板在空爆载荷影响下的动态响应情况[27-29]。设各向同性板和正交异性板的锥度比均为 $\beta=0.7$，$h_0=0.0015$m 表示 $X=0$ 处的板厚。本章只考虑方形板，也就是说所有板的纵横比 $\lambda=1$。此外，对完全固支和完全简支的板展开分析。对于特殊正交异性板，其冲击波参数如下：$t_p=0.0018$s、$\alpha_m=0.35$、$p_m=2890.6$N/mm^2。使用 DQM 时，采用 15×15 个正交点来离散锥形板。还采用 FEM 的 14×14 个壳单元来离散锥形板，这样能够获得与 DQM 类似的数值灵敏度。在 ANSYS 软件中，利用四节点的壳单元（SHELL63）来构建有限元模型。这些单元具有锥度比能力，材料参数如下：$E_1=22$kPa、$E_2=22$kPa、$G_{12}=3.79$kPa、$\nu=0.11$、$\rho=1800$kg/m^3。利用 DQM 和 FEM，确定板中央的位移和应变随时间呈现的变化。沿锥形方向和平直方向，简支板和固支板的中央点的应变－时间变化图分别如图 3.18 和图 3.19 所示。研究发现，使用 DQM 和 FEM 得出的应变－时间变化

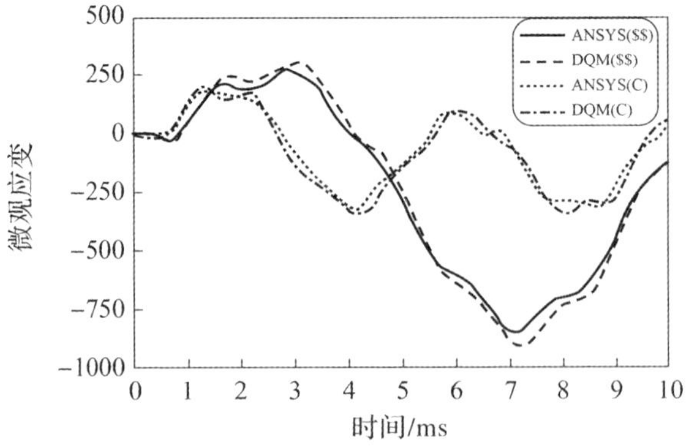

图 3.18 锥形方向的应变－时间变化图[28]

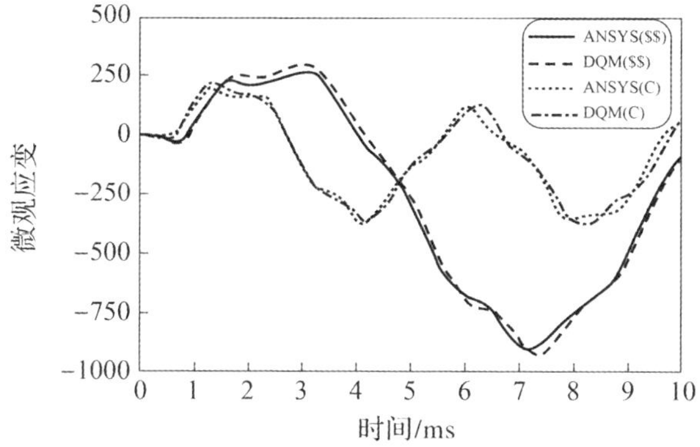

图 3.19 平直方向的应变 - 时间变化图[28]

图是一致的。利用 DQM 实现对正交异性锥形板的瞬态分析，确定锥形方向和平直方向的中央偏转和应变。

将试验结果与有限元结果比较，发现两者之间存在紧密的一致性。经验表明，DQM 可有效用于厚度不同、材料各向异性的板块瞬态分析中。与 FEM 相比，DQM 的求解过程是直接的，能够给出准确的数值结果，并呈现出高计算效率。在各种情形下，发现空爆载荷引起的振动频率接近于第一模态下的自由振动频率，这是因为分布一致的空爆载荷能够引发第一振动模态。

3.6 结　论

本章主要阐述了空爆试验方法以及空爆载荷下复合材料层合板的动态特性。试验表明，可以在实验室环境中形成空气冲击波。本章给出了两种形成空爆波的方法。通过试验探究空爆载荷影响下复合材料层合板的瞬态特性。本章呈现了不同几何形状与材质的面板试验结果。对于线性和几何非线性面板特性，还给出了理论预测方法，比较了理论结果与试验结果。我们发现理论结果与试验结果是一致的。对瞬态响应的预测很重要，需要针对特殊夹芯板和曲面板进行改进。

参考文献

[1] R. Houlston, J.E. Slater, N. Pegg, C.G. Desrochers, On analysis of structural response of ship panels subjected to air blast loading, Comput. Struct. 21 (1985) 273–289.

[2] R. Houlston, C.G. Desrochers, Non-linear structural response of ship panels subjected to air blast loading, Comput. Struct. 26 (1987) 1–15.

[3] A.D. Gupta, F.H. Gregory, R.L. Bitting, S. Bhattacharya, Dynamic analysis of an explosively loaded hinged rectangular plate, Computers and Structures 26 (1987) 339–344.

[4] L. Librescu, A. Nosier, Response of laminated composite flat panels to sonic boom and explosive blast loadings, AIAA J. 28 (1990) 345–352.

[5] F.B.A. Beshara, Modelling of blast loading on aboveground structures—I. General phenomenology and external blast, Comput. Struct. 51 (1994) 585–596.

[6] F.B.A. Beshara, Modelling of blast loading on aboveground structures—II. Internal blast and ground shock, Comput. Struct. 51 (1994) 597–606.

[7] G.N. Nurick, M.D. Olson, J.R. Fagnan, A. Levin, Deformation and tearing of blast-loaded stiffened square plates, Int. J. Impact Eng. 16 (1995) 273–291.

[8] C.J. Wiernicki, F. Liem, G.D. Woods, A.J. Furio, Structural analysis methods for lightweight metallic corrugated core sandwich panels subjected to blast loads, Naval Eng. J. (1990) 192–203.

[9] A.C. Singhal, D.S. Larson, Computer simulation of weapon blast pressures on flexible surfaces, Comput. Struct. 41 (1991) 325–330.

[10] C. Singhal, D. Larson, S. Govil, V. Ve Karmakar, Simulation of blast pressure on flexible panel, J. Struct. Eng. 120 (1994) 2011–2020.

[11] D. Redekop, P. Azar, Dynamic response of a cylindrical shell panel to explosive loading, J. Vib. Acoust. 113 (1991) 273–278.

[12] D. Redekop, Dynamic response of a toroidal shell panel, Comput. Struct. 51 (1994) 126–133.

[13] M.D. Olson, Efficient modelling of blast loaded stiffened plate and cylindrical shell structures, Comput. Struct. 40 (1991) 1139–1149.

[14] J. Jiang, M.D. Ve Olson, Non-linear dynamic analysis of blast loaded cylindrical shell structures, Comput. Struct. 41 (1991) 41–52.

[15] Z. Kazancı, A review on the response of blast loaded laminated composite plates, Progr. Aerospace Sci. 81 (2016) 49–59.

[16] Z. Kazancı, Z. Mecitoğlu, Non-linear dynamic behavior of simply supported laminated composite plates subjected to blast load, J. Sound Vib. 317 (2008) 883–897.

[17] Z. Kazancı, Z. Mecitoğlu, Non-linear damped vibrations of a laminated composite plate subjected to blast load, AIAA J. 44 (2006) 2002–2008.

[18] S. Baştürk, H. Uyanık, Z. Kazancı, An analytical model for predicting the deflection of laminated basalt composite plates under dynamic loads, Comp. Struct. 116 (2014) 273–285.

[19] T. Hause, L. Librescu, Dynamic response of anisotropic sandwich flat panels to explosive pressure pulses, Int. J. Impact Eng. 31 (2015) 607–628.

[20] H.S. Turkmen, Dynamic Response of Laminated Composite Panels Subjected to Blast Loading Ph.D. Thesis, Istanbul Technical University, Istanbul, Turkey, 1998.

[21] S. Susler, Non-linear Dynamic Behavior of Tapered Sandwich Plates With Multi-layered Faces Subjected to Air Blast Loading, Ph.D. Thesis, Istanbul Technical University, Istanbul, Turkey, 2015.

[22] Z. Mecitoğlu, H.S. Türkmen, D. Balkan, O.A. Ezer, E. Tengiz. Viskoelastik çekirdeğe sahip sandviç kompozit plakların anlık yükü altındaki davranışının teorik ve deneysel incelenmesi, TÜBİTAK MAG Proje 108M131, 2011, pp. 1−92 (in Turkish).
[23] E. Tengiz, D. Balkan, H.S. Türkmen, Z. Mecitoğlu. Dynamic behavior of the laminated sandwich plate with a stepwise graded viscoelastic core, Proceedings of the Tenth International Conference on Computational Structures Technology, Valencia, Spain, September 14−17, 2010.
[24] H.S. Turkmen, Z. Mecitoğlu, Non-linear structural response of laminated composite plates subjected to blast loading, AIAA J. 37 (1999) 1639−1647.
[25] H. Kraus, Thin Elastic Shells, John Wiley & Sons, New York, NY, 1967.
[26] Z. Kazancı, Anlık basınç yükü etkisi altındaki katmanlı kompozit bir plağın lineerolmayan dinamik davranışı, Doktora Tezi, İTÜ Fen Bilimleri Enstitüsü, İstanbul, 2006 (in Turkish)
[27] C.W. Bert, M. Malik, Differential quadrature: a powerful new technique for analysis of composite structures, Comp. Struct. 39 (1997) 179−189.
[28] M. Tuna, H.S. Turkmen. Transient analysis of tapered plates using differential quadrature method, Proceedings of the Fourth International Conference on Computational Methods, Gold Coast, Australia, November 25−27, 2012.
[29] M. Tuna, H.S. Türkmen. Dynamic behavior of a plate under air blast load using differential quadrature method, Proceedings of the ASME International Mechanical Engineering Congress and Exposition, Seattle, WA, Paper IMECE2007-41553, November 11−15, 2007.
[30] Z. Kazancı, H.S. Turkmen, The effect of in-plane deformations on the non-linear dynamic response of laminated plates, Struct. Eng. Mechan. 42 (2012) 589−608.
[31] H.M. Yüksel, Anlık basınç yükü etkisi altında kompozit malzemeden yapılmış yarı küresel bir kabuk yapının dinamik davranışının incelenmesi, Yüksek Lisans Tezi, İTÜ Fen Bilimleri Enstitüsü, İstanbul, 2005 (in Turkish)
[32] H.M. Yüksel, H.S. Türkmen. Air blast-induced vibration of a laminated spherical shell, Proceedings of the Seventh International Conference on Vibration Problems, Işık Üniversitesi, İstanbul, 5−9 September 2005.

第4章

冲击载荷下复合材料层合板的非线性动态响应预测的计算方法

Zafer Kazanci
英国女皇贝尔法斯特大学

4.1 简　　介

先进的复合材料由于重量轻、强度高以及更强的耐久性等优点，被广泛应用于工程领域，作为传统材料的替代品。随着复合材料结构的使用增加，在过去几年中，为了更准确地预测，复合材料层合板在受到随时间变化的脉冲（如燃料和核爆炸产生的爆炸载荷、阵风以及声爆脉冲）时，非线性动态响应变得十分重要。爆炸载荷是军事结构的一个重大威胁，因为它可能会导致严重的结构损坏。因此，人们在爆炸载荷复合材料结构领域进行了大量的研究，以开发结构分析方法来避免或至少减弱其破坏性影响。为了减少设计时间和成本，并确保满足安全的设计标准，数值模拟是研究运载工具及其部件（如复合材料层合板）动态响应的有效工具。由此可见，人们使用预测这些结构响应的计算方法已经多年。许多论文都研究和报道了复合材料层合板在爆炸载荷作用下的响应。Dobyns[1]研究了基于瞬时载荷条件下的正交各向异性板的静态和动态分析。Langdon 等[2]回顾了近期有关聚合物复合材料结构对空气爆炸载荷响应的实验和数值。Kazanci[3]回顾了之前有关层合板的理论，并概述了复合材料层合板的爆炸响应的发展、特点和数值方法的应用。Rajendran 和 Lee[4]总结了空气和水下爆炸的现象及其对平面板的影响。Batra 和 Hassan[5]用有限单元法（FEM）分析了几个单向纤维增强复合材料板在爆炸载荷下的三维瞬态变形。Dogan[6]对简支的反对称角钢复合材料板在声爆和爆炸载荷作用下的线性和非线性响应进行了参数化研究。Rajamani 和 Prabhakaran[7]研究了单向增强复合材料板的爆炸响应。Kazanci 等[8-10]在考虑面内刚度和惯性的前提下，对爆炸载荷下的复合材料层合板进行了分析。Kazanci 和 Türkmen[11] 研究了爆炸载荷的等级、板的厚度以及边界条件对复合材料层合板在平面内变形的影响。Türkmen 等[12] 提出了一个受爆炸载荷影响的简单支撑复合材料层合板的热力学瞬态分析。Süsler 等[13] 研究了锥形夹层板在爆炸载荷下的非线性动态行为。Şenyer 和 Kazanci[14] 提出了一个分析工具，用来分析在不同动态载荷（包括面内效应）下，全夹式混合复合材料层合板的非线性动态行为。并讨论了压力峰值、长宽比、纤维方向和厚度的影响。

除此之外，还有很多学者研究了复合材料层合板在爆炸载荷下的非线性动态行为，包括阻尼效应。Nosier 等[15] 分析了黏性阻尼复合材料层合板的平面运动。Kazanci 和 Mecitoglu[16] 研究了爆炸载荷下夹层板的非线性动力学方程的推导和求解，包括结构阻尼效应。Baştürk 等[17] 研究了由玄武岩、凯芙拉/环氧树脂、无碱玻璃纤维/环氧树脂组成的混合复合材料层合板在爆炸载荷下的非线性阻尼动态响应，表明层状玄武岩复合材料板将是动态载荷下结构的一个良好选择。他们还对一些参数的影响进行了参数化研究，如阻尼比、长宽比和不同的压力峰值。Temel 和 Şahan[18] 研究了层压 Mindlin 板在动态载荷下的阻尼响应。本章主要研究了受爆炸载荷影响的层压平板和锥形复合材料板的动态行为，总结了文献中提出的数值求解技术及其计算应用，以显示有阻尼效应和无阻尼效应的爆炸载荷状态下复合材料层合板响应的准确性和预测性。

4.2 动力学方程

这一节主要展示研究受爆炸载荷影响的层压平板和锥形复合材料板的数学模型。图 4.1 为层压平板，矩形板的长度为 a，宽度为 b，高度为 h。图 4.2 为锥形板，对锥形板来说，厚度随着 x 的变化而变，且遵循公式 $h(x)=h_0\left(H\beta\dfrac{x}{\alpha}\right)$，其中 β 为锥度比，h_0 为当 $x=0$ 时的厚度。这两种情况下的公式推导都用到了笛卡儿坐标。魏尔斯特拉斯逼近定理[19] 成立：“闭区间上的连续函数可用多项式级数一致逼近”。因此，板中的位移场可以用以下关系表示为

$$
\begin{aligned}
u(x,y,z,t) &= u^0(x,y,t)+z\alpha_1^0(x,y,t)+z^2\alpha_2^0(x,y,t)+\cdots \\
v(x,y,z,t) &= v^0(x,y,t)+z\beta_1^0(x,y,t)+z^2\beta_2^0(x,y,t)+\cdots \\
w(x,y,z,t) &= w^0(x,y,t)+z\gamma_1^0(x,y,t)+z^2\gamma_2^0(x,y,t)+\cdots
\end{aligned} \tag{4.1}
$$

式中：u、v 和 w 分别是 x 轴、y 轴和 z 轴方向上的位移。

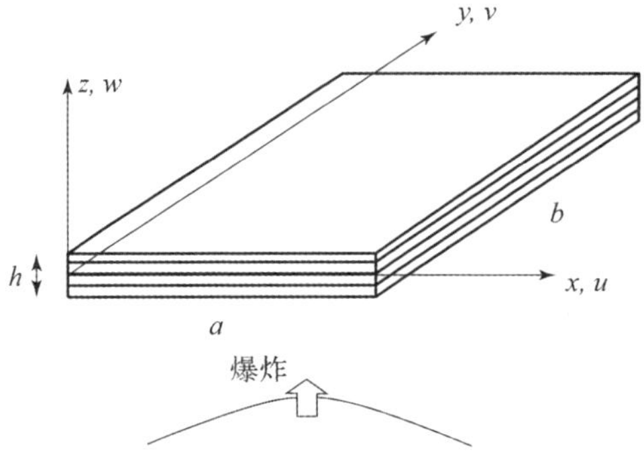

图 4.1　爆炸载荷下复合材料层合板

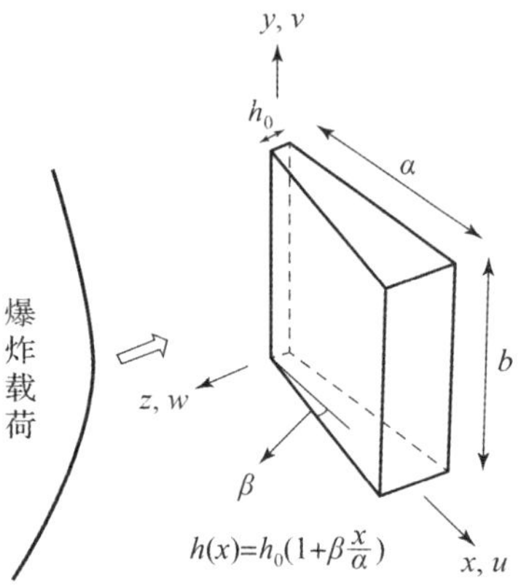

图 4.2　爆炸载荷下锥形板的代表[13]

有关线性弹性薄板的 Kirchhoff – Love 假设说明了线性分布的切向位移和贯穿板厚度的常数位移，因此式（4.1）简化如下：

$$
\begin{aligned}
u(x,y,z,t) &= u^0(x,y,t) - z\alpha_1^0(x,y,t)\\
v(x,y,z,t) &= v^0(x,y,t) - z\beta_1^0(x,y,t)\\
w(x,y,z,t) &= w^0(x,y,t)
\end{aligned}
\tag{4.2}
$$

式中：α 和 β 分别为变形过程中中间面的法线绕着 x 轴和 y 轴的旋转，可写为

$$\alpha_1^0 = \frac{\partial w^0(x,y,t)}{\partial x},\ \beta_1^0 = \frac{\partial w^0(x,y,t)}{\partial y} \tag{4.3}$$

在式（4.1）和式（4.3）中，$(\ )^0$ 表示参考平面的位移分量。为了更完整地表示，可以简化动力学关系。冯·卡门的应变位移关系可以写为

$$\varepsilon_x = \varepsilon_x^0 + zk_x \tag{4.4a}$$

$$\varepsilon_y = \varepsilon_y^0 + zk_y \tag{4.4b}$$

$$\varepsilon_{xy} = \varepsilon_{xy}^0 + zk_{xy} \tag{4.4c}$$

其中，参考面（中面）应为

$$\varepsilon_x^0 = \frac{\partial u^0}{\partial x} + \frac{1}{2}\left(\frac{\partial w^0}{\partial x}\right)^2 \tag{4.5a}$$

$$\varepsilon_y^0 = \frac{\partial v^0}{\partial y} + \frac{1}{2}\left(\frac{\partial w^0}{\partial y}\right)^2 \tag{4.5b}$$

$$\varepsilon_{xy}^0 = \frac{\partial u^0}{\partial y} + \frac{\partial v^0}{\partial x} + \frac{\partial w^0}{\partial x}\frac{\partial w^0}{\partial y} \tag{4.5c}$$

曲率为

$$k_x = -\frac{\partial^2 w^0}{\partial x^2} \tag{4.6a}$$

$$k_y = -\frac{\partial^2 w^0}{\partial y^2} \tag{4.6b}$$

$$k_{xy} = -2\,\frac{\partial^2 w^0}{\partial x \partial y} \tag{4.6c}$$

式（4.5a~c）中：u、v 和 w 为 x 轴、y 轴和 z 轴上的位移；z 为板上任意一点到参考面的距离。

有效弹性常数用于定义层压复合材料的本构模型。本构方程可表示为

$$\begin{Bmatrix} \sigma_x \\ \sigma_y \\ \sigma_{xy} \end{Bmatrix} = \begin{bmatrix} \overline{Q_{11}} & \overline{Q_{12}} & \overline{Q_{16}} \\ \overline{Q_{12}} & \overline{Q_{22}} & \overline{Q_{26}} \\ \overline{Q_{16}} & \overline{Q_{26}} & \overline{Q_{66}} \end{bmatrix} \begin{Bmatrix} \varepsilon_x \\ \varepsilon_y \\ \varepsilon_{xy} \end{Bmatrix} \tag{4.7}$$

式中：σ_x、σ_y 和 σ_{xy}为应力分量；Q_{ij}为复合材料层合板的弹性常数。

力和力矩的关系可以从复合材料层合板的本构关系中推导出来，即

$$\begin{bmatrix} N_x \\ N_y \\ N_{xy} \\ M_x \\ M_y \\ M_{xy} \end{bmatrix} = \begin{bmatrix} A_{11} & A_{12} & A_{16} & B_{11} & B_{12} & B_{16} \\ A_{21} & A_{22} & A_{26} & B_{21} & B_{22} & B_{26} \\ A_{16} & A_{26} & A_{66} & B_{16} & B_{26} & B_{66} \\ B_{11} & B_{12} & B_{16} & D_{11} & D_{12} & D_{16} \\ B_{21} & B_{22} & B_{26} & D_{21} & D_{22} & D_{26} \\ B_{16} & B_{26} & B_{66} & D_{16} & D_{26} & D_{66} \end{bmatrix} \begin{bmatrix} \varepsilon_x^0 \\ \varepsilon_y^0 \\ \varepsilon_{xy}^0 \\ \kappa_x^0 \\ \kappa_y^0 \\ \kappa_{xy}^0 \end{bmatrix} \tag{4.8}$$

式中：N_x、N_y 和 N_{xy}为力分量；M_x、M_y 和 M_{xy}为力矩；A_{ij}、B_{ij}和 D_{ij}分别为拉伸、耦合和弯曲刚度矩阵，矩阵中的系数如下：

$$A_{ij} = \sum_{k=1}^{n} (\overline{Q_{ij}})_k (h_k - h_{k-1}) \tag{4.9}$$

$$B_{ij} = 1/2 \sum_{k=1}^{n} (\overline{Q_{ij}})_k (h_k^2 - h_{k-1}^2) \tag{4.10}$$

$$D_{ij} = 1/3 \sum_{k=1}^{n} (\overline{Q_{ij}})_k (h_k^3 - h_{k-1}^3) \tag{4.11}$$

其中，h_k 为第 k 层的厚度。

利用虚拟工作中的本构方程和应变位移关系，并应用变分原理，可以得到复合材料层合板的非线性动力学方程，即中间面的位移，具体如下：

$$L_{11}u^0 + L_{12}v^0 + L_{13}w^0 + N_1(w^0) + d_1\dot{u}^0 + \bar{m}\ddot{u}^0 - \boldsymbol{q}_x = 0 \tag{4.12a}$$

$$L_{21}u^0 + L_{22}v^0 + L_{23}w^0 + N_2(w^0) + d_2\dot{v}^0 + \bar{m}\ddot{v}^0 - \boldsymbol{q}_y = 0 \tag{4.12b}$$

$$L_{31}u^0 + L_{32}v^0 + L_{33}w^0 + N_3(u^0, v^0, w^0) + d_2\dot{w}^0 + \bar{m}\ddot{w}^0 - \boldsymbol{q}_z = 0 \tag{4.12c}$$

其中，L_{ij}和 N_i 分别为线性和非线性算子；$\bar{m}$ 为中平面的单位面积的质量；$\boldsymbol{q}_x$、$\boldsymbol{q}_y$ 和 $\boldsymbol{q}_z$ 为轴线方向的载荷向量；d_1、d_2 和 d_3 分别为 x 轴、y 轴和 z 轴方向的黏性阻尼系数。

详细的算子表示请查阅参考文献［10］和文献［16］的附录。在这里分别考虑了适用于简支板和固支板的两种不同的边界条件。

对于简支板，边界条件如下：

$$u^0(0,y,t)=u^0(a,y,t)=u^0(x,0,t)=u^0(x,b,t)=0 \tag{4.13a}$$

$$v^0(0,y,t)=v^0(a,y,t)=v^0(x,0,t)=v^0(x,b,t)=0 \tag{4.13b}$$

$$w^0(0,y,t)=w^0(a,y,t)=w^0(x,0,t)=w^0(x,b,t)=0 \tag{4.13c}$$

$$M_x=0,\text{当 } x=0,a \tag{4.14a}$$

$$M_y=0,\text{当 } y=0,b \tag{4.14b}$$

对于固支板，边界条件如下：

$$u^0(0,y,t)=u^0(a,y,t)=u^0(x,0,t)=u^0(x,b,t)=0 \tag{4.15a}$$

$$v^0(0,y,t)=v^0(a,y,t)=v^0(x,0,t)=v^0(x,b,t)=0 \tag{4.15b}$$

$$w^0(0,y,t)=w^0(a,y,t)=w^0(x,0,t)=w^0(x,b,t)=0 \tag{4.15c}$$

$$\frac{\partial v^0}{\partial x}(0,y,t)=\frac{\partial v^0}{\partial x}(a,y,t)=\frac{\partial v^0}{\partial y}(x,0,t)=\frac{\partial v^0}{\partial y}(x,b,t)=0 \tag{4.16a}$$

$$\frac{\partial u^0}{\partial x}(0,y,t)=\frac{\partial u^0}{\partial x}(a,y,t)=\frac{\partial u^0}{\partial y}(x,0,t)=\frac{\partial u^0}{\partial y}(x,b,t)=0 \tag{4.16b}$$

$$\frac{\partial w^0}{\partial x}(0,y,t)=\frac{\partial w^0}{\partial x}(a,y,t)=\frac{\partial w^0}{\partial y}(x,0,t)=\frac{\partial w^0}{\partial y}(x,b,t)=0 \tag{4.16c}$$

基于板块从静止状态开始移动，最开始时位移和速度都是零，以下几点决定了初始条件：

$$u^0(x,y,0)=0,\ v^0(x,y,0)=0,\ w^0=(x,y,0)=0 \tag{4.17a}$$

$$\dot{u}^0(x,y,0)=0,\ \dot{v}^0(x,y,0)=0,\ \dot{w}^0=(x,y,0)=0 \tag{4.17b}$$

4.3 解决方法

有几种方法可以预测复合材料层合板的爆炸响应。然而，分析性的解决方法通常只适用于载荷、简化理论及边界条件的特殊情况。这些解决方法几乎适用于特定类型的边界条件。另外，人们已经开发出数字方法，这些方法可解决不同结构部件在各种载荷和边界条件下的任何反应，同时减少了设计时间和成本。现在，为了对各向异性板进行静态和动态的分析，最常用的数字工具是有限单元法。除了有限单元法，一些研究人员在许多论文中交替使用了别的数字方法，建议详细查阅以下论文，有限差分[10,16,20]、有限条[21-25]、无网格[26-31]、微分求积（DQ）[32-33]和广义微分求积（GDQ）[34]。在本节中，我们展示了一些常用来求解爆炸载荷下的复合材料层合板的非线性动态行为的计算方法。

4.3.1　有限元解法

有限单元法在工程计算中占有主导地位，现在其应用已经扩展到各工程领域中。在该方法中，连续体可以划分成更小的部分，这些小部分称为有限单元。每个单元的行为都是由有限数量的参数指定的，可以根据适用于标准离散问题的程序获得[35]其作为组合的有限单元的完整系统的解决方案。Carrera[36]回顾了与多层、各向异性、复合材料层合板和壳体结构有关的现有理论和有限单元。Mallikarjuna 和 Kant[37]回顾了有关多层夹板/纤维增强复合材料板的几何非线性瞬态响应的研究。Noor 等[38]对预测夹层板和壳体响应的计算模型进行了分类。Carrera 等[39]评估了复合材料层合板的弯曲和振动中经典及精细的有限板单元。本章展示了利用 ANSYS 软件分析的复合材料层合板的有限单元法结果。平板使用壳单元（SHELL91）进行离散，锥形板则使用壳单元（SHELL281）进行离散。这两种单元都是分层单元，具有八节点的几何非线性特点。

4.3.2　近似值解法

在本节中，通过选择位移内合适的近似方程，将基于式（4.12）的运动方程简化为时域。然后，利用伽辽金方法获得非线性微分方程。本节使用有限差分法来解决时域中的耦合非线性方程。首先，选择满足自然边界条件的近似方程，自然边界条件如下：

$$u^0 = \sum_{i=1}^{I} \sum_{j=1}^{J} U_{ij}(t)\varphi_{ij}(x,y) \tag{4.18a}$$

$$v^0 = \sum_{k=1}^{K} \sum_{l=1}^{L} V_{klj}(t)\psi_{kl}(x,y) \tag{4.18b}$$

$$w^0 = \sum_{m=1}^{M} \sum_{n=1}^{N} W_{mn}(t)\chi_{mn}(x,y) \tag{4.18c}$$

在应用伽辽金方法时，最简单的多项近似甚至都推导出了上百个积分项，因此这个方法是不实用的。正因如此，对于层压平板，我们只使用位移分量系列的第一项；对于锥形板，我们可以选择平面外位移系列的前两项来考虑锥度效应。

正如 Strang[40] 提到的，最重要的一点是选择合适的近似方程。因此，我们需要考虑满足边界条件的板的物理行为。这对于寻找长期解决方法来说是至关重要的。近似方程应该与板的第一模式高度相似，可以通过考虑使用 ANSYS 软件对复合材料层合板在均匀压力载荷下的静态大变形分析结果确定。近似方程是通过检查从两个不同的（简支板和固支板）边界条件下的静态大变形结果中得到的有限单元结果来确定的，在参考文献［10］和文献［16］中有介绍。对于简支板的所有边缘（SSSS），位移函数选择如下：

$$u^0 = U(t)\sin\frac{2\pi x}{a}y^2(y-b)^2 \tag{4.19a}$$

$$v^0 = V(t)x^2(x-a)^2\sin\frac{2\pi y}{b} \tag{4.19b}$$

$$w^0 = W(t)\sin\frac{\pi x}{a}\sin\frac{\pi y}{b} \tag{4.19c}$$

对于固支板的所有边缘（CCCC），位移函数选择如下：

$$u^0 = U(t)x^2(x-a)^2\left(x-\frac{a}{2}\right)\left(1-\cos\frac{2\pi y}{b}\right) \tag{4.20a}$$

$$v^0 = V(t)\left(1-\cos\frac{2\pi x}{a}\right)y^2(y-b)^2\left(y-\frac{b}{2}\right) \tag{4.20b}$$

$$w^0 = W(t)\left(1-\cos\frac{2\pi x}{a}\right)\left(1-\cos\frac{2\pi y}{b}\right) \tag{4.20c}$$

式中：U、V 和 W 为根据时间变化的位移分量。

将式（4.19）和式（4.20）代入式（4.12），然后运用伽辽金方法即可获得包括阻尼效应在内的与时间有关的非线性微分方程：

$$a_0\ddot{U} + a'\dot{U} + a_1U + a_2V + a_3W + a_4W^2 + a_5 = 0 \tag{4.21a}$$

$$b_0\ddot{V} + b'\dot{V} + b_1V + b_2U + b_3W + b_4W^2 + b_5 = 0 \tag{4.21b}$$

$$c_0\ddot{W} + c'\dot{W} + c_1W + c_2W2 + c_3W3 + c_4U + c_5V + c_6UW + c_7VW + c_8 = 0 \tag{4.21c}$$

式中：点表示相对于时间的导数；U、V 和 W 为位移函数中与时间有关的变量。

不同的边界条件对应式（4.21）中不同的系数。对于简支板来说，请参考参考文献［10］和文献［41］；对于固支板，请参考文献［16］。锥形板特别适用于特定的设计标准或通过减轻重量获得优化的结构。因此，在这种情况下，对于锥形板，我们得到了近似解函数，这些函数的选择只考虑了平面内位移的系列的第一项，以及简单支撑的锥形板的平面外位移分量的前两项，如下所示：

$$u^0 = U(t)\sin\frac{2\pi x}{a}y^2(y-b)^2 \tag{4.22a}$$

$$v^0 = V(t)x^2(x-a)^2\sin\frac{2\pi y}{b} \tag{4.22b}$$

$$w^0 = W_1(t)\sin\frac{\pi x}{a}\sin\frac{\pi y}{b} + W_2(t)\sin\frac{2\pi x}{a}\sin\frac{\pi y}{b} \tag{4.22c}$$

式中：U、V、W_1 和 W_2 为根据时间变化的位移分量。

近似方程是通过考虑使用 ANSYS 对锥度比 $\beta = 1.2$ 的层压锥板在均匀压力载荷下进行静态大变形分析的结果而确定的。从 ANSYS 得到的 $u(x, b/2)$、$v(a/2, y)$ 和 $w(x, b/2)$ 的变化和此处考虑的解决函数进行了比较，这种比较在参考文献[13]中提出，我们发现，w 的求解函数与静态分析结果高度一致，尽管 u、v 的求解函数出现了小的差异。通过使用式（4.22）中的近似方程，锥形板无阻尼效应的时域耦合非线性代数微分方程如下：

$$a_0\ddot{U} + a_1U + a_2V + a_3W_1^2V + a_4W_1W_2 + a_5 = 0 \tag{4.23a}$$

$$b_0\ddot{V} + b_1\dot{V} + b_2U + b_3W_1^2 + b_4W_2^2 + b_5W_1W_2 + b_6 = 0 \tag{4.23b}$$

$$c_0\ddot{W}_1 + c_1W_1 + c_2W_1^3 + c_3W_2 + c_4W_2^3 + c_5UW_1 + c_6VW_1 + c_7UW_2 + c_8VW_2c_9W_1W_2{}^2 + c_{10}W_2W_1{}^2 + c_{11} = 0 \tag{4.23c}$$

$$d_0\ddot{W}_2 + d_1W_2 + c_2W_2^3 + d_3W_1 + d_4W_1^3 + d_5VW_2 + d_6UW_1 + d_7VW_1 + d_8W_2W_1^2 + d_9W_1W_2^2 + d_{10} = 0 \tag{4.23d}$$

初始条件可以表示为

$$U(0)=0,\ V(0)=0,\ W(0)=0,\ W_1(0)=0,\ W_2(0)=0 \tag{4.24a}$$

$$\dot{U}(0)=0,\ \dot{V}(0)=0,\ \dot{W}(0)=0,\ \dot{W}_1(0)=0,\ \dot{W}_2(0)=0 \tag{4.24b}$$

应用伽辽金方法在时域得到的非线性耦合微分方程，见式（4.21）和式（4.23），用不同的数值方法进行求解，从而比较各种技术的结果和效率。选择有限差分法来解决这些方程。

4.3.3　有限差分法

在本节中，总结了适用于平板和锥形板的使用有限差分法解决非线性耦合运动方程的技术方法。为了分析，我们可以假设结构阻尼与 Rayleigh[42] 提出的黏性类型一致。黏性阻尼比为 ζ （$\equiv d_3/2\omega\bar{m}$），其中 ω 为基本无阻尼频率。对于平板，方程包括了阻尼效应，从而比较有阻尼和无阻尼的结果。

1. 平板

首先，将式（4.23）代入矩阵中：

$$\boldsymbol{M}\ddot{\boldsymbol{Q}} + \boldsymbol{C}\dot{\boldsymbol{Q}} + \boldsymbol{K}_{\mathrm{L}}\boldsymbol{Q} + \boldsymbol{K}_{\mathrm{NL}}\boldsymbol{Q} + \boldsymbol{F} = \boldsymbol{0} \tag{4.25}$$

其中，$\boldsymbol{Q}=\{U \quad V \quad W\}^{\mathrm{T}}$、$\dot{\boldsymbol{Q}}=\{\ddot{U} \quad \ddot{V} \quad \ddot{T}\}^{\mathrm{T}}$ 和 $\ddot{\boldsymbol{Q}}=\{\ddot{U} \quad \ddot{V} \quad \ddot{T}\}^{\mathrm{T}}$ 分别为位移、速度和加速度矢量，式（4.25）中，$\boldsymbol{M}$、$\boldsymbol{C}$、$\boldsymbol{K}_{\mathrm{L}}$ 和 $\boldsymbol{K}_{\mathrm{NL}}$ 为

$$\boldsymbol{M}=\begin{bmatrix} a_0 & 0 & 0 \\ 0 & b_0 & 0 \\ 0 & 0 & c_0 \end{bmatrix} \tag{4.26}$$

$$\boldsymbol{C}=\begin{bmatrix} a' & 0 & 0 \\ 0 & b' & 0 \\ 0 & 0 & c' \end{bmatrix} \tag{4.27}$$

$$\boldsymbol{K}_{\mathrm{L}}=\begin{bmatrix} a_1 & a_2 & a_3 \\ b_2 & b_1 & b_3 \\ c_4 & c_5 & c_1 \end{bmatrix} \tag{4.28}$$

$$\boldsymbol{K}_{\mathrm{NL}}=\begin{bmatrix} 0 & 0 & a_4 W \\ 0 & 0 & b_4 W \\ c_6 W & c_7 W & c_2 W+c_3 W^2 \end{bmatrix} \tag{4.29}$$

$\boldsymbol{F}$ 为

$$\boldsymbol{F}=[a_5 \quad b_5 \quad c_8]^{\mathrm{T}} \tag{4.30}$$

如果将式（4.25）的$\frac{\partial^2\{\boldsymbol{Q}\}}{\partial t^2}$项替换为$\frac{\partial\{\dot{\boldsymbol{Q}}\}}{\partial t}$，我们可以重新写成：

$$\boldsymbol{M}\frac{\partial \dot{\boldsymbol{Q}}}{\partial t}+\boldsymbol{C}\dot{\boldsymbol{Q}}+\boldsymbol{K}\boldsymbol{Q}+\boldsymbol{F}=0 \tag{4.31}$$

其中，$\boldsymbol{K}=\boldsymbol{K}_{\mathrm{L}}+\boldsymbol{K}_{\mathrm{NL}}$。

利用推导的定义，可以将式（4.31）写为

$$\boldsymbol{M}\frac{\dot{\boldsymbol{Q}}^{n+1}-\dot{\boldsymbol{Q}}^{n}}{\Delta t}+\boldsymbol{C}\dot{\boldsymbol{Q}}^{n+1}+\boldsymbol{K}\boldsymbol{Q}^{n+1}+\boldsymbol{F}=0 \tag{4.32}$$

将 $\dot{\boldsymbol{Q}}^{n+1}=\frac{\boldsymbol{Q}^{n+1}-\boldsymbol{Q}^{n}}{\Delta t}$代入式（4.32），并重新排列，可以得到：

$$\frac{\boldsymbol{M}}{(\Delta t)^2}+\frac{\boldsymbol{C}}{\Delta t}+\boldsymbol{K}\boldsymbol{Q}^{n+1}=\frac{\boldsymbol{M}}{\Delta t}\dot{\boldsymbol{Q}}^{n}+\left(\frac{\boldsymbol{M}}{(\Delta t)^2}+\frac{\boldsymbol{C}}{\Delta t}\right)\dot{\boldsymbol{Q}}^{n}-\boldsymbol{F} \tag{4.33}$$

最后，如果将式(4.26)~式（4.30）中给出的矩阵和矢量代入式（4.33），则运动方程可以简化为

$$\begin{aligned} A_1 U^{n+1}+A_2 V^{n+1}+A_3 W^{n+1}&=A_4 \\ B_1 U^{n+1}+B_2 V^{n+1}+B_3 W^{n+1}&=B_4 \\ C_1 U^{n+1}+C_2 V^{n+1}+C_3 W^{n+1}&=C_4 \end{aligned} \tag{4.34}$$

式（4.34）中的系数可以查阅文献［16］的附录中的式（4.34），以下方法的原理是高斯消元法：

$$
\begin{aligned}
&U^{n+1}=\frac{1}{A_1}[A_4-A_2V^{n+1}-A_3W^{n+1}]\\
&V^{n+1}=\frac{D_3-D_2W^{n+1}}{D_1},\quad W^{n+1}=\frac{E_3-E_4}{E_5}
\end{aligned}
\tag{4.35}
$$

其中

$$
D_1=B_2-\frac{B_1A_2}{A_1},\quad D_2=B_3-\frac{B_1A_3}{A_1},\quad D_3=B_4-\frac{B_1A_4}{A_1},
$$

$$
E_1=C_2-\frac{C_1A_2}{A_1},\quad E_2=C_3-\frac{C_1A_3}{A_1},\quad E_3=C_4-\frac{C_1A_4}{A_1},
$$

$$
E_4=\frac{E_1D_3}{D_1},\quad E_5=E_2-\frac{E_1D_2}{D_1}
$$

2. 锥形板

对于锥形板，将式（4.23）代入矩阵中：

$$
\boldsymbol{M}\ddot{\boldsymbol{Q}}+\boldsymbol{K}_{\mathrm{L}}\boldsymbol{Q}+\boldsymbol{K}_{\mathrm{NL}}\boldsymbol{Q}+\boldsymbol{F}=\boldsymbol{0}
\tag{4.36}
$$

其中，$\boldsymbol{Q}=\{U\quad V\quad W\}^{\mathrm{T}}$ 和 $\ddot{\boldsymbol{Q}}=\{\ddot{U}\quad \ddot{V}\quad \ddot{T}\}^{\mathrm{T}}$ 分别为位移矢量和加速度矢量。这里，由公式推导出的 $\boldsymbol{M}$、$\boldsymbol{K}_{\mathrm{L}}$ 和 $\boldsymbol{K}_{\mathrm{NL}}$ 如下：

$$
\boldsymbol{M}=\begin{bmatrix} a_0 & 0 & 0 & 0\\ 0 & b_0 & 0 & 0\\ 0 & 0 & c_0 & 0\\ 0 & 0 & 0 & d_0 \end{bmatrix}
\tag{4.37}
$$

$$
\boldsymbol{K}_{\mathrm{L}}=\begin{bmatrix} a_1 & a_2 & 0 & 0\\ b_2 & b_1 & 0 & 0\\ 0 & 0 & c_1 & c_3\\ 0 & 0 & d_3 & d_1 \end{bmatrix}
\tag{4.38}
$$

$$
\boldsymbol{K}_{\mathrm{NL}}=\begin{bmatrix} 0 & 0 & a_3W_1 & a_4W_1\\ 0 & 0 & b_3W_1 & b_5W_1+b_4W_2\\ c_5W_1+c_7W_2 & c_6W_1+c_8W_2 & c_1W_1^2+c_9W_2^2 & c_4W_2^2+c_{10}W_1^2\\ d_6W_1 & d_7W_1+d_5W_2 & d_4W_1^2+d_9W_2^2 & d_2W_2^2+d_8W_1^2 \end{bmatrix}
\tag{4.39}
$$

$\boldsymbol{F}$ 为

$$
\boldsymbol{F}=[a_5\quad b_6\quad c_{11}\quad d_{10}]^{\mathrm{T}}
\tag{4.40}
$$

通过应用与上述平板部分详细描述的相同的有限差分法，锥形板的运动方程可以简化为

$$\begin{aligned}
&A_1U^{n+1}+A_2V^{n+1}+A_3W^{n+1}+A_4W_2^{n+1}=A_5\\
&B_1U^{n+1}+B_2V^{n+1}+B_3W^{n+1}+B_4W_2^{n+1}=B_5\\
&C_1U^{n+1}+C_2V^{n+1}+C_3W^{n+1}+C_4W_2^{n+1}=C_5\\
&D_1U^{n+1}+D_2V^{n+1}+D_3W^{n+1}+D_4W_2^{n+1}=D_5
\end{aligned} \tag{4.41}$$

方程中的系数请参考文献［13］附录中的式（4.41），通过高斯消元法得到以下表达式，并通过多次消元得到解决方案[13]。从式（4.41）中，使用高斯消除法得到表达式，并得到以下通过迭代求解的解：

$$U^{n+1}=\frac{1}{A_1}[A_5-A_2V^{n+1}-A_3W^{n+1}-A_4W_2^{n+1}] \tag{4.42a}$$

$$V^{n+1}=E_1+E_2W_1^{n+1}+E_3W_2^{n+1} \tag{4.42b}$$

$$W^{n+1}=F_1+F_2W_2^{n+1},W_2^{n+1}=\frac{G_2}{G_1} \tag{4.42c}$$

其中，E_i、F_i 和 G_i 可查阅文献［13］的附录中的定义。正如 Kazanci 和 Mecitoğlu[10,16]所解释的，$\boldsymbol{K}_{NL}$中的非线性项通过迭代进行线性化。线性化的方法可以表述如下：在第一次消元中，使用上一步已知的 W；在第一次消元之后，计算出的 W_{n+1}可以替代 W_n，一直消元，直到达到等式标准。

4.4 爆炸载荷模型

用于航空、海洋和陆地的先进军用车辆可能会受到与时间有关的外部脉冲的影响，如爆炸载荷。因此，在设计过程中，对承受爆炸载荷的结构的分析和设计需要详细了解爆炸现象和结构的动态响应。文献［43－46］中大量使用了与时间有关的各种外部爆炸脉冲模型。式（4.43）给出了经常使用的分析性超压时间历史，如果爆炸源离板块足够远，则可以假定爆炸压力是均匀的，可以用修正的弗里德兰德指数衰减方程来描述[43-44]：

$$P(t)=P_m(1-t/t_p)\mathrm{e}_p^{-\alpha t/t} \tag{4.43}$$

其中，包括爆炸的负相位。在式（4.43）中，规定了三个可以完全描述爆炸载荷的独立特性：第一个是峰值爆炸压力 P_m，代表初始冲击强度；第二个是正相位持续时间 t_p；第三个是波形参数 α，是波形的衰减系数，见图 4.3。

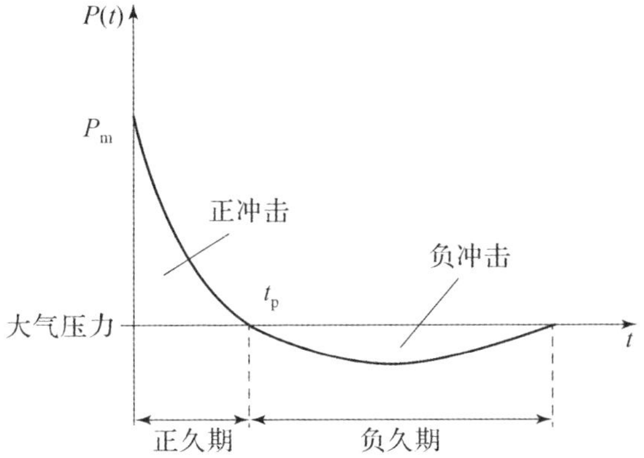

图4.3　均匀爆破载荷的典型压力时间历史

4.5　数值示例

在本节中，给出了具有不同边界条件的爆炸载荷层压平板和锥形板的非线性动态分析，其中包括阻尼效应和无阻尼效应。

示例1：全包的阻尼复合材料层合板 - CCCC

对于爆炸分析，这期间第一个峰值是最强的，同时也会出现最大应力。然而，第一峰值响应阶段的阻尼效应并不明显。基于此阻尼效应不是重点考量的因素。然而，第一峰值与第二峰值大体一致，且随着时间的增加而更强。基于此，Kazanci 和 Mecitoğlu[16]研究了复合材料层合板在爆炸载荷下的非线性动态方程的推导和求解，包括结构阻尼效应。数值分析的材料特性取自 Turkmen 和 Mecitoğlu[47]，他们使用七层玻璃纤维织物进行了一些爆炸实验，其中一层的纤维取向角为（90°/0°）。在分析和实验中使用的 Ply 材料属性具有以下特点：$E_1=24.14\text{kPa}$，$E_2=24.14\text{kPa}$，$G_{12}=3.79\text{kPa}$，$\rho=1800\text{kg/m}^3$，$\nu_{12}=0.11$。这里，E_1 和 E_2 是杨氏模量，G_{12}是剪切模量，ρ 是材料的密度，ν_{12}是泊松比。板的尺寸为：$a=0.22\text{m}$，$b=0.22\text{m}$，$h=1.96\text{m}$。实验工作[47]表明，在距离起爆管开口端1m处，板上的压力分布可以视为是均匀的。爆炸压力是在厚木板上测量的，该木板的尺寸与层压复合材料板相同。图4.4显示了板中心的爆炸压力随时间的变化。式（4.43）中给出的弗里德兰德衰减方程的参数为 $P_m=28.9\text{kPa}$，$\alpha=0.35$，$t_p=1.8\text{ms}$。

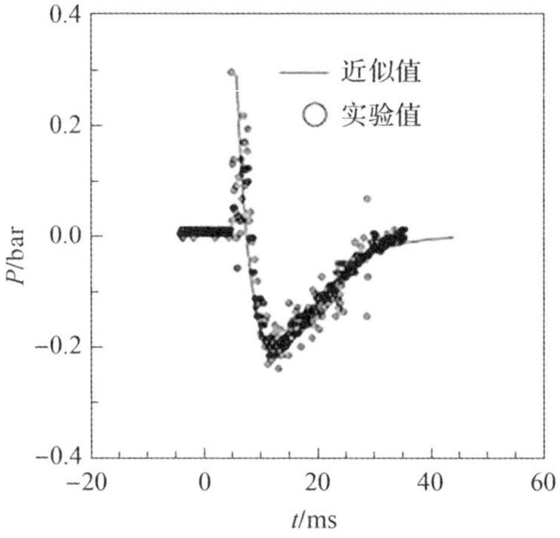

图 4.4 随时间变化的爆炸载荷[47]

图 4.5 是单项近似数值和实验结果的比较。该图给出了三种阻尼比和无阻尼情况下的近似数值结果。从图 4.5 可以看出，在爆炸的第一个峰值后，短时间内黏性阻尼的振动幅度有所下降。在运动的前半个周期，单项近似的结果与实验结果重合度较高，且与实验结果的一致性持续到整个第一个周期。然而，在第一个周期后，理论和实验结果之间存在差异，这可能是由更高的振动模式造成的。

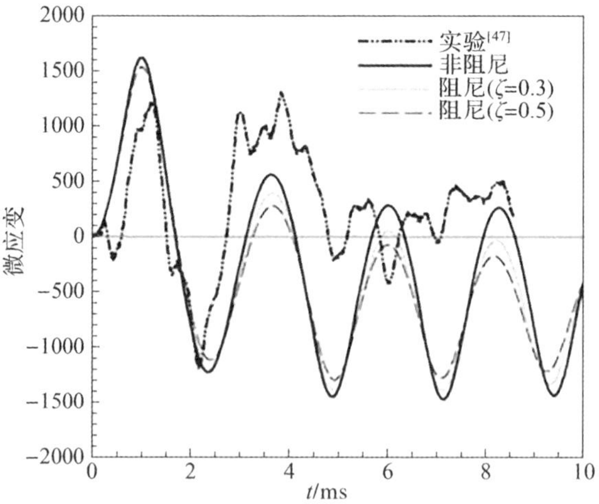

图 4.5 应变时间历史结果的比较[16]

图 4.6 显示了板的长时间位移响应。在阻尼响应分析中，阻尼比为 $\zeta=0.3$。板的位移响应随爆炸压力的变化而变化。从图 4.6 可以看出，阻尼对第

一个峰值响应的影响不大。另外，在结构阻尼的作用下，振动的频率和振幅下降。参考文献［16］中介绍了振动频率随时间的变化情况，图 4.7 也表示了这种情况。从图 4.6 所示的板的长时间位移响应中可以获得频率值。对于每个波段，该波段期间的平均频率为该周期时间的倒数。

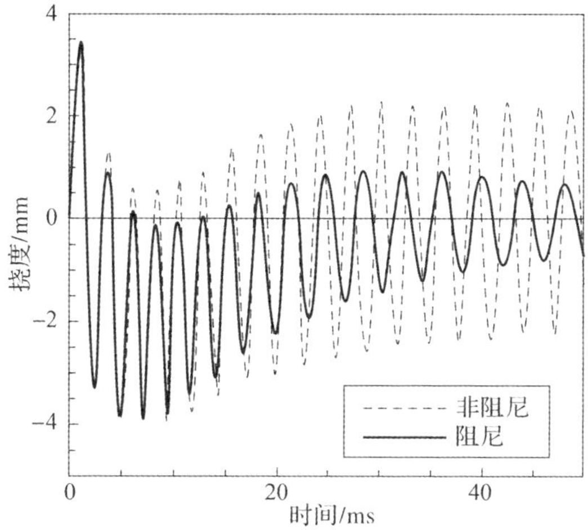

图 4.6　无阻尼和有阻尼（$\zeta=0.3$）情况下的长时间位移响应比较[16]

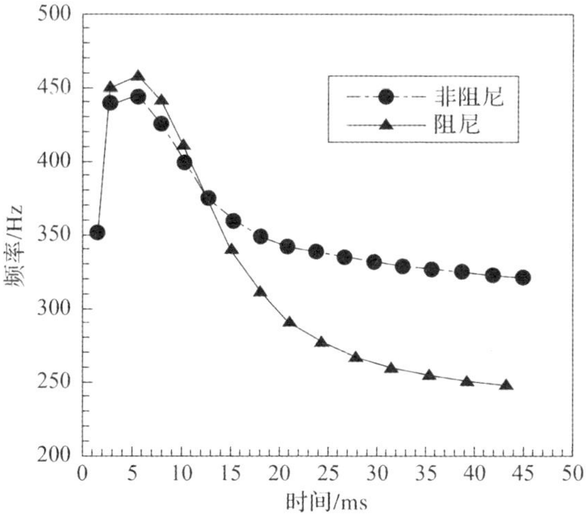

图 4.7　频率的变化[16]

在强爆炸效应的时间范围内，大挠度效应导致了高平面张力，高平面张力增加了板的响应频率。在这个时期之后，振动的振幅会减小，振动频率也会降低。在这一时期，对振动频率的阻尼效果很明显，它更大程度地降低了频率。

示例 2：所有边缘均为简支的复合材料层合板

所有边缘均为简单支撑的复合材料层合板的第一个示例取自参考文献［45］，作者将其标为“结构 I”。该结构是一个三层交叉层（0°/90°/0°）的方形板，中间层比外部层厚 2 倍。在分析中使用的 Ply 材料特性是：E_1 = 132.4kPa，E_2 = 10.8kPa，G_{12} = 5.6kPa，ρ = 1443kg/m^3，ν_{12} = 0.24。板的尺寸为：a = 2.54m，b = 2.54m，h = 0.17m。这些分析主要适用于均匀爆炸压力的情况。爆炸压力峰值取为 3447kPa。在式（4.48）中给出的 Friedlander 指数衰减函数的其他参数是 α = 2.0 和 t_p = 0.1s。另外，Kazanci 和 Mecitoğlu[10] 以及 Panciroli 和 Abrate[48] 选择了文献［45］中的这种平坦复合材料层合板（结构 I）来比较和验证其结果。此外，Kazanci 和 Mecitoğlu[10] 利用 ANSYS 的结果比较所选结构。图 4.8 显示了三层方形板中心的无尺寸偏转的结果。Kazanci 和 Mecitoglu[10] 以及 Panciroli 和 Abrate[48] 都使用了方形板对 Friedlander 脉冲响应的单项近似值。从图 4.8 中可以看出，所选结构的结果有很好的一致性。

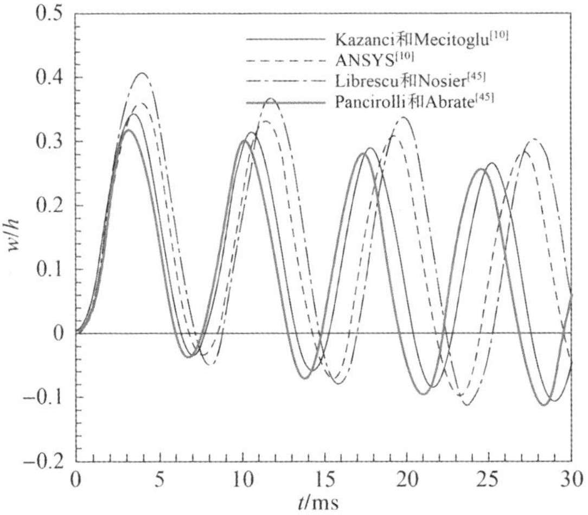

图 4.8 复合材料层合板在所有边缘均为简单支撑的情况下承受爆炸载荷的非线性动态响应比较

此外，Kazanci 和 Mecitoğlu[10] 研究了一种七层玻璃纤维织物，其中一层的纤维取向角为（0°/90°）。为了便于比较，材料特性和载荷参数与示例 1 一致。图 4.9显示了无量纲位移和爆炸压力随时间的变化。从图 4.9 中我们可以看出，板的位移响应随爆炸压力变化。在第一个爆炸峰值效应的时间范围内，较大的偏转效应导致了高平面张力，高平面张力增加了板的响应频率。强烈的吸力作用使板块大幅偏移，并围绕这个变形的形状振动。板块的最大中心挠度大约是板块厚度的三倍。由于平面内刚度和几何非线性，复合材料层合板的基本频率会增加。

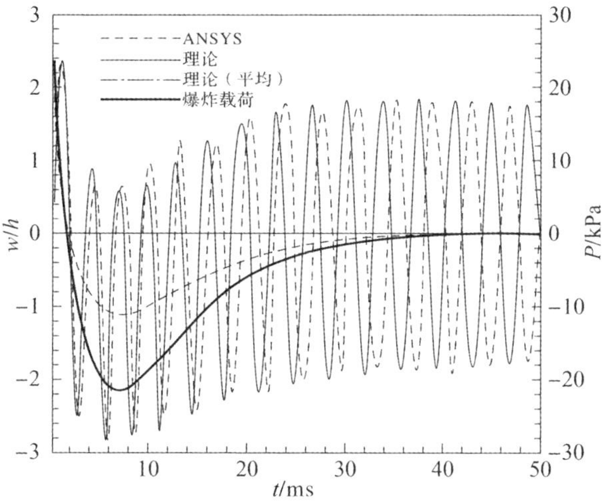

图4.9　无尺寸中心挠度的历史时间[9-10]

图4.10显示了底部和顶部质心的法向应变 ε_x 的变化是相当不同的。考虑到爆炸源靠近板的底面（图4.1），差异的原因可以解释如下：法向应变 ε_x 是弯曲、平面内和非线性应变项的组合（式（4.44a））。众所周知，在底部和顶部的弯曲项的值是相等的。

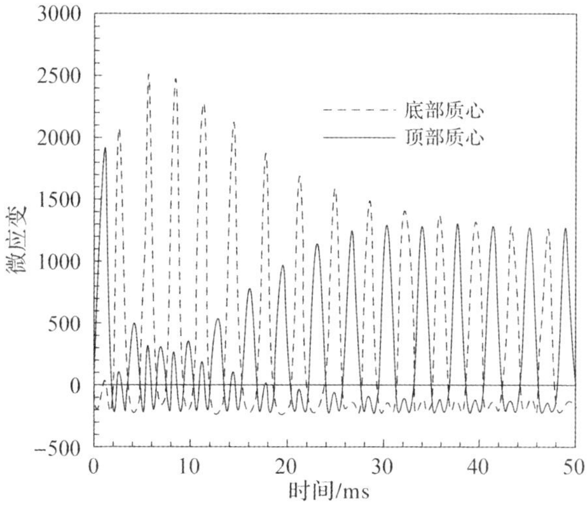

图4.10　底部和顶部的应变时间历史结果的比较

如果考虑板块的平均偏转形状，上表面的应变符号为正，下表面的为负。

$$\varepsilon_x = \frac{\partial u^0}{\partial x} + \frac{1}{2}\left(\frac{\partial w^0}{\partial x}\right)^2 - z\,\frac{\partial^2 w^0}{\partial x^2} \tag{4.44a}$$

$$z = +\frac{h}{2}(\text{顶部}) \tag{4.44b}$$

$$z = -\frac{h}{2}(\text{底部}) \tag{4.44c}$$

非线性项始终为零，板中心平面内应变始终为正。因此，总应变将在底部中心得到一个大的正值，而在顶部中心得到一个小的正值或负值。

示例3：所有边缘均为简单支撑的锥形复合材料层合板

通过前几节总结的有限差分法，我们得到了锥形复合材料层合板的非线性动态响应。爆炸载荷参数的选择与示例1中的相同，即 $P_m = 28906\text{N/m}^2$，$t_p = 0.0018\text{s}$，$\alpha = 0.35$。只考虑方形的板，尺寸为 $a = b = 220\text{mm}$。板子是由对称放置的六层薄板组成。考虑了三种不同的层状结构，以了解堆积顺序对动态行为的影响。表4.1给出了每个薄片的材料特性，这些特性也在文献［13］中给出，为了了解锥度比对动态响应的影响，［UCBGBC］s板的锥度比定为 $\beta = 1.2$。对于所有配置，板的中心厚度取2mm。中间表面（膜应变）中心点($x = a/2$，$y = b/2$）的应变时间历史见图4.11，对于锥度比为 $\beta = 1.2$ 的［UCBGBC］s板，使用本方法和ANSYS软件都可以得到结果。可以看出，通过使用目前的闭合形式的解决方案和有限元法得到的应变时间历史高度重合。

表4.1　锥形板的材料特性

参数	单向碳（UC）	双向玻璃（BG）	双向碳（BC）
E_1/kPa	135.14	23.37	62.74
E_2/kPa	9.24	23.37	62.74
G_{12}/kPa	6.27	5.23	4.37
ρ /kg/m^3	1620.00	1910.00	1450.00
ν_{12}	0.318	0.115	0.059

图4.12给出了通过简支锥形复合材料层合板中心线（$y = b/2$）的 $x = a/14$、$x = 7a/14$ 和 $x = 11a/14$ 点的位移-时间历史。在给定的爆炸载荷下，最大的挠度发生在中心点（$x = 7a/14$），几乎是厚度的2倍。其他的点是 $x = 3a/14$ 和 $x = 11a/14$，它们与中心的距离相同。然而，由于锥形的几何形状，板在 $x = 3a/14$ 点比在 $x = 11a/14$ 点要薄。正如预期的一样，板块在 $x = 3a/14$ 点的偏转高于 $x = 11a/14$ 点，而中心点（$x = 7a/14$）的偏转大于其他点。

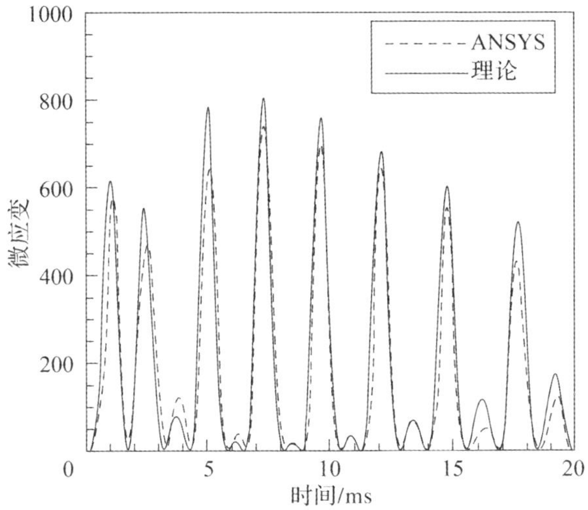

图4.11 中心点（$x=a/2$，$y=b/2$）中间表面的应变时程

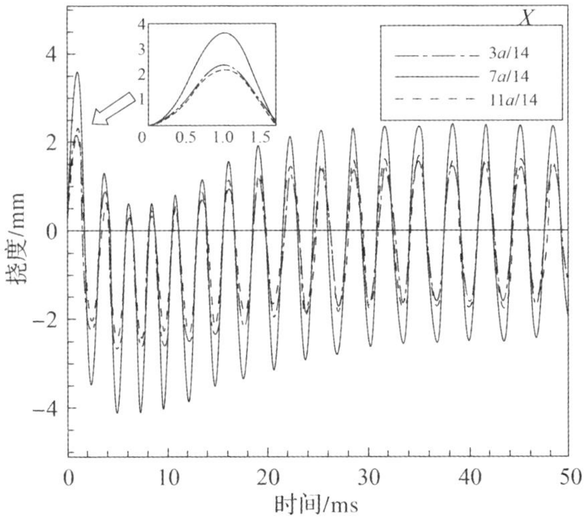

图4.12 不同点（$\beta=1.2$）的简支锥形复合材料层合板的挠度响应

图4.13中给出了不同表面在中心点的应变时程。由于爆炸是从锥形板的顶部（与示例2的方向相反）发生的（图4.2），故底部被压缩，顶部被拉伸。然而，在第一个峰值效应之后，总的法向应变将在顶部中心得到一个大的正值，而在底部中心得到一个小的正值或负值，如示例2所解释的那样。如预期的那样，膜应变（中间表面）总是正的。

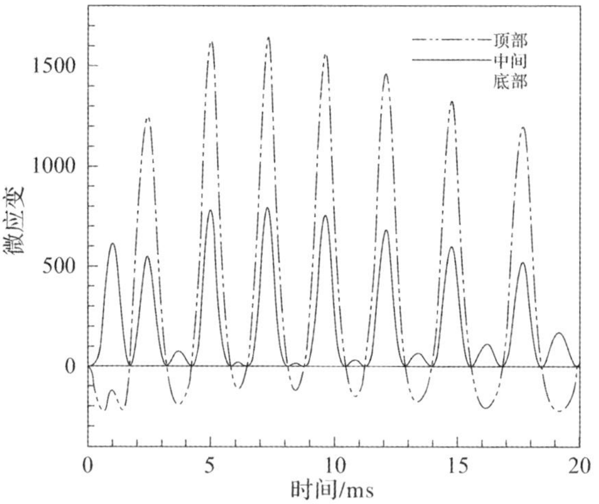

图 4.13 不同表面在中心点（$\beta=1.2$）的应变时程

4.6 结　　论

多年以来，人们都用计算的方法来预测复合材料层合板的响应，以此来减少设计时间和成本，并确保满足安全的设计标准。尽管一个通用的板块模型可以解决任何几何形状、层压方案和材料，但层合板的静态和动态响应的准确性对人们来说仍然是一个挑战，因此，人们已经给出了具体的模型来解决具体问题。本章主要研究了爆炸载荷下的层压平板和锥形复合材料板瞬态分析的近似数值法。同时，比较了通过实验、有限元法和近似数值方法得到的板的挠度和应变时间历史，发现它们高度重合。

在爆炸载荷结构的设计中，最大应力通常出现在最强的第一个峰值处。因此，我们研究了层合板在爆炸载荷下的非线性动态响应，包括有无阻尼效应。然而，第一峰值响应阶段的阻尼效应并不明显。但是，我们看到第二个峰值是相当大的，而且随着时间的增加，数值更大。此外，阻尼效应短期内与振动幅度呈负相关。我们知道，结构阻尼效应会导致振动频率轻微下降。然而，如果爆炸导致非常大的挠度，那么就增加了振动频率，黏性阻尼效应会限制挠度和非线性，从而使振动频率明显下降。

本章介绍了不同表面在中心点的应变时间历史，并详细讨论了结果。在第一个峰值效应之后，在吸力期间，总的法向应变将在与爆炸源相反的表面中心获得一个大的正值，而在爆炸载荷直接影响的表面中心获得一个小的正值或负值。为了简单起见，平板的平面内位移函数只取一个项，而锥形板的平面外位移函数只取两个项。因此，我们没有看到高阶模态的作用，通常来说，高阶模态对于长时间响应来说是很重要的。然而，中心挠度的第一个峰值振幅足够接近，以便我们在复合材料层合板的初步设计阶段使用近似数值的方法。

参考文献

[1] A.L. Dobyns, Analysis of simply-supported orthotropic plates subject to static and dynamic loads, AIAA J. 19 (1981) 642−650.

[2] G.S. Langdon, W.J. Cantwell, Z.W. Guan, G. Nurick, The response of polymeric composite structures to air-blast loading: a state-of-the-art, Int. Mater. Rev. 59 (2014) 159−177.

[3] Z. Kazanci, A review on the response of blast loaded laminated composite plates, Progr. Aerospace Sci. 81 (2016) 49−59.

[4] R. Rajendran, J.M. Lee, Blast loaded plates, Marine Struct. 22 (2009) 99−127.

[5] R.C. Batra, N.M. Hassan, Blast resistance of unidirectional fiber reinforced composites, Comp. B Eng. 39 (2008) 513−536.

[6] V. Doğan, Dynamic multimode response of composite plates to sonic boom and blast loadings, J. Aircraft 45 (2008) 498−507.

[7] A. Rajamani, R. Prabhakaran, Response of composite plates to blast loading, Exper. Mechan. 20 (1980) 245−250.

[8] Z. Kazanci, Z. Mecitoğlu, A. Hacıoğlu, Effect of in-plane stiffnesses and inertias on dynamic behavior of a laminated composite plate under blast load, Proceedings of the International Conference on Engineering, Construction and Operations in Challenging Environments, League City, TX, 2004, pp. 484−491.

[9] Z. Kazanci, Z. Mecitoğlu. Approximate-numerical and finite element solutions for non-linear vibrations of laminated composite plates under blast load, Proceedings of the International Congress and Exhibition on Noise Control Engineering, vol. 3, İstanbul, Turkey, 2007, pp. 2055−2064.

[10] Z. Kazanci, Z. Mecitoğlu, Non-linear dynamic behavior of simply supported laminated composite plates subjected to blast load, Journal of Sound & Vibration 317 (2008) 883−897.

[11] Z. Kazanci, H.S. Türkmen, The effect of in-plane deformations on the non-linear dynamic response of laminated plates, Struct. Eng. Mechan. 42 (2012) 589−608.

[12] H.S. Türkmen, S. Süsler, Z. Kazanci. Dynamic behaviour of laminated plates subjected to thermomechanical loads, Proceedings of the ECCOMAS Special Interest Conference: SEECCM 2013 3rd South-East European Conference on Computational Mechanics, Athens, Greece, 2013, pp. 12−14.

[13] S. Süsler, H.S. Türkmen, Z. Kazancı, The non-linear dynamic behaviour of tapered laminated plates subjected to blast loading, Shock Vib. 19 (2012) 1235−1255.

[14] M. Şenyer, Z. Kazanci, Non-linear dynamic analysis of a laminated hybrid composite plate subjected to time-dependent external pulses, Acta Mechanica Solida Sinica 25 (2012) 586−597.

[15] A. Nosier, L. Librescu, D. Frederick, The effects of time-dependent excitation on the oscillatory motion of viscously damped laminated composite flat panels, Advances in the Theory of Plates and Shells, Elsevier, Amsterdam, 1990, pp. 249−268.

[16] Z. Kazanci, Z. Mecitoğlu, Non-linear damped vibrations of a laminated composite plate subjected to blast load, AIAA J. 44 (2006) 2002—2008.
[17] S. Baştürk, H. Uyanık, Z. Kazanci, Non-linear damped vibrations of a hybrid laminated composite plate subjected to blast load, Proc. Eng. 88 (2014) 18—25.
[18] B. Temel, M.F. Şahan, An alternative solution method for the damped response of laminated Mindlin plates, Comp. B Eng. 47 (2013) 107—117.
[19] K. Weierstrass, Über die analytische Darstellbarkeit sogenannter willkürlicher Functionen einer reellen Veränderlichen, Sitzungsberichte Der Akad Zu Berlin (1885)633—639 and 789—805 (in German)
[20] Z. Kazanci. Non-linear transient response of a laminated composite plate under time-dependent pulses, Proceedings of the Fourth International Conference on Recent Advances in Space Technologies, İstanbul, Turkey, 2009, pp. 125—130.
[21] D.J. Dawe, Use of the finite strip method in predicting the behaviour of composite laminated structures, Comp. Struct. 57 (2002) 11—36.
[22] J. Chen, D.J. Dawe, Linear transient analysis of rectangular laminated plates by a finite strip-mode superposition method, Comp. Struct. 35 (1996) 213—228.
[23] S. Wang, J. Chen, D.J. Dawe, Linear transient analysis of rectangular laminates using spline finite strips, Comp. Struct. 41 (1998) 57—66.
[24] Y.Y. Wang, K.Y. Lam, G.R. Liu, A strip element method for the transient analysis of symmetric laminated plates, Int. J. Solids Struct. 38 (2001) 241—259.
[25] J. Chen, D.J. Dawe, S. Wang, Non-linear transient analysis of rectangular composite laminated plates, Comp. Struct. 49 (2000) 129—139.
[26] K.M. Liew, X. Zhao, A.J.M. Ferreira, A review of meshless methods for laminated and functionally graded plates and shells, Comp. Struct. 93 (2011) 2031—2041.
[27] K.M. Liew, J. Wang, M.J. Tan, S. Rajendran, Non-linear analysis of laminated composite plates using the mesh-free kp-Ritz method based on FSDT, Comput. Meth. Appl. Mechan. Eng. 193 (2004) 4763—4779.
[28] S. Xiang, K. Wang, Y. Ai, Y. Sha, H. Shi, Analysis of isotropic, sandwich and laminated plates by a meshless method and various shear deformation theories, Comp. Struct. 91 (2009) 31—37.
[29] S. Xiang, S. Jiang, Z. Bi, Y. Jin, M. Yang, A *n*th-order meshless generalization of Reddy's third-order shear deformation theory for the free vibration on laminated composite plates, Comp. Struct. 93 (2011) 299—307.
[30] J. Xu, X. Liu, Analysis of structural response under blast loads using the coupled SPH-FEM approach, J. Zhejiang Univ. Sci. A 9 (2008) 1184—1192.
[31] J. Sladek, V. Sladek, J. Krivacek, P.H. Wen, C. Zhang, Meshless local Petrov—Galerkin (MLPG) method for Reissner—Mindlin plates under dynamic load, Comput. Meth. Appl. Mechan. Eng. 196 (2007) 2681—2691.
[32] M. Tuna, H.S. Türkmen. Dynamic behavior of a plate under air blast load using differential quadrature method, Proceedings of the ASME 2007 International Conference & Exposition, January 2007, pp. 221—228.
[33] M. Tuna, H.S. Türkmen. Transient analysis of tapered plates using differential quadrature method, Proceedings of the Fourth International Conference on Computational Methods, Gold Coast, Australia, 2012.
[34] S. Maleki, M. Tahani, A. Andakhshideh, S. Maleki, M.A. Tahani, Transient response of laminated plates with arbitrary laminations and boundary conditions under general dynamic loadings, Arch. Appl. Mechan. 82 (2012) 615—630.
[35] K.J. Bathe, Finite Element Procedures, Prentice Hall, Englewood Cliffs, NJ, 1996.
[36] E. Carrera, Theories and finite elements for multilayered, anisotropic, composite plates and shells, Arch. Comput. Meth. Eng. 9 (2002) 87—140.
[37] Kant T. Mallikarjuna, A critical review and some results of recently developed refined theories of fiber-reinforced laminated composites and sandwiches, Comp. Struct. 23 (1993) 293—312.

[38] A.K. Noor, W.S. Burton, C.W. Bert, Computational models for sandwich panels and shells, Appl. Mechan. Rev. 49 (1996) 155−199.
[39] E. Carrera, L. Demasi, M. Manganello, Assessment of plate elements on bending and vibrations of composite structures, Mechan. Adv. Mater. Struct. 9 (2002) 333−357.
[40] G. Strang, Introduction to Applied Mathematics, Wellesley-Cambridge Press, Wellesley, MA, 1986.
[41] S. Baştürk, H. Uyanık, Z. Kazanci, An analytical model for predicting the deflection of laminated basalt composite plates under dynamic loads, Comp. Struct. 116 (2014) 273−285.
[42] J.W.S. Rayleigh, The Theory of Sound (republication of the 1894 second edition), MacMillan & Co. Ltd, London, 1944.
[43] G.F. Kinney, K.J. Graham, Explosive Shocks in Air, second ed., Springer-Verlag, New York, NY, 1985.
[44] A.D. Gupta, F.H. Gregory, R.L. Bitting, S. Bhattacharya, Dynamic analysis of an explosively loaded hinged rectangular plate, Comput. Struct. 26 (1987) 339−344.
[45] L. Librescu, A. Nosier, Response of laminated composite flat panels to sonic boom and explosive blast loadings, AIAA J. 28 (1990) 345−352.
[46] T. Hause, L. Librescu, Dynamic response of anisotropic sandwich flat panels to explosive pressure pulses, Int. J. Impact Eng. 31 (2005) 607−628.
[47] H.S. Türkmen, Z. Mecitoğlu, Non-linear structural response of laminated composite plates subjected to blast loading, AIAA J. 37 (1999) 1639−1647.
[48] R. Panciroli, S. Abrate, Dynamic response of sandwich shells to underwater blasts, Open Eng. 2 (2012) 509−522.

第5章

舰船用复合材料的耐爆炸冲击性能：纤维、基质、界面结合的效应

Alexander Gargano[1]，Khomkrit Pingkarawat[1]，Vanessa Pickerd[2]，Adrian P. Mouritz[1]
[1]皇家墨尔本理工大学（位于澳大利亚维多利亚州墨尔本）
[2]澳大利亚国防科技集团（位于澳大利亚维多利亚州新区）

5.1 简　　介

在海军舰艇结构中使用复合材料时必须考虑这些材料对武器攻击的爆炸性载荷的响应。空中和水下爆炸都有可能对舰船用复合材料结构造成损伤。与船舶建造中使用的金属（如钢、铝合金）不同，复合材料在受到爆炸冲击波的动态载荷时不会产生塑性变形。这可能会导致脆性损伤，从而造成灾难性故障。冲击波产生的超压会以基体开裂、分层和纤维断裂的形式损坏复合材料层合板，最终导致其完全破裂[1-12]。这种损伤会降低复合材料结构的力学性能[1-2,9]，从而影响船舶的作战能力和安全。

正如Langdon等[13]回顾的那样，人们已经对复合材料层合板的爆炸响应进行了大量的计算、分析和实验研究。许多数值和实验研究已经研究了层合板性能对爆炸反应的影响，包括纤维模量[14-15]、纤维体积含量[2]、子层厚度[15]、层合板堆叠模式[14]和基体类型[16]。尽管有上述研究，但关于海军舰艇结构中使用的碳纤维和玻璃纤维层合板的抗爆炸性能的公开信息却很少。Comtois等[3]比较了含有玻璃纤维或碳纤维的刚性夹持的环氧树脂层合板的抗爆性能。他们发现，与玻璃纤维复合材料相比，碳-环氧树脂层合板在夹紧的边缘承受的纤维损伤更少。Tekalur等[5]使用一个爆炸激波管研究了在不断增加的冲击波压力下碳纤维和玻璃纤维层合板的变化。碳纤维层合板经历了纤维断裂和分层开裂的突然失效，而玻璃纤维复合材料则经历了渐进故障。Hebert等[16]表示复合材料的冲击波载荷引起的分层损伤量取决于基体性质。Hebert

及其同事通过实验证明，当基体是高延展性和韧性的热塑性塑料（聚氨酯）而不是脆性热固性材料（乙烯基酯）时，玻璃纤维层合板的抗爆性能可以提高。

尽管进行了很多研究，但海军舰艇结构中使用的层合板类型的抗爆性能尚不清楚。大多数已发表的关于复合材料爆炸响应的研究都是基于海军舰艇不使用的材料，如短纤维层合板[4]、碳环氧层合板[3,8,14,17]、玄武岩纤维层合板[18]、Dyneema 纤维复合材料[19]或热塑性基体层合板[16]。

实验研究了空气爆炸载荷对具有代表性的海军舰船结构复合材料层合板的变形响应、抗损伤性和爆炸后力学性能的影响。本实验中的复合材料是碳聚酯、玻璃聚酯、碳乙烯基酯和玻璃乙烯基酯。层合板具有相同的子层铺层方向和纤维体积含量，从而可以评估纤维类型（碳或玻璃）和基体类型（聚酯或乙烯基酯）的影响。此外，还确定了纤维 - 基体界面键强度对爆炸响应的影响。在层合板受到塑料炸药产生的越来越大的压力和在脉冲空气冲击波的作用下，测定其高速变形、损伤和爆炸后的力学性能。本章提供的信息有助于选择具有高抗爆性能的舰船用复合材料结构。

5.2 材料和实验方法

5.2.1 复合材料的制造商

本章评估了船舶结构中常用的四种层合板，即机织碳聚酯、机织玻璃 - 聚酯、机织碳乙烯基酯和机织玻璃 - 乙烯基酯复合材料的爆炸响应。层合板中使用的碳和玻璃都是单层平纹织物（面密度为 600g/m^2）。将织物堆叠成预制件，经丝束沿同一方向对齐，形成交叉层堆叠［0/90］图案。层合板在室温下使用真空袋树脂灌注（VBRI）工艺注入液体聚酯或乙烯基酯树脂。聚酯（由 NuplexComposites 提供的聚复合间苯二甲酸树脂 45）使用 1%（质量分数）的甲基乙基酮过氧化物（MEKP）溶液（40%（质量分数）MEKP 在邻苯二甲酸二甲酯中，纽佩斯复合材料的 SPV 1265）催化。乙烯基酯使用（质量分数）0.8% MEKP（质量分数）溶液（40% MEKP 邻苯二甲酸二甲酯，纽佩斯复合材料的 Norox）催化。在 VBRI 工艺完成之后，将层合板凝胶化并在 20°C 下部分固化 1 天，然后在 80°C 下固化 1h。层合板总厚度为（4.2 ±0.1）mm，纤维体积分数为 54% ±4%。此外，由于平纹碳纤维织物（600g/m^2）与乙烯基酯基体的化学相容性差，因此仅能实现与乙烯基酯基体的弱结合。

5.2.2 复合材料的力学性能

确定了层合板的拉伸、弯曲和层间断裂韧性后，至少使用四个样品测试每种类型的性能。使用长 250mm、宽 25mm 的矩形层合板样品测量拉伸模量和强度。试验按照 ASTM D3039 标准以 1mm/min 的十字头位移速率在经纱纤维方向上加载拉伸样品直到样品发生失效。弯曲性能根据 ASTM D7264 标准使用三点弯曲法进行测量。弯曲试样长 150mm、宽 25mm，经丝沿样品对齐。试样以 16：1 的支撑跨厚比在 1mm/min 的十字头位移率加载，直到样品发生故障。图 5.1 展示了在拉伸或弯曲载荷下测量的具有弱或强界面结合的层合板的应力 – 应变曲线。具有强黏结力的层合板的力学性能明显提高。

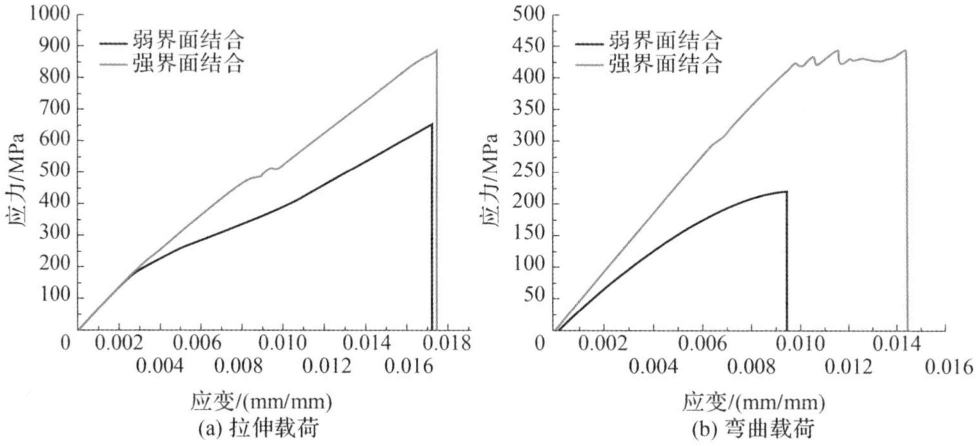

图 5.1 在拉伸和弯曲载荷下测量的层合板的应力 – 应变曲线

采用双悬臂梁（DCB）试验和端部缺口弯曲（ENF）试验分别测量了层合板的Ⅰ型和Ⅱ型层间断裂韧性。DCB 和 ENF 样品长 180mm、宽 25mm，中间面有 40mm 的预裂纹。

两个层合板均为八层（4.9mm）厚，以确保在分层裂纹扩展期间子层压臂与 DCB 和 ENF 试样的刚度相同。Ⅰ型层间断裂韧性（G_{I}）是通过以 2mm/min 的速率向 DCB 试样的预开裂端施加单调增加的裂纹开口位移来测量的。分层裂纹沿层合板中平面以短增量（2 ~ 10mm）扩展，并测量每个增量的施加载荷（P）、裂纹开口位移（δ）和裂纹长度（a）值。使用位于 DCB 试样一侧的移动光学显微镜测量裂纹长度。利用这些数据，使用修正的梁理论计算了模式Ⅰ应变能释放率：

$$G_{\mathrm{I}c}=\frac{3P\delta}{2B(a+|\Delta|)} \tag{5.1}$$

式中：B 为样品宽度；Δ 为校正因子。

Ⅱ型层间断裂韧性（G_{II}）是通过在支撑跨厚比为 25∶1 的三点弯曲中加载 ENF 试样来测量的。在 ENF 试样的中心点以 0.5mm/min 的位移速率施加载荷，直到分层裂纹从预裂纹延伸。Ⅱ型层间断裂韧性是根据施加的弯曲力（P）、弯曲位移（δ）和总裂纹长度（a）测量的，即

$$G_{\mathrm{II}c}=\frac{9a^3P\delta}{2B(2L^3+3a^3)} \tag{5.2}$$

式中：$2L$ 为支撑跨度长度。

层合板在模式Ⅰ或Ⅱ层间载荷下测量的典型施加载荷－位移曲线如图 5.2 所示。曲线显示载荷下降，表明滑杆式分层裂纹扩展。在具有强界面结合的层合板中，引起分层增长所需的Ⅰ型和Ⅱ型载荷较高。

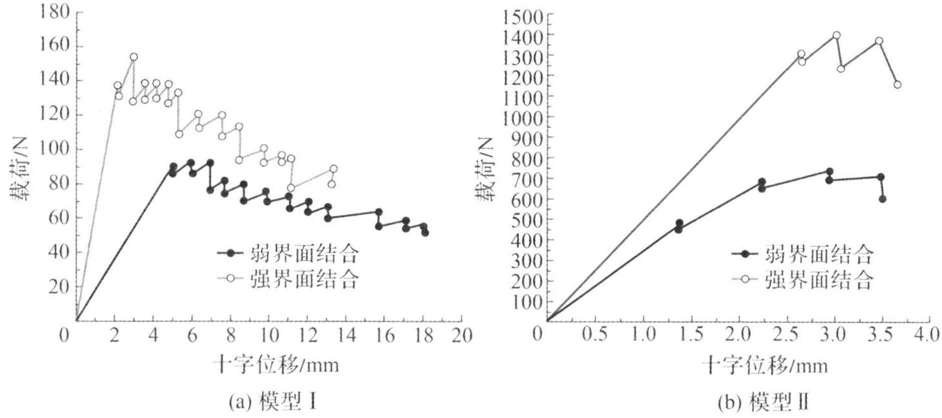

图 5.2 在模型Ⅰ和模型Ⅱ层间载荷下测量的层合板的载荷－位移曲线

使用微黏结试验测量了乙烯基酯基体与两种碳纤维（使用相溶或不相溶的施胶剂）之间的界面强度。将单个碳纤维黏合到薄纸板框架上，然后将单个液体乙烯基酯树脂液滴沉积到纤维上。使用光学显微镜来确保将树脂液滴精确地放置在纤维上。然后将树脂液滴在与层压材料相同的条件下固化。拍摄每个液滴的图像以确定每个液滴中纤维的嵌入长度以及纤维直径。液滴直径在 100～250μm 之间，纤维直径为 4.9μm。固定带有树脂液滴的单根纤维的纸板片被夹在 5N Instron 机器的钳口内。一旦纤维被夹住，它就会被拉到两个平行的叶片之间，这两个叶片的间距足以在保证纤维通过的同时又能够阻止树脂液滴。界面纤维剪切强度 τ 的计算公式为

$$T = \frac{F_p}{l \Pi d} \tag{5.3}$$

式中：F_p 为最大施加力；l 为纤维与液滴的接触长度；d 为纤维直径。

图 5.3 显示了使用施胶剂的碳纤维测量的典型应用载荷 - 位移曲线，施胶剂与乙烯基酯基体的结合力有强有弱。同时，测定了不同类型层合板的拉伸、弯曲和层间断裂韧性，性能值如表 5.1 所列。表 5.1 中包括碳 - 乙烯基酯层合板的纤维 - 基体界面强度，其施胶剂与聚合物基体具有化学相容性（称为“强黏结”）或相容（“弱黏结”）。

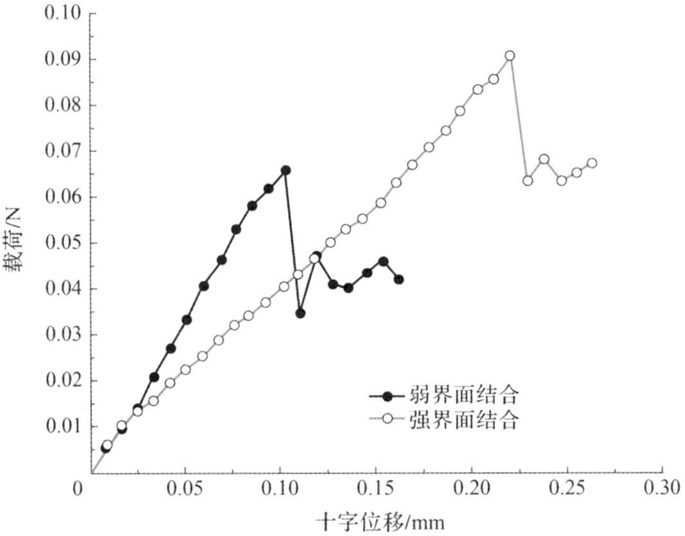

图 5.3 在层合板上测量的微黏性载荷 - 位移曲线

表 5.1 层合板的性能值

性能	碳 - 乙烯基酯层合板（强黏结性）	碳 - 聚酯纤维层合板	玻璃 - 乙烯基酯层合板	玻璃 - 聚酯纤维层合板	碳 - 乙烯基酯层合板（弱黏结性）
拉伸模量/GPa	56.4(±1.1)	57.6(±2.3)	30.6(±1.9)	28.4(±2.7)	56.7(±2.4)
抗拉强度/MPa	894(±11.9)	682(±5.8)	622(±14.0)	526(±26)	687(±4.1)
拉伸失效应变/%	1.86(±0.1)	1.44(±0.1)	2.62(±0.1)	2.31(±0.1)	1.8(±0.1)
拉伸应变能量密度/(MPa/mm^3)	8.90(±0.5)	7.70(±0.4)	11.5(±0.8)	8.22(±0.7)	

续表

性能	碳－乙烯基酯层合板（强黏结性）	碳－聚酯纤维层合板	玻璃－乙烯基酯层合板	玻璃－聚酯纤维层合板	碳－乙烯基酯层合板（弱黏结性）
弯曲模量/GPa	42.5（±2.0）	41.3（±1.5）	22.8（±1.4）	22.2（±0.6）	36.4（±3.4）
弯曲强度/MPa	450（±16.0）	368（±22.4）	585（±31.1）	520（±13.7）	230（±21.7）
弯曲失效应变/%	1.49（±0.0）	0.98（±0.1）	3.39（±0.2）	2.61（±0.1）	0.93（±0.1）
弯曲应变能量密度/（MPa/mm^3）	5.67（±0.3）	4.35（±0.3）	9.25（±1.3）	7.18（±0.4）	
模式Ⅰ层间断裂能量/（kJ/m^2）	1.29（±0.05）	0.72（±0.01）	1.06（±0.05）	0.46（±0.05）	0.75（±0.03）
模式Ⅱ层间断裂能量/（kJ/m^2）	2.90（±0.13）	1.02（±0.19）	3.37（±0.27）	1.62（±0.20）	0.30（±0.2）
界面结合强度/MPa	30（±3）				22（±2）

注：括号内的数字表示标准偏差。

5.2.3 爆炸试验

用于层合板爆炸试验的实验装置如图5.4所示。该设施由一个封闭的钢板内衬混凝土室组成，配有观察窗，以观察层合板目标的爆炸和动态变形。将平坦的方形层合板（275mm×275mm）放在一个钢窗框（250mm×250mm（孔径））内。框架内衬有软橡胶，允许层合板在冲击波施加的压力下自由弯曲，而不会造成边缘夹紧损坏，这是复合材料爆炸试验中的一个常见问题。

冲击波是由RDX（环三亚甲基三硝胺）制成的球形4型塑料炸药（PE4）产生的。爆炸物用3.8g的RP－80 EWB电雷管发射，使用两个自由场压力传感器（Kulite XTL－190）测量了入射和反射冲击波的超压时间响应。两个压力表的距离随着爆炸条件的变化而变化。压力表位于与目标面板相同的爆距上。典型的冲击波超压－时间曲线如图5.5所示，超压随着冲击波前沿的到来立即上升到一个峰值，然后在反射波到来之前迅速衰减，反射波的峰值压力和冲力较小。通过增加装药质量（从100g增加到200g）和减少其与目标的距离（从1.0m减少到0.4m），有可能控制地增加冲击波的峰值超压和冲力，如表5.2所列。

图 5.4　爆炸试验的实验装置照片

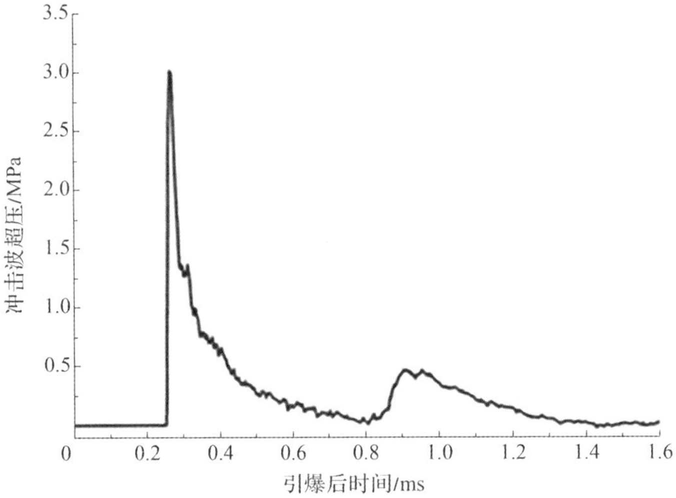

图 5.5　冲击波超压－时间曲线（装药质量 100g，离地距离 0.5m）

表 5.2　爆炸试验的条件

爆炸质量/g	爆距/m	冲击波峰值压力/MPa	冲击波冲力/（Pa·s）	实验情况
100	1.0	0.63	109	远
100	0.8	1.30	154	远
100	0.6	3.36	219	远
100	0.4	10.9	353	近

续表

爆炸质量/g	爆距/m	冲击波峰值压力/MPa	冲击波冲力/（Pa·s）	实验情况
160*	0.4	16.0	463	近
200*	0.4	18.0	500	近

* 表示在爆炸条件下，由于无法精确测量而估计的峰值压力和冲力。

用两台 Photron SA5 相机以 7000s^{-1}的帧速率拍摄了炸药产生的火球及其与层合板目标的相互作用。两台摄像机被放置在 1.7m 处，与面板中心的角度为 22.5°。在高速拍摄面板变形的过程中，使用 PF300 慢峰闪光灯来照亮面板的后部。在近场试验中，冲击波和火球都很快与层合板发生了相互作用。相比之下，在远场试验中，火球太小，无法到达层合板。

在试验之前，层合板目标的背面被涂成白色，然后涂上黑点，以便在脉冲加载事件中进行高速数字图像相关（DIC）摄影。DIC 系统是材料力学应变测量，以每秒 7000 帧的速度运行。DIC 的结果可以用来测量层合板目标的最大中心点挠度和应变场。

5.3 结果与讨论

5.3.1 纤维和基体的影响

本章使用高速 DIC 基数测量了碳纤维和玻璃纤维层合板在冲击波和爆轰产物的脉冲载荷下（在近场爆炸试验的情况下）的动态变形响应。DIC 生成的碳－乙烯基酯和玻璃－乙烯基酯层合板在承受最低强度爆炸载荷（脉冲为 109Pa·s）时的面外位移图像如图 5.6 所示。这些图像显示了在爆炸加载期间不同时间拍摄的层合板的背面位移，即冲击波从炸药到达目标的时间（0.9ms）、最大位移时间（2ms）和变形响应接近结束的时间（4ms）。

图 5.6 显示，目标最初沿冲击波方向偏转（时间为 2ms），然后与波方向相反向后偏转（时间为 4ms）。位移在中心点位置最大，并向层合板目标边缘对称减小。这表明冲击波在目标表面施加了均匀分布的脉冲载荷。层合板在低（远场）和高（近场）爆炸载荷条件下的最大中心点位移－时间响应如图 5.7 所示。在低强度爆炸时，层合板最初沿冲击波方向变形（正位移），然后向相反方向向后偏转（负位移）。不同层合板的最大正位移相似，但碳纤维复合材料的最大负位移更大。图 5.7 中显示了层合板的初始（冲击波前沿）和最终

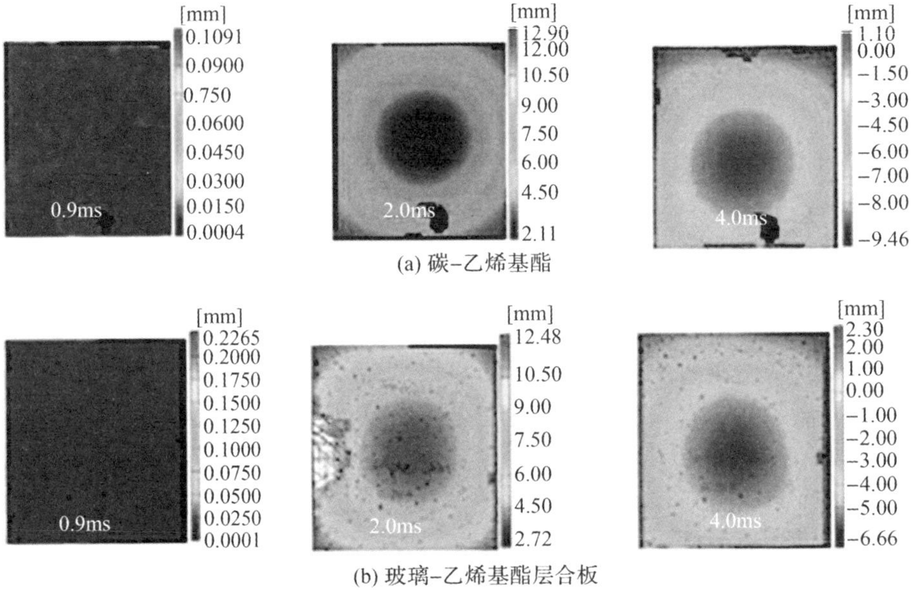

图 5.6 碳 – 乙烯基酯和玻璃 – 乙烯基酯层合板目标的延时 DIC 图像，脉冲为 109Pa · s。冲击波到达层合板的时间为 0. 9ms（时间指的是炸药爆炸后的时间）

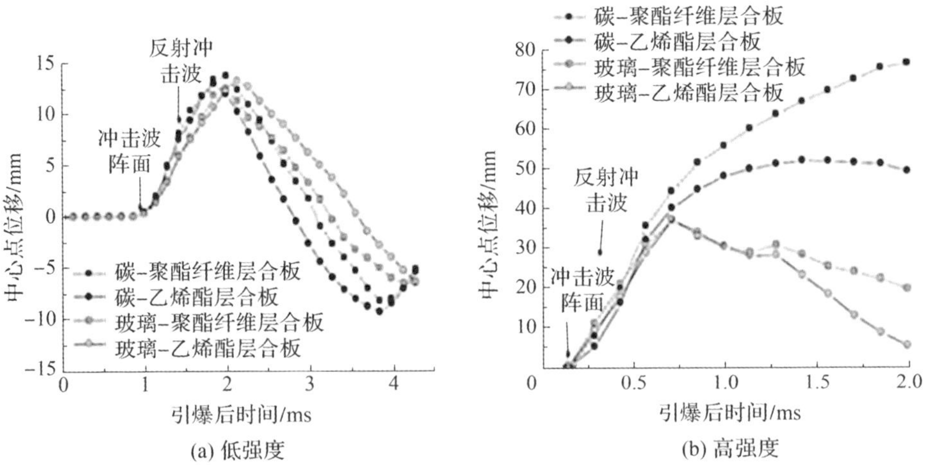

图 5. 7 层合板承受低强度（脉冲为 109Pa · s）和高强度（脉冲为 463Pa · s）爆炸冲击的中心点位移 – 时间曲线，该图表明入射冲击波冲动加载层合板的持续时间

（冲击波结束）载荷对应的时间，并且大部分变形是由于冲击波加载后目标的惯性而产生的。对于较高强度的爆炸，两种碳纤维层合板的变形响应与玻璃纤维复合材料不同。碳层合板经历了更大的变形，并且在试验后保持了更多的残余变形。图5.7的结果还表明，聚合物基体对高强度爆炸作用下的变形响应有影响，聚酯基层合板的位移比乙烯基酯复合材料的更大。

增加冲击波对不同层合板的最大中心点位移的影响如图5.8所示。层合板的最大位移以相似的速率增加到爆炸脉冲阈值（约150N·s）；超过该阈值后，目标经历的变形量受纤维增强和聚合物基体类型的影响。两种碳纤维层合板的最大挠度均大于玻璃复合材料，且随着爆炸脉冲的增加，这种差异越来越大。此外，碳纤维层合板与聚酯基体的最大位移大于乙烯基酯基体的。同样，玻璃－聚酯纤维层合板在最高喷射脉冲下的最大位移大于玻璃－乙烯基酯层合板的。

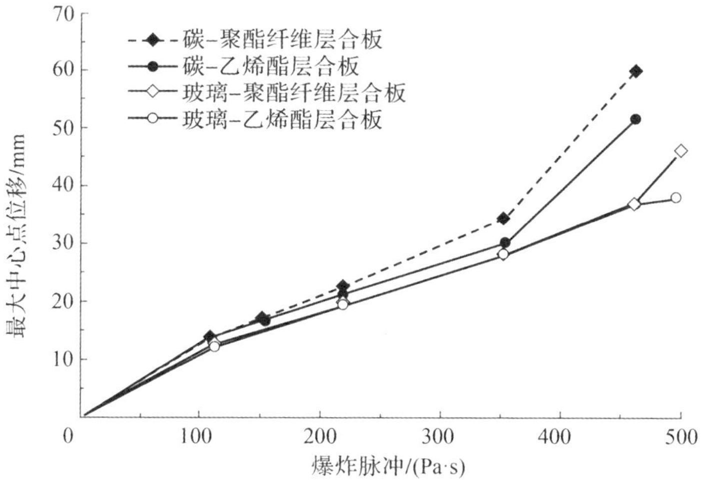

图5.8　增加脉冲对层合板最大中心点位移的影响

爆炸加载后，使用扫描电子显微镜、超声波和X射线计算机微断层扫描（CT）检查层合板，以确定损伤的数量和类型。观察到的不同类型的损坏如图5.9所示。损伤始于纤维和聚合物基体之间的界面裂纹以及富含聚合物的区域和纤维丝束内的横向裂纹。尽管碳纤维层合板和聚酯基复合材料的脉冲载荷较低，但是所有层合板中都有这种类型的损坏。在较高的冲击脉冲下，两种碳纤维层合板和玻璃－聚酯复合材料在一层或多层界面处发生分层开裂，而在玻璃－乙烯基酯复合材料中未检测到分层。

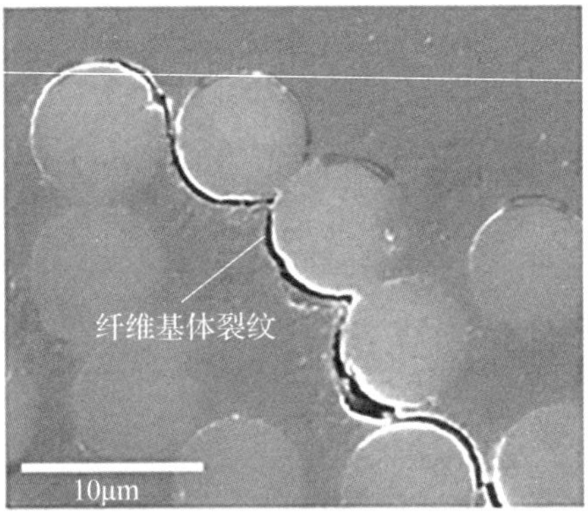

(a) 纤维基体开裂

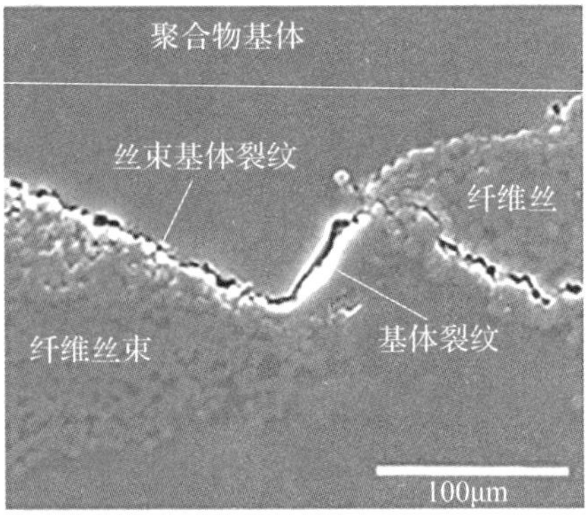

(b) 基体开裂和丝束基体脱黏

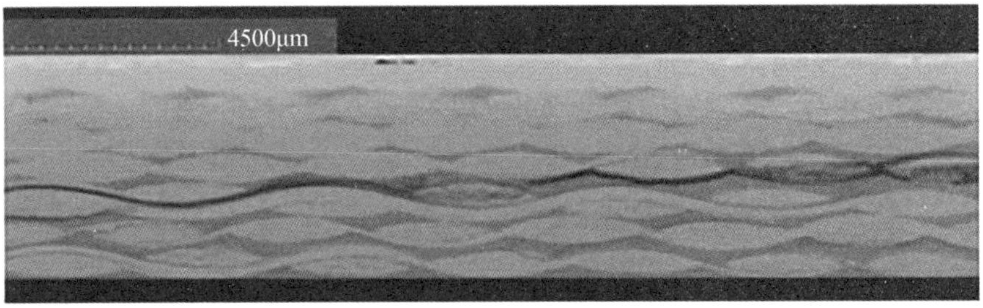

(c) 分层开裂

图 5.9 爆炸引起的层合板损坏示例

碳纤维在冲击载荷作用下断裂，导致丝束断裂，最终导致碳复合材料靶材完全断裂。即使在最高的喷射脉冲水平（500Pa · s）下，聚酯或乙烯基酯层合板中也没有检测到玻璃纤维损坏。Comtois 等[3]发现近场爆炸载荷下的环氧层合板，玻璃纤维比碳纤维受到的损伤更严重。然而，Comtois 及其同事研究的层合板是刚性夹紧的，将纤维损伤定位在夹具附近，这与这里研究的复合材料不同，复合材料只是简单地支持。众所周知，复合材料的变形和损伤取决于用于约束目标的实验边界条件。

增加爆炸脉冲载荷对不同层合板遭受的分层损伤量的影响如图 5.10 所示。分层损伤面积是根据 C 扫描超声图像测量的，定义为层压目标总表面积的百分比。碳纤维层合板的分层损伤在较低的冲击波脉冲下开始，并且尺寸总是大于玻璃纤维复合材料。这一结果与 Tekalur 等[5]的研究结果一致，他们发现碳纤维层合板会突然失效，而玻璃纤维复合材料在增加的冲击波载荷条件下会逐步失效。图 5.10 还显示了与乙烯基酯复合材料相比，聚酯层合板在较低的爆炸脉冲水平下开始的分层损伤。

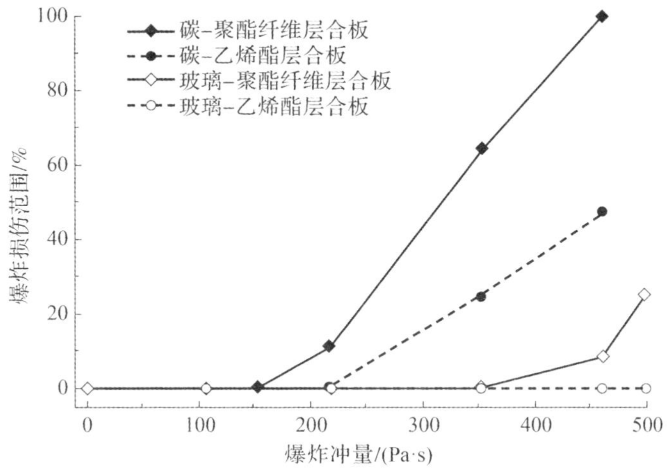

图 5.10 增加爆炸脉冲载荷对层合板分层损伤区域的影响

DIC 测量显示层合板内部由于动态弯曲引起的损伤在 $400 \sim 1600s^{-1}$的应变率范围内（取决于材料和爆炸试验条件）。靶板的高长/宽厚比（62.5：1）在层合板中诱导弯曲膜应变，因为它们在相同方向上变形，然后与冲击波相反。机械试验表明，与碳纤维复合材料相比，玻璃纤维层合板的弯曲应变能密度见表5.1（定义了复合材料在失效前可以承受的弯曲能量）要高得多（约40%）。乙烯基酯层合板的应变能密度也高于聚酯基复合材料的。由于玻璃纤维和乙烯基酯能够变形为更高的应变而不会断裂，因此能量密度更高。玻璃纤维层合板吸收更多弯曲应变能的能力是其抗爆炸损伤能力高于碳纤维复合材料的原因。此外，与聚酯复合材料相比，乙烯基酯层合板具有更高的Ⅰ型和Ⅱ型层间断裂韧性，这增加了其抗分层开裂性。

表5.3显示了在爆炸试验之后的层合板的剩余抗弯强度。碳纤维层合板的弯曲强度保持不变，尽管存在纤维-基体界面裂纹以及富含聚合物区域和纤维束的裂纹，但是随着喷射脉冲载荷的增加，碳纤维层合板的弯曲强度保持不变，最高可达约150Pa·s。在约150Pa·s以上，由于分层裂纹的产生和增长以及纤维（在较高的爆炸脉冲载荷下）断裂，碳纤维-聚酯层合板的弯曲性能迅速下降，最终导致完全破裂。由于玻璃纤维层合板具有更高的抗爆炸损伤性，并且由于其具有更高的弯曲应变能量密度，因此在更高的爆炸脉冲载荷之前，力学性能不会减弱。玻璃-聚酯层合板的爆炸后性能直到最大脉冲载荷条件才开始下降，这与分层开裂的开始相对应。在本研究中使用的爆炸条件下，没有经历任何分层开裂的玻璃-乙烯基酯复合材料的性能没有降低。

表 5.3　层合板遭受爆炸后的抗弯强度

冲击波冲力/(Pa・s)	碳乙烯酯层合板	碳－聚酯纤维层合板	玻璃－乙烯基酯层合板	玻璃－聚酯纤维层合板
0	460(±8)MPa	368(±11)MPa	586(±21)MPa	520(±7)MPa
109	446(±11)MPa	371(±10)MPa		
154	436(±7)MPa	388(±20)MPa		
219	442(±24)MPa	281(±60)MPa		
353	154(±141)MPa	162(±56)MPa	631(±16)MPa	533(±14)MPa
463	0MPa	0MPa	605(±17)MPa	355(±133)MPa

注：括号内的数字表示标准偏差。

5.3.2　纤维－基体界面结合强度的影响

本章比较了不同爆炸载荷条件下弱或强界面结合的碳纤维－乙烯基酯层合板的纤维－基体界面结合强度的影响。图 5.11 比较了在最低和较高爆炸试验条件下，具有强弱纤维基体界面强度的层合板靶的用位移表征挠度。为了获得最低的冲击强度，两个层合板在冲击波的传播方向上快速变形（在 1ms 内），以达到最大中心点位移，然后向后偏转。尽管弱纤维基体界面强度复合材料的弯曲强度降低了约 15%，但两种层合板的挠度响应没有显著差异（表 5.1 中最后一行数据）。在高喷砂强度下，界面强度较弱的层合板的最大中心点挠度要高得多。此外，由于在爆炸载荷下经历了更严重的损伤，该层合板在爆炸载

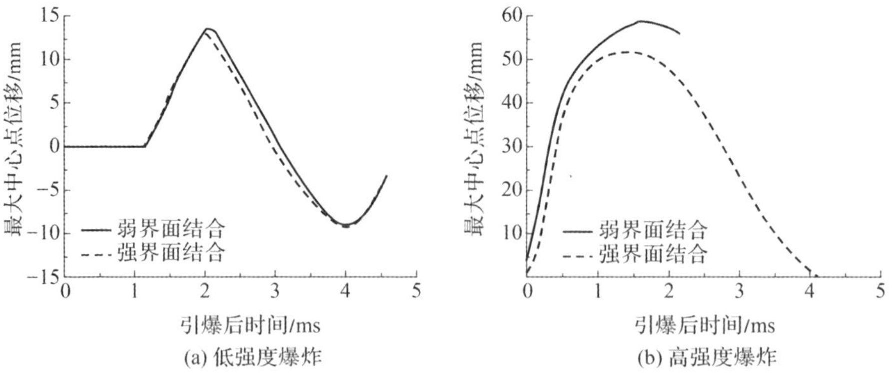

图 5.11　强界面结合和弱界面结合层合板在低强度爆炸（电荷质量为 100g，距离为 1.0m）和高强度爆炸（装药质量为 160g，防区外距离为 0.4m）的最大中心点挠度

荷后的残余变形程度也更高。增加抛丸脉冲载荷对两种层合板最大中心点位移的影响如图5.12所示。层合板几乎都经历了相同的变形，直到爆炸脉冲超过约200Pa·s时，界面强度较弱的复合材料经历了较高的中心点挠度和表面应变。图5.13显示了增加爆炸脉冲对具有强或弱界面结合且包含分层裂纹的层合板靶材的面积百分比的影响。

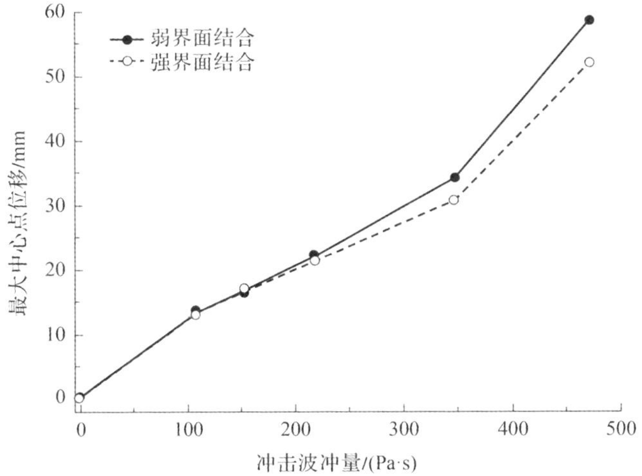

图5.12 增加冲击波脉冲对强、弱界面结合层合板最大中心点位移的影响

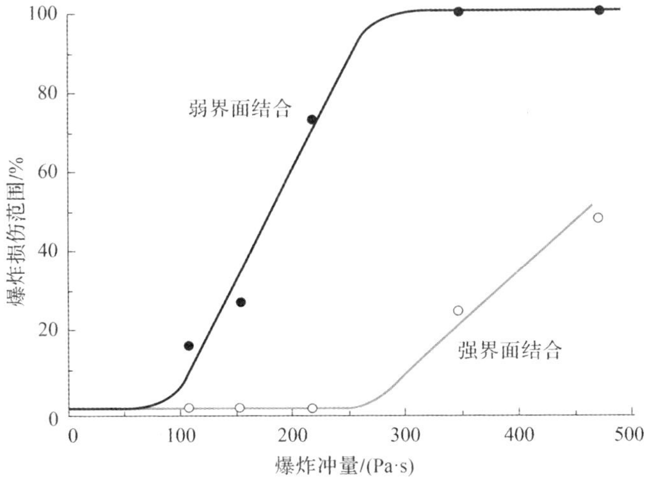

图5.13 增加爆炸脉冲对含有分层损伤的层合板靶百分比的影响

爆炸引起的分层损伤大多发生在较低的脉冲下，并且覆盖了具有弱界面结合的层合板的更大区域。层合板在220~350Pa·s的脉冲水平下的爆炸载荷会完全分层，而在相同范围内，具有强界面结合的复合材料才刚刚开始发生损

伤。这些结果证明，需要高强度纤维－基体界面结合来实现高抗爆炸损伤性。抗爆破刚度越高，抗爆破强度越高，抗压载作用下的位移和表面应变越大，抗厚度方向破裂的抗弯强度越高，Ⅰ型和Ⅱ型层间断裂韧性越高，限制了分层裂纹的生长。

5.4 结　论

海军舰艇结构中使用的纤维聚合物层合板的抗爆性能受纤维增强和聚合物基体的类型以及这些成分之间结合程度的影响。基于本研究的试验条件，玻璃纤维层合板的永久变形和损伤抵抗力高于碳纤维复合材料的，乙烯基酯层合板的优于聚酯基体材料的。此外，更强的纤维－基体界面结合提高了层合板的爆炸损伤抵抗能力。玻璃纤维层合板和乙烯基酯基体复合材料在较高的脉冲水平下会使得分层损伤的产生和扩展。此外，碳纤维被破坏，而玻璃纤维保持完好无损。按照抗损伤性递增的顺序，材料可以排名为碳聚酯（较差）、碳乙烯基酯、玻璃聚酯和玻璃乙烯基酯（最佳），该排名与层合板的弯曲应变能密度相关。此外，乙烯基酯层合板的抗爆性能高于聚酯复合材料的，这一点与其较高的Ⅰ型和Ⅱ型层间断裂韧性相关。玻璃纤维和乙烯基酯树脂可以在不损坏层合板的情况下变形，并具有更大的应力，这一点使其具有更强的抗爆性。

除了用于层合板的纤维、树脂和纤维－基体界面结合的类型外，爆炸损伤的产生和演变还取决于爆炸冲击波的强度。损伤始于纤维基体界面裂纹、层合板富含聚合物的区域和纤维丝束内的裂纹。在较高的脉冲载荷下，分层裂纹和纤维断裂导致碳纤维层合板完全破裂。分层和纤维断裂减弱了碳纤维层合板的爆炸后力学性能，使其低于玻璃纤维层合板。

致　谢

这项研究得到了美国海军研究办公室（ONR）和全球海军研究办公室（ONRG）的支持，由 Y. S. Rajapakse 博士（N62909－15－1－2000）指导。非常感谢澳大利亚国防科学技术与集团（DSTG）的支持，包括 T. Delaney、P. McCarthy、M. Ibrahim、Z. Mathys 和 W. Reid 提供的技术支持。在此还感谢皇家墨尔本理工大学（RMIT）的 Matthew Blacklock 博士、P. Tkatchyk 博士和 R. Ryan 博士提供的技术支持。

参考文献

[1] A.P. Mouritz, D.S. Saunder, S. Buckley, The damage and failure of GRP laminates by underwater explosion shock loading, Composites 25 (1994) 431–437.

[2] A.P. Mouritz, The effect of processing on the underwater explosion shock behaviour of GRP laminates, J. Comp. Mater. 29 (1995) 2488–2503.

[3] J.L.R. Comtois, M.R. Edwards, M.C. Oakes, The effect of explosives on polymer matrix composite laminates, Comp. A Appl. Sci. Manufact. 30 (1999) 181–190.

[4] T. Franz, G.N. Nurick, M.J. Perry, Experimental investigation into the response of chopped-strand mat glassfiber laminates to blast loading, Int. J. Impact Eng. 27 (2002) 639–667.

[5] S.A. Tekalur, K. Shivakumar, A. Shukla, Mechanical behavior and damage evolution in E-glass vinyl ester and carbon composites subjected to static and blast loads, Comp. B Eng. 39 (2008) 57–65.

[6] M.Y. Yahya, W.J. Cantwell, G.S. Langdon, G.N. Nurick, The blast behavior of fiber reinforced thermoplastic laminates, J. Comp. Mater. 42 (2008) 2275–2297.

[7] F. Latourte, D. Gregoire, D. Zenkert, X. Wei, H.D. Espinosa, Failure mechanisms in composite panels subjected to underwater impulsive loads, J. Mechan. Phys. Solids 59 (2011) 1623–1646.

[8] P. Kumar, D.S. Stargel, A. Shukla, Effect of plate curvature on blast response of carbon composite panels, Comp. Struct. 99 (2013) 19–30.

[9] A.P. Mouritz, The effect of underwater explosion shock loading on the fatigue behavior of GRP laminates, Composites 26 (1995) 3–9.

[10] A.P. Mouritz, The effect of underwater explosion shock loading on the flexural properties of GRP laminates, Int. J. Impact Eng. 18 (1996) 129–139.

[11] A.P. Mouritz, The damage to stitched GRP laminates by underwater explosion shock loading, Comp. Sci. Technol. 55 (1995) 365–374.

[12] A.P. Mouritz, Ballistic impact and explosive blast resistance of stitched composites, Comp. B Eng. 32 (2001) 431–439.

[13] G.S. Langdon, W.J. Cantwell, Z.W. Guan, G.N. Nurick, The response of polymeric composite structures to air-blast loading: a state-of-the-art, Int. Mater. Rev. 59 (2014) 159–177.

[14] R.C. Batra, N.M. Hassan, Blast resistance of unidirectional fiber reinforced composites, Comp. B Eng. 39 (2008) 513–536.

[15] K.Y. Kwon, E.M. Priest, J.H. Gordis, Investigation of vibrational characteristics of composite beams with fluid–structure interaction, Comp. Struct. 105 (2013) 269–278.

[16] M. Hebert, C.-E. Rousseau, A. Shulka, Shock loading and drop weight impact response of glass reinforced polymer composites, Comp. Struct. 84 (2008) 199–208.

[17] M.Y. Yahya, W.J. Cantwell, G.S. Langdon, G.N. Nurick, The blast resistance of woven carbon fiber-reinforced epoxy composite, J. Comp. Mater. 45 (2011) 789–8012011

[18] S. Basturk, H. Uyanik, Z. Kazanci, An analytical model for predicting the deflection of laminated basalt composite plates under dynamic loads, Comp. Struct. 116 (2014) 273–285.

[19] A.S. Fallah, K. Micallef, G.S. Langdon, W.C. Lee, P.T. Curtis, L.A. Louca, Dynamic response of Dyneema® HB26 plates to localised blast loading, Int. J. Impact Eng. 73 (2014) 91–100.

第6章

单曲面玻纤增强环氧树脂层合板和夹芯板在空气冲击下对曲率及载荷方向的影响

Genevieve S. Langdon, Christopher J. von Klemperer, Gregory Sinclair, Ismail Ghoor
南非开普敦市开普敦大学

6.1 简　介

复合材料被广泛应用于各种结构中，这是因为其自身的优点，如高比强度和高刚度、高耐热性以及可定制性（能够根据应用需求定制其材料性能）。在承载结构中使用复合材料的示例包括自行车车架、船舶以及新一代的飞机机身和机翼。纤维增强复合材料（FRP）也广泛用于杂交结构中，如泡沫夹芯板和纤维金属层合板。海洋工业是第一批大规模使用纤维增强复合材料的行业之一。Mouritz 等[1]评论说，自第二次世界大战结束以来，海军舰艇的建造一直使用纤维增强复合材料，到越南战争时，美国海军有 3000 多艘复合材料舰艇服役。到 1999 年，挪威皇家海军引进了一艘 46.8m 长的 Skjøld 级巡逻艇，该巡逻艇完全采用夹层玻璃钢结构建造而成。目前，90% 以上的游船是基于 FRP 建造的[2]。使用基于接触模具的工艺，如喷涂、湿铺层、真空灌注和预浸渍层压工艺，允许生成具有最小流体动力和空气动力阻力的"流线型"结构所需的复杂曲线形状（用于上层建筑）。除了早期的海洋结构物（如由实心材料手工塑造的独木舟）外，大多数船只建造都遵循某种形式的由平板发展成复杂弯曲形状的方法。虽然现代船舶设计利用能够预成形单个船体面板的工艺（如计算机数控（CNC）金属弯曲和轧制），但是只有模制纤维增强复合材料才能实现真正的"流线型"复杂弯曲结构。

最初，在海洋建筑中使用 FRP 主要基于层合板，通常使用内部肋骨和纵梁布置来提高船体或上层建筑的刚度。低密度芯材（从开始的端粒轻木芯到后来的发泡聚合物泡沫）的发展使得 FRP 层合板成为夹芯结构的面板变为现实。面板通过避免紫外线破坏和进水来提供结构的完整性和环境保护，而芯层部分通过将面板置于离中轴更远的地方来增加整体的弯曲刚度。夹芯板的性能在很大程度上受到组成材料特性、单层材料的厚度和面板的整体几何形状（包括曲率）的影响。刚度的增加、撞击响应的改善[3-4]以及内部刚度的减少都与质量的减少有关，这使得夹芯结构在海洋工程应用中非常有吸引力。

爆炸可以定义为短时间内能量的快速释放。爆炸可根据其诱因进行分类，即机械、化学或核爆炸[5]。除了某些特定级别的海军舰艇外，核爆炸与海洋结构物没有太多关联，但前两种爆炸源与海洋结构物是紧密相关的。例如，一个压力容器的结构完整性受到破坏，可能会导致机械爆炸。化学爆炸的诱因很多，如蒸汽云爆炸和炸药的引爆。炸药通常是出于恐怖主义或军事活动目的故意引爆的。蒸汽云爆炸的发生通常是意外，可以通过仔细设计船上的燃料和货物储存系统来预防。如果船舶遭受冲击损伤（例如，在武装冲突中导致的碰撞或由于撞击造成的损伤），易损伤的系统需要得到充分保护，以防止二次爆炸的发生（例如，管道系统破裂导致二次爆炸）。船舶可能会发生内部爆炸（爆炸源在船上造成的爆炸）或外部爆炸（船舶外部的爆炸）。内部爆炸可能导致非封闭或封闭的空气爆炸载荷，而外部爆炸可能在水下（称为 UNDEX）或空气中对结构施加载荷。本章仅考虑空气爆破载荷、后续结构响应和失效。

FPR 复合材料层合板在承受空气爆破载荷时有许多不同的失效模式，包括基体失效、分层和纤维断裂[5-10]。大多数的研究都集中在平坦的板材上[5-10]，用碳纤维或玻璃纤维和一系列的基体（如环氧树脂、乙烯基酯和聚醚酰亚胺）制造。通常会报告涉及炸药爆炸或冲击压力管的小规模试验结果[5-10]。在爆炸防护方面，夹芯板比 FRP 层合板有更复杂的失效模式。面板延迟芯层压溃，从而保持面板完整更长时间[11]，而芯层影响能量吸收和通过结构的载荷传递[11-14]。必须考虑其他的失效模式，包括芯层压缩、芯子剪切、压溃以及正面和背面板材的单独断裂。如果设计得当，芯子的作用是将高强度的爆炸载荷转化为峰值力较低但持续时间较长的载荷，尽管也有研究发现爆炸波增强了[13-14]。过去关于抗爆复合结构的学术工作主要集中在平板上，因为这些是常见的结构，相对容易制造。有兴趣的读者可以参考最近的一篇关于聚合物复合材料和夹芯板的爆炸响应的研究[15]，从而进一步了解承受空气爆炸载荷的复合材料平板。

Kumar 等[16]使用冲击管布置，向单一弯曲的铝合金板施加冲击载荷，并观察到椭圆形的变形模式。从高速摄影中可以确定，最初的变形模式是局部压痕，然后是后期的弯曲响应。局部压痕也出现在平板的瞬时响应中，但在永久变形的型材中没有。曲率的引入似乎延迟了向弯曲模式的过渡[16]。局部压痕随着曲率半径的减小而增加。对于最小的半径，压痕模式可以从永久变形中观察到[16]，对于表征弧形板的响应更有意义。Kumar 等[17]提出的单曲面碳纤维 FRP 层合板上的冲击管试验显示出类似的变形模式。分层和纤维断裂是碳纤维 FRP 层合板的主要失效模式，Phadnis 等[18]的一项支持性数值研究显示，当面板形状开始类似于半圆柱体时，临界断裂压力随着曲率的减小而增加。虽然这是一个有用的发现，但由于制造上的原因，通常不可能在海洋结构中引入如此尖锐的曲率半径。Langdon 等[19]发表了一些关于单曲面夹芯板在空气爆炸载荷下的响应的最新研究成果。面板被加载在凸面，曲率半径比参考文献［16－18］中研究的要小，而且开展的试验数量有限。夹层板的故障最初在正面和核心部分更为普遍，正面的板材破裂和核心部分的穿透发生在炸药装药量较高时[19]。前面的面板和芯层的故障影响了载荷向后面面板的传递，这影响了整个面板破裂的阈值[19]。

本章扩展了 Langdon 等[19]发表的工作，研究了载荷方向对夹层板响应的影响，除了夹层板之外，还研究了曲率和载荷方向对纤维增强复合材料层合板响应的影响，并比较了同等质量夹层和纤维增强复合材料层合板的爆炸性能。本章研究了三种外部曲率半径——无限（平面）、凸面（＋500mm）和凹面（－500mm）。介绍了各种故障模式的发生、发展和空间分布，并用于讨论曲率和载荷方向对承受空气爆破载荷的纤维增强复合材料层合板和夹芯板响应的影响。

6.2 样本设计和制作

使用 $400g/m^2$ 的平纹无碱（E）玻璃纤维（GF）和 Prime20LV 环氧树脂制造了六种类型的面板。FRP 层合板有 16 层玻璃纤维和不同的曲率半径。FRP 夹层板也是以与 FRP 层合板相同的外部曲率半径制造的。夹层板由两块面板组成，面板上有六层玻璃纤维增强聚合物（GFRP），中间由名义上 14mm 厚的 AirexC70.75PVC 泡沫隔开，体积密度约为 $80kg/m^3$。表 6.1 显示了面板相对于炸药位置的几何形状。这些面板是使用真空灌注工艺和海洋认证的低黏度环氧树脂（GuritPrime20LV 和固化剂）大规模制造的。通过一个衬有薄铝板的聚苯乙烯模具将弧度引入面板。使用了两个模具：平的（即无穷大半径）和 500mm 半径的。对于夹层板，在适当的模具表面上，在 Airex 芯材的两侧铺设了六层编织 GF（有脱模层和促流介质）。对于玻璃纤维增强聚合物层合板，模具表面铺有16层玻璃纤维增强聚合物（即500mm曲率半径或平面）。图6.1显示了一张面板灌注的照片。在制造夹层板之前，最初平坦的Airex泡沫芯材被热成形，通过施加温度和压力形成弯曲的形状。用一个加热垫将泡沫的温度提高到90℃，并抽出真空，施加压力，使部件形成弧形模具的半径。在恒定温度中15min后，让部件在真空下冷却到环境温度。整个铺层被封闭在一个真空袋中，同时抽出真空使树脂流动并确保面片的压实。固化后，促进流动的材料和脱模膜随即被移除。FRP层合板的名义厚度为4.9mm，夹芯板的名义厚度为18.7mm。

表6.1　面板类型汇总

	凹面度（-500mm）	平面（无穷大半径）	凸面（+500mm）
类型			
玻璃纤维增强聚合物层合板	×	×	×
层合板	×	×	×

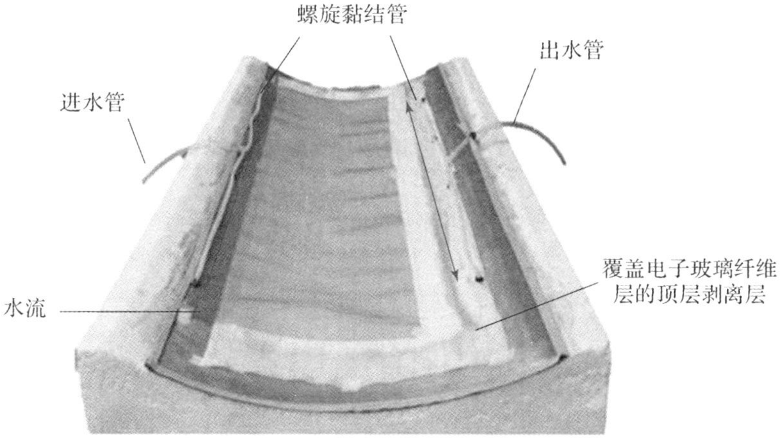

图6.1　真空灌注技术的单曲玻璃纤维增强聚合物层合板的制造装置

FPR层合板的面积密度为8300~8500g/m²，而夹层板的密度略大，面密度为8550~8700g/m²。这是在不增加不同质量的玻璃纤维层的情况下，尽可能地接近等效质量，因为在分析结果时，会产生复杂的问题。然后，大平板被切割成投影面积恒为 400mm × 400mm 的爆炸试验板。三点弯曲试样也是从大平板上切割下来的。所有试样都在 50°C 下静置了 16h。

6.3 材料表征

6.3.1 三点弯曲试验

进行准静态弯曲试验，以确保制造的可重复性并确定其特性。分别按照 D7264 ASTM 标准[20] 和 D7250 ASTM 标准[21]，对从平面玻璃纤维增强聚合物层合板和平面夹芯板上切割的试样进行三点弯曲试验。

1. 玻璃纤维增强聚合物层合板梁

玻璃纤维增强聚合物层合板梁试样的名义宽度为 13mm、长度为 105.2mm、跨度为 84mm、厚度为 4.9 ~ 5.0mm。跨度与厚度之比约为 17 : 1。以 1mm/min 的十字头速度进行了六次试验，当位移达到 10mm 时，试验停止。从图 6.2 所示的应力 - 应变曲线来看，试样表现出近乎线性的弹性反应，峰值应力发生在约 2.2% 的应变处。在峰值应力之后，承载能力突然下降。六个试样表现出类似的行为，表明在制造过程中具有良好的可重复性。平均峰值应力为 375MPa (在工程应变为 2.2% 时)。

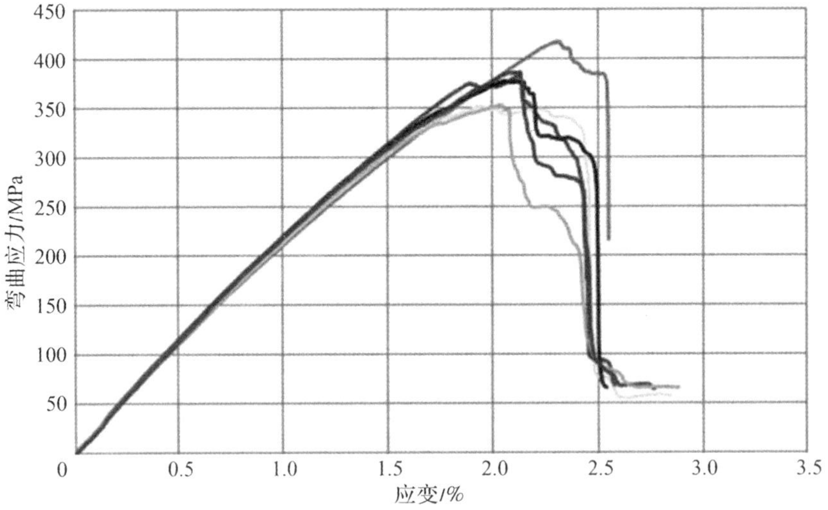

图 6.2 基于名义厚度 5mm 的玻璃纤维增强聚合物层合板梁的三点弯曲试验的应力 - 应变曲线

2. 夹芯板梁

试样的标称宽度为50mm、长度为350mm、跨度为300mm、厚度为19mm。这使得跨度与厚度之比固定为16∶1。以6mm/min的十字头速度进行了六次试验，一旦位移超过30mm就停止。弯曲应力－应变曲线显示在图6.3中。对于所有六个试样来说，曲线的形式表现出试验的高度可重复性，与类似的夹芯材料[11,14,19]相似。响应包括一个初始的弹性区域，接着是一个峰值载荷，随后容量迅速下降（由于面板的压缩故障），然后是一个较长的残余应力逐渐下降的区域。平均峰值应力为（44.6±0.7）MPa（工程应变为（1.26±0.05）%时）。

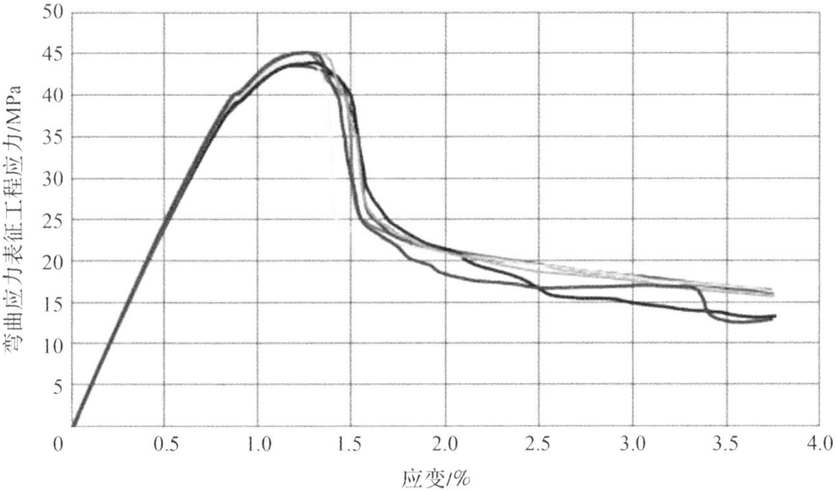

图6.3 从夹芯板梁的三点弯曲试验中得到的应力－应变曲线

3. 芯层材料的准静态压缩试验

对五个公称直径为67mm、高度为14mm的圆柱形泡沫试样进行准静态压缩试验。遵循ASTM 1621－04a[22]，但限于可用的泡沫板厚度，试样高度无法满足ASTM最小试样高度25.4mm。试验是在2.5mm/min的十字头速度下进行的。工程应力－应变曲线显示在图6.4中。结果表明，典型的PVC泡沫材料表现为初始的弹性阶段、平台应力区域，以及随着泡沫的致密化而出现的应变硬化阶段（图6.4）。平均平台应力为（1.39±0.05）MPa，这与以前发表的数据很一致[19]。

4. 玻璃纤维增强聚合物的准静态拉伸试验

根据ASTM D3039/D3039M－14[23]，对从名义厚度为5mm的玻璃纤维增强聚合物上切割下来的试样进行准静态拉伸试验。对主轴线0°/90°纤维方向

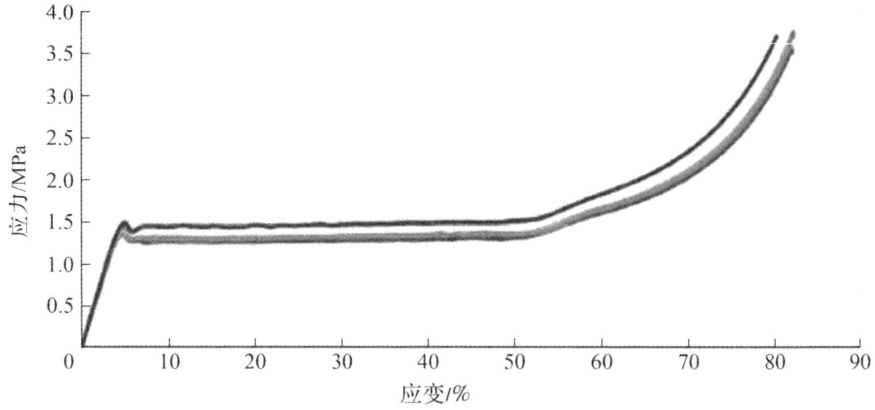

图 6.4 从 Airex 圆柱形泡沫的准静态压缩试验中获得的工程应力 - 应变曲线

的试样进行六次试验。试样标称长度为 250mm，有 150mm 的实测长度和 25mm 宽度。玻璃纤维增强聚合物末端标签（长 50mm、宽 30mm）粘在试样的末端，以方便识别。所有试验均以 2mm/min 的恒定十字头速度进行。试验的工程应力 - 应变曲线如图 6.5 所示。平均峰值应力为（413 ± 32）MPa，平均最大失效应变为（6.9 ±0.4）%。

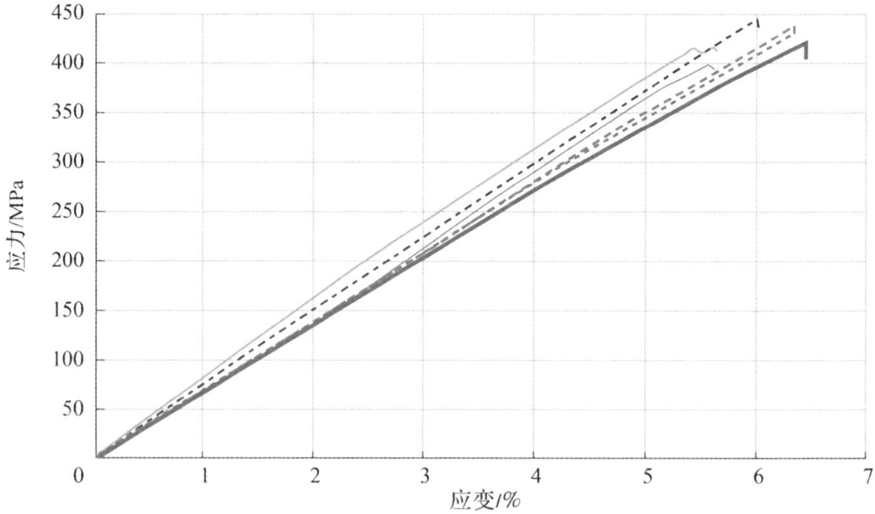

图 6.5 玻璃纤维增强聚合物试样在 0°/90°纤维方向上的准静态拉伸试验中得到的工程应力 - 应变曲线

6.4　空气冲击试验方法

6.4.1　爆炸载荷理论

烈性炸药在空气中爆炸后，冲击波迅速压缩周围的空气。冲击波产生高压，持续时间短的冲击波对其路径上的物体造成巨大损害。在爆炸过程中，爆炸以入射波的形式传播，直到撞击物体并产生反射波（向爆炸点传播）[24]。冲击波压力的时间特性（即载荷持续时间、峰值压力大小）取决于爆炸源、传播介质（如空气或水）、冲击波行进的距离、约束效应以及可能反射冲击波的刚性物体的距离[24]。

爆炸源和目标物体之间的距离称为爆炸距离。增加爆炸距离会导致压力减小，爆炸持续时间增加。短距离爆炸称为近场爆炸，使用简单的封闭形式很难近似复杂的压力分布。通常需要通过数值模拟来模拟近场爆炸或其他涉及约束或复杂几何形状（如在船舶上）的爆炸载荷和爆炸后的结构响应。随着爆炸距离的增加，爆炸被认为是远场爆炸。如果爆炸不受约束，将会使压力较低，持续时间较长的爆炸具有特征性的“瞬时”高峰值压力，然后以指数衰减的形式下降到环境压力。由于船舶的大部分工作时间都在户外，因此在爆炸建模中应考虑可能的环境影响，如大气压力，但对此的详细讨论不在本章考虑范围内。在这项工作中，空气爆炸载荷是通过在面板附近精密控制引爆塑料炸药PE4的数量和几何形状来产生的。炸药当量（10～30g）和较近的爆距（100mm）意味着此处研究的爆炸被视为近场爆炸。

6.4.2　面板安装（边界条件和夹紧、钻机设计）

设计了三个夹持框架，以适应三种不同的曲率半径（－500mm、平面和＋500mm），并提供300mm×300mm（投影）的暴露区域。板夹和安装布置如图6.6所示。在每种情况下，面板都使用周边20个等间距的螺栓夹在钢框架之间。

6.4.3　空气冲击波载荷技术

如图6.7所示，将直径为38mm的PE4塑料炸药盘安装在聚苯乙烯桥上，位于中心，距离为100mm（从炸药盘前部到面板表面的距离）。PE4装药在后部，即装药的径向中心，使用瞬时电雷管引爆。炸药当量从10g到30g不等，使面板产生不同程度的损坏，并深入了解随着装药质量的增加而发生的失效裂缝发展。

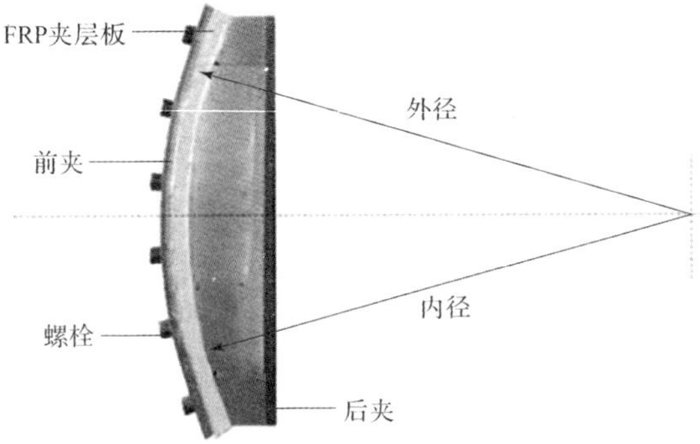

(a) 侧视图的照片（凸排列）

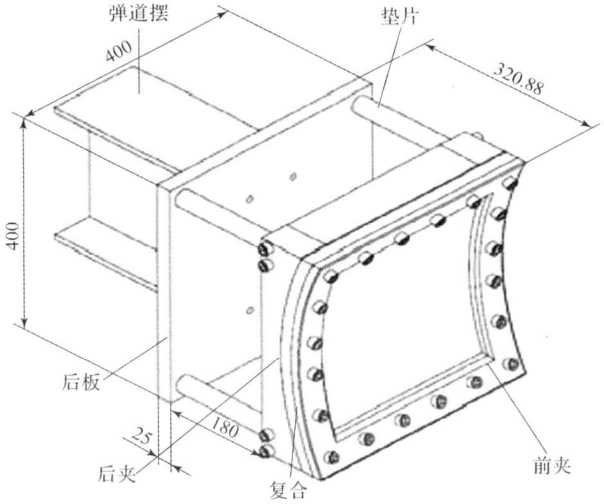

(b) 三维示意图（凹形布置）

图 6.6 板夹和安装布置图

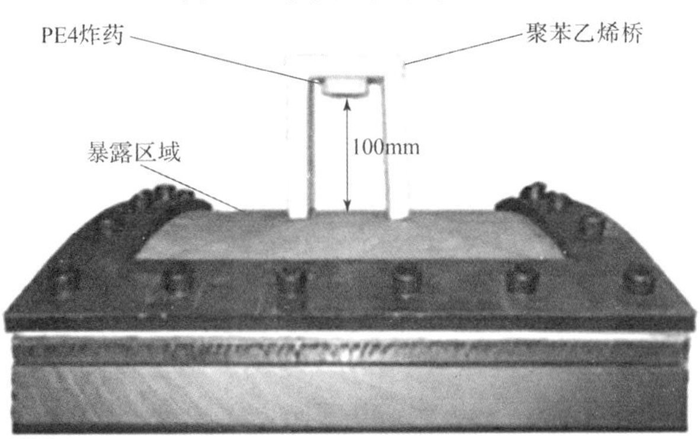

图 6.7 夹持框架(+500mm(凸面))和用于安装 PE4 炸药的聚苯乙烯桥加载布置图片（侧视图）

6.4.4 脉冲测量

面板安装在弹道摆上以获得脉冲信号。通过使用激光位移传感器测量摆锤位移来计算传输的脉冲（使用笔迹测量作为备份）。完整的试验布置包括摆锤、安装台、试样和加载布置，如图6.8所示。

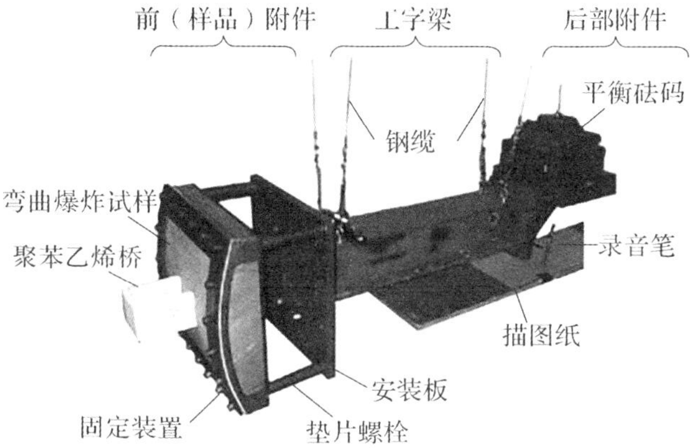

图6.8 弹道摆单曲（凸形）玻璃钢层合板排列，准备进行试验

6.4.5 失效分析（爆炸后失效分析）

在试验后检查期间确定了面板的损坏。如表6.2所定义，在不同的面板类型中观察到各种失效模式。表6.2中也给出了缩写符号，用于在后续分析和失效发展/初始映射中识别故障模式。光线穿过FRP层合板，以识别分层区域。图像处理技术用于确定被认为是已分层的光和不透明区域的强度。不幸的是，不可能在不破坏面板的情况下通过层合板厚度确定分层的确切位置。暴露区域之外的分层区域被排除在分析之外。图像处理绘制分层的过程如图6.9所示。对于夹芯板，通过数字化面板的照片分别测量正面板和背面板的分层，在白色区域直观地添加不规则多边形，然后测量多边形的面积。同样，无法获得面板中分层的所有厚度分布。另外，使用相同的数字化和视觉映射方法在夹芯板表面识别了纤维断裂和基体开裂。

表6.2 与空气爆炸试验FPR层合板和夹芯板相关的故障模式

部件	故障形式	缩写	描述
面板	分层	DL	白色区域的出现表明界面层的分离
	基体失效	MF	纤维编织看起来没有损坏，但树脂缺失

续表

部件	故障形式	缩写	描述
面板	纤维断裂	FF	面板内纤维断裂明显
		FFR	纤维断裂贯通面板层厚度（即面板完全破裂）
芯层	压缩	C	泡沫芯的压缩（压溃）导致芯层高度降低
	断裂	S	芯层断裂
	破碎	F	芯层压溃/断裂成多个部分
		Fp	芯层压溃导致完全贯透
界面	脱黏	DB	芯层和面板的分离

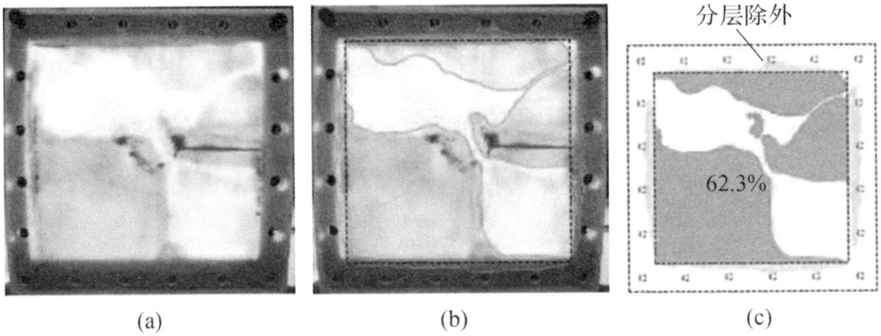

图 6.9 分层失效的凸面板的映射照片

6.5 冲击试验结果与讨论

6.5.1 曲率对脉冲传递的影响

六种面板类型的脉冲传输特性 – 炸药当量关系如图 6.10 所示。从图 6.10 可以看出，凹面板试验产生的脉冲与平板的相似，而凸面板试验产生的脉冲较低，传递到钟摆的脉冲较低。正如预期的那样，FRP 层合板和夹芯板在脉冲传递方面没有明显的区别。已知轴向（即爆炸方向）的脉冲传递会根据靶板的几何形状而变化。对 V 形面板[25]的研究表明，与具有较大内角的 V 形面板相比，具有较低内角的V形面板会导致爆炸压力（脉冲）横向偏转更大。平板不会横向偏转压力，因此产生比Kim Yuen等研究的V形面板更高的脉冲[25]。对于凸形单曲面面板，这里也观察到了类似的效果。

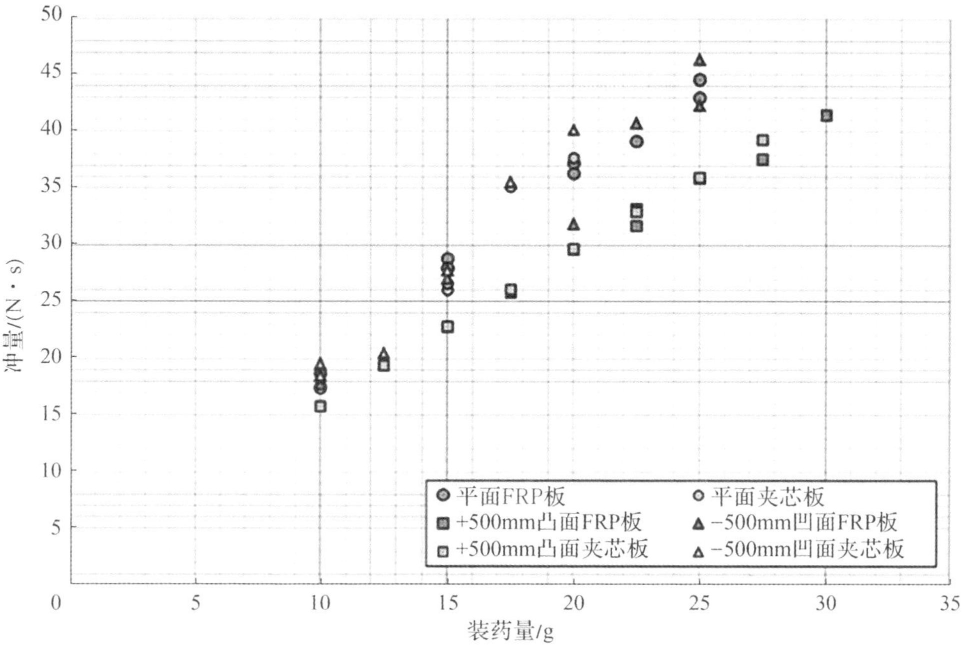

图6.10 空气爆炸试验的脉冲-炸药量关系图

6.5.2 结构响应：一般变形和失效

FPR层合板和芯层结构的复合板表现出多种相互依存的故障模式。在爆炸试验的FRP层合板中，分层、基体故障和纤维断裂很明显，同时存在非常少量的永久变形（由于玻璃纤维增强环氧树脂的高弹性性质）。所选FPR层合板的正面和背面照片如图6.11~图6.13所示。平面和单曲面面板的故障类型相似，即基体故障和分层，然后在较高炸药当量下发生纤维断裂。图6.14显示了经过爆破试验的玻璃钢层合板放大区域的照片，这些区域表现出典型的故障模式。如图6.14（a）所示，所有面板的前表面都出现了基体失效。载荷的空间分布和大小决定了故障的性质和位置。例如，面板上出现分层的面积随着电荷量的增加而增加，这是可以预期的，但是一旦玻璃纤维增强聚合物中的纤维开始断裂，面板上受分层影响的面积就会略有下降。

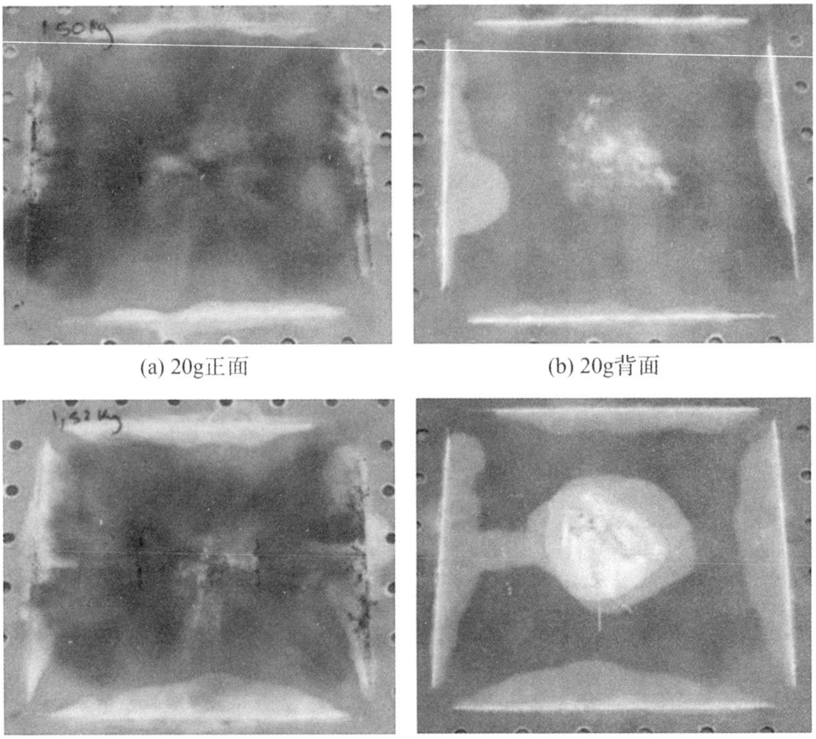

(a) 20g正面　　(b) 20g背面

(c) 25g正面　　(d) 25g背面

图 6.11　部分经过爆破试验的平板玻璃钢层合板表面照片

分层在平板的所有夹持边缘上最为明显，如图 6.11（b）和（d）所示，而沿着凹面（图 6.12）和凸面（图 6.13）面板的弯曲边缘往往更明显。如图 6.11（d）、图 6.12（d）和图 6.13（b）所示，由于在近距离处加载的局部化，在面板的中心区域也出现了明显的局部分层。由于载荷的局部性质，纤维断裂（如图 6.11（d）和图 6.12（d）、图 6.14 的侧视图所示）位于面板的中心，它在背面产生并随着电荷质量的增加而扩散到横截面，改变了明显的故障模式和通过夹芯板厚度的载荷传递。

所选夹芯板的正面和背面的照片如图 6.15 ~ 图 6.17 所示。尽管对于给定的炸药质量，凸面板的损伤较小，但平板和单曲的面板的故障类型相似。这是由于面板几何形状函数导致较低的载荷传递。

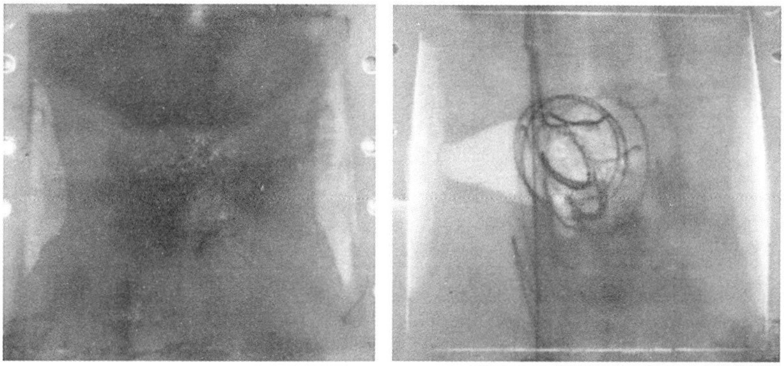

(a) 20g正面　　(b) 20g背面

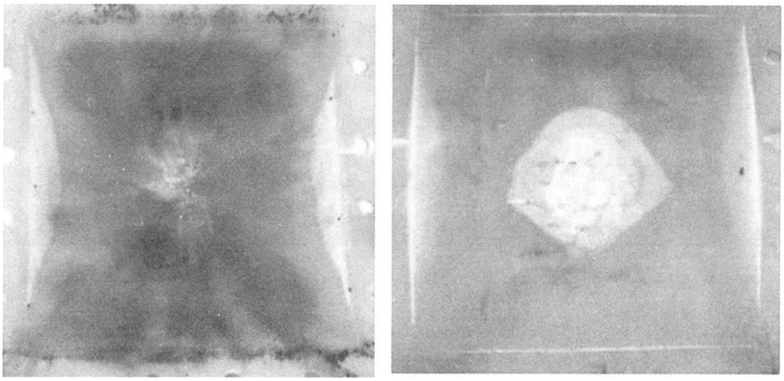

(c) 25g正面　　(d) 25g背面

图6.12　爆炸载荷下凹面玻璃钢薄片面板表面照片

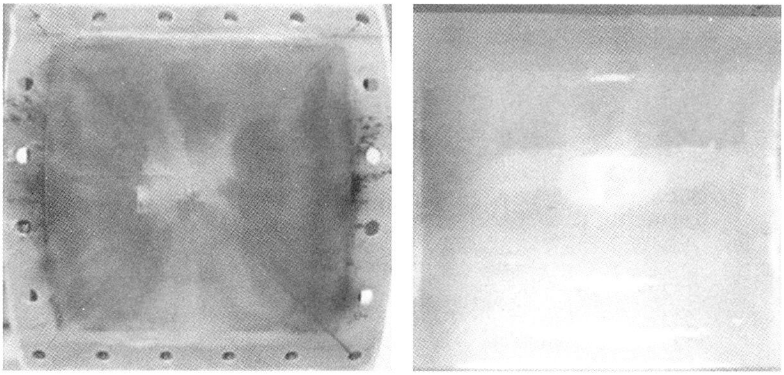

(a) 正面　　(b) 背面

图6.13　25g装药量引爆的爆炸试验凸面玻璃钢层合板表面照片

(a) 基体故障（表面视图）

(b) 纤维断裂（侧视图）

图 6.14 爆炸试验玻璃钢层合板特定区域的典型故障照片

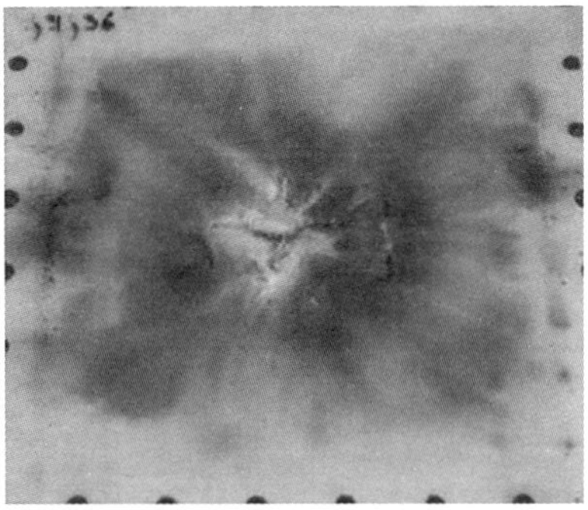

(a) 20g正面

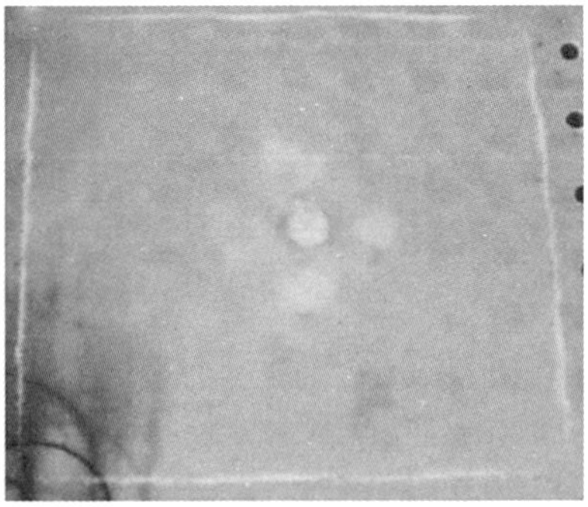

(b) 20g背面

图 6.15 20g 装药量引爆的爆炸试验的夹芯板的表面照片

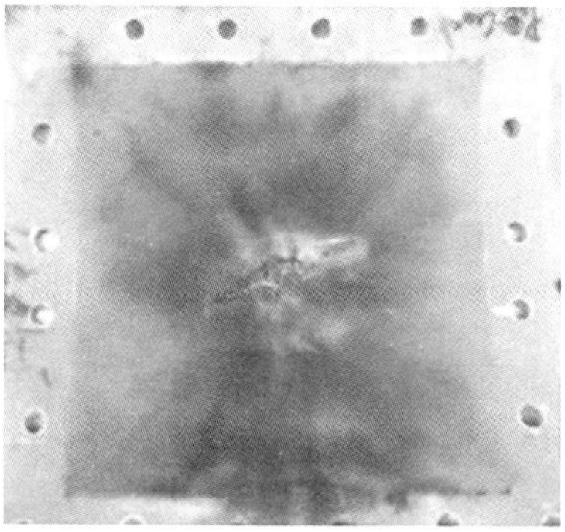

(a) 17.5g正面

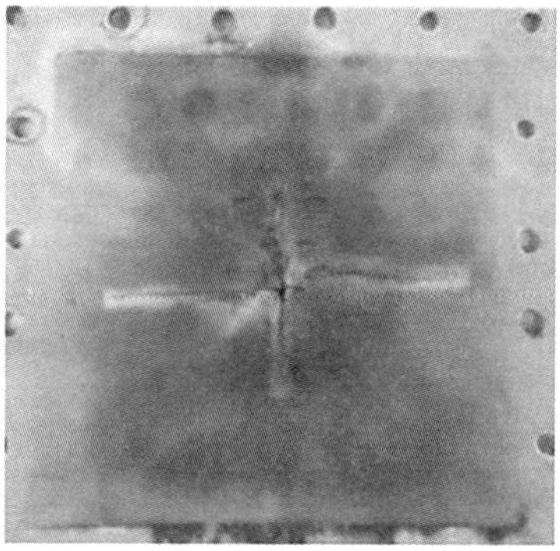

(b) 20g正面

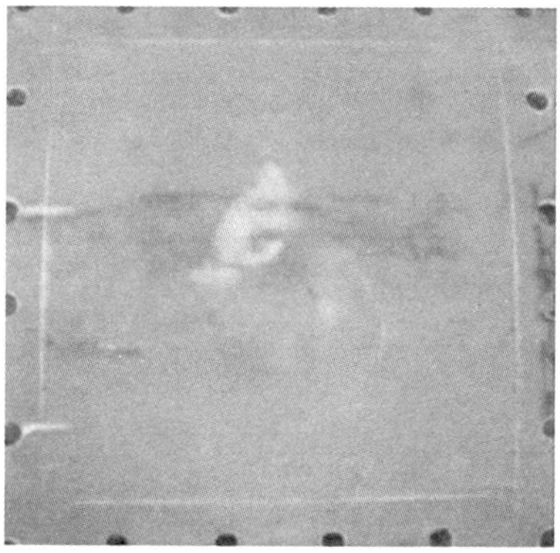

(c) 17.5g背面

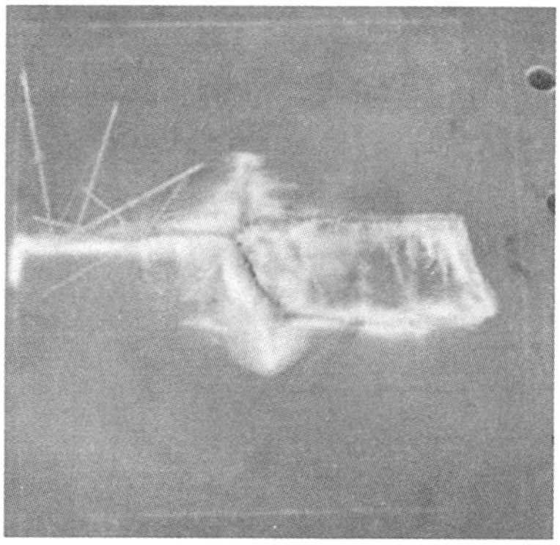

(d) 20g背面

图6.16 选定的经爆炸试验的凹面夹芯板的表面照片

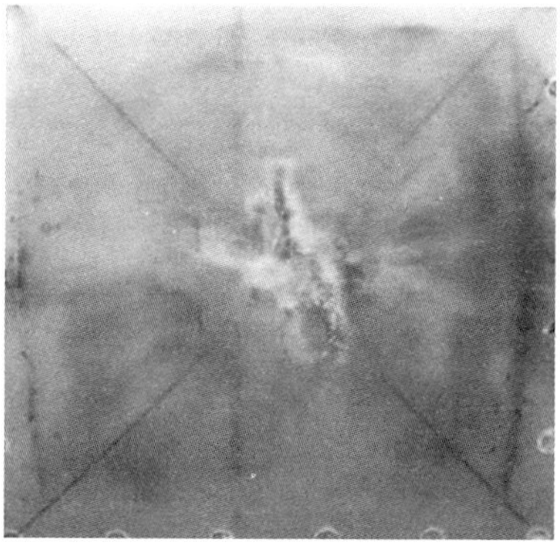

(a) 正面

(b) 背面

图6.17 20g装药量引爆的爆炸试验的凸面夹芯板的表面照片

典型故障模式的示例如图 6.18 中所选面板横截面的照片所示。与层合板的情况一样，故障模式是相互依存的，并受到边界条件和载荷空间分布的影响。由于能量通过芯材和玻璃纤维增强聚合物 - 芯材界面的其他故障机制（即脱黏、芯材压缩、开裂和碎裂）被吸收，面片中的分层数量明显较少（与 FRP 层合板相比）。如图 6.18（b）所示，脱黏（芯层和面板之间失去黏性）是芯材两边的主要故障模式。当面板变形到相对柔软的泡沫芯材中时，芯材就会被压缩。压缩和剪切裂纹在所有的芯层中都很明显，甚至在最低的装药量下也是如此。然后，核心的碎裂开始了，并随着装药量的进一步增加而扩大到面板的更大部分。芯的存在使载荷更均匀地分布在面板的背面，当装药量增加到 25g 以上时，与正面面板相比，背面面板出现分层的面积更大。

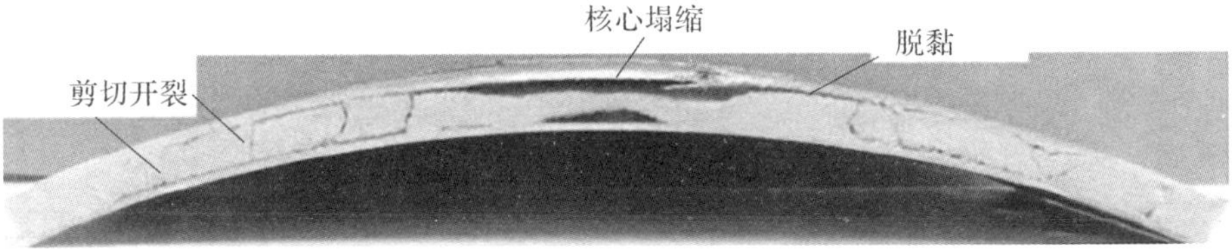

(a) 17.5g的凸面夹芯板

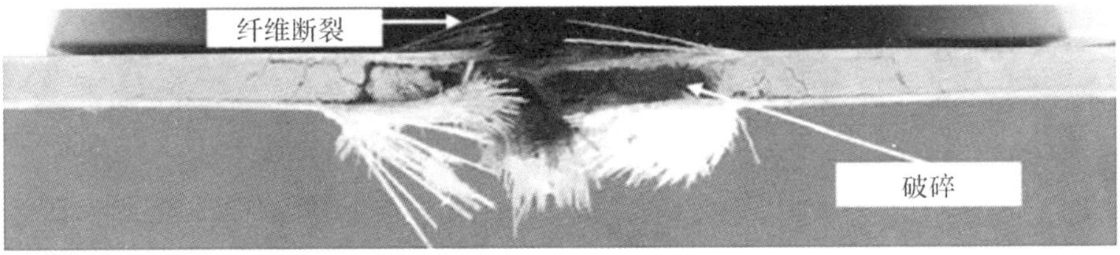

(b) 20g的平面夹层

图 6.18 两张经爆炸试验的夹芯板的照片，说明了典型的故障模式（爆炸载荷源来自上方）

图 6.19 显示了凹面 FRP 层合板和夹芯板的典型截面照片，这些截面受控于不断增加的装药量。由于复合材料的弹性性质，层合板在低炸药当量下几乎没有显示出故障。随着装药量的增加，纤维断裂从后表面开始，然后在各层中发展。

如图 6.19 所示，夹芯板也显示了横截面内的故障程度，从低载荷质量时的芯子压缩和脱黏到高载荷质量时的纤维断裂、芯碎裂和面板断裂。

6.5.3 失效启动映射

由于凹板和平板的脉冲传递和反应相似，本节将比较平板和凸板之间的故障图和启动进展。

(a) FRP层合板

(b) 夹芯板

图 6.19　凹面板的截面照片，按装药量增加的顺序，从下到上（爆炸载荷源来自上方）

1. FRP 层合板

图 6.20 所示的故障图显示，在最低装药量的 FRP 层合板的中心区域，分层和基体故障都很明显。沿着边界的边缘也有少量的分层现象。如图 6.20 所示，随着装药量的增加，分层迅速增加，延伸到整个面板和夹层区域。基体故障和纤维断裂都集中在面板中心。无论曲率如何，所有 FRP 层合板的故障启动映射相似，如图 6.21 所示。

2. 夹芯板

夹芯板所选正面和背面的故障映射分别显示在图 6.22 和图 6.23 中。从图 6.22（a）可以看出，在最低装药量 10g 以下，夹芯板上的正面分层比 FRP 层合板的表面分层更广泛。故障仍然仅局限于中心区域，边界边缘有少量破坏，且 11.6% 的前表面呈现分层状态。从图 6.23（a）可以看出，背面在中心区域的分层比层合板的少，沿边界边缘的分层也很少（只有 4.6% 的背面分层）。这说明了聚合物泡沫芯对背面的保护作用。装有 10g 炸药的凸夹芯板表现出的分层远低于平板（正面面积的 2.6% 和背面面积的 0.7%）。分层的边界沿两个弯曲（即垂直）边缘发生，而不是沿直线边缘发生。在整个范围内，与装载相同装药量的夹芯板相比，所有凸夹芯板的损伤水平都较低。

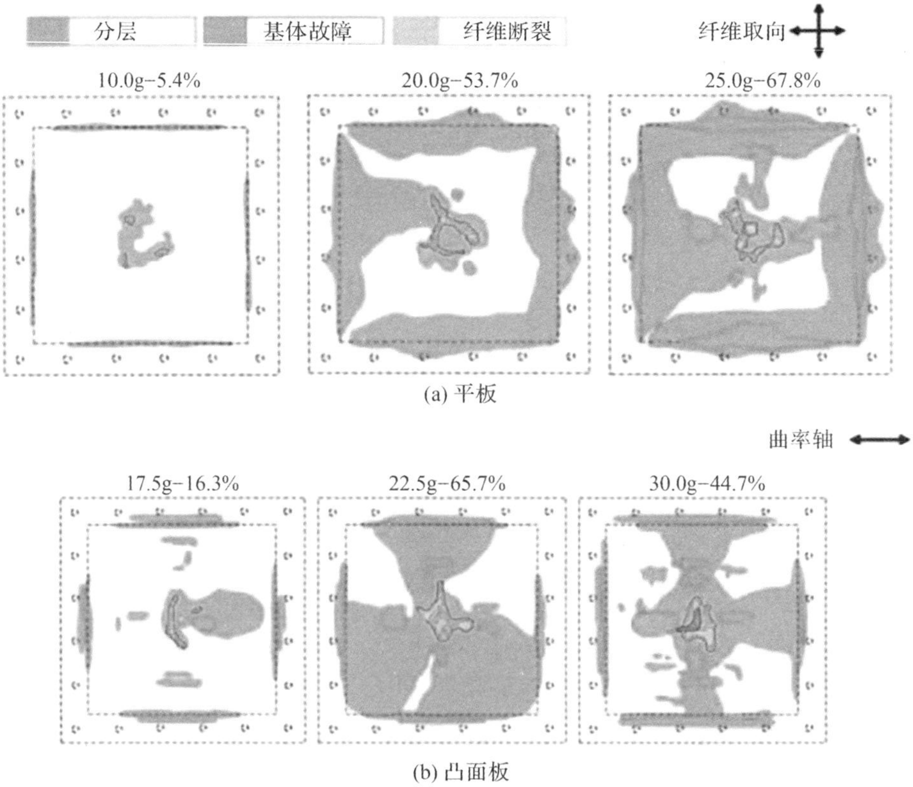

图 6.20 选定爆炸载荷的玻璃纤维增强环氧树脂（GFRE）层合板的故障图

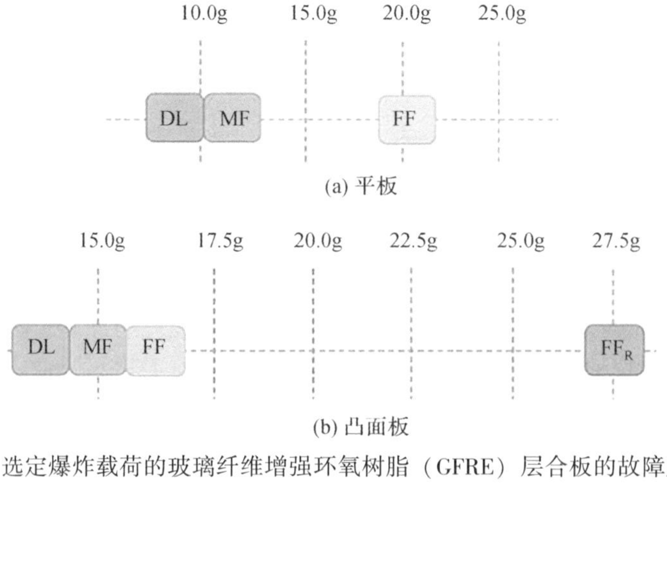

图 6.21 选定爆炸载荷的玻璃纤维增强环氧树脂（GFRE）层合板的故障启动映射

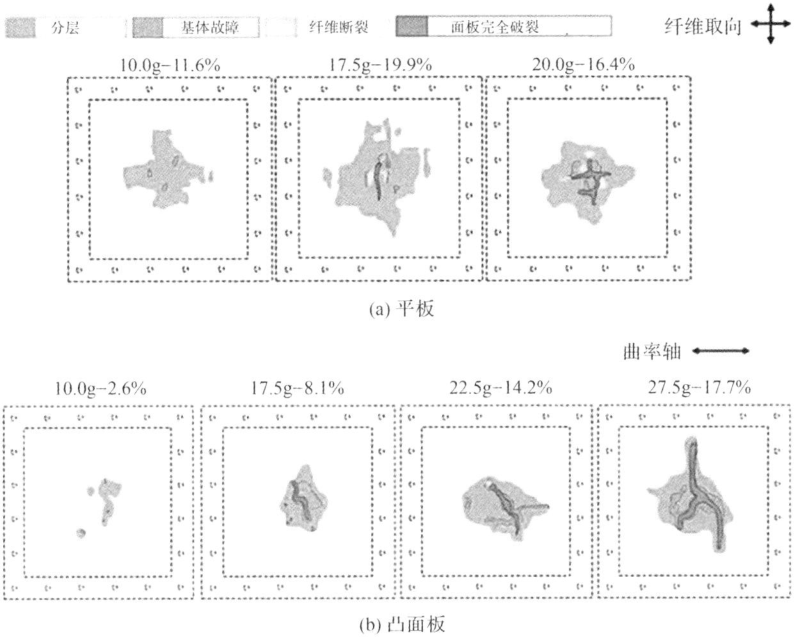

图 6.22　选定爆炸载荷的 GFRE 夹芯板正面的故障图

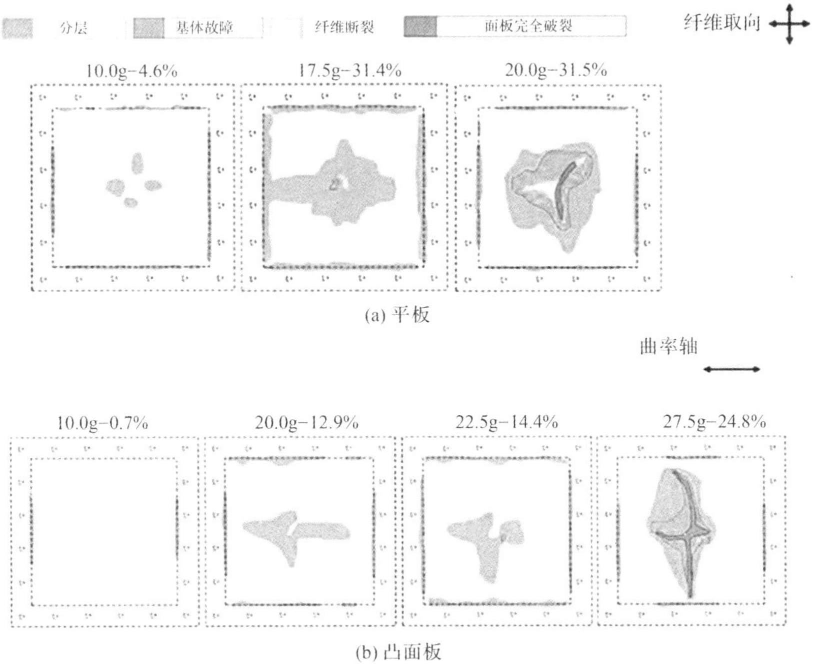

图 6.23　选定爆炸载荷的 GFRE 夹芯板背面的故障图

因此，凸面板比同等平板具有更强的抗爆性。这种趋势也体现在引发不同故障类型所需的电荷质量中，如图 6.24 所示。例如，需要 20g 的装药量才能导致背面板破裂。在凸夹芯板中，背面板的破裂始于装药量为 27.5g 时。在低装药量水平下，堆芯将强烈的爆炸载荷转化为较低幅度和较长持续时间的应力（以保持动量）。这种较低的载荷传递到背面，就是面板背面损坏程度较低的原因。随着装药量的增加，正面的分层增加到最大，约 20%，背面增大约 32%。一旦前板发生纤维断裂和断裂，相对较弱的核心就会暴露在爆炸中并破碎。在没有一些有益的泡沫芯保护的情况下，将更高的载荷传递到背面，故背面板的破裂发生在核心故障和碎裂之后。因此，防止前板破裂将进一步提高夹芯板的保护水平。其中一种方法是增加前板的厚度（这将导致质量损失），并使用不对称叠层。

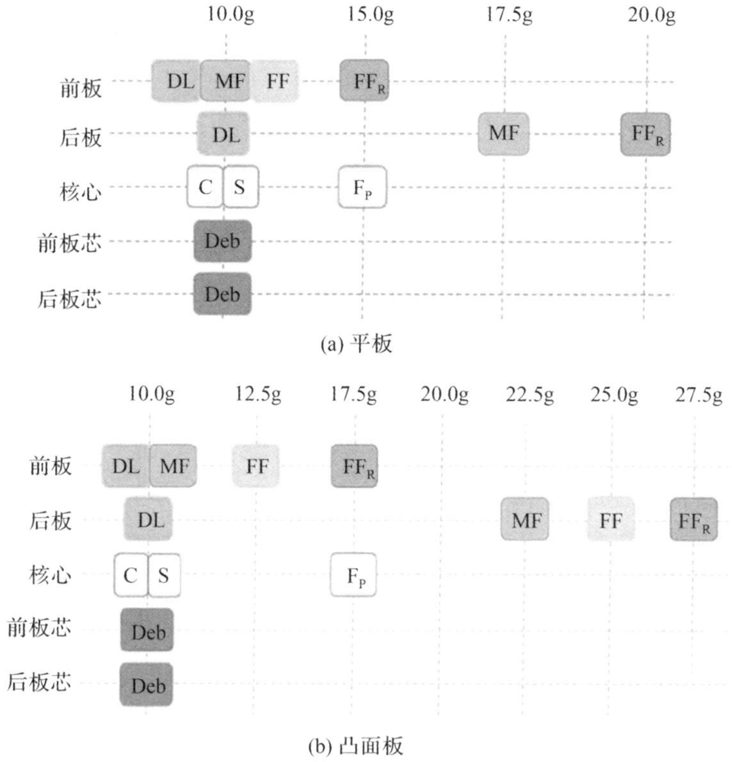

图 6.24 选定爆炸载荷的 GFRE 夹芯板的故障启动映射

3. 曲率和面板结构的影响

无论构建方法如何（FRP 层合板还是夹层配置），凸形状的爆炸载荷将导致较低的脉冲传递到面板。无论曲率如何，FRP 层合板表现出的故障和损坏几乎没有区别。然而，在夹芯板中，凸曲率似乎有益：在相同装药量的凸夹芯板中，较低的分层水平明显，并且在凸面板中较高的装药量下发生背面板的破裂。平面和凹面板之间没有明显的差异。

6.6 结论

爆炸试验结果表明，凸面板的脉冲传递低于凹面板和平板的。无论曲率和载荷方向如何，所有层合板都出现了类似的故障。FRP层合板优于夹芯板，但是面板破裂需要更高的装药量。一旦夹芯板中的前板破裂，核心就会受爆炸载荷的影响并破碎。在该芯材严重损坏后，背板的载荷增加，导致背面板的故障程度更高。增加前板厚度会缓解面板破裂的进度，从而提高夹芯板的整体性能。凸夹芯板优于其他夹芯板，在给定装药量下表现出较低的损伤水平，并且背面板的装药量破裂起爆率也较高。

致谢

感谢BISRU教职员工和学生的帮助，以及开普敦大学机械工程研讨会的技术支持。感谢UCT大学研究委员会和南非国家研究基金会（NRF）的财政支持。本章的见解及结论仅代表个人想法，与NRF无关。

参考文献

[1] A.P. Mouritz, E. Gellert, P. Burchill, K. Challis, Review of advanced composite structures for naval ships and submarines, Comp. Struct. 53 (2001) 21−42.
[2] P.K. Mallick, Fiber-reinforced composites: materials, Manufact. Design, third ed., CRC Press, Boca Raton, FL, 2007.
[3] M. Battley, T. Allen, P. Pehrson, I. Stenius, A. Rosen. Effects of panel stiffness on slamming responses of composite hull panels, Proceedings of Seventeenth International Conference on Composite Materials, ICCM-17, Edinburgh, UK, 2009.
[4] D. Choqueuse, R. Baizeau, P. Davies. Experimental studies of impact on marine composites, Proceedings of Twelfth International Conference on Composite Materials, ICCM-12, Paris, France, 1999.
[5] S.A. Tekalur, K. Shivakumar, A. Shukla, Mechanical behaviour and damage evolution in E-glass vinyl ester and carbon composites subjected to static and blast loads, Comp. B Eng. 39 (2008) 57−65.
[6] G.S. Langdon, W.J. Cantwell, G.N. Nurick, The blast response of novel thermoplastic-based fiber-metal laminates—some preliminary results and observations, Comp. Sci. Technol. 65 (2005) 861−872.

[7] M.Y. Yahya, W.J. Cantwell, G.S. Langdon, G.N. Nurick, The blast behaviour of fiber reinforced thermoplastic laminates, J. Comp. Mater. 42 (2008) 2275–2297.
[8] M.Y. Yahya, W.J. Cantwell, G.S. Langdon, G.N. Nurick, The blast resistance of a woven carbon fiber-reinforced epoxy composite, J. Comp. Mater. 45 (2011) 789–801.
[9] J.L.R. Comtois, M.R. Edwards, M.C. Oakes, The effect of explosives on polymer matrix composite laminates, Comp. A Appl. Sci. Manufact., 30, 1999, pp. 181–190.
[10] T. Franz, G.N. Nurick, M.J. Perry, Experimental investigation into the response of chopped strand mat glassfiber laminates to blast loading, Int. J. Impact Eng. 27 (2002) 639–667.
[11] G.S. Langdon, C.J. von Klemperer, B.K. Rowland, G.N. Nurick, The response of sandwich structures with composite facesheets and polymer foam cores to air-blast loading: preliminary experiments, Eng. Struct. 36 (2012) 104–112.
[12] X. Qiu, V.S. Deshpande, N.A. Fleck, Dynamic response of a clamped circular sandwich plates to shock loading, J. Appl. Mechan. 71 (2004) 637–645.
[13] D. Karagiozova, G.N. Nurick, G.S. Langdon, S. Chung Kim Yuen, Y. Chi, S. Bartle, Response of flexible sandwich-type panels to blast loading, Comp. Sci. Technol. 69 (2009) 754–763.
[14] G.S. Langdon, D. Karagiozova, C.J. von Klemperer, G.N. Nurick, A. Ozinsky, E.G. Pickering, The air-blast response of sandwich panels with composite face sheets and polymer foam cores: experiments and predictions, Int. J. Impact Eng. 54 (2013) 64–82.
[15] G.S. Langdon, W.J. Cantwell, Z.W. Guan, G.N. Nurick, The response of polymeric composite structures to air-blast loading: a state-of-the-art, Int. Mater. Rev. 59 (2014) 159–177.
[16] P. Kumar, J. Le Blanc, D.S. Stargel, A. Shukla, Effect of plate curvature on blast response of aluminum panels, Int. J. Impact Eng. 46 (2012) 74–85.
[17] P. Kumar, D.S. Stargel, A. Shukla, Effect of plate curvature on blast response of carbon composite panels, Comp. Struct. 99 (2013) 19–30.
[18] V.A. Phadnis, P. Kumar, A. Shukla, A. Roy, V.V. Silberschmidt, Optimising curvature of carbon fiber-reinforced polymer composite panel for improved blast resistance: finite-element analysis, Mater. Design 57 (2014) 719–727.
[19] G.S. Langdon, C.J. von Klemperer, G.M. Sinclair, Blast response of sandwich structures: the influence of curvature, dynamic deformation, Damage Fract. Comp. Mater. Struct., Elsevier, 2015.
[20] ASTM-D7264/7264M-07, Flexural Properties of Polymer Matrix Composites, ASTM Standards, ASTM International, West Conshohocken, PA, 2007.
[21] ASTM-D7250/D7250M-06, Standard Practice for Determining Sandwich Beam Flexural and Shear Stiffness, ASTM Standards, ASTM International, West Conshohocken, PA, 2012.
[22] ASTM-D1621-04a, Compressive Properties of Rigid Cellular Materials, ASTM Standards, ASTM International, West Conshohocken, PA, 2007.
[23] ASTM-D3039/D3039M-14, Standard Test Method for Tensile Properties of Polymer Matrix Composite Materials, ASTM Standards, ASTM International, West Conshohocken, PA, 2014.
[24] G.F. Kinney, K.J. Graham, Explosive Shocks in Air, second ed., Springer-Verlag, New York, NY, 1985.
[25] S. Chung Kim Yuen, G.S. Langdon, G.N. Nurick, E.G. Pickering, V.H. Balden, Response of V-shape plates to localised blast load: experiments and numerical simulation, Int. J. Impact Eng. 46 (2013) 97–109.

第7章

复合夹芯板的空气冲击波载荷和水下爆炸冲击波载荷

Hari Arora，Emily Rolfe，Mark Kelly，John P. Dear
英国伦敦帝国理工学院

7.1 简　介

全面冲击试验成本较高且结果定性，不适宜经常进行。但全面冲击试验非常重要，可用于比对不同的材料响应，对有限元（FE）及分析模拟也十分必要。本章重点介绍典型海洋结构材料玻璃纤维增强聚合物（GFRP）和碳纤维增强聚合物（CFRP）复合夹芯板的空气和水下冲击载荷。复合结构在机械载荷不断加大（主要是冲击载荷）时保持其完整性的能力，也属于研究的一部分。近年来，针对这一领域的研究有所增长，无论是意外事件或其他事件，均强调了冲击对建筑物的破坏性[1]。

冲击载荷以高压前波形式，通过空气、水等介质传播，并将能量传递到冲击压力波流的变形结构中。爆炸性气体快速膨胀产生压力波，在发生爆炸的介质中，爆炸性气体的传播速度通常略高于声速。压力波先是瞬时增加，然后以指数衰减，在受到爆炸性气体冲击后，爆炸中心压力低于环境压力，形成负压[2]。压力波到达结构时，其响应通常分为三个阶段。对复合夹芯板来说，第一阶段是芯部破碎，压应力波从前板传递到背板。此外，固定边产生横向冲击剪切反作用力。在第一阶段中，结构没有完全扭曲。在第一阶段结束时，动量和动能整体传递到夹芯板，而横向剪切应变向结构中心传递。到第二阶段结束时，负载压力脉冲逐渐衰减到可忽略程度。同时，横向剪切应力致使前波后方形成弯曲和剪切变形，此时出现一个点（即第三阶段），其剪切波反向，导致夹芯板反转（最大中心偏转点），开始出现弯曲振动[3]。

当前，许多研究人员对冲击载荷引起的夹芯板动态变形开展了大量的研究[4-8]。Menkes 和 Opat[4]将冲击载荷下结构的失效模式进行了分类，包括从较大的非弹性变形到支撑处的撕裂和剪切破坏。Neuberger 等观察了空气冲击波[5]和埋药[6]对固定圆形板的影响，以及小型试验的有效性，用以比较不同炸药量或不同间隔距离的冲击事件。Nurick 等[7]进一步研究了 Menkes 和 Opat 描述的失效现象。研究人员特别感兴趣的是对用于预测钢板撕裂的边界条件的影响[8]。Nurick 针对各种板材对冲击载荷的响应开展了大量研究，详见参考文献 [9]。CantWell 等[10-11]扩大了研究范围，对受冲击载荷冲击的复合板进行了分析。

人们通常使用激波管复现对复合夹芯板的冲击载荷，通过可控方式使激波管产生冲击载荷。此外，该实验只关注冲击波入射，而不关注冲击时的其他固有因素（如燃烧）。激波管由一个长圆筒构成，分为高压驱动段和低压驱动段，中间用隔膜隔开。为了产生冲击波，需要对驱动段加压，直到隔膜上形成压差使隔膜破裂。气体快速释放产生冲击波，沿激波管向下传递到试样[12]。人们对复合材料和夹芯板的冲击载荷研究不断发展，取得了巨大的成效[12-15]。目前，人们对冲击过程中冲击能量分布[14]等参数以及复合材料在连续冲击和冲击载荷作用下的性能[15]开展了研究。研究表明，在复合夹芯板中加入聚脲层可以提高夹芯板的冲击波抑制能力[16-18]。此外，对在夹芯板中使用不同密度的多种聚合物泡沫层也开展了相关研究[19]。研究发现，在夹芯板的冲击侧放置较低密度芯材可以吸收变形早期的冲击能量，减少背板损坏。这一发现启发了人们对渐变密度泡沫芯材的研究。

增加冲击所在介质的密度，从空气冲击波变为水下冲击波，会提高介质中的声速，并显著升高冲击产生的压力。在水下发生冲击时，产生很热的高压气体，释放出强烈能量。形成的强烈（压缩）压力波从源头向外辐射，使周围的水流向外移动，可立即缓解这一压力。反应产物膨胀，也形成了高压气体球或“气泡”。气泡内的压力高于静水压力，气泡附近的水向外流动，因此气泡半径迅速扩大。在周围水惯性作用和其他影响下，气泡膨胀，直到静水压力大于气泡内的压力，这就导致气泡收缩，直至气泡内气体的压缩性足以使其反向运动。气泡中的压力升高，在从最小值再次膨胀之前发射出压力波，产生一系列振荡、过冲和下冲，直到所有能量消散。气泡的移动和动态行为受许多因素的影响，包括水汽界面的接近程度、其他表面和湍流[20]。释放的能量中，大约47%用于气泡的形成和脉动，其余流向冲击波[2]。如果间隔距离很大，则可以忽略气泡的影响，这似乎是大多数研究者关注的焦点，Pancirolia 和 Abrate 也强调了这一点[21]。用于水下冲击波试验的仪器需要经得住考验，必须从高风险的昂贵实验中采集优质数据。利用水击效应的水中冲击成功应用了激波管原理。Deshpande 等[22]研究了具有钢面夹芯板和泡沫铝芯夹芯板的流固耦合(FSI)。这种水锤技术结合（Espinosa）等[23]以及 LeBlanc、Shukla[24]提出的莫阿阴影云纹法，获得离面位移曲线。LeBlanc 和 Shukla[25]还通过一个锥形充水激波管来研究夹芯板曲率和厚度对抑制水下冲击波的影响。Latourte 等也使用了锥形充水激波管[26]评估 GFRP 夹芯板的水下冲击波性能。

目前，正在对冲击载荷的各个方面开展大量研究，总体目标是改进计算模拟，从而改善海洋结构的设计过程。然而，尚未确定合适的尺寸参数和测试过程之间的等效性。因此，全尺寸爆炸试验为工业提供了有价值的数据，这也是本章的研究重点。

7.2 材　　料

对四种不同材料的复合夹芯板进行的试验：两种不同苯乙烯 - 丙烯腈（SAN）芯材（固瑞特 M130 或分级配置）、玻璃纤维增强聚合物（GFRP）面板、碳纤维复合材料（CFRP）面板。表 7.1 详细列出了被测夹芯板类型。在空气冲击波试验中，A 组的夹芯板用于探索 CFRP、GFRP 面板的影响，B 组的夹芯板用于验证梯度芯的影响。

表 7.1　夹芯板类型汇总

冲击波类型		表层纤维类型	SAN 芯密度类型	SAN 芯厚度/mm	面板面密度/（kg/m^2）
空气爆炸	A 组	玻璃	单一	25	17
		碳	单一	25	17
	B 组	玻璃	单一	30	11
		玻璃	渐变	30	12
水下爆炸		玻璃	单一	30	11
		碳	单一	30	9
		玻璃	渐变	30	12
		碳	渐变	30	10

7.2.1 面板

比较单密度和渐变密度芯材时，全面空气冲击波试验选用的是 GFRP 面板。选用 GFRP 面板时，夹芯板的破坏应变更大，泡沫芯中会产生更大的剪切应变。GFRP 面板包含固瑞特 QE1200 四轴玻璃纤维层。面板的制备采用真空固化工艺，在真空和加热固化之前混合玻璃纤维和树脂。面板采用标准环氧树脂系统制成。将面板抽真空并在室温下放置 24h，然后以 1°C/min 的速度加热至 85°C，并在此温度下保持 12h，最后，将夹芯板以大约 1°C/min 的速度恢复至室温。CFRP 样品使用与 GFRP 面板相同的方法制造。本研究中采用固瑞特双轴 XC411 碳纤维。

用于水下爆炸试验的夹芯板结构与空气爆炸试验的相同。因此，制作了两个 GFRP 面板和 CFRP 面板，用于比较单密度芯和梯度密度芯。单芯板叠层示意图如图 7.1 所示，梯度芯板叠层示意图如图 7.2 所示。

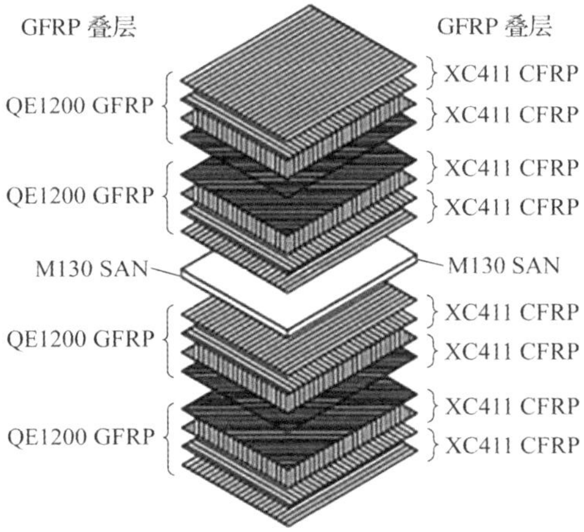

图 7.1 单芯 GFRP 面板叠层示意图

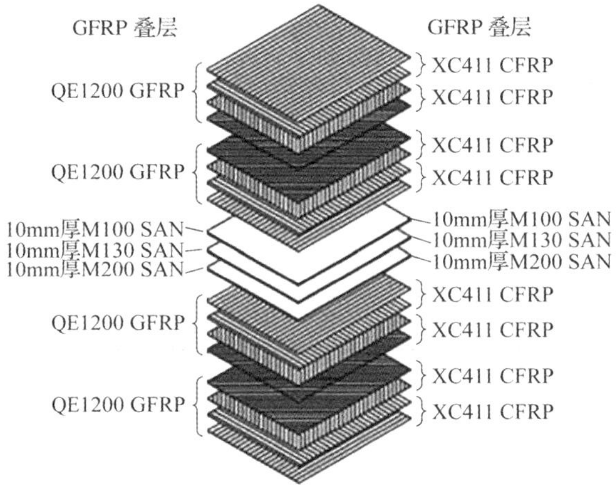

图 7.2 梯度芯 GFRP 面板叠层示意图

7.2.2 芯材

对泡沫材料进行机械试验，以创建冲击载荷有限元分析的材料模型，并详细了解变形特征和冲击试验中观察到的相关结果。本节将简单介绍泡沫属性。泡沫的准静态（QS）和动态（包括高速率（HR）和中速率（IR））力学属性如表7.2所列。泡沫在动态应变速率时具有速率依赖性。由于面板硬度比泡沫芯大得多，预计每次试验中都需要重点关注断裂应变。从表7.2中可以看出，每种泡沫密度的拉伸断裂应变存在显著差异。空气爆炸对比（A组）显示，GFRP与CFRP面板具有同等的面密度，约为17kg/m²，SAN芯厚度为25mm。单芯板与梯度芯板（B组）的面密度分别为11kg/m²和12kg/m²，SAN芯厚度为30mm。所有四个水下冲击波面板的SAN芯厚度均为30mm。相关面密度如表7.1所列。

表7.2 泡沫芯的力学性能

力学性能		M100 SAN	M130 SAN	M200 SAN
密度/（kg/m³）		100	130	200
拉伸模量/MPa	QS	107	161	258
	IR	162	267	436
	HR	206	321	482
压缩模量/MPa	QS	87	126	191
剪切模量/MPa	QS	41	59	98
拉伸失效应变/%	QS	7.82	7.26	5.57
	IR	4.5	3.8	2.0
	HR	4.1	3.5	2.1

注：QS指准静态试验；IR指180s^{-1}试验；HR指365s^{-1}试验。

空气冲击波试验的无支撑目标面积为1.6m×1.3m，这是因为面板的设计与真实的海洋结构量级相似。在水下冲击波试验中，由于试验设置中必须操纵整个设备，并且在试验期间设备必须具有适当的刚性边缘约束，所需的样品较少，因此水下冲击波试验的无支撑目标面积为0.65m×0.65m。此外，试验池的大小限制了可使用的炸药及其在池中的位置，尽量减少反射等产生的不必要的二次压力循环。选用的面板尺寸应确保所选装药可造成足够的损伤，并达到所需的冲击参数（此类水下试验设计可参照参考文献［27］）。选用的面板长度厚度之比应能确保达到必要的性能，允许出现典型的弯曲。典型的长厚比为6∶1，可确保面板满足此性能要求。

7.3 空气冲击波试验

7.3.1 试验设计和仪器

试验配置示意图如图 7.3 所示，其中显示了测试台自上而下的视图。包括试验柜外使用的所有仪器，保护壳体中的一系列压力传感器和高速摄像设备，防止直接受到爆炸物的影响（图中也有显示）。在试验柜内使用高速摄像机，结合数字图像相关（DIC）方法，获得冲击期间目标面板背面的全面位移数据。此处简要介绍冲击试验中使用的具体设置细节。冲击条件（如过度振动）确实会严重影响数据采集。做好适当的试验安排，使 DIC 方法能够在全尺寸空气爆炸条件下实施，仍然是需要克服的一大挑战。以往的研究中，通过多次位移测量和数值模型验证了该数据的有效性[28-29]，首次评估了本试验中使用的良好隔振、优质安装系统。

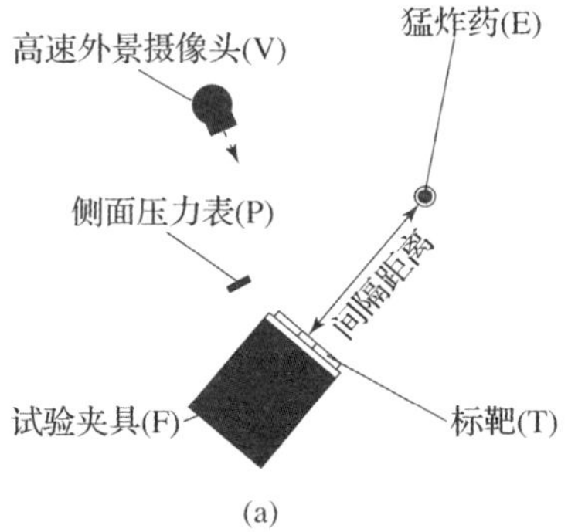

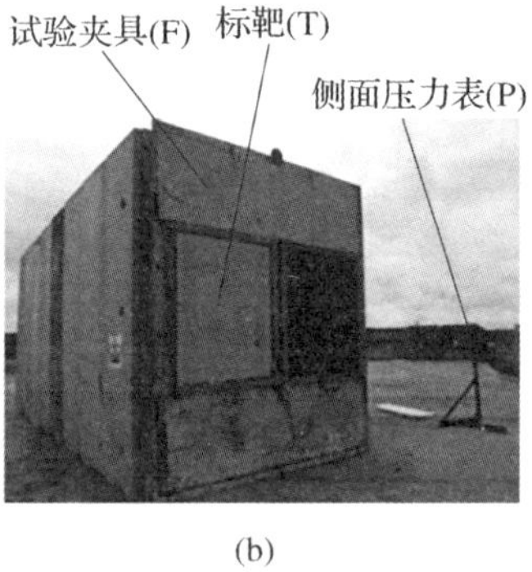

图 7.3 空气冲击波试验的试验配置：（a）原理图和（b）试验设置图。每张图上都包括待测目标（T）、试验夹具（F）、高速外景摄像头（V）、侧面压力表（P）和硝基甲烷炸药（E）。

本部分介绍的两项空气冲击波研究均使用 100kg 硝基甲烷炸药，面板均安装在钢筋正面，用螺栓固定在大型混凝土涵洞上，为柜体正面提供刚性基础，并为试验面板提供支撑。钢结构前部与混凝土涵洞的固定方法如图 7.4 所示。图中还显示了钢背面，其结构与正面相似。为了将夹芯板牢固地固定在试验柜中，使用 Sikaflex 291i 海洋密封黏合剂将 100mm ×6mm 的钢带连接到夹芯板边缘。黏合剂的作用不是在试验期间对边界条件提供任何结构作用，而是简单地帮助组装试验结构，其强度足以将钢带永久固定到面板上。钢带连接到夹芯板的两侧，将连接试验面板和试验柜的螺栓孔穿过钢带和复合夹芯板结构。为防止在拧紧螺栓时芯部破碎，将钢管放置在夹芯板的孔内，使端部紧靠钢带。在连接钢带之前插入孔内。待测面板就位且配备夹紧装置后，试验柜前部示意图如图 7.5 所示。在炸药下方放置一块厚钢板，为爆炸产生的高能初始冲击波提供弹性基础；爆炸完成之后仅使用混凝土板作为反射表面。

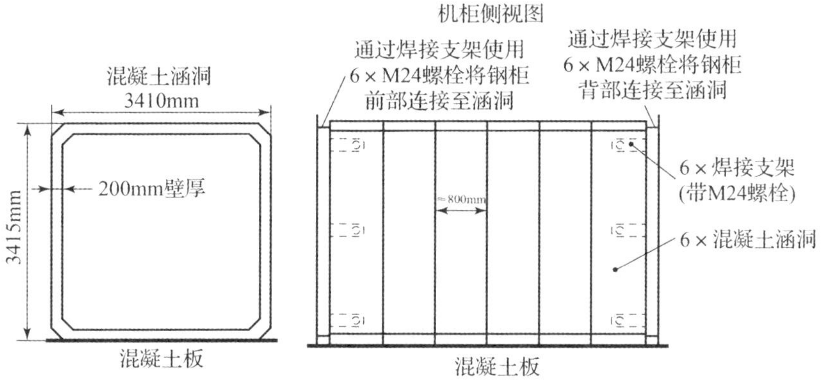

图 7.4　试验柜示意图（展示混凝土涵洞）

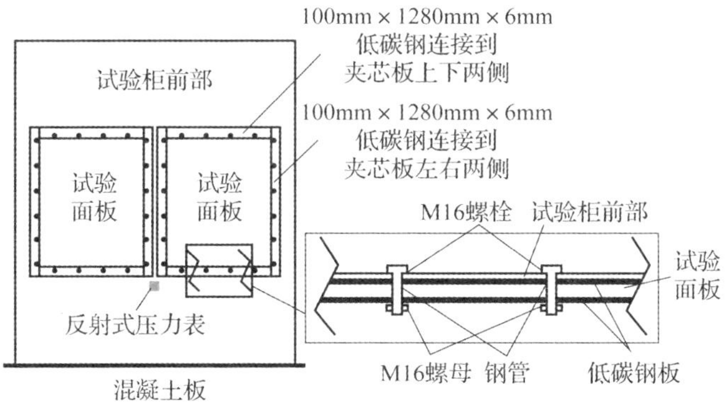

图 7.5　试验柜前部和试验面板、夹芯板夹住试验柜部的布局示意图

用聚苯乙烯泡沫来设定装药高度，吸收的冲击能量微不足道。A 组和 B 组使用了两种不同的试验配置，主要是仪器和装药间隔不同。如图 7.6 所示，两组均有一个与冲击波平行的侧面压力表，用于测量静压（PCB 102A06 压力传感器）。

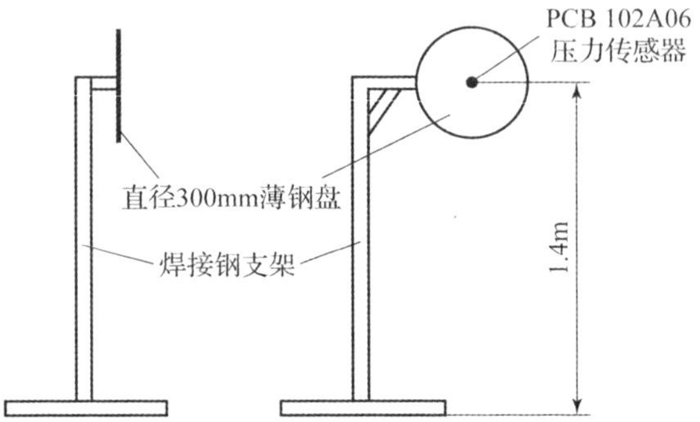

图 7.6 静压表示意图

A 组：这种设计是为了同时并排测试两个样品，装药间距为 14m。两个 1.6m×1.3m 的试验对象后面放置了两台高速摄像机（Photron SA3）。试验对象的背面涂有哑光白漆和黑色斑点，便于记录 DIC 数据。Photron SA3s 以 2000fps 的全分辨率（1024×1024 像素）采样。四台高速摄像机以垂直方向成对放置在试验对象后面。该摄像机布置在混凝土试验柜中，如图 7.3（b）所示。这组试验中共使用了五台高速摄像机，两台在两个面板后面，一台在试验柜前面。在试验柜旁边放置一台压力表，与装药保持相同的间隔距离，用于记录每次爆炸产生的超压。

B 组：将两个面板再次并排放置在钢筋试验柜中，与装药处间隔 15m，但这里的反射式压力表放置在两个面板下方的中心处。反射式压力表位置及试验面板的开口如图 7.5 所示。试验中使用的是 PCB102A06 反射式压力表，安装在钢套箱中，用于测量压力。钢套箱前部装有一个尼龙盘，用于将负载均匀地分配到压力传感器，避免高压空气颗粒缠绕在压力传感器的前部，从而导致读数不准确。尼龙盘支撑在压力传感器外壳内的三个黄铜销上。图 7.7 为反射式压力表外壳示意图，钢套箱用螺栓固定在试验柜的前部。为了验证爆炸计算，在距装药中心 15m 处的相同高度放置一台侧面压力表。冲击试验时，在混凝

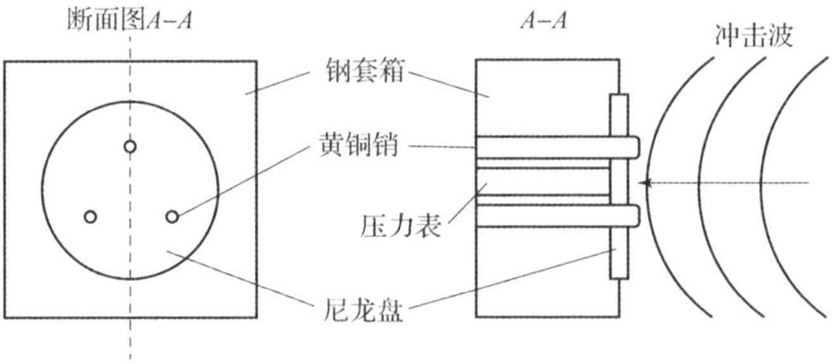

图 7.7 反射式压力表外壳示意图

土试验柜中斑点芯板后方放置两对相同的Photron SA1. 1's 和 Photron SA5's 高速摄像机。Photron SA1. 1's 摄像机的采样全分辨率为5400fps（1024×1024 像素），而 Photron SA5's 摄像机的采样全分辨率为7000fps（1024×1024 像素）。同样，在这组试验中共使用了五台高速摄像机，两台在两个面板后面，一台在试验柜前面。

7.3.2 冲击后损伤评估

空气冲击波试验完成之后，从B组芯板中抽取一组测量，用以评估冲击耐受性，即冲击后损伤检查。此项检查包括对试验面板进行切片，拍摄每个截面的每个边缘，并绘制芯子剪切裂缝以及面板和芯子之间的脱黏图。每个夹芯板都分段（意味着截面大小不同），方便进行冲击后弯曲和压缩试验。借助钢尺拍摄截面边缘照片，以便记录裂缝大小。受损面板样本示例如图7.8所示。创建一个MATLAB脚本，使用户能够确定每个裂缝或脱黏的末端位置，如图7.8所示。此类信息可用于制作损伤图，突出显示冲击载荷期间发生的大部分损伤。记录下每个芯板的损坏百分比和程度。

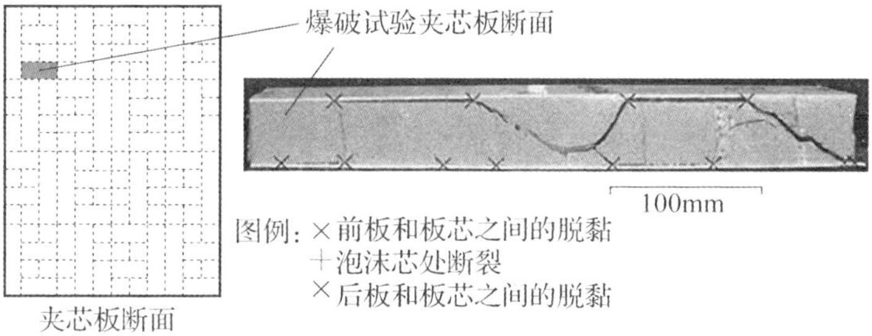

图7.8 冲击板断面损伤图

7.4 水下冲击波试验

7.4.1 试验设计和仪器

试验台采用焊接槽钢。由150mm×75mm×10mm的槽钢对焊而成，法兰向外。将其密封并用螺栓固定在10mm厚的钢板背面，然后将800mm方形夹芯板密封并用螺栓固定在槽钢箱前部。用Sikaflex291i船用密封黏合剂将10mm厚的钢带密封并用螺栓固定在前表面周围，形成准固支边界条件。为防止在拧紧螺栓时挤压夹芯板，再次将钢管放置在夹芯板孔内，在连接钢带之前插入孔内，设置如图7.9所示。水下冲击试验中使用1kg塑性炸药4（PE4）球形药包作为爆炸源。装药中心距离夹芯板正面1m。炸药量相当于1.28kg TNT发出的威力。用一个松木架固定住炸药，并将松木架用螺栓固定在钢箱前部。框架的设计应确保在试验过程中不会压住夹芯板，并且在爆炸时可轻松破开。为使试验架在水中保持垂直，将一根大钢筋绑在钢盒的底部，距离约1.5m、重约40kg的钢箱底部。将两个吊耳连接在钢箱顶部，并使用起重机将整个结构降低到3m深的装药处。

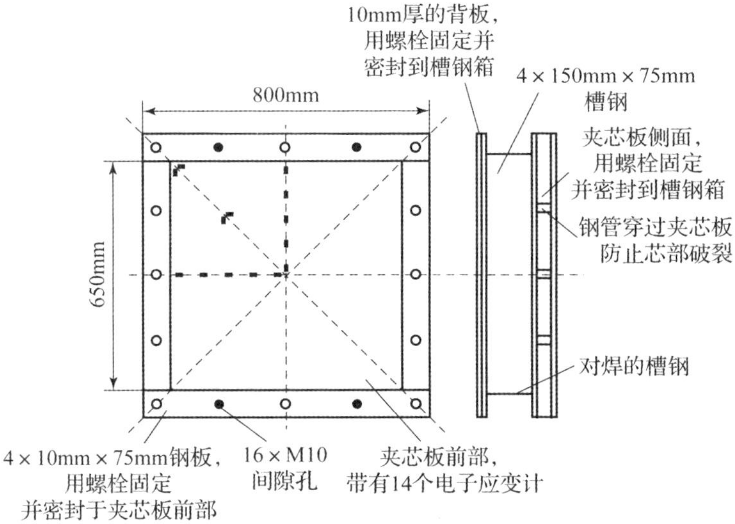

图7.9 水下冲击波试验架示意图

使用两台尼普顿声呐T11压力计测量在冲击波试验期间的压力。一台连接到直径为10mm的钢筋上，焊接到钢套箱背面，并形成一定的弯度，确保与装药保持在相同高度但距离1m。压力计安装在钢筋上，突出其端部，并在冲击波经过时测量侧面水中静水压力。第二台压力计安装在钢套箱顶部截面150mm×75mm×10mm的槽钢上，用于测量颗粒抵靠结构表面时的冲击波压力，从而得出结构上的实际载荷。装药架、压力表组件和吊装组件如图7.10所示。根据Smith和Hetherington[2]的经验数据，利用式（7.1）计算1kg PE4装药的预期载荷，其中P为水中静水侧压力，P_m为峰值压力，t为冲击波到达后的时间，θ为经验得出的波参数。如果是1kg PE4间隔1m处，P_m和θ分别为50.1MPa和0.08ms。选择这种载荷是因为它会使泡沫芯完全压缩失效，且芯板完全失效。

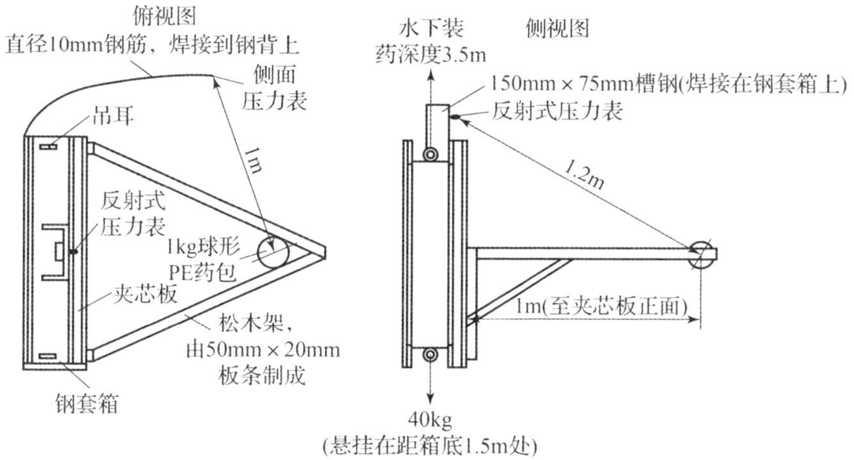

图 7.10 水下冲击波试验装药和压力计布置图

$$P(t) = P_m e^{\frac{t}{\theta}} \tag{7.1}$$

为了测量复合夹芯板的响应，将电子箔应变计连接到前板和后板。夹芯板是正方形的，因此每块面板只有 1/4 安装了应变计。每块面板上总共安装了 30 台应变计，其中 14 台位于最靠近炸药的前板，16 台位于与空气接触的背板。应变计位置如图 7.11 所示。所有应变计均为 TMLFLA-2-350-11 350 箔应变仪，用 TML-CN 黏合剂连接。

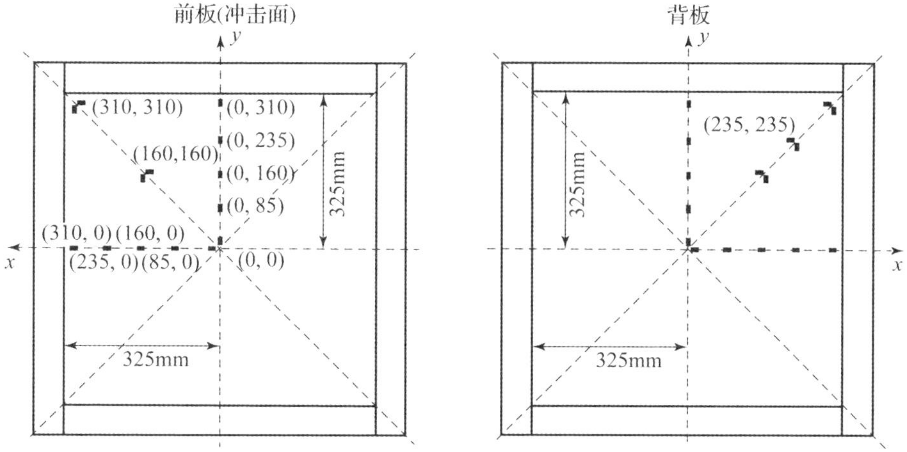

图 7.11 （与夹芯板相连）30 台电子应变计的位置

7.5 测试结果

7.5.1 GFRP 表层和 CFRP 表层复合夹芯板的空气冲击波载荷

A 组试验中比较了玻璃表层夹芯板和碳表层夹芯板。空气冲击波试验中，在 14m 的距离处使用了 100kg 硝基甲烷装药。选择这种冲击方式是为了严重损坏两块面板。用同一试验固定装置对样品进行并排试验，直接比较 GFRP 表层夹芯板与 CFRP 表层夹芯板的响应，以及表层配置对冲击波抑制的影响。两种夹芯板的单位面积质量相似（约 17kg/m^2），采用相同厚度的夹芯板（相同的表层厚度为 2mm，相同的芯层厚度为 25mm）。图 7.12 为 GFRP 面板和 CFRP

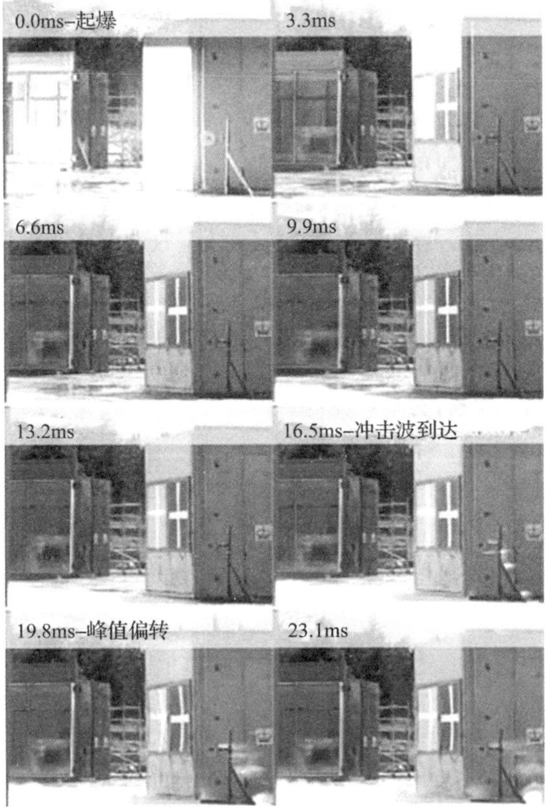

图 7.12 GFRP 表层夹芯板（左侧目标）和 CFRP 表层夹芯板（右侧目标）的冲击波进展以及前板变形图

面板的渐进变形。在冲击开始前大约 19ms，可以看到表皮裂纹从 GFRP 面板的右上边缘开始，并向下扩展到目标一侧。

图 7.13 为使用 DIC 方法记录的最大中心离面位移和出现离面位移时的冲击压力图。可以看到，由于损伤产生并扩展，面板返回冲程失真很清楚。位移曲线在 19.0 ~ 22.0ms 之间的最大值附近出现一段拉平剖面，这与图 7.12 中从 GFRP 面板右上角观察到裂纹产生和扩展的时间段一致。最大挠度为 140mm，在裂纹形成之前，应变峰值约为 1.6%。由于试验设置不同，面板响应部分不对称，但支撑结构完全对称，且装药位于试验结构中心，因此可以假设两个目标载荷均不对称。

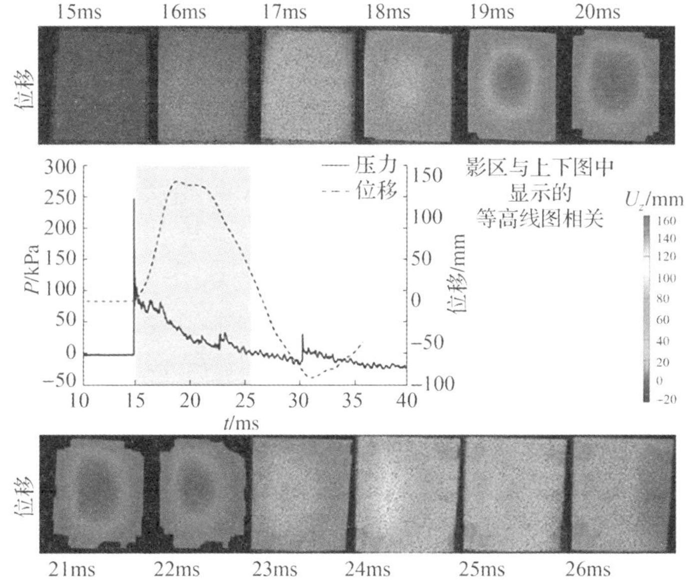

图 7.13　GFRP 面板的冲击汇总图（包括 DIC 离面位移等高线图以及使用 DIC 中心点测量值的压力 – 时间和位移 – 时间图）。DIC 分析对应于图中突出显示的区域（见彩图）

从图 7.14 可以观察到，CFRP 面板的挠曲明显小于 GFRP 面板。CFRP 面板的中心区域位移比 GFRP 面板的更大。这可能是因为在整个结构中更多的冲击能量分配在 CFRP 面板，致使芯部开裂不太严重但范围更广。这种类型的损伤（芯部开裂）正好解释了图 7.14 中观察到的 CFRP 面板返回拉长。与玻璃面板相比，CFRP 面板恢复到原来的位置需要花费更多的时间。响应时间延长，吸收冲击能量的时间更长，导致观察到的最大挠度（107mm）和最大应变（约 0.8%）较低。

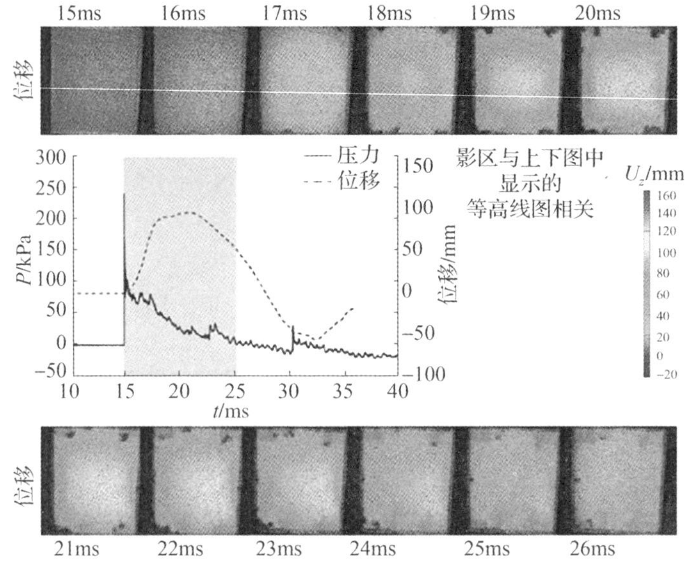

图 7.14 CFRP 面板的冲击汇总图（包括 DIC 离面位移等高线图以及使用 DIC 中心点测量值的压力 – 时间和位移 – 时间图）。DIC 分析对应于图中突出显示的区域（见彩图）

图 7.15 为冲击过程中 GFRP 面板的横截面变形。存在统一的前进（正向）冲程，但由于表层和芯部完整性受损，使得返回冲程不均匀。结果表明，支撑条件相当一致。然而，失效发生在目标的一侧。爆炸后 16.5ms，芯部开始出现裂纹。高弯曲应力导致面板变形，早期阶段产生剪切裂纹。CFRP 面板的横截面变形如图 7.16 所示。很明显，GFRP 面板比 CFRP 面板受到的损伤更快。

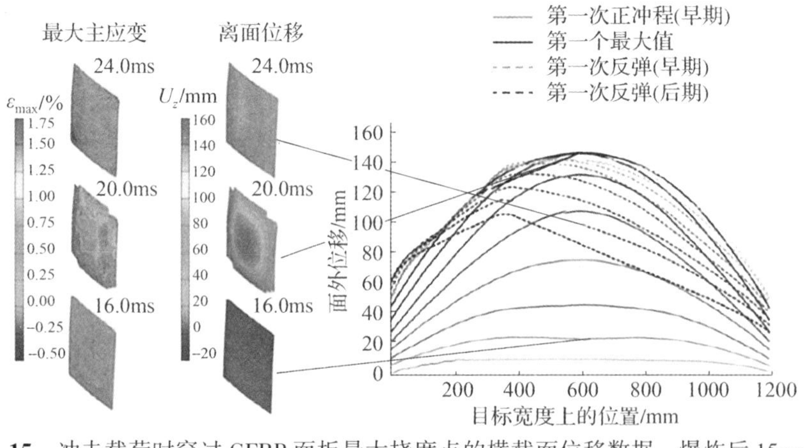

图 7.15 冲击载荷时穿过 GFRP 面板最大挠度点的横截面位移数据。爆炸后 15ms 起，每隔 0.5ms 显示数据。实线表示最大挠度的位移剖面，虚线表示随后的返回

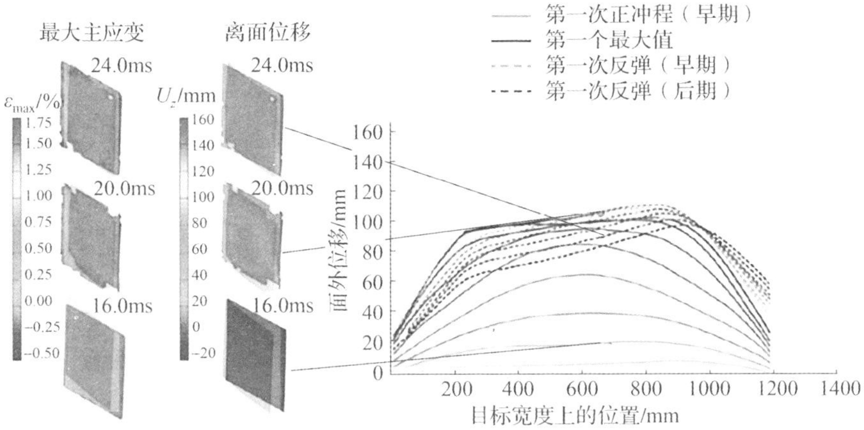

图7.16　冲击载荷时穿过CFRP面板最大挠度点的横截面位移数据。爆炸后15ms起，每隔0.5ms显示数据。实线表示最大挠度的位移剖面，虚线表示随后的返回

此外，GFRP面板目标变形平均速度为40m/s，而CFRP面板为25m/s。如果是GFRP面板，这会导致在峰值偏转点时沿着裂缝出现纤维断裂。CFRP面板能在整个面板上更有效地分配冲击能量，并能更好地抵抗冲击，获得了较少的动能，可维持反弹过程，不会出现任何表皮失效。在CFRP面板中，一旦目标中心达到最大位移，因芯部完整性损失，剩余的动量将面板边缘向前移动，不受约束。这就导致达到最大位移后变形轮廓变平，如图7.16所示。

冲击载荷后，经对面板进行检查，发现GFRP有很大面积出现前层纤维断裂和层间表层破坏，如图7.17所示。芯部整个厚度开裂，但后表层保持完整。CFRP面板的前后板基本上没有明显损伤，但面板芯部确实遭受损伤，前板和芯部之间出现分层破坏。两种面板从约束到变形的区域均发生了损伤，损伤之处就是约束和冲击载荷引起的应力状态导致发生失效的所在之处。在CFRP面

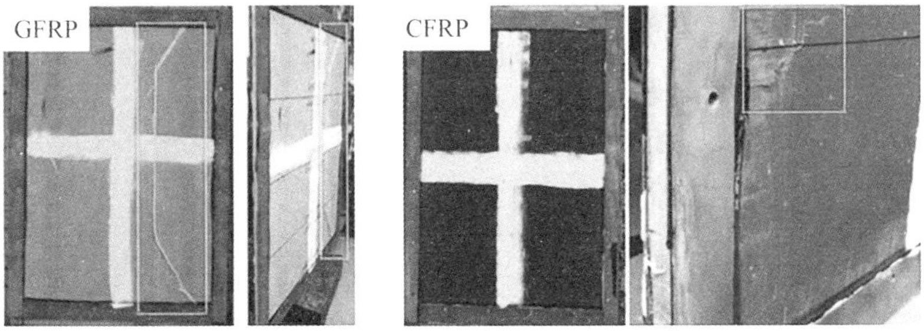

(a)　　(b)

图7.17　GFRP面板（a）和CFRP面板（b）受到冲击载荷后的损伤图（以矩形框突出显示）

板上，能量通过面板充分分布，可防止大规模裂纹扩展。但 GFRP 面板中缺乏足够的能量分布，导致大裂纹沿着整个前板向下扩展。如图 7.17 所示，CFRP 面板上小面积表层开裂发生在螺栓孔处的应力集中点附近。

7.5.2 GFRP 表层单密度和梯度密度复合夹芯板的空气冲击波载荷

B 组试验中，比较了单密度和梯度密度玻璃面夹芯板。在距离夹芯板 15m 处使用 100kg 硝基甲烷进行空气冲击。用同一试验夹具对样品进行并排试验，直接比较单密度夹芯板与渐变密度夹芯板的响应情况。这两类面板可用于比较芯部配置对冲击波抑制的影响。梯度密度夹芯板水平中心剖面的离面位移如图 7.18所示。梯度密度夹芯板的背板偏转非常平滑，这是因为裂缝首先出现在面向冲击波的低密度泡沫层中，然后出现在中间的中密度芯层中，导致背面高密度泡沫层中的整体裂缝较少。梯度密度夹芯板的中心点（$w/2$）和 1/4 点（$w/4$ 和 $3w/4$）位移如图 7.19 所示。

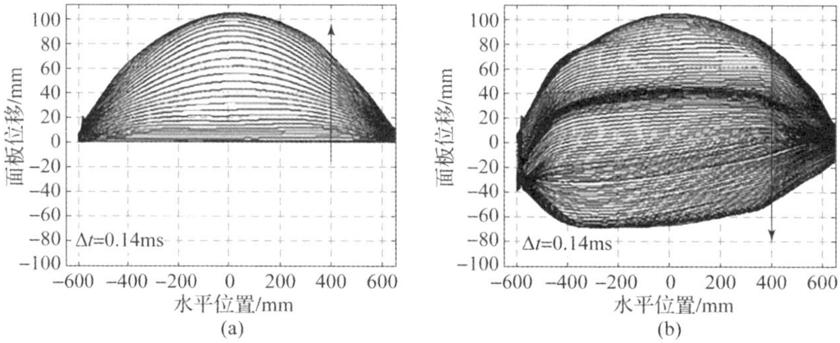

图 7.18 （a）初始位移和（b）回弹时梯度密度夹芯板水平中心剖面的离面位移

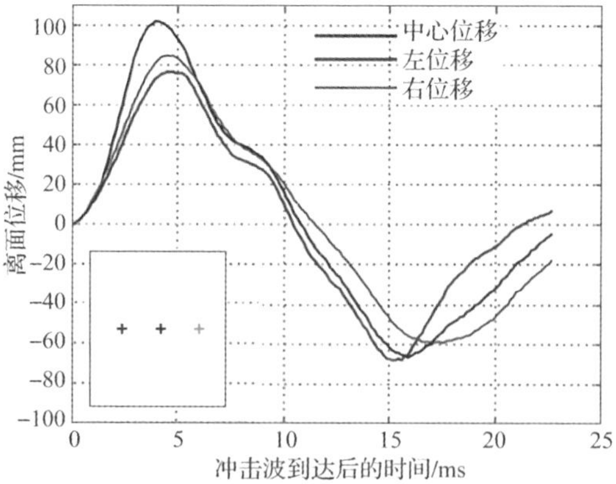

图 7.19 面板（宽度 w）的离面位移（包括梯度密度夹芯板的中心点（$w/2$）、左 1/4 点（$w/4$）和右 3/4 点（$3w/4$）位移）

两块面板在冲击波试验后进行了切片，面板的损伤如图 7.20 和图 7.21 所示。从两张损伤图中可以发现，如果是梯度密度夹芯板，整体损伤更多，但这种损伤主要是层间脱黏，而不是泡沫破裂。这是由于裂纹穿过泡沫，抑制在边

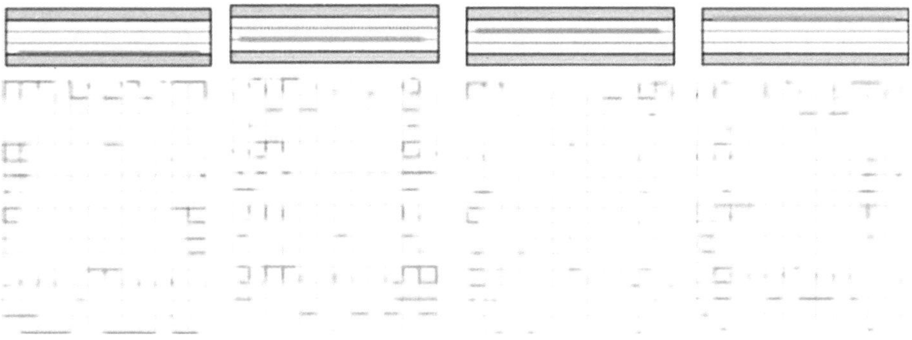

(a) 背板和高密度泡沫之间的脱黏　(b) 高密度泡沫和中密度泡沫之间的脱黏　(c) 中密度泡沫和低密度泡沫之间的脱黏　(d) 前板和低密度泡沫之间的脱黏

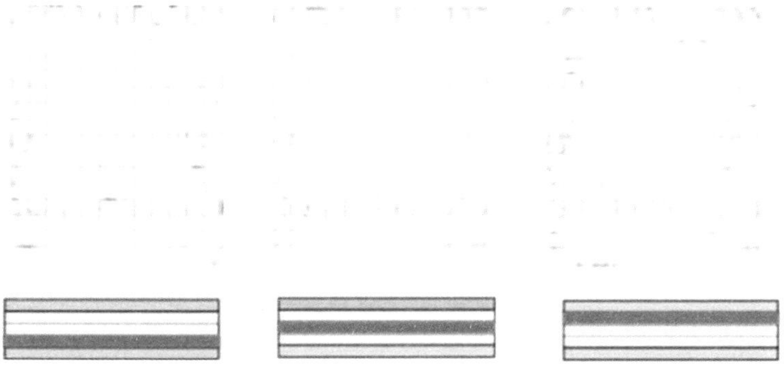

(e) 高密度泡沫上的裂缝　(f) 中密度泡沫上的裂缝　(g) 低密度泡沫上的裂缝

图 7.20　变密度夹芯板的损伤图

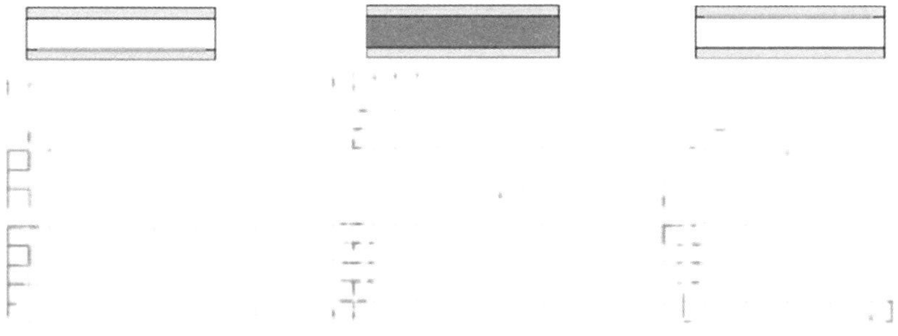

(a) 背板和板芯之间的脱黏　(b) 泡沫芯上的裂缝　(c) 前板和板芯之间的脱黏

图 7.21　单密度夹芯板的损伤图

界处，然后沿着界面传播。就损伤而言，很明显，单密度夹芯板的性能更好，梯度密度夹芯板的损伤较为严重，但这种损伤都不是贯穿厚度的芯材开裂。单密度泡沫芯中的贯穿厚度裂纹属于严重失效。

如 DIC 结果所示，由于梯度泡沫芯之间存在界面，不仅增加了面板吸收的能量潜力，同时保护了后板免受因更平滑偏转而造成的损坏。损伤图的结果汇总见表 7.3。

表 7.3　冲击后损伤评估汇总表

面板说明	有裂纹的面板比例/%	有前板和芯部脱黏的面板比例/%	有背板和芯部脱黏的面板比例/%
SAN 单芯	3.3	2.2	6.3
SAN 梯度芯	4.6①	12②	25③

①三个泡沫层的平均值。

②前板和低密度泡沫界面以及中低密度泡沫界面的平均值。

③背板和高密度泡沫界面以及中高等密度泡沫界面的平均值。

7.5.3　GFRP 复合夹芯板的水下冲击波载荷

在水下冲击波试验中，比较了单密度和渐变密度玻璃表层和碳表层夹芯板。在距离 1 m 处，1kg PE4 炸药测试水下冲击波。选择这种载荷是因为它会使泡沫芯产生完全压缩破坏，且芯板完全失效。单芯 GFRP 夹芯板的应变等值线图如图 7.22 所示，其中图 7.22（a）和（b）分别为前板和背板的水平中心截面应变，图 7.22（c）和（d）分别为前板和背板的垂直中心截面应变，图 7.22（e）和（f）分别为对角中心截面的正面和背面。在上述所有图中，左侧为应变线的方向示意图。从应变等值线图可以看出，冲击波大约在爆炸后 0.7ms 到达夹芯板。

背板中心垂直和对角应变在拉伸和压缩之间切换，直到失效，这是因为钢套箱振动，周期性地将背板加载到压缩状态。大约在 0.9ms 夹芯板完全失效，此时夹芯板两面所有边缘与钢架脱黏。当冲击波到达时，由于泡沫芯破碎，前板被拉伸；背板材处于压缩状态。破碎阶段结束时，背板进入张力状态，并保持张力直至失效。在此期间，由于弯曲载荷和薄膜载荷混合，前板应变近似为零。在试验的变形阶段，背板的外角受压，如图 7.22（f）所示。大约 0.9ms 时，夹芯板边界失效后，背板仍处于拉伸状态，前板处于压缩状态。在此阶段，夹芯板的前板发生失效，而不是在边界仍然完整的变形阶段。冲击后的夹芯板如图 7.23 所示，背板的角部存在压缩裂缝。

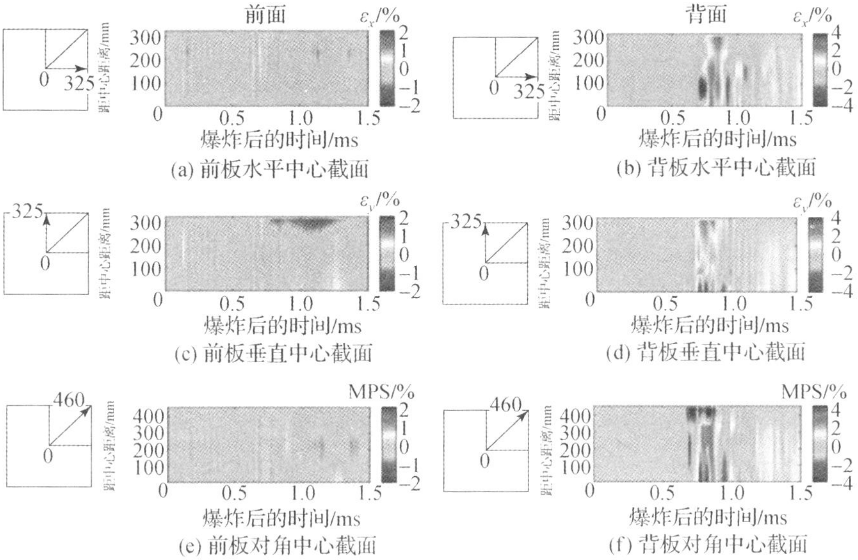

图 7.22　单芯 GFRP 夹芯板截面应变随时间变化图（见彩图）

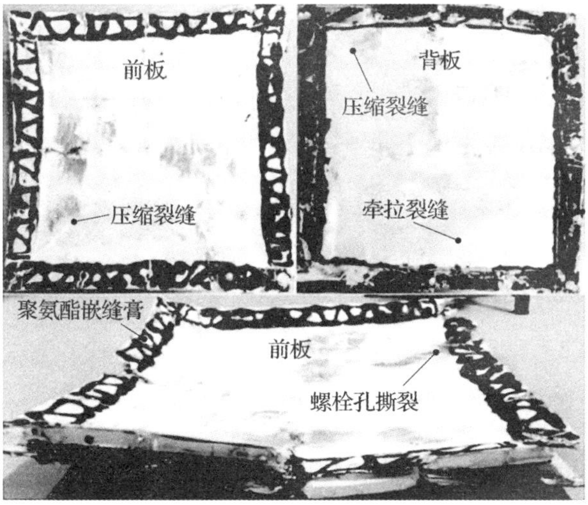

图 7.23　冲击试验后单芯 GFRP 夹芯板的照片

图 7.24 为变芯 GFRP 夹芯板的线性插值应变等值线图，图 7.24（a）和（b）分别为前板和背板的水平中心应变，图 7.24（c）和（d）分别为前板和背板的垂直中心截面应变，图 7.24（e）和（f）分别为前板和背板对角中心截面应变。变芯 GFRP 夹芯板背板的响应与单芯 GFRP 夹芯板的不同，其累积到临界破坏应变的时间较晚，详见图 7.24（d）中突出显示的高应变带。

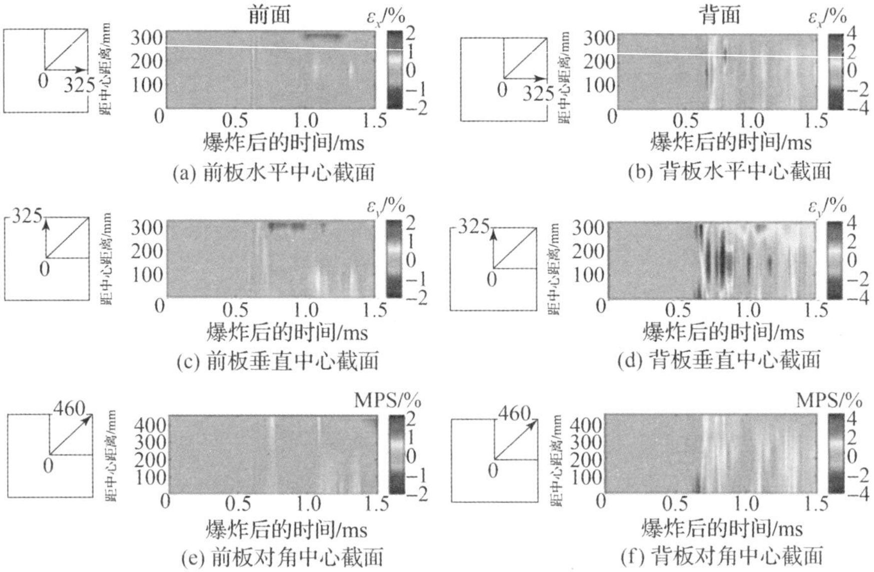

图 7.24 变芯 GFRP 夹芯板截面应变随时间变化图（见彩图）

与单芯夹芯板一样，芯板失效之前应变振荡可见，预计是由钢制箱的弹性加载和卸载引起的。夹芯板的失效形式为边界处的密封剂剪切，发生在 0.85ms 时。面板冲击后照片如图 7.25 所示。

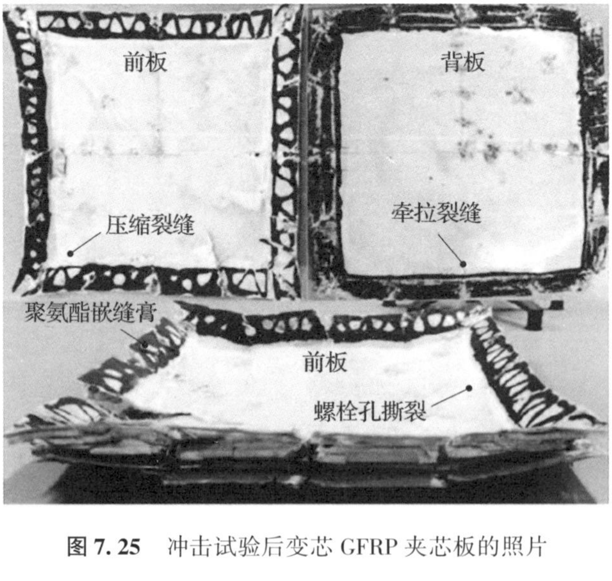

图 7.25 冲击试验后变芯 GFRP 夹芯板的照片

7.5.4　CFRP 复合夹芯板的水下冲击波载荷

单芯 CFRP 夹芯板的应变等值线如图 7.26 所示。图 7.26（a）和（b）分别为前板和背板的水平中心截面应变，图 7.26（c）和（d）分别为前板和背板的垂直中心截面应变。图 7.26（e）和（f）分别为前板和背板的对角中心截面应变。夹芯板失效发生在 0.93ms，应变形式与 GFRP 芯板相似，应变水平的波动是由钢制箱的弹性变形引起的。但如果是单芯 CFRP 夹芯板，失效形式则为背板断裂，如图 7.27 所示。

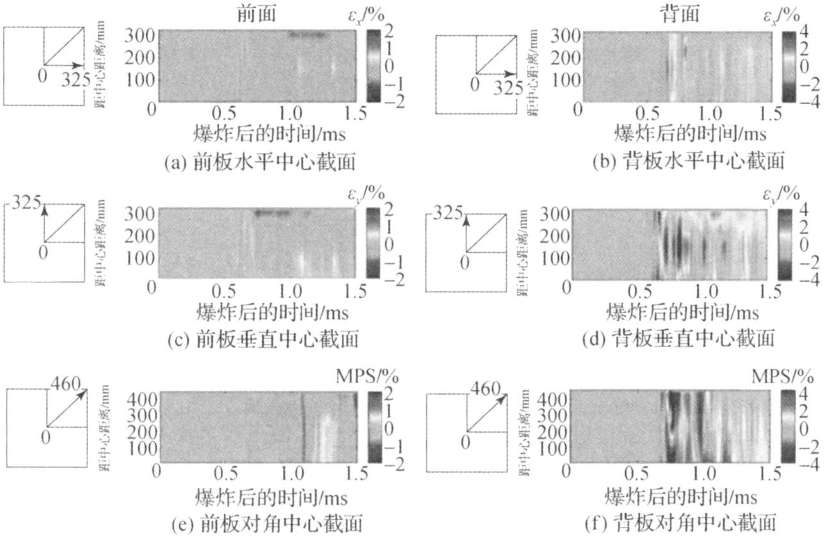

图 7.26　单芯 CFRP 夹芯板的应变随时间变化图（见彩图）

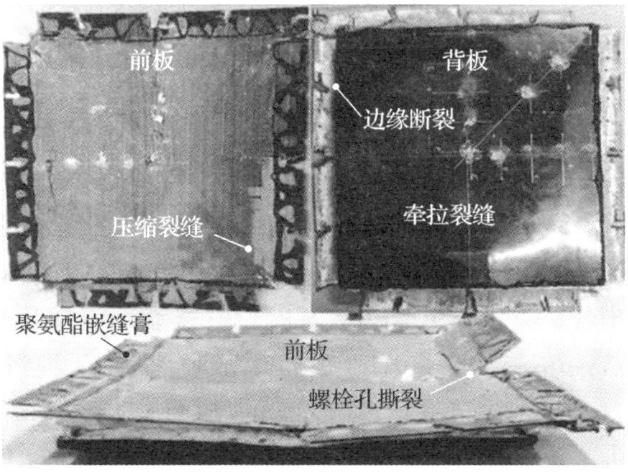

图 7.27　冲击试验后单芯 CFRP 夹芯板的照片

变芯 CFRP 夹芯板的应变等值线图如图 7.28 所示。图 7.28（a）和（b）分别为前板和背板的水平中心截面应变，图 7.28（c）和（d）分别为前板和背板的垂直中心截面应变，图 7.28（e）和（f）分别为对角线中心截面应变。变芯夹芯板的应变轨迹与单芯夹芯板明显不同，因为变形的形状更加平坦，边界处应变非常高，最终导致拉伸失效。这种变形是由于渐变泡沫层吸收能量，使背板产生更均匀的挠曲。

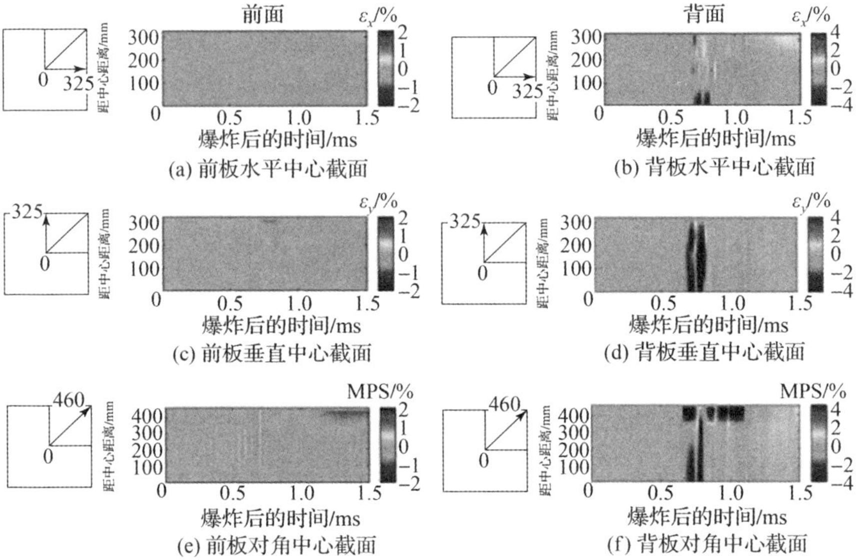

图 7.28　变芯 CFRP 夹芯板的应变随时间变化图（见彩图）

与单芯 CFRP 夹芯板一样，夹芯板因背板断裂而失效，冲击后情况如图 7.29所示。通过对面板截面上测量的应变进行线性插值，可以获得每个面板的中心离面位移随时间变化的近似值。

试验期间施加侧面冲击压力时的变化情况如图 7.30 所示。该计算建立在爆破过程中面板不会发生破碎的基础上，但这些计算值可作为比较不同面板性能的指标。位移值是根据两个面板的平均应变值计算得出的，适用于夹芯板的中心线。图 7.30 所示挠度是相对于夹芯板边缘的，因此考虑了钢制箱的挠度。图7.30（a）为单芯 GFRP 面板的位移图，其在爆炸后 0.86ms 时的峰值挠度为48mm；图 7.30（b）为变芯 GFRP 面板的位移图，引爆后 0.81ms，最大挠度较小，为 34mm；单芯和变芯 CFRP 面板的位移图分别如图 7.30（c）和（d）所示。单芯 CFRP 面板在爆炸后 0.89ms 时具有与 GFRP 面板相似的挠度（50mm）。爆炸后 0.85ms，变芯 CFRP 面板的最大位移为 13mm。挠度较低，说明变芯 CFRP 面板能有效抑制冲击压力。图 7.30（d）中的压力图是根据试

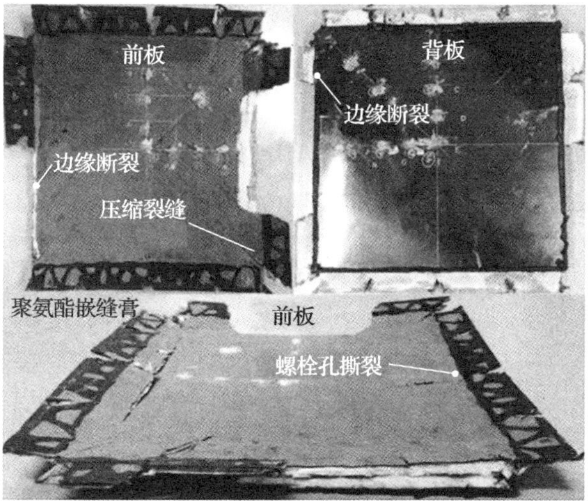

图 7.29　冲击试验后变芯 CFRP 夹芯板的照片

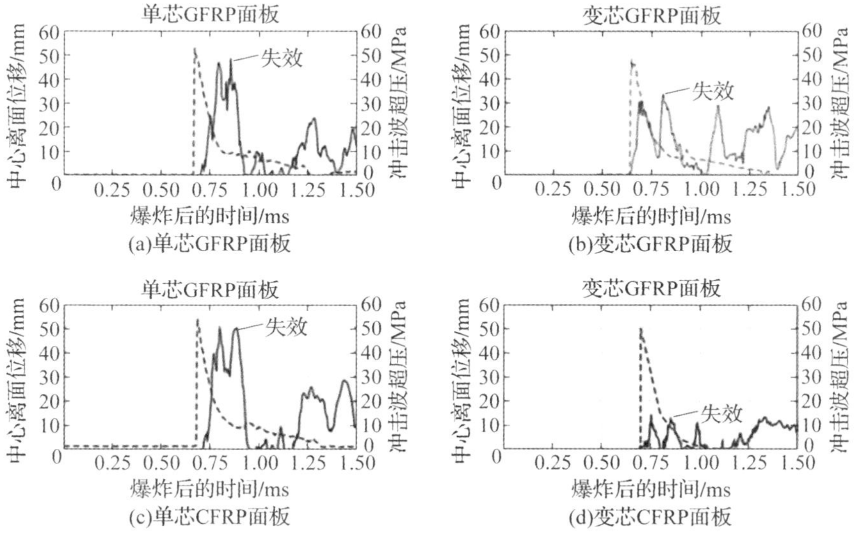

图 7.30　中心离面位移随时间变化图和侧向压力轨迹线

验期间未获得的轨迹计算得出的。这组水下冲击波试验是为了验证以下假设：在夹芯板中使用渐变密度泡沫芯，可以吸收冲击波能量。与单密度夹芯板相比，渐变密度夹芯板的挠度减小。试验结果验证了这一假设：渐变密度玻璃和碳面板在失效时的位移都比同等的单密度面板的低。失效时的渐变密度 GFRP 面板的位移为 34mm，而单密度 GFRP 面板的位移为 48mm。此外，在比较

GFRP 表层和 CFRP 表层的夹芯板时发现，CFRP 夹芯板的边界破坏较为严重，刚度较高导致面板边缘的弯矩较大。试验结果发现，渐变密度 CFRP 面板也是如此，边界处的应变非常高。

四项试验的结果如表 7.4 所列。表 7.4 中还包含了位移速度，依据冲击波到达时夹芯板初始挠度的平均梯度计算得出。

表 7.4　水下冲击波试验结果汇总

面板类型	芯部类型	装药量/kg	间隔距离/m	峰值调整反射压力/MPa	失效时调整反射脉冲/mm	失效时的位移/mm	失效时间/ms	位移速度/(m/s)
GFRP	单芯	1	1	63	5.2	48	0.86	507
	变芯	1	1	58	5.1	34	0.81	699
CFRP	单芯	1	1	64	5.2	50	0.89	554
	变芯	1	1	—	—	13	0.85	221

7.6　讨论与分析

以上大规模试验均依据目前市面上的海上建筑，采用的实际炸药量为 1.28～100kg TNT，目标长度范围为 0.65～1.6m。试验证明，相对简单的复合结构能够承受冲击载荷。但由于是现场试验，样本数据有限（无重复试验），故制作了冲击试验的有限元模型，使用 Abaqus/Explicit6.10 工具进行预测评估，并进行模拟，依据试验数据验证模型。此外，也使用该模型验证不同面板材料的抗冲击性能，并确认结果无统计异常。

7.6.1　有限元分析：GFRP 与 CFRP

使用 S4R 单元生成复合面板的二维元模型，且模型中包含支撑结构。使用等厚度的连续壳单元对试验夹具进行建模。该判断基于结构支撑元件（通用钢柱和角钢截面）的刚度。钢制柜前部用螺栓固定在混凝土涵洞上，混凝土涵洞在试验过程中不会移动，因此在模型中将其固定为内置边界条件。复合板固定在钢制前板上。尽管实际载荷分布不均匀，但在试验测量中冲击载荷均匀分布压力。通过改变夹芯板从 GFRP 面板到 CFRP 面板的截面分配情况，改变表层配置。有限元结果证实，CFRP 面板比 GFRP 面板的挠曲更小且性能优越。试验中 DIC 等高线图与数值有限元模拟的比较情况如图 7. 31 所示。显而易见，试验结果和数值结果一致。数值模拟结果表明，GFRP 面板和 CFRP 面板的最大挠度分别为 150mm 和 110mm，这与 140mm 和 107mm 的试验结果非常吻合。尽管最大位移值非常吻合，但由于有限元模型中不包含损伤机制，面板在损伤发生后的性能发生了变化。损坏的面板阻尼增加，减缓面板回弹冲程。

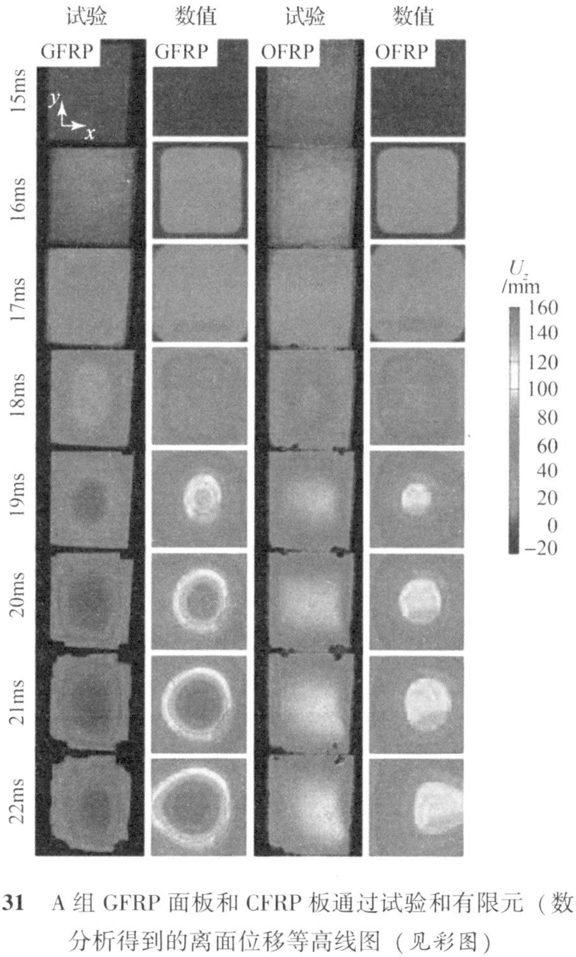

图 7. 31　A 组 GFRP 面板和 CFRP 板通过试验和有限元（数值）分析得到的离面位移等高线图（见彩图）

A 组试验和支持性数值模拟强调了表层在能量吸收和结构响应中的作用。与 GFRP 表层夹芯板相比，CFRP 表层夹芯板的挠曲更小，可见的表面裂缝更少，这是由于 CFRP 面板的刚度提高。但芯部的破裂程度相当，致命失效可能会从表层转移到芯部。

7.6.2 有限元分析：损伤

对有限元模型进行扩展，加入了剪切破坏。收集了泡沫的动态拉伸行为数据，作为连续损伤模型纳入 Abaqus/Explicit 中。尽管简单模型需要细化包括剪切、压缩在内的其他动态材料属性，但它强调了爆炸后样品检验中发现的典型结果。如图 7.32 所示，其中包括高剪切区域 45°处形成的干净裂缝。这一发现与文献中广泛提到的损伤发展结果[29-32]一致，并突出了特征性单芯失效行为的相似性。

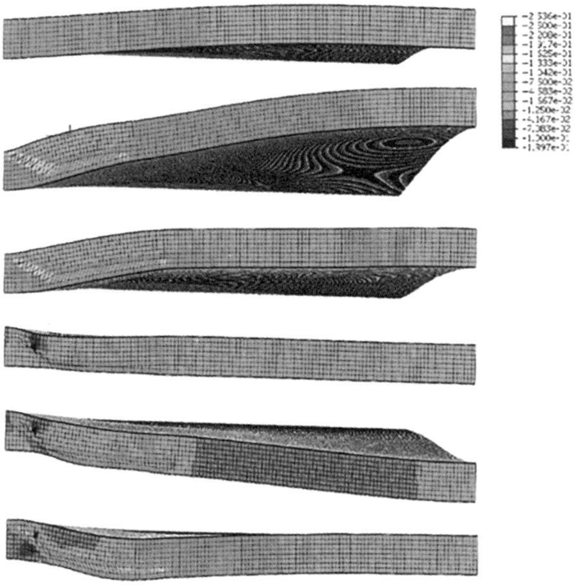

图 7.32 芯部开裂损伤模式下单芯 GFRP（B 组）1/4 面板变形数值模拟顺序（见彩图）

7.6.3 梯度密度泡沫芯损坏

B 组试验中采用梯度密度夹芯板，在挠度和前表皮保护方面显著节省了成本。梯度密度夹芯板的挠度比单密度夹芯板更平稳，估计是由于在弯曲过程中，面板前部的低密度泡沫引发了芯裂纹，从而降低了夹芯板后部的裂纹密度。梯度密度夹芯板比单密度夹芯板遭受的损伤更大，但所受的损伤主要是材料层之间的脱黏，如图 7.33 所示。与贯穿厚度的芯部开裂不同，这不属于关键失效，因为开裂的芯部无法传递剪切载荷，因此有可能使表层过载。梯度泡沫芯之间存在界面，界面处裂纹停止并横向扩展，面板的能量吸收增加。虽然面板损伤可能看起来更明显，但由于挠曲形状更平稳，保护了表层，因此整体损坏的致命性较小。使用梯度密度芯，而不采用厚度更大的单密度芯，可以节省空间和/或重量。

(a) 单密度泡沫芯的贯穿厚度芯裂纹

(b) 梯度密度泡沫芯的滞留芯裂纹

图7.33　面板冲击后损伤图片

7.6.4　夹芯板在空气和水下的性能对比

在水下冲击波试验中，夹芯板受到比空气冲击试验中大100倍以上的压力。此外，水下压力脉冲的时间周期小于空气脉冲的1/10。夹芯板在两种不同介质中表现出不同的能量吸收和破坏机制。在水下冲击波试验过程中，面板受到芯部挤压（高达50%），表层中应变较大（>3%），导致前板和背板上的表层纤维断裂。空气冲击波试验中，从整个表皮到表皮芯部发生失效，但背板仍保持完整。

众所周知，聚合物泡沫芯材料中引起细胞塑性破坏的应力随着应变率的增大而增大。水下冲击波载荷试验中，在较短的时间内施加较大的载荷，产生的塑性坍塌（芯部破碎）水平比空气冲击波载荷更高。此外，冲击速率的增加减少了面板材料可用的反应时间。表层（密度和刚度高于芯部的）没有足够的冲击响应时间来激活弯曲响应。贯穿厚度的应力升高，形成不同的破坏/变形机制，从弯曲（剪切应力传递之处）变为压缩。

7.7　结　　论

以上冲击试验表明，简单的复合结构能够抵抗冲击载荷。采用传统（应变仪）和更先进（高速DIC）的应变监测技术，监测冲击过程中目标的变形情况。通过此类研究，了解冲击试验的各个方面，例如冲击波的猛烈程度、可能造成的损害，以及边界条件如何影响所造成的损害结果。此类试验不同于其他研究爆炸/冲击对材料影响的试验，它是接近于现有条件的真实模拟（针对在空中和水下都会发生冲击的大型目标）。主要结论汇总如下：

（1）全面空气和水下冲击试验中，成功、准确地利用高速摄像机测量了全场的离面位移数据。

（2）与 GFRP 表层面板相比，CFRP 表层面板的损伤和变形较小。

（3）使用渐变密度泡沫芯材可减少芯部开裂，因为界面抑制了贯穿芯部的裂纹扩展，减少了面板的离面位移。

（4）渐变密度夹芯板中大部分开裂发生在密度较低的泡沫层中，背板变形减少且变形曲线更平滑。

（5）在水下冲击试验中使用变芯可减少 CFRP 面板和 GFRP 面板的破坏挠度，CFRP 面板的效果更为显著。

如前所述，受试验性质约束，样本数据对于传统的统计分析作用有限。但此类研究建立在多年的复合材料研究和之前的冲击试验[28-32]基础上，且参考了世界各地对复合材料冲击载荷的大量研究。数据正在快速收集中，证实了团队之间的发现，并促进了新材料的开发。现场试验期间收集了简单夹芯板材料的预测失效模式，并与基准分析和数值模型进行了比较。

致　谢

感谢美国海军研究办公室（ONR）Yapa Rajapakse 博士（N00014-08-1-1151、N00014-12-1-0403 和 N62909-15-1-2004）的大力支持，特别是在博士学位期间对 Emily Rolfe、Mark Kelly 和 Hari Arora 博士的支持；同时，感谢物理科学研究委员会（EPSRC）对 EmilyRolfe 博士学位期间的支持。特别感谢伦敦警察厅和 CPNI 对使用试验间和其他设备的帮助，感谢 DNV-GL 对使用其设施和现场的支持，感谢 GOM mbH 在空气冲击试验中对使用最新 DIC 设备的帮助，感谢 Paul A. Hooper 在做全面冲击试验时给予的协助。感谢美国海军研究办公室和美国海军研究全球办公室（ONRG）赞助 Hari Arora 博士和 John Dear 教授出席在澳大利亚 RMIT 举行的 ONR 海军复合材料和结构爆炸冲击响应国际研讨会（2016 年 4 月 6—8 日）。

参考文献

[1] A.C. Jacinto, R.D. Ambrosini, R.F. Danesi, Experimental and computational analysis of plates under air blast loading, Int. J. Impact Eng. 25 (2001) 927—947.
[2] P.D. Smith, J.G. Hetherington, Blast and Ballistic Loading of Structures, Butterworth-Heinemann, Boston, MA, 1994.
[3] M.S. Hoo Fatt, L. Palla, Analytical modeling of composite sandwich panels under blast loads, J. Sandwich Struct. Mater. 11 (2009) 357—380.
[4] S.B. Menkes, H.J. Opat, Tearing and shear failure in explosively loaded clamped beams, Exp. Mech. 13 (1973) 480—486.
[5] A. Neuberger, S. Peles, D. Rittel, Scaling the response of circular plates subjected to large and close-range spherical explosions. Part I: Air-blast loading, Int. J. Impact Eng. 34 (2007) 859—873.
[6] A. Neuberger, S. Peles, D. Rittel, Scaling the response of circular plates subjected to large and close-range spherical explosions. Part II: Buried charges., Int. J. Impact Eng. 34 (2007) 874—882.
[7] G.N. Nurick, M.D. Olsson, J.R. Fagnan, Deformation and rupture of blast loaded square plates—predictions and experiments, Int. J. Impact Eng. 13 (1993) 279—297.
[8] M.E. Gelman, G.N. Nurick, N.S. Marshall, Tearing of blast loaded plates with clamped boundary conditions, Int. J. Impact Eng. 18 (1986) 803—827.
[9] G.N. Nurick, J.B. Martin, Deformation of thin plates subject to impulsive loading—a review, part II: Experimental studies, Int. J. Impact Eng. 8 (1989) 171—186.
[10] W.J. Cantwell, G.S. Langdon, G.N. Nurick, The blast response of novel thermoplastic-based fiber—metal laminates some preliminary results and observations, Comp. Sci. Technol. 65 (2005) 861—872.
[11] G.S. Langdon, S.L. Lemanski, G.N. Nurick, M.C. Simmons, W.J. Cantwell, G.K. Schleyer, Behaviour of fiber—metal laminates subjected to localised blast loading: Part I—Experimental observations, Int. J. Impact Eng. 34 (2007) 1202—1222.
[12] S.A. Tekalur, K. Shivakumar, A. Shukla, Mechanical behavior and damage evolution in E-glass vinyl ester and carbon composites subjected to static and blast loads, Comp. B Eng. 39 (2008) 57—65.
[13] S.A. Tekalur, A.E. Bogdanovich, A. Shukla, Shock loading response of sandwich panels with 3-D woven E-glass composite skins and stitched foam core, Comp. Sci. Technol. 69 (2009) 736—753.
[14] E. Wang, A. Shukla, Analytical and experimental evaluation of energies during shock wave loading, Int. J. Impact Eng. 37 (2010) 1188—1196.
[15] M. Jackson, A. Shukla, Performance of sandwich composites subjected to sequential impact and air blast loading, Comp. B Eng. 42 (2011) 155—166.
[16] S.A. Tekalur, A. Shukla, K. Shivakumar, Blast resistance of polyurea based layered composite materials, Comp. Struct. 84 (2008) 271—281.
[17] N. Gardner, E. Wang, P. Kumar, A. Shukla, Blast mitigation in a sandwich composite using graded core and polyurea interlayer, Exp. Mech. 52 (2012) 119—133.
[18] J. LeBlanc, N. Gardner, A. Shukla, Effect of polyurea coatings on the response of curved E-glass/vinyl ester composite panels to underwater explosive loading, Comp. B Eng. 44 (2013) 565—574.
[19] E. Wang, N. Gardner, A. Shukla, The blast resistance of sandwich composites with stepwise graded cores, Int. J. Solids Struct. 46 (2009) 3492—3502.

[20] R.H. Cole, Underwater Explosions, Princeton University Press, Princetown, NJ, 1948.
[21] R. Panciroli, S. Abrate. Dynamic response of sandwich shells to underwater blasts, Proceedings of the Seventeenth International Conference on Composite Materials, Edinburgh, Scotland, July 2009.
[22] V.S. Deshpande, A. Heaver, N.A. Fleck. An underwater shock simulator. Proceedings of the Royal Society of London A: Mathematical, Physical and Engineering Sciences, 462, 2006, pp. 1021–1041.
[23] H.D. Espinosa. Performance of composite panels subjected to underwater impulsive loading. ONR 2009 Solid Mechanics Program, VA, 2009.
[24] J. LeBlanc, A. Shukla, Dynamic response and damage evolution in composite materials subjected to underwater explosive loading: an experimental and computational study, Comp. Struct. 92 (2010) 2421–2430.
[25] J. LeBlanc, A. Shukla, Underwater explosion response of curved composite plates, Comp. Struct. 134 (2015) 716–725.
[26] F. Latourte, D. Grégoire, D. Zenkert, X. Wei, H.D. Espinosa, Failure mechanisms in composite panels subjected to underwater impulsive loads, J. Mech. Phys. Solids 59 (2011) 1623–1646.
[27] R. Rajendran, J.K. Paik, J.M. Lee, Of underwater explosion experiments on plane plates, Exp. Tech. 31 (2007) 18–24.
[28] H. Arora, P.A. Hooper, J.P. Dear, Dynamic response of full-scale sandwich composite structures subject to air-blast loading, Comp. A Appl. Sci. Manufact. 42 (2011) 1651–1662.
[29] H. Arora, P.A. Hooper, J.P. Dear, The effects of air and underwater blast on composite sandwich panels and tubular laminate structures, Exp. Mech. 52 (2012) 59–81.
[30] M. Kelly, H. Arora, A. Worley, M. Kaye, P.D. Linz, P.A. Hooper, et al., Sandwich panel cores for blast applications: materials and graded density, Exp. Mech. 56 (2016) 523–544.
[31] H. Arora, M. Kelly, A. Worley, P. Del Linz, A. Fergusson, P.A. Hooper, et al., Compressive strength after blast of sandwich composite materials, Philos. Transact. Royal Soc. Lond. A Math. Phys. Eng. Sci. 372 (2015) 20130212.
[32] M. Kelly, H. Arora, J.P. Dear. The comparison of various foam polymer types in composite sandwich panels subjected to full scale air blast loading, Proceedings of the International Symposium on Dynamic Response and Failure of Composite Materials, DRaF2014, Naples, Italy, 2014, pp. 8848–8853.

第8章

仿生轻质复合板抗冲击性能设计与建模

Phuong Tran、Abdallah Ghazlan、Tuan D. Ngo
澳大利亚维多利亚帕克维尔墨尔本大学

8.1 简　　介

全球范围内，意外和蓄意恐怖行动中的爆炸冲击载荷对民用和军用结构不断造成严重破坏，且导致生命损失严重[1-2]。因此，在防护结构工程中，对轻质高性能材料的需求显著增加。近年来，生物结构、超材料、机织物、纳米聚合物、复合夹芯板以及许多其他材料因其独特的力学性能，可用于爆炸、弹道学、火灾等[3-8]等多个极端应用领域和场景，因此受到结构研究工程师广泛关注。特别是在软体动物壳[9]中发现的双层铠甲系统（图8.1），被认为是最有

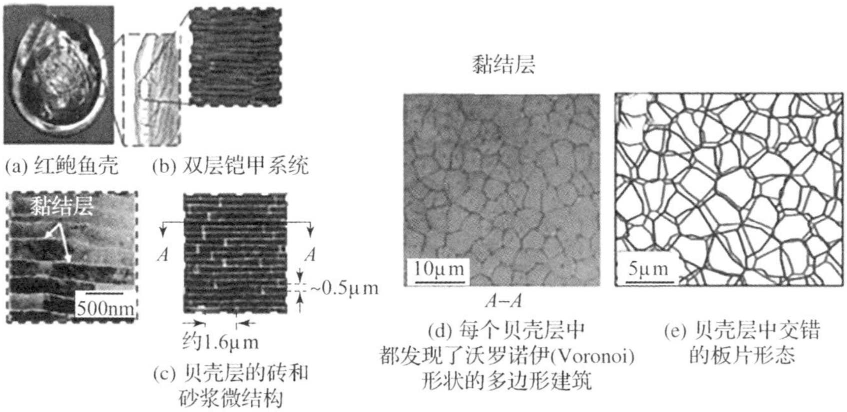

图8.1　双层铠甲系统（摘自 P. Tran，T. Ngo，Bio－inspired composite structures subjected to underwater impulsive loading，Comput. Mater. Sci. 82（2014）134－139。G. Imbalzano，P. Tran，T. D. Ngo，P. V. Lee，Three－dimensional modelling of auxetic sandwich panels for localised impact resistance，J. Sandwich Struct. Mater.（2015），doi：10.1177/1099636215618539）

效的铠甲系统。它主要由脆性矿物组成，但断裂韧性却高出几个数量级。经过数百万年的进化，动物的这种生物复合系统已逐渐完善，可保护其软组织免受捕食者咬伤或海洋中极高的静水压力所产生的负荷。为了更好地了解贝壳板的分载机制，需要开发防护应用的高级复合结构。

在红鲍鱼壳（以及其他双壳类和腹足类物种）中发现的铠甲系统由坚硬易碎的方解石外层和内表面坚硬的贝壳层组成[10]。内层（贝壳层）主要由文石组成，这是一种脆性矿物，占其体积的95%[11-12]，韧度较高。此外，贝壳层在多个长度范围（宏观到纳米）内具有层级结构。

在最基本层面上，许多人观察到贝壳层的结构在微观尺度上类似于砖墙[13-19]，多边形文石层堆叠在层上，并通过软有机基质黏结在一起，如图8.1（c）和（d）所示。这种有机基质分别作为贝壳层和多边形片之间的黏结和凝聚结合。然而，文献中的大多数研究只关注作为黏结层的基质的影响，而不是贝壳层颗粒之间的凝聚结合。其他有助于提高贝壳层韧性的特征包括板表面上用于增加滑动摩擦[20-23]的纳米凹凸结构、界面处增强板之间的矿物桥[15,20,24]，以及板表面用于加强应变[9,25]的波纹。板片的纵横比也对贝壳复合材料的强度和硬度有一定影响[26-27]。

对贝壳层的微结构特征（体积破裂、板面纵横比、重叠长度等）也进行了其他研究，试图将其与力学性能联系起来。Dutta 和 Tekalur[28]称，贝壳层选择重叠长度，减少界面处的裂纹驱动力，从而延迟裂纹萌生。Kotha 等[29]得出结论，通过剪切滞后建模方法，可以用纵横比较低的板片制造出高韧性的复合材料。Meyers 等[24]依据格里菲思断裂判据，证明矿物血小板对长度较小的缺陷不敏感。Barthelat 和 Rabiei[30]发现，由于板片拔出后韧性放大且随后的工艺区存在增韧结构，贝壳层没有达到稳态裂纹扩展。其他研究还发现，由于内在和外在增韧机制分别设置在形成的裂纹尖端之前和之后，贝壳层有极大可能阻止裂纹扩展[31]。Flores - Johnson 等[32]称，与整体板相比，仿贝壳板在冲击载荷下的性能有所提高，这是由于分层结构通过层间互锁和分层实现整体能量吸收。

综上所述，板片纵横比、面间波纹度、重叠长度和片层间相互作用等几何参数会影响贝壳层的韧性。上述研究主要集中在贝壳层的局部分载机制上，当贝壳层受到单轴拉伸或纯弯曲作用时，片板滑动激活该分载机制。这就产生了一个问题，即相同的机构在受到横向载荷（如静水压力或爆炸冲击）时是否会被激活。然而，文献中对这一课题的数值和实验研究非常有限。本章提出了一种新型的贝壳层模拟复合材料模型，用于模拟沃罗诺伊（Voronoi）形状的单层、多层结构，颗粒内聚力和界面结合：①贝壳层模拟材料的多层结构对其抗冲击载荷的影响；②层合板错动对复合材料韧性的影响；③板块的大小和形状对断裂阻力的影响。具体而言，记录并分析黏结剂/黏性层中的裂纹扩展模式以及通过断裂、分层和塑性变形耗散的能量。该模型由类似于红鲍鱼贝壳层的沃罗诺伊板排列组成，仿贝壳分层板以不同重叠结构结合在一起。复合板用铠甲级铝 AA5083 – H116 建模，通过乙烯基酯基体黏附在一起。采用速率相关材料模型（rate – dependent material）模拟冲击载荷下铝片的瞬态响应和塑性变形。

8.2 3D 模型仿贝壳板状结构

8.2.1 组装模拟贝壳板几何结构

Barthelat 等[9]通过红鲍鱼标本的光学图像，观察到每层贝壳板的排列与沃罗诺伊图相似，见图 8.1（d）。基于光学图像，生成了一个由两层贝壳板结构组成的模型，用于有限元（FE）分析。该程序会限制每层板片的几何形状和排列，给开发仿贝壳复合材料系统带来了挑战。在每个贝壳板中，矿物片随机分布并与其他贝壳层结合。目前，就如何选择贝壳板结构，以及矿物片的形状和尺寸参数对贝壳板分载能力影响的研究有限。在这方面，引入了一种开发与贝壳板几何结构非常相似的模型的新技术。该技术可以有效地用于使用 3D 增材制造技术（如 3D 打印技术）制造仿贝壳复合材料。众所周知，沃罗诺伊图在计算几何中应用广泛。简而言之，沃罗诺伊图包含位点如图 8.2（a）所示，其中围绕位点的多边形内的每个点都最接近该位点。从数学上讲，可以用下式表示：

$$R_k = \{x \in X \mid d(x,P_k) \leqslant d(x,P_j)\ \forall j \neq k\} \tag{8.1}$$

式中，R_k 为沃罗诺伊图 X 中所有点的集合，每个点 x 与位点 P_k 之间的距离 d（x，P_k）小于等于该点与任何其他位点 P_j 之间的距离 d（x，P_j）。

注意，距离函数可以是任意的，通常根据欧几里得距离来确定沃罗诺伊区域的均匀分布，更接近贝壳层中的片状轮廓。沃罗诺伊图最简单的配置如图 8.2（a）所示，其中位点以网格排列，形成长度为 β 的方形沃罗诺伊图区域。这些位点可以对角移动，在两个相邻层之间产生重叠间隙（α），见图 8.2（b）。移动后的位点生成沃罗诺伊图，作为交错复合层合板的仿贝壳结构。图 8.2（c）为交错层布置立面图，其中层厚度为 t_n，复合材料厚度为 t。随机改变位点位置，可以生成新的沃罗诺伊图，其中包括随机成形的多边形。

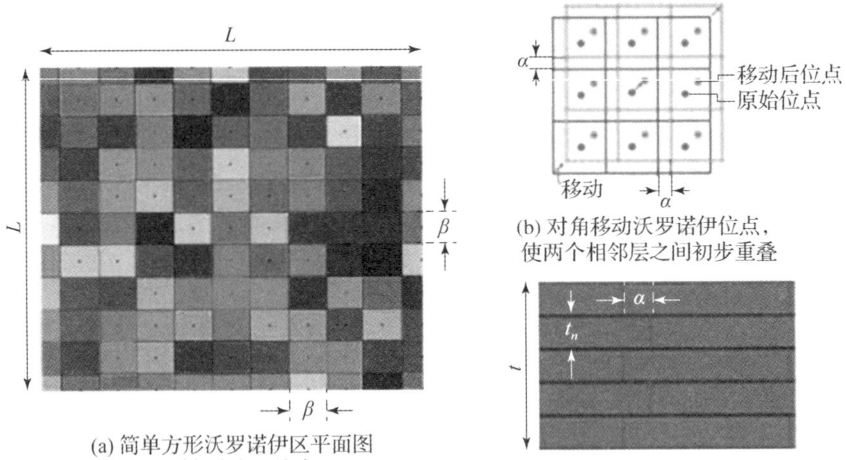

(a) 简单方形沃罗诺伊区平面图
(沃罗诺伊位点网格布局)

(b) 对角移动沃罗诺伊位点，
使两个相邻层之间初步重叠

(c) 贝壳层交错排列的立面图

图 8.2 沃罗诺伊图最简单的配置示意图

8.2.2 基准模型

基准模型包括五层 1mm×1mm×6mm 厚的铠甲级铝（AA5083－H116）薄片，通过厚度可忽略不计的乙烯基酯黏结层黏结在一起。如图 8.3（a）所示，每层由大约 100 块沃罗诺伊多边形片组成。下文中，参量研究中使用的模型与基准模型的布置相同，但层厚度 t_n、偏移（交错）长度 α 和晶粒尺寸 β（图 8.2）不同，从而保持复合材料的总厚度（$t=60$mm）。这样，每个模型的总质量保持不变。如前文所述，为了生成具有不同沃罗诺伊交错排列的两个相邻仿贝壳板（上、下），首先将相邻层中的原始位点对角移动距离 α，见图 8.2（b），获得所需的重叠长度。然后，位点在半径为 R 的圆附近随机取位（并为两个层生成不同的沃罗诺伊图）。

基准模型中，每层由 100 块尺寸约为 100mm×100mm 的片板组成。从图 8.2 中所示的方形网格图开始，位点对角移动了 $\alpha=33$mm 的距离。表 8.1 列出了本次研究的各种仿贝壳复合材料模型的具体设计参数值。

表 8.1 仿贝壳模型的具体设计参数（设计参数见图 8.2）

设计参数	基准模型	用于参数化研究的其他模型		
		层数	交错排列	沃罗诺伊粒度
层数 n	5	10 和 2	5	5
层厚 t_n/mm	6	3 和 15	6	6

续表

设计参数	基准模型	用于参数化研究的其他模型		
		层数	交错排列	沃罗诺伊粒度
交错长度 α/mm	33	33	25 和 50	33
平均板长 β/mm	100	100	100	50 和 200

重复该过程，生成五个交错层合板的复合面板。将每一层的沃罗诺伊图导出为 CAD 格式，作为调整过的参数曲面[33]，见图 8.3（a）；这些参数曲面可以导入 FE 程序并进行网格化，见图 8.3（b）。调整的参数曲面以 Bezier 曲线和非均匀有理 B 样条（NURBS）曲线为基础，对著名的计算几何技术进行了扩展[34]。典型的沃罗诺伊层网格区如图 8.3（b）所示。下一步是使用图形处理脚本在复合板边界自动引入零厚度的黏性单元，见图 8.3（b）。图 8.4 展示了基于现有有限元网格引入单元的算法。其中，每个网格层（图 8.3）都由图形处理引擎进行处理，并考虑了沃罗诺伊几何结构。选择 3mm×3mm 单元的细有限元网格（图 8.3（b）），捕捉复合板片的瞬态响应和沿晶界的脱黏过程。将沿着两个相连的沃罗诺伊多边形边缘布置的单元标记为黏性单元插入。拆分沿板边界布置的单元之间共享的节点，并由零厚度三维黏性单元连接。一旦为沃罗诺伊板构建了详细的二维有限元网格，则应用投影算法将二维网格映射到任何所需的三维结构中，如图 8.3（c）所示。

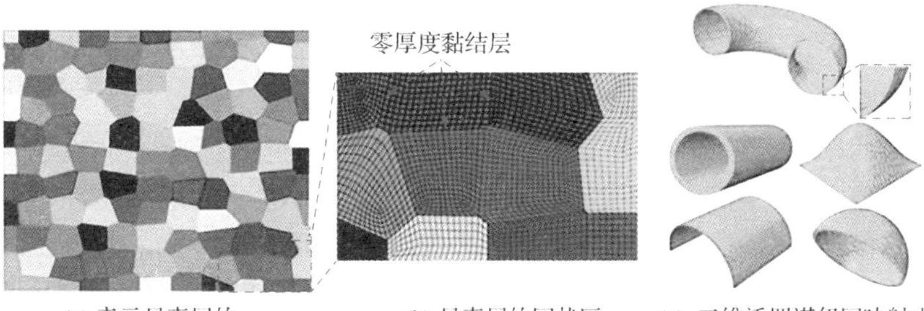

(a) 表示贝壳层的有限沃罗诺伊图　(b) 贝壳层的网状区　(c) 二维沃罗诺伊网映射成各种交错的三维几何图形

图 8.3　网格层

在插入与黏性单元相关联的新节点之后，相应地更新两个相邻多边形边界单元的指数，指向这些节点。图 8.4 为插入零厚度黏性单元和节点编号算法的典型过程。图 8.4（a）为在沿晶界的两个体积元素之间引入了一个黏性单元，图 8.4（b）展示了在接合处插入黏性单元的过程。每个黏性单元的厚度设置为零，但为方便展示，图 8.4 中单元已做加厚处理。

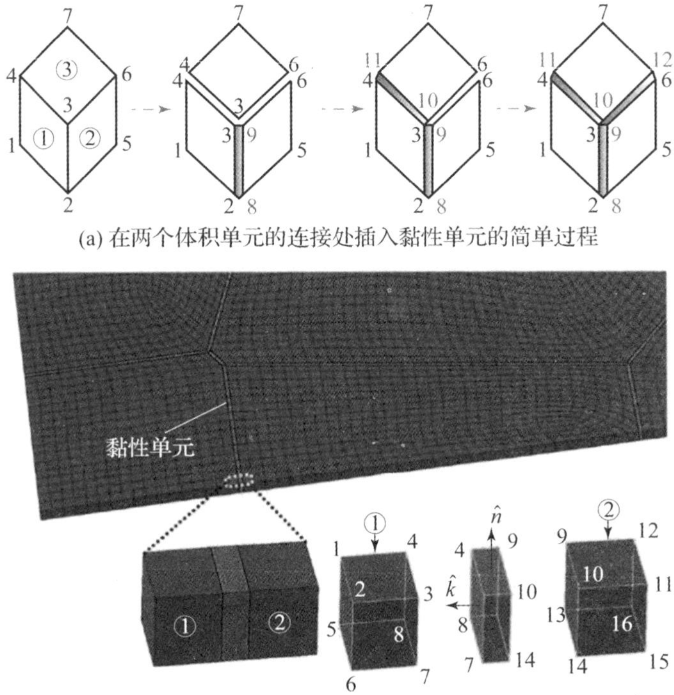

(a) 在两个体积单元的连接处插入黏性单元的简单过程

(b) 在两个三维体积单元的颗粒之间插入黏性单元

图 8.4　插入零厚度黏性单元和节点编号算法的典型过程

然后对黏性单元的节点序列进行重新排序，按照节点序列 4 – 3 – 7 – 8 形成新顶面，按照节点序列 9 – 10 – 14 – 13 形成逆时针底面。这样，黏性单元的整个厚度方向也与节点序列定义的法向量 $\boldsymbol{k}$ 一致。最后，必须指定每个黏性单元的节点序列，使其具有底面节点，然后是顶面节点，即 9 – 10 – 14 – 13 – 4 – 3 – 7 – 8。所有五层生成之后，通过薄的黏结层黏结在一起，形成复合面板，图 8.5（a）和（b）所示为砖结构和砂浆结构。最新的快速成形技术（如 3D 打印）能够直接制造所需的复合结构。初步成形如图 8.5（d）所示，展示了为片板和黏合/黏结基质（分别为丙烯腈 – 丁二烯 – 苯乙烯（ABS）和聚乳酸（PLA））构建不同材料组合选择的仿贝壳复合材料复杂设计的能力。

沃罗诺伊仿贝壳层合板之间零厚度黏结层的典型有限元网格如图 8.5（b）和（c）所示。采用 3D 2mm × 2mm 黏性单元（COH3D8）模拟黏性/内聚单元。在相关的上、下沃罗诺伊板的黏结层之间的界面上施加连接约束。上述三维模型中使用了以下图元类型：

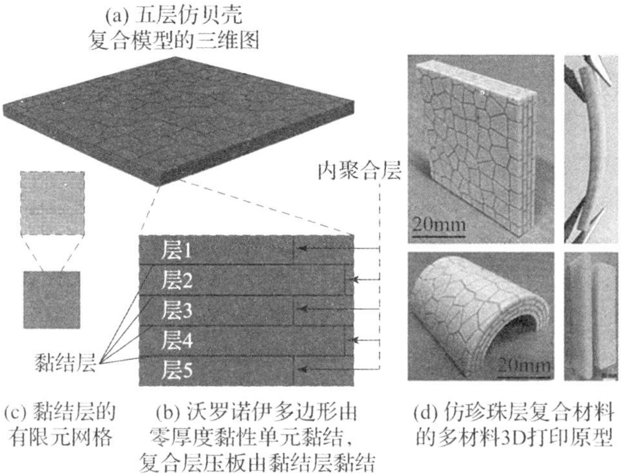

图 8.5　黏结复合板的结构图

(1) 连续壳（SC8R 八节点砖和 SC6R 六节点楔），板单元的平均尺寸为 3mm × 3mm × 3mm；

(2) 黏性单元（COH3D8 六面体），沃罗诺伊板和仿贝壳复合板之间的黏性结合和黏结层厚度均为零。

8.2.3　仿贝壳板的应变率相关模型

采用应变率相关材料模型模拟多边形铝片的行为。利用韧性金属的 Johnson - Cook 本构模型[35]预测如下参数：

$$\sigma = [A + B\varepsilon^n][1 + C\ln\dot{\varepsilon}^*][1 - T^{*m}] \tag{8.2}$$

式中：A 为屈服应力；ε 为等效塑性应变；B 和 n 为应变硬化的影响；$\dot{\varepsilon}^* = \dfrac{\dot{\varepsilon}}{\dot{\varepsilon}_0}$ 为参考应变率 $\varepsilon_0 = 0.001\text{s}^{-1}$ 的无量纲应变率；常数 C 根据实验（拉伸、扭转等）获得；温度 T^{*m} 可忽略（假设恒温条件）。

此次采用的材料为铝 AA5083 - H116，其性能如表 8.2 所示。

表 8.2　铝 AA5083 - H116 的力学性能

性能	数值	性能（塑性）	数值
密度 ρ	2750kg/m^3	A	215MPa
弹性 E	70GPa	B	280MPa
泊松比	0.3	N	0.404

续表

性能	数值	性能（塑性）	数值
		m	0.859
		C	0.0085
		ε_0	$0.001\mathrm{s}^{-1}$

8.2.4 板片与复合材料层合板之间黏结的内聚损伤模型

分层是复合材料在横向载荷作用下的一种重要失效模式。会显著降低结构的承载能力。复合材料的脱黏行为可以通过黏结区模型[36-38]来模拟。本研究采用了图 8.6 所示的双线性内聚模型，用于模拟内聚和黏结接头的分层（图 8.5）。用有限厚度的黏性单元连接两个体积单元，如图 8.6（a）所示。

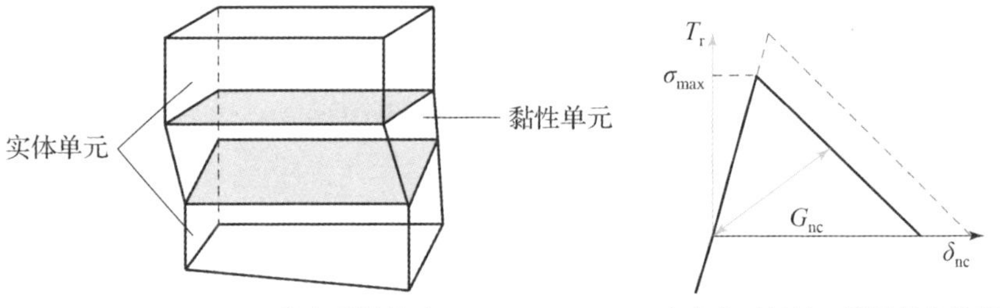

图 8.6 双线性内聚模型

与内聚牵引矢量 $\boldsymbol{T}=\{t_n, t_s, t_t\}$ 和位移跳跃相关 $\boldsymbol{\delta}=\{\delta_n, \delta_s, \delta_t\}$，其中下标 n、第一切向和第二切向分别表示法向分量和切向分量。对损伤萌生采用简单的双线性二次内聚定律：

$$\left\{\frac{t_n}{t_n^0}\right\}^2+\left\{\frac{t_s}{t_s^0}\right\}^2+\left\{\frac{t_t}{t_t^0}\right\}^2=1 \tag{8.3}$$

式中：t_n^0，t_s^0，t_t^0，分别为变形完全垂直于界面或完全沿第一或第二剪切方向时的标称应力峰值。

采用幂定律形式描述刚度退化率：

$$\left\{\frac{G_n}{G_n^C}\right\}^2+\left\{\frac{G_s}{G_s^C}\right\}^2+\left\{\frac{G_t}{G_t^C}\right\}^2=1 \tag{8.4}$$

式中：G_n^C，G_s^C，G_t^C 分别为在法向方向和剪切方向上产生失效所需的断裂能量。

本研究中采用的黏性材料模型是典型的乙烯基酯树脂，其性能如表 8.3 所示。

表8.3 乙烯基酯黏结材料模型

t_n^0，t_s^0，t_t^0	80MPa
G_n^C，G_S^C，G_t^C	1mJ/mm^2
ρ	1850kg/m^3
E_{nn}	4GPa
E_{ss}，E_{tt}	1.5GPa

8.2.5 爆破模型和边界条件

将该模型在其边界处夹紧，并在距前端面间隔 $R=0.5$m 处施加当量 $W=0.6$kg 的 TNT 炸药。

选择这些爆破参数是为了确保黏结和内聚结合中分层足够，可进行下面的参量研究。爆炸压力与时间关系如图8.7所示。使用常规武器效应（CONWEP）程序生成爆炸压力分布图[39-40]，该程序根据 Kingery 和 Bulmash 的爆炸实验数据确定空气爆炸参数。统一设施标准（UFC 3-340-02）中也以图形形式引用了该模型，用于设计防爆结构[41]。使用修正的 Friedlander 方程式对爆炸压力分布进行建模，这是典型的指数衰减压力，如下所示：

$$P_s(t)=P_{s0}\left[1-\frac{t}{t_0}\right]e^{-\frac{\beta_t}{t_d}} \tag{8.5}$$

式中：P_s 为峰值超压；t_d 为正压相持续时间；t 为时间；β 为爆炸波形参数，通常随间隔距离而变化。

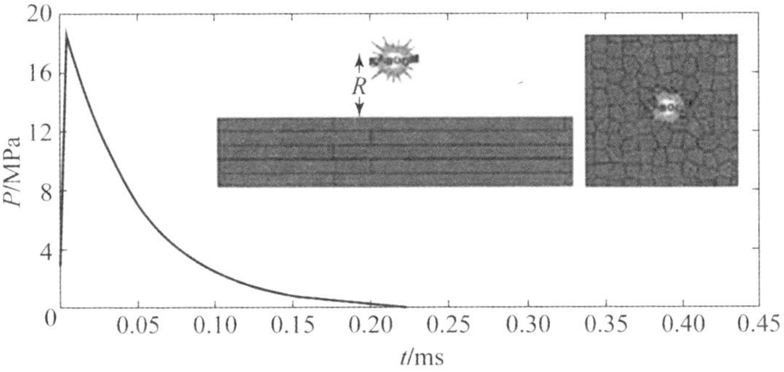

图8.7 爆炸压力与时间关系图（数据源于 CONWEP，在间隔0.5m距离处放置0.6kg的TNT炸药）

8.3 数值结果与讨论

图 8.8 展示了基准复合材料模型黏结层中的裂纹扩展模式。捕捉动态响应在不同时间时黏结层的中间横截面快照，了解损伤发展趋势。将失效的黏结单元隐藏起来，突出分层区域，同时保持其活性可用，以防板穿透。可以发现，裂纹从爆炸源附近的层边缘开始，并随着时间向中心区域传播。模拟结束时，在复合板的中心处发现完全分层，而一些其他黏结区域则保持完全完整。图 8.9 所示的沃罗诺伊复合材料层合板脱黏模式显示趋势相似，其中颗粒之间的内聚结合在每层中断裂模式相似。

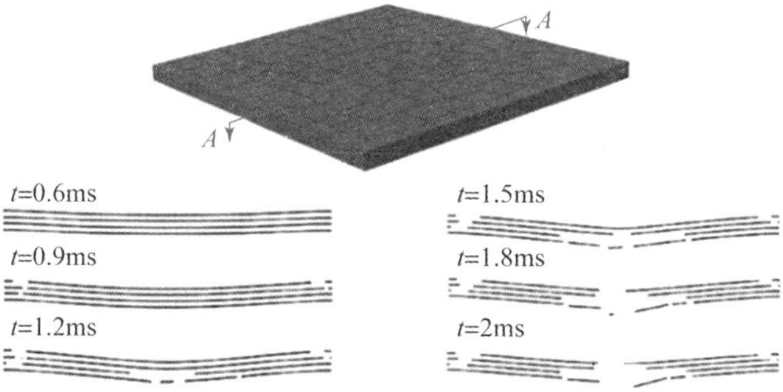

图 8.8 仿贝壳沃罗诺伊复合材料基准模型黏结层中裂纹扩展模式的快照图

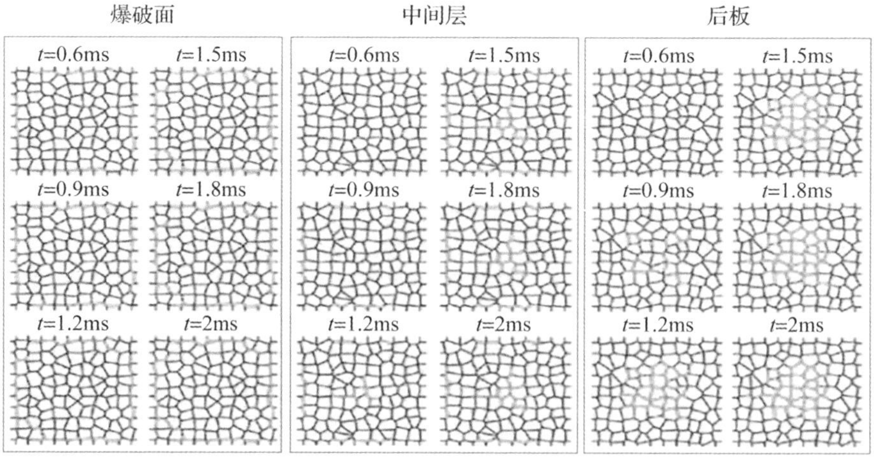

图 8.9 复合材料基准模型三个典型层中沃罗诺伊层合板之间内聚结合中裂纹扩展模式的快照图。连续的黑线表示完整的黏性单元，红色突显单元表示完全损坏的内聚结合（见彩图）

沃罗诺伊多边形板的脱黏有三个代表层：正面（爆炸载荷直接作用）、中间和背面。所有未损坏的黏性单元都用连续的黑线突出显示，而失效单元则用红色标记。从图8.9可以看出，顶层板的黏结失效仅在边缘区域附近，这与图8.8中的黏结失效模式一致。内聚损伤在中间层更为广泛，从1.5ms开始发生在层合板中心发生脱黏，此后不再增长。我们还发现，与正面层相比，中间层边缘附近的内聚破坏程度较轻。另外，背面复合材料层合板边缘处未出现内聚脱黏，但在层的中心处观察到早期、大范围的损伤。中心损伤早在0.9ms开始，并持续增长至1.8ms。虽然每个层合板的内聚破坏模式彼此不同，但似乎总脱黏面积均匀分布在各层之间。这一观察结果可在后面的耗散能量研究中得到进一步证实。

图8.10（a）和（b）分别为与黏结层和黏性单元脱黏相关的损伤耗散能量-时间图。其中包含了每层的耗散能量分量以供比较，量化了与内聚层和黏结层脱黏相关的损伤水平及其分布情况。其结果似乎与图8.8和图8.9中观察到的层间裂纹扩展一致，即爆炸冲击波传递的大部分能量通过复合板中心黏结层的分层而消散。另外，与沃罗诺伊多边形之间的内聚破坏相关的耗散能量似乎在距离爆炸源最远的背面层最大。内层合板的内聚损伤能量曲线随时间的演

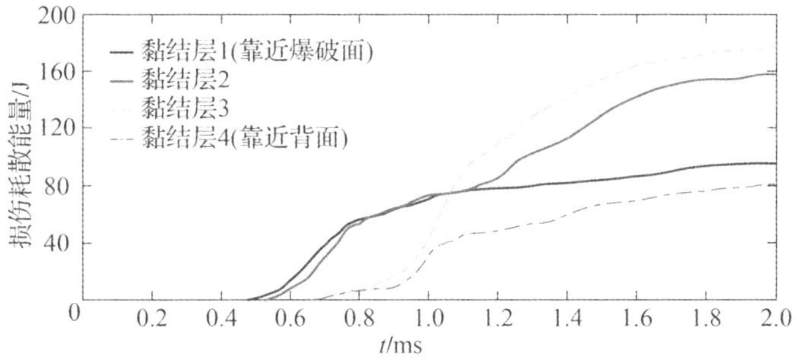

(a) 黏结层单元脱黏相关的损伤耗散能量-时间图

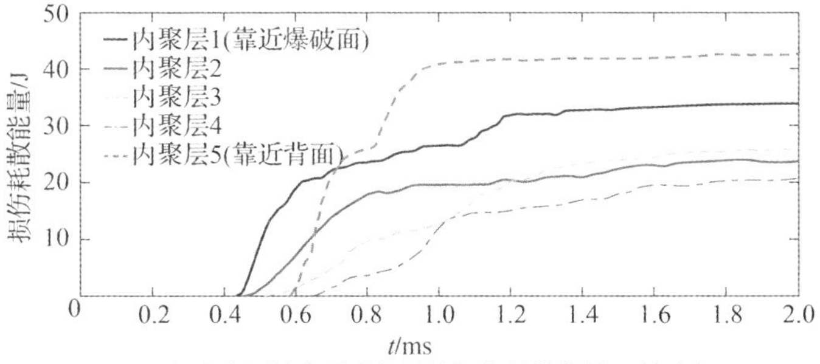

(b) 与内聚层结合脱黏相关的损伤耗散能量-时间图

图8.10 与复合材料基准模型相关的损伤耗散能量-时间图

变相似。一般来说，损伤均匀地分布在内聚层和黏合层之间，顶层和底层的损伤最大。因此，可以合理地假设，引入更多的复合层或减小沃罗诺伊板颗粒的尺寸，可以耗散更多的能量。具体来说，这有助于将损伤更均匀地分布在复合材料层中。在珍珠层中发现，仿贝壳板滑动机制是激活阻止裂纹扩展的内在和外在增韧机制的关键因素，即裂纹桥接和工艺区增韧[31]。

这些机制分别诱导内聚力和残余塑性应变来闭合裂纹。由于存在横向冲击载荷，这种滑动诱导的增韧机制在特定的冲击载荷下并不占主导地位。损伤明显是因为存在内聚和黏结脱黏。在冲击载荷下，通过损伤和变形耗散的能量比摩擦接触更普遍。贝壳珍珠层或类似的软体动物壳在恒定静水压力下形成了生物复合结构，针对这一事实提出了相关问题：建造几百层有序的片层是否是贝壳珍珠层减轻横向冲击载荷的关键保护机制，以及多边形贝壳珍珠层的大小如何影响载荷分担和能量吸收机制。因此，本章后半部分的参量研究将量化仿贝壳复合结构力学性能的影响，主要取决于复合层、重叠长度和沃罗诺伊板尺寸等几何因素。值得注意的是，图 8.11（a）所示的复合材料层合板中的塑性耗散能量水平远低于因内聚层/黏结层脱黏而耗散的断裂能量（图 8.10）。

从图 8.11（a）中可以看到，与中间层相比，顶层和底层产生相当大的塑性变形。这一观察结果与图 8.11（b）所示的冯·米塞斯应力场一致，其中板的弯曲相对局限。大约 1.5ms 时，爆破面层中心以及距离爆破源更远的其他层边缘处清晰可见这种局部塑性变形。然而，基准复合材料模型中间层的塑性变形可以忽略不计，这可能归因为内聚结合中断裂分散释放了能量。图 8.12（d）和（e）展示了贝壳层复合材料中总损伤耗散和总塑性耗散能量的趋势结果。如图 8.12（a）-（c）所示，板片和黏性单元的大小有所不同，板片和黏性区域的界面处保持兼容。结果表明，该方法尽可能模拟了裂纹尖端前方的断裂过程区。

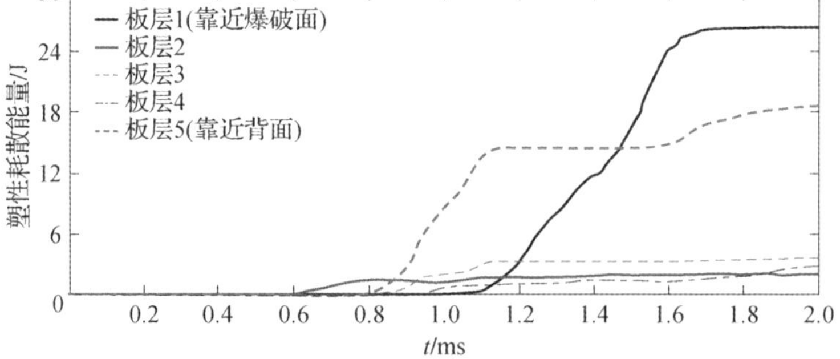

(a)

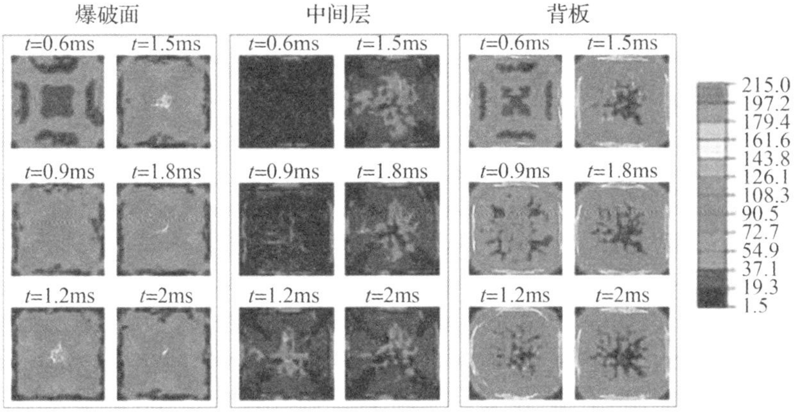

(b)

图 8.11　（a）基准模型不同铝板层中塑性耗散能量 - 时间图，（b）基准复合材料模型中冯 · 米塞斯应力场快照图

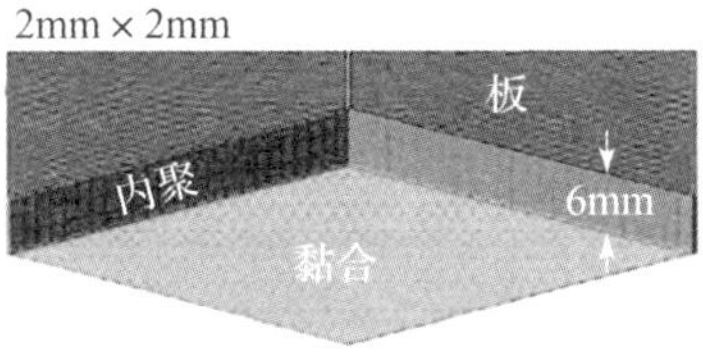

(a) 2mm × 2mm网格密度图

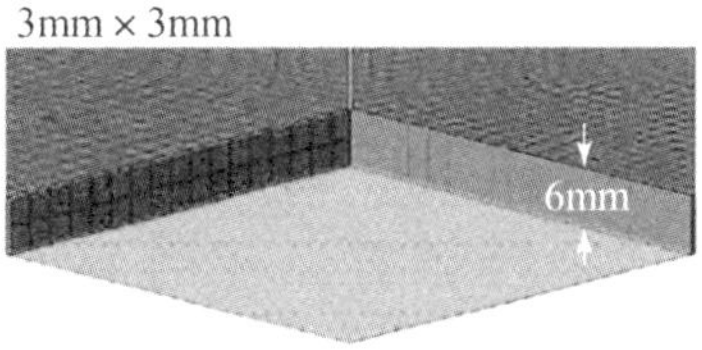

(b) 3mm × 3mm网格密度图

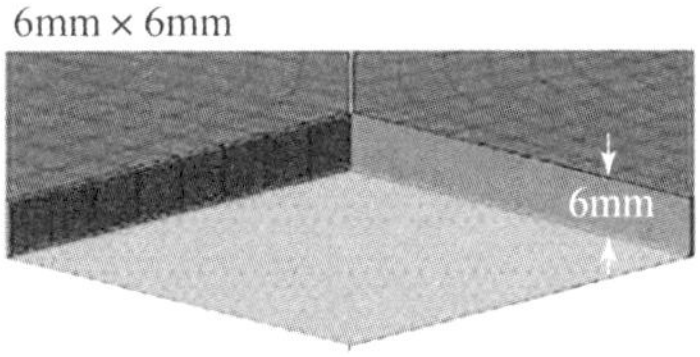

(c) 6mm × 6mm网格密度图

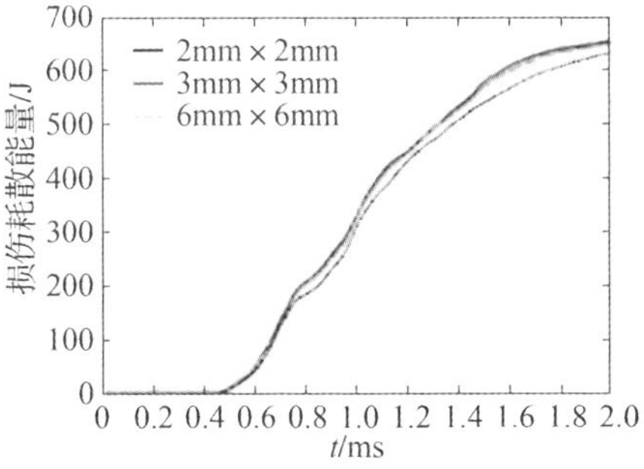

(d) 总损伤耗散能

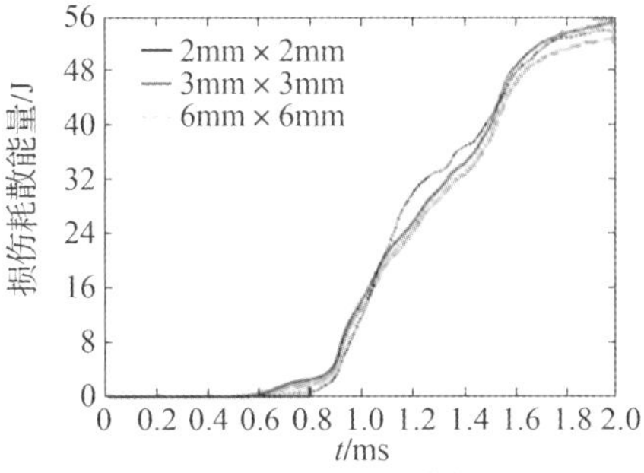

(e) 总塑性耗散能

图 8.12　基准模型的网格趋势研究

8.4 参量研究

8.4.1 仿贝壳复合材料层数的影响

上一节的分析结果显示，复合板不同层之间的损伤和能量吸收相对均匀。实际上，贝壳层的复合结构（图 8.1）由数百个矿物层组成，可以最大化其损伤抑制和能量吸收能力。本节通过参量研究，确认相同厚度的两层（$n=2$）、五层（$n=5$）和十层（$n=10$）复合板的性能，模型如图 8.13 所示。三种情况下的总厚度 t 均保持为 30mm，沃罗诺伊多边形尺寸（β）约为 100mm × 100mm，比较了复合板在背板位移、速度以及损伤耗散能量方面的性能。

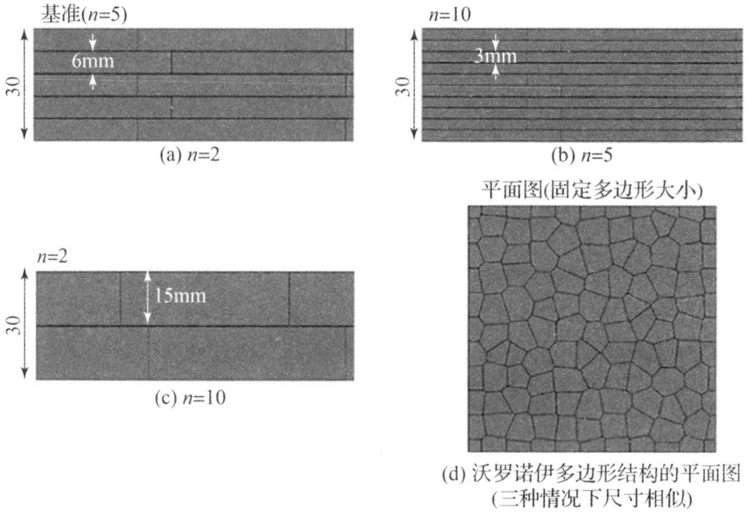

图 8.13 30mm 厚仿贝壳复合板（不同板层数）

保持复合板的总质量和厚度不变，首先，比较了多层模型黏结层中裂纹扩展模式，其横截面图如图 8.14 所示。可以发现，十层模型（$n=10$）的整个厚度范围内中跨处裂纹未扩展。有趣的是，早在 0.9ms 就出现了缺口，之后似乎没有进一步扩大。十层复合结构中的裂纹得到抑制是因为更多的损伤部位被激活，减少了爆炸冲击波。这种现象与五层（$n=5$）和两层（$n=2$）模型完全不同，由于所有黏结层出现致命断裂，复合材料的完整性完全丧失。仿贝壳复合材料中的多层结构似乎会影响其止裂能力。此类结构中，裂纹的扩展路径更复杂，损伤横向、水平向扩散，提高了整个复合材料中损伤耗散能量的一致性。

十层沃罗诺伊模型（$n=10$）显示，峰值横向位移显著减少，见图 8.15（a）。在大约 0.9ms 时，三个模型之间的位移开始相互偏离，两层（$n=2$）模型的偏移似乎更明显，这可能是因为板片的纵横比较大。尽管与其他两个模型相比，十层模型在约 1.2ms 时峰值横向速度略大，见图 8.15（b），但其刚度明显更高。

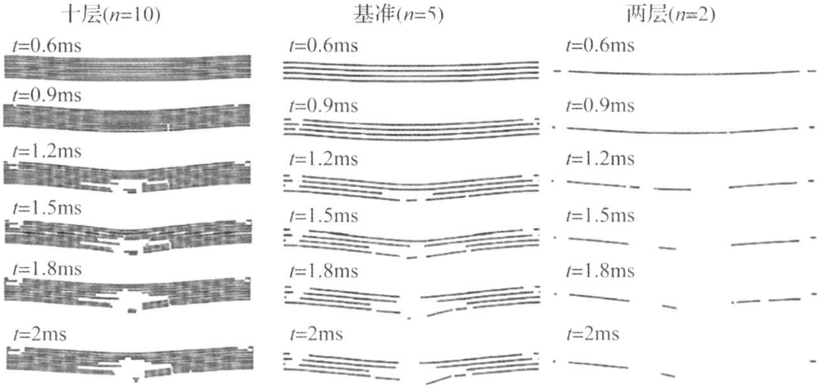

图 8.14　沃罗诺伊模型黏结层中的裂纹扩展模式

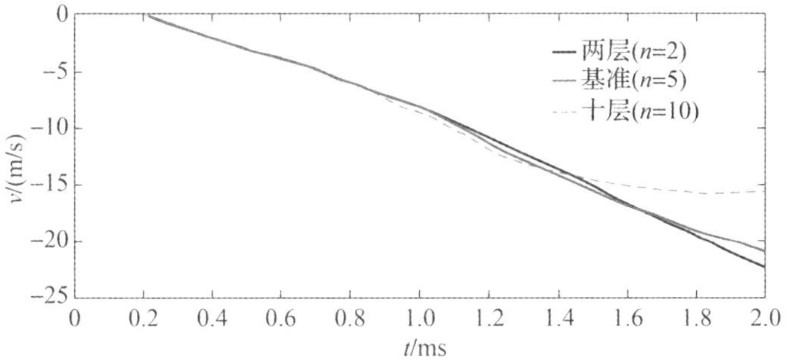

(a) 峰值横向位移

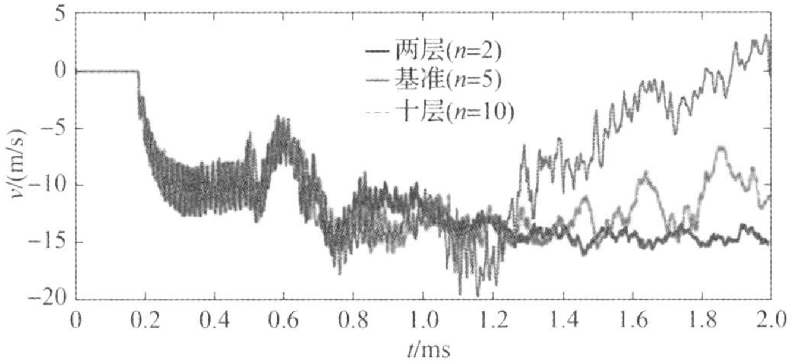

(b) 峰值横向速度

图 8.15　多层复合材料模型背板的峰值横向位移和峰值横向速度

这可能是因为多个黏结层之间的黏结保持完整，使得横向速度在模拟结束时显著减小。此时，与两层（$n=2$）模型相比，五层（$n=5$）模型的刚度降低似乎稍小，而由于黏结层完全失效，两层模型中的刚度继续呈线性降低。多层模型中通过损伤耗散的能量相对相似，见图 8.16（a）。图 8.16（b）详细分解了基准模型（五层）中每个黏结层中耗散的能量，可以发现较大的变化，其中中间黏结层（2 和 3）受到大部分损伤，黏结层 3 中的最大耗散能量约为 180J。因此，基准模型似乎无法在整个复合材料上均匀分布损伤。值得注意的是，与黏结层相比，沃罗诺伊颗粒之间的黏性单元中的损伤耗散能量微不足道（图 8.10）。图 8.16（c）阐明了十层模型（$n=10$）所有黏结层中的损伤耗散能量。在黏结层 6 和黏结层 4 中分别可以发现约为 90J 和 25J 的最大和最小损伤耗散能量（每个相应曲线上用开口圆表示）。对于基准模型（$n=5$），在黏结层 3 中可以看到，最大损伤耗散能量约为 180J，靠近背板的黏结层 4 中最小损伤耗散能量为 80J。与基准模型（$n=5$）相比，十层模型（$n=10$）中

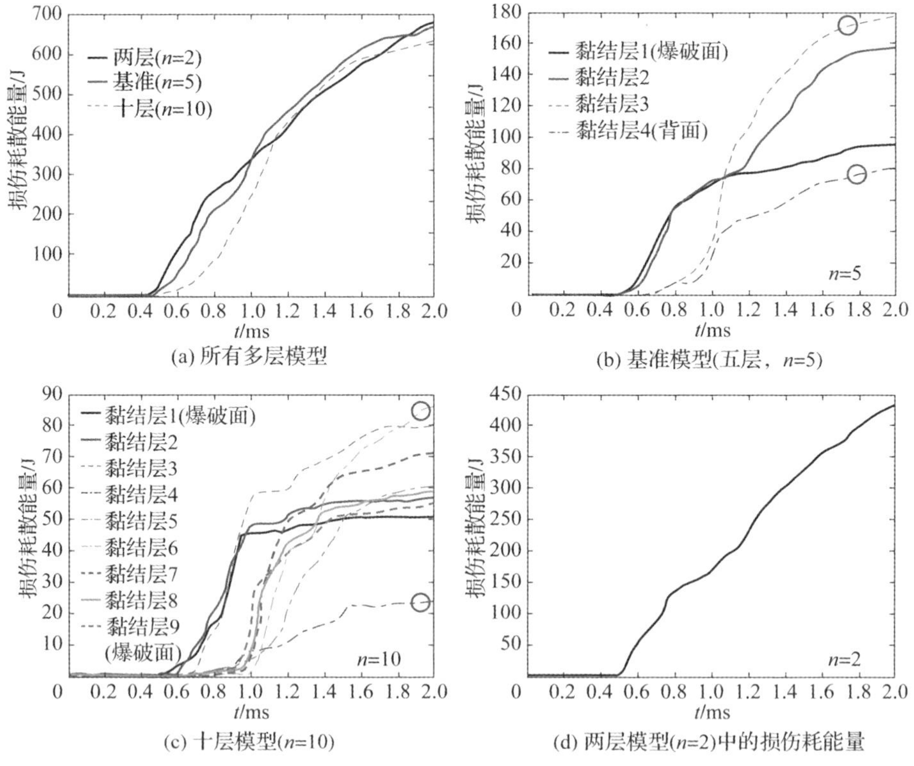

图 8.16 圆圈处表示产生最小和最大损伤的层，用于比较整个复合材料中损伤分布的一致性

的黏结损伤在整个复合材料上分布得更均匀，其中内层（黏结层 6、黏结层 3、黏结层 7 等）的损伤最大。这就解释了十层模型最终抗挠性更高的原因，因为其保持了完整的层间结合。因此，采用两倍数量的沃罗诺伊层，每个层中损伤耗散的最大能量大约减少一半。相比之下，两层模型（图 8.16（d））中耗散的最大能量大约是基准模型的 2 倍。这对保护结构的设计非常重要，因为通过产生更多的损伤部位来耗散能量，同时保持系统的完整性，将大大减少传递到关键结构部件的动能。

图 8.17 比较了多层仿贝壳复合板（$n=2$，5，10）和面积质量相等的整块铝板之间内聚结合层、黏结层和板片中耗散的总能量。我们发现，增加复合层数量，会增加黏结层中耗散的损伤，同时减少板片之间的内聚结合损伤。这就解释了为什么十层模型能保持图 8.15 所示的刚度，而两层模型和基准模型中则出现了刚度退化。因此，十层模型通过板片塑性变形耗散的能量更大，如图 8.17（d）所示。这一重要发现也解释了十层模型（$n=10$）在变形和能量

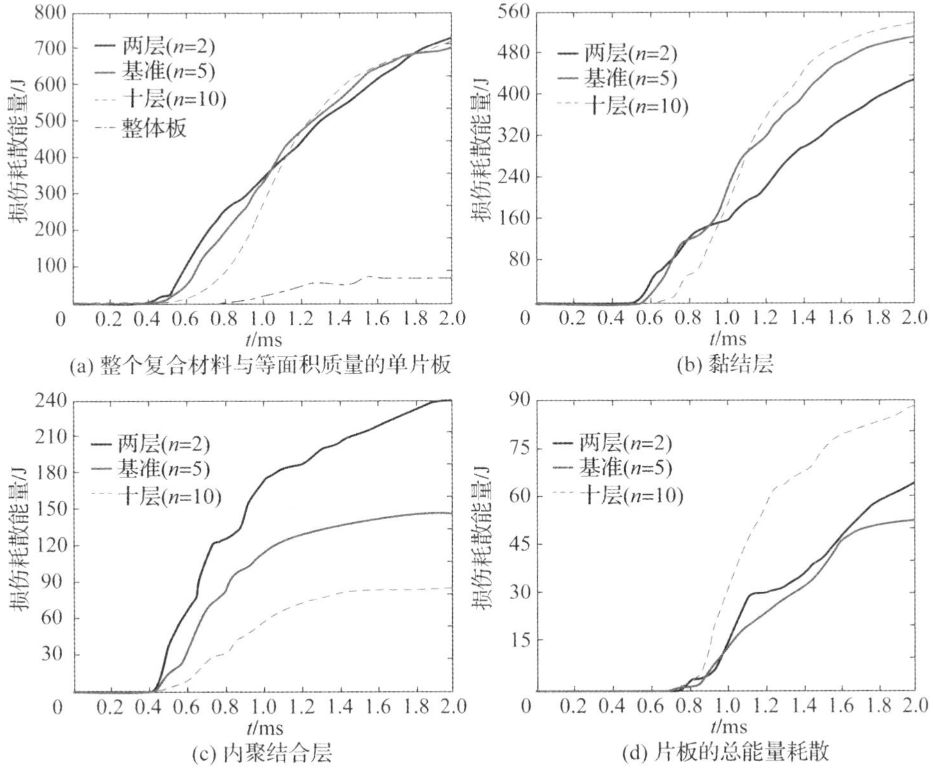

图 8.17 耗散能量随时间变化图（复合板 $n=2$、5、10 层）

耗散方面优于其他模型。将损伤扩散到黏结结合区，可以在整个复合材料中更均匀地消散爆炸冲击波传递的能量，黏结层中能量均匀分布如图 8.16 所示。比较珍珠层和等面积质量的单片板消耗的能量时发现图 8.17（a），很明显珍珠层更好，因为单片板吸收的大部分能量都是可回收的应变能。

8.4.2 重叠长度的影响

通过参量研究，确认相邻层片之间的交错长度（α）对冲击载荷下仿贝壳复合材料模型性能的影响。需要注意的是，在仿贝壳复合结构中，由于其随机性，无法在整个层上形成均匀的重叠长度。因此，在本研究中，使用初始交错长度（α）相对于相邻层对角移动一层（图 8.2（b）），确定初始重叠，然后随机选择位点，获取基准模型中所述的随机形状的沃罗诺伊图形。基准模型选择了片板长度（β）的 1/3 作为平均交错长度（α），以仿贝壳层中观察到的平均重叠量为基准，见图 8.18（a）。将该配置与平均交错长度分别为片板长度的 1/2 和 1/4 等情况进行比较，如图 8.18（b）和（c）所示。剖视图如图 8.18（d）所示，图中基准（$n=5$）复合板的每层厚度 $t=6\text{mm}$。图中也明确了交错长度（α），分别比较了 $\alpha=\beta/3$、$\alpha=\beta/2$ 和 $\alpha=\beta/4$ 三种情况下中心背面位移以及黏结结合中的损伤耗散能量。从图 8.19 中可以看出，平均交错长度对复合板的挠度影响很小。目前已开发了各种简化的二维晶胞分析模型，用以证明在纯张力下贝壳层承载量最大的重叠长度。然而，这些模型往往忽略了三维效果和贝壳层排列的随机性，弱化了最佳重叠长度理论。可以看出，在该基准重叠长度（$\alpha=\beta/3$），未明确冲击载荷下最小的背面位移（图 8.19）。重叠长度较大时，在面板的中间跨度处产生的横向位移较小，这表明二维分析研究结果对指出贝壳层重叠长度没有什么作用。此外，已利用这些模型研究了平

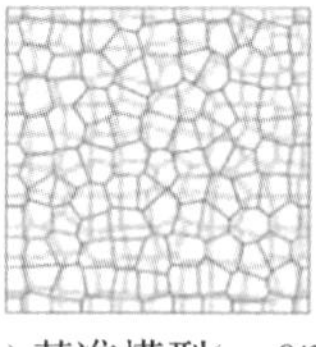

(a) 基准模型($\alpha=\beta/3$)

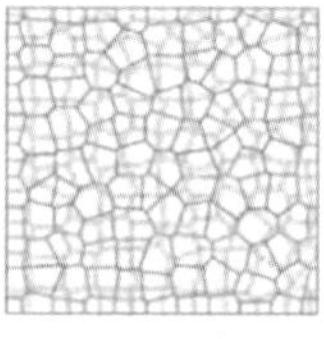

(b) $\alpha=\beta/2$

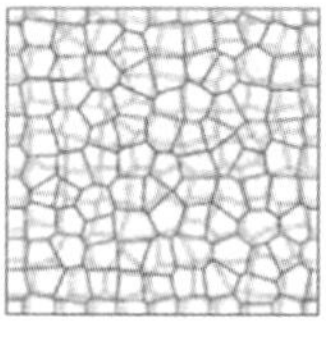

(c) $\alpha=\beta/4$

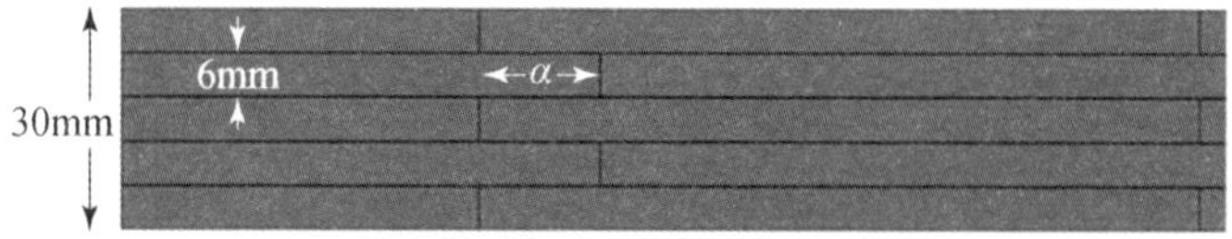

(d) 基准模型的立面图(固定层厚6mm)

图 8.18 交错长度（α）对三种交错结构组合性能的影响

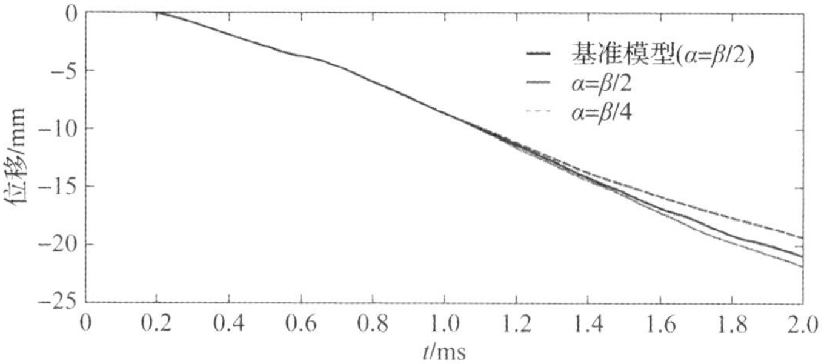

图 8.19　距离爆破源最远的后层的横向位移（多个交错长度）

面拉伸载荷，但本研究中载荷是横向载荷。这就引出了一个问题，还有哪些机制可以解释为什么仿贝壳复合材料需要选择特定的平均重叠长度。在横向载荷下，板片滑动是否对贝壳层激活增韧机制起着重要作用。

许多研究人员一直重点关注柱状珍珠层中发现的平均重叠长度，他们利用剪切滞后方法对单轴拉伸下的晶胞进行建模，并研究其对珍珠层中载荷传递的影响。可以发现，在面外冲击载荷下，重叠长度对耗散爆炸冲击波传递能量的影响微不足道。这可能是因为存在层间载荷传递机制，界面处的剪切以及内聚和黏结结合中的快速分层不会激发该机制。在上述二维模型中，假设界面处存在剪切塑性变形，可能会激活板片之间的相对滑动，并使仿贝壳复合结构增韧。

从图 8.20（a）中可以看出，三种模型总损伤消耗的能量差不多。通过比较单黏结层的损伤耗散能量，从图 8.20（b）~（c）可以发现，重叠长度一半（$\alpha=\beta/2$）的模型在层间的损伤分布最均匀。这可能是因为重叠面积较大，抵挡了横向裂纹的扩展，冲击波重定向传播到其他较弱的黏结区域。然而，模型之间最大耗散能量差不多都是 175J，意味着重叠长度对降低整个复合材料的体积能量没有影响。如图 8.21 所示，这一点通过组分能量耗散得到进一步加强，其中黏结层、内聚结合和板片的能量耗散差异可以忽略不计。这就引发了一个问题，对二维平面晶胞模型，重叠长度是否是一个重要的设计参数。结合控制板片几何形状的其他参数来看，这一问题可能非常重要。通常来说，仿贝壳复合材料在冲击载荷下，黏结层很可能会断裂，因此了解裂纹如何扩展和停止是非常重要的。

8.4.3　粒度的影响

通过参量研究，确认冲击波载荷下仿贝壳复合材料模型的粒度（β）影响。

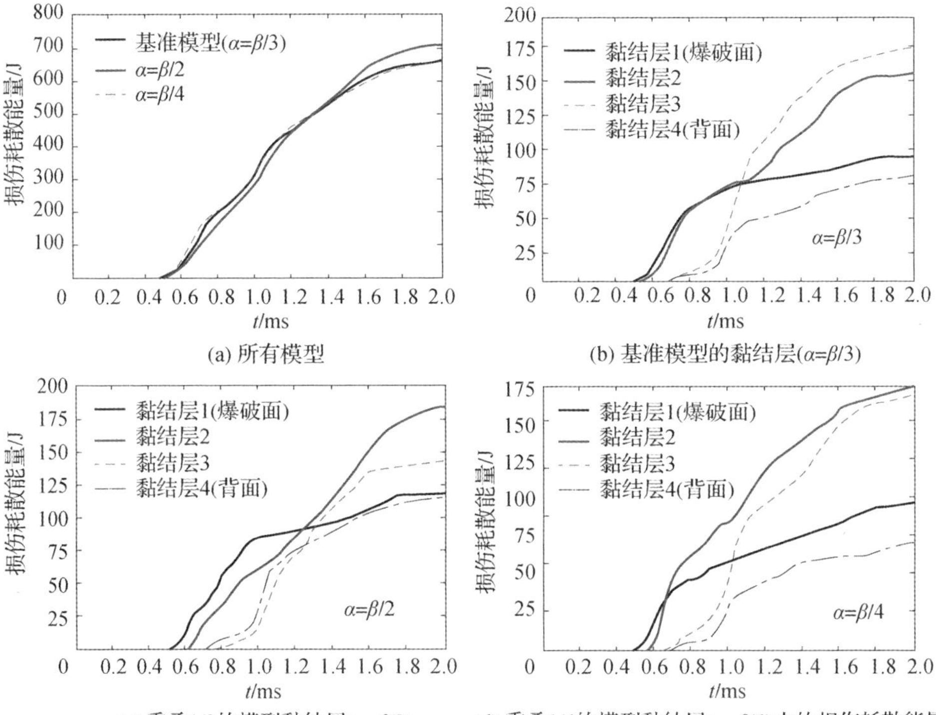

(a) 所有模型　(b) 基准模型的黏结层($\alpha=\beta/3$)

(c) 重叠1/2的模型黏结层($\alpha=\beta/2$)　(d) 重叠1/4的模型黏结层($\alpha=\beta/4$)中的损伤耗散能量

图 8.20　所有模型、黏结层一半和 1/4 的黏结层耗散、能量随时间的变化图

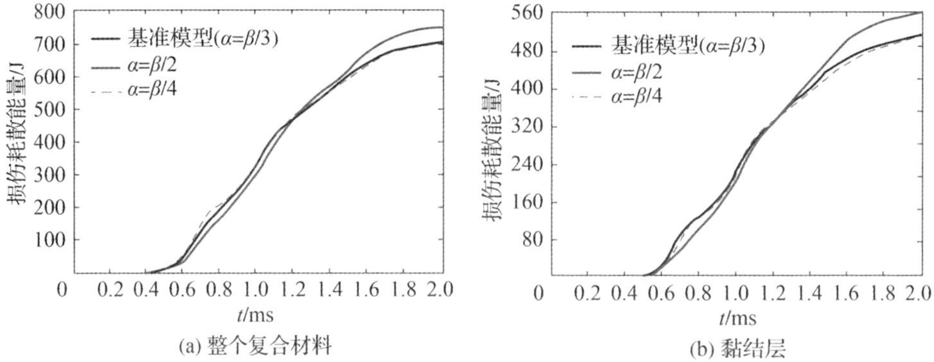

(a) 整个复合材料　(b) 黏结层

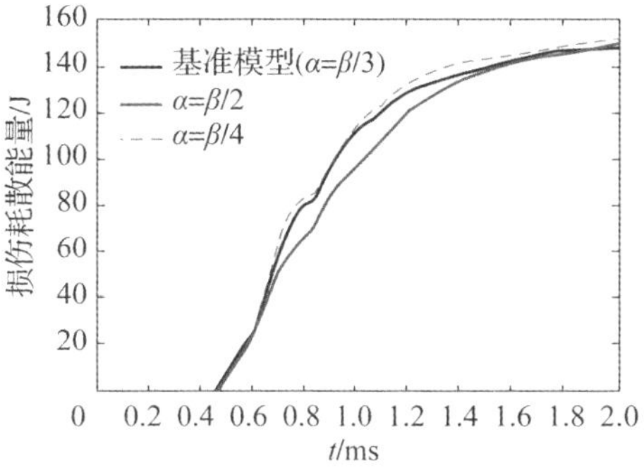

(c) 内聚结合

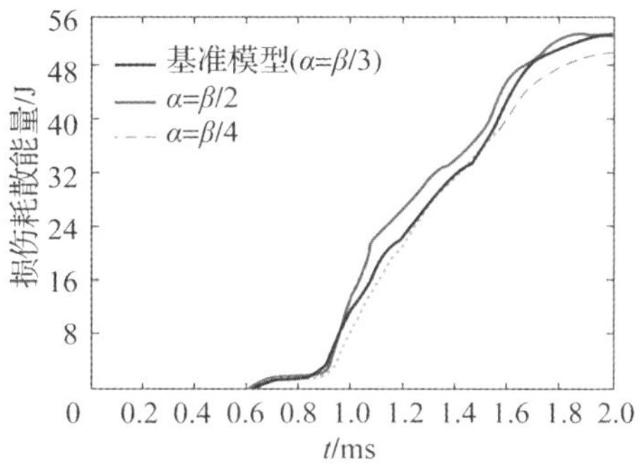

(d) 板片中总耗散能量

图 8.21　复合材料、黏结层、内聚结合、板片的耗散能量随时间的变化图

基准模型（$\beta=100\text{mm}$）由 10×10 个沃罗诺伊多边形组成。然后，将基准复合板的性能与其他两个模型（板片尺寸为 $\beta=50\text{mm}$（20×20 多边形）和 $\beta=200\text{mm}$（5×5 多边形））进行比较，如图 8.22 所示。具体来说，对每个模型各层中的峰值横向位移和损伤耗散能量进行比较，确定爆破条件下晶粒尺寸的影响。从图 8.23 中可以发现，与基准模型相比，板片尺寸 $\beta=50\text{mm}$ 的模型中峰值横向位移显著减少。

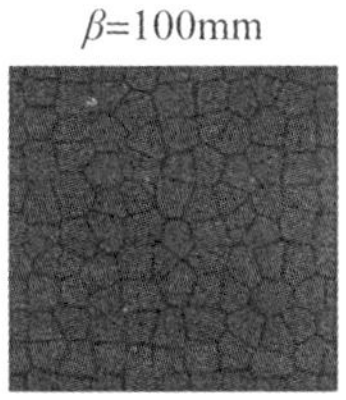

(a) 基准模型β=100mm (10×10多边形)

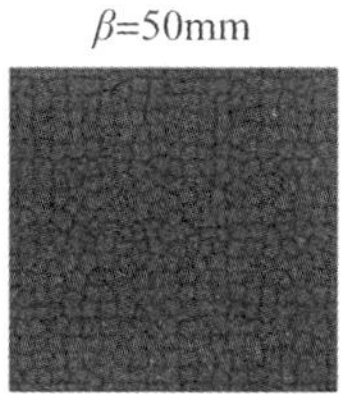

(b) 模型β=50mm (20×20多边形)

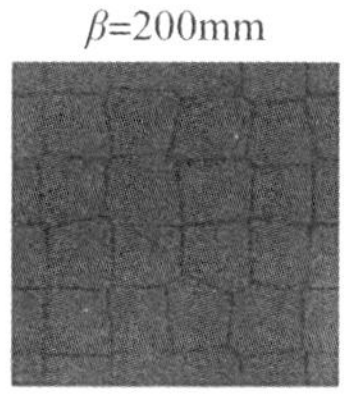

(c) 模型β=200mm(5×5多边形)中的板片(颗粒)分布截面图

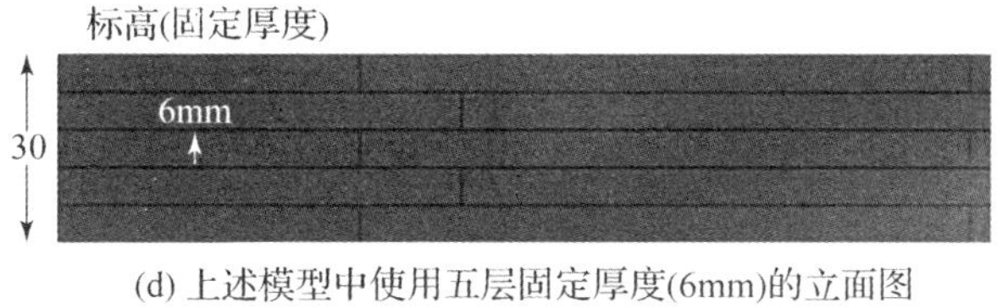

(d) 上述模型中使用五层固定厚度(6mm)的立面图

图 8.22　各模型的截面图和立面图

这表明，在冲击载荷下，较大黏性表面上颗粒越小越有利。早期的参量研究还表明，具有黏结结合的十层复合材料模型，在整个复合材料范围内的损伤分布更均匀。两种模型（十层模型和最小粒度 $\beta=50\text{mm}$ 的模型）中都出现了

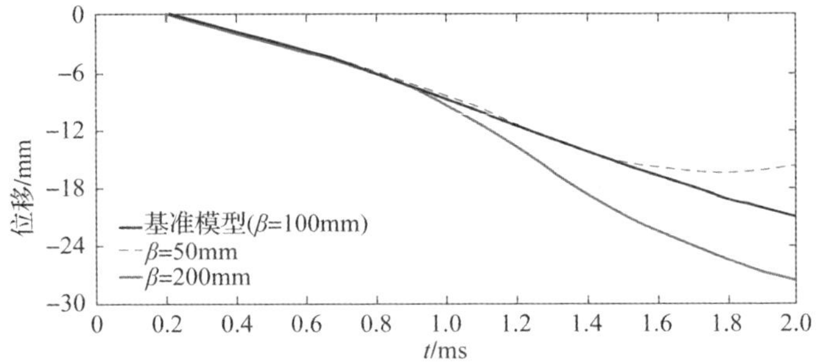

图 8.23 三种不同粒度模型（后层远离爆炸载荷）的中心横向位移趋势图

类似的峰值横向位移。具有较大沃罗诺伊多边形但晶粒较薄（100mm×100mm×3mm）的十层模型略优于具有较小晶粒面积但较厚片层（50mm×50mm×6mm））的五层模型。

总损伤耗散能量分量比较情况如图 8.24（a）所示。结果表明，双倍尺寸多边形（$\beta=200\text{mm}$）的模型比基准模型出现的整体损伤更大。通过比较各个黏结层的损伤耗散能（图 8.24（b）~（d））可以发现，$\beta=50\text{mm}$ 的复合材料

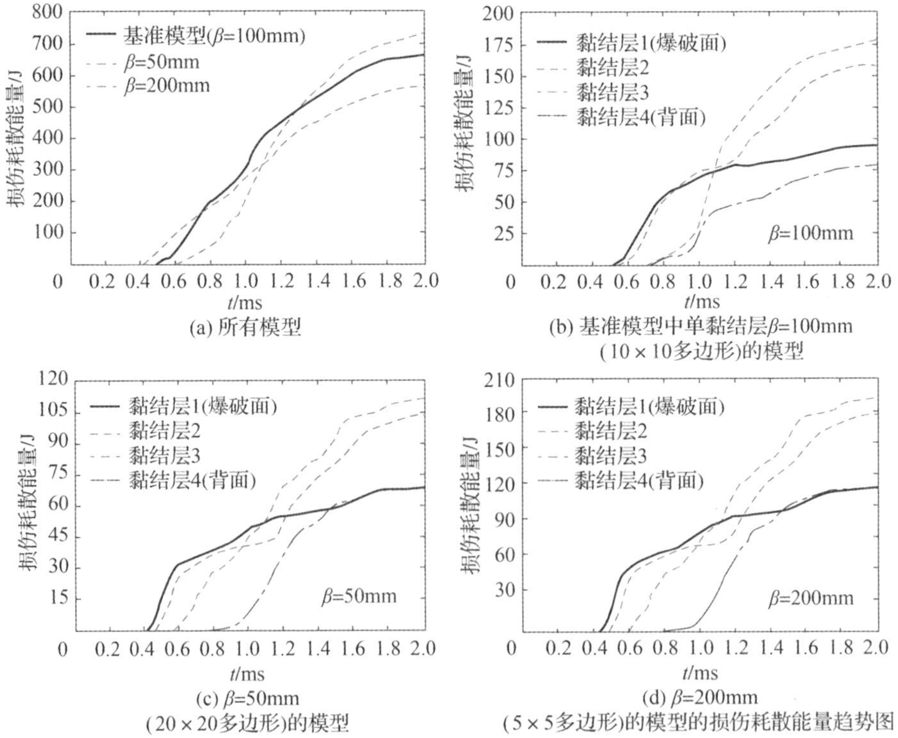

图 8.24 所有模型、不同尺寸多边形单黏结层的耗散能量随时间的变化图

在其整个体积中的传播损伤更有效，大多数损伤发生在中间层。同样，在基准模型中会出现大约2/3的损伤（180J，而不是110J）。$\beta = 200$mm的模型将损伤集中在较低的黏结层中，导致出现大量刚度退化，如图8.23所示。因此，在保持复合材料刚度的同时，晶粒尺寸越小似乎更有利于减轻损伤。然而，与多层（$n=2$，5和10）参量研究相反，减小晶粒尺寸减少了黏结层的损伤，同时增加了内聚层的损伤。

8.5 结　　论

为研究珍珠层微观结构特征对复合板抗冲击性能的影响，开发了几种仿贝壳复合材料模型。根据多层仿贝壳复合材料结构的损伤抑制效果，对以下参数进行了评估：交错复合层的数量、交错长度、板片粒度。结果表明，增加复合结构的层数，系统的完整性得以保持，峰值位移也显著降低。这表明在受到冲击载荷时，多层复合材料的刚度得到了提高。此外，在整个复合结构体积范围内，由层板的脱黏和分层引起的损伤分布得更均匀。与基准模型相比，最大损伤耗散能量减少了大约一半。裂纹扩展模式表明，十层模型在阻止和重新确定裂纹扩展方向方面更为有效，能够产生更多的损伤部位以及耗散能量。此项研究进一步解释了仿贝壳复合材料选择多层结构的原因。相反，研究发现，交错长度参数对提高复合材料的刚度和能量耗散均匀性几乎没有影响。较小的晶粒尺寸在保持复合材料刚度的同时能显著提高耗散能量。这意味着，珍珠层中发现的优异增韧机制出现在微观结构中，其独特的微观结构是设计和开发分离层的关键，可防止关键结构元件免受冲击载荷影响。

致　　谢

本研究由澳大利亚研究委员会联合资助项目LP150100906及墨尔本大学早期职业研究员资助项目赞助。

参考文献

[1] T. Ngo, P. Mendis, A. Gupta, J. Ramsay, Blast loading and blast effects on structures: an overview, Electron. J. Struct. Eng. Special Issue (2007) 76−91.
[2] L. Thomet, Four dead, 16 injured in fiery blast at Mexico oil rig. Channel NewsAsia, (2015).
[3] G. Imbalzano, T. Ngo, P. Tran, A numerical study of auxetic composite panels under blast loadings, Comp. Struct. 135 (2015) 339−352.
[4] Q.T. Nguyen, T. Ngo, P.A. Tran, P. Mendis, D. Battacharyya, Influences of clay and manufacturing on fire resistance of organoclay/thermoset nanocomposites, Comp. A Appl. Sci. Manufact. 74 (2015) 26−37.
[5] C.C. Yang, T. Ngo, P. Tran, Influences of weaving architectures on the impact resistance of multi-layer fabrics, Mater. Design 85 (2015) 282−295.
[6] P. Tran, T. Ngo, Bio-inspired composite structures subjected to underwater impulsive loading, Comput. Mater. Sci. 82 (2014) 134−139.
[7] G. Imbalzano, P. Tran, T.D. Ngo, P.V. Lee, Three-dimensional modelling of auxetic sandwich panels for localised impact resistance, J. Sandwich Struct. Mater. (2015). Available from: http://dx.doi.org/10.1177/1099636215618539.
[8] P. Tran, T. Ngo, E.C. Yang, P. Mendis, W. Humphries, Effects of architecture on ballistic resistance of textile fabrics: numerical study, Int. J. Damage Mech. 23 (2014) 359−376.
[9] F. Barthelat, H. Tang, P. Zavattieri, C.M. Li, H.D. Espinosa, On the mechanics of mother-of-pearl: a key feature in the material hierarchical structure, J. Mech. Phys. Solids 55 (2007) 306−337.
[10] J.D. Currey, Mechanical properties of mother of pearl in tension, Proc. Royal Soc. Lond. B Biol. Sci. 196 (1997) 443−463.
[11] J.W. Pro, R.K. Lim, L.R. Petzold, M. Utz, GPU-based simulations of fracture in idealized brick and mortar composites, J. Mech. Phys. Solids 80 (2015) 68−85.
[12] N. Zhang, S. Yang, L. Xiong, Y. Hong, Y. Chen, Nanoscale toughening mechanism of nacre tablet, J. Mech. Behav. Biomed. Mater. 53 (2016) 200−209.
[13] M. Sarikaya, An introduction to biomimetics: a structural viewpoint, Micros. Res. Tech. 27 (1994) 360−375.
[14] Y. Shao, H.P. Zhao, X.Q. Feng, H. Gao, Discontinuous crack bridging model for fracture toughness analysis of nacre, J. Mech. Phys. Solids 60 (2012) 1400−1419.
[15] F. Song, A.K. Soh, Y.L. Bai, Structural and mechanical properties of the organic matrix layers of nacre, Biomaterials 24 (2003) 3623−3631.
[16] J. Sun, M. Ling, Y. Wang, D. Chen, S. Zhang, J. Tong, et al., Quasi-static and dynamic nanoindentation of some selected biomaterials, J. Bionic Eng. 11 (2014) 144−150.
[17] H. Tang, F. Barthelat, H.D. Espinosa, An elasto-viscoplastic interface model for investigating the constitutive behavior of nacre, J. Mech. Phys. Solids 55 (2007) 1410−1438.
[18] D.V. Wilbrink, M. Utz, R.O. Ritchie, M.R. Begley, Scaling of strength and ductility in bioinspired brick and mortar composites, Appl. Phys. Lett. 97 (2010) 1−3.
[19] A. Ghazlan, T.D. Ngo, P. Tran, Influence of interfacial geometry on the energy absorption capacity and load sharing mechanisms of nacreous composite shells, Comp. Struct. 132 (2015) 299−309.
[20] F. Barthelat, Nacre from mollusk shells: a model for high-performance structural materials, Bioinspiration Biomimetics 5 (2010) 035001.

[21] A.G. Evans, Z. Suo, R.Z. Wang, I.A. Aksay, M.Y. He, J.W. Hutchinson, Model for the robust mechanical behavior of nacre, J. Mater. Res. 16 (2001) 2475−2484.
[22] F. Song, Y.L. Bai, Effects of nanostructures on the fracture strength of the interfaces in nacre, J. Mater. Res. 18 (2003) 1741−1744.
[23] R.Z. Wang, Z. Suo, A.G. Evans, N. Yao, I.A. Aksay, Deformation mechanisms in nacre, J. Mater. Res. 16 (2001) 2485−2493.
[24] M.A. Meyers, P.Y. Chen, A.Y.M. Lin, Y. Seki, Biological materials: structure and mechanical properties, Progr. Mater. Sci. 53 (2008) 1−206.
[25] S. Blank, M. Arnoldi, S. Kohoshnavaz, L. Treccani, M. Kuntz, K. Mann, et al., The nacre protein perlucin nucleates growth of calcium carbonate crystals, J. Micros. 212 (2003) 280−291.
[26] H. Gao, B. Ji, I.L. Jager, E. Arzt, P. Fratzl, Materials become insensitive to flaws at nanoscale: lessons from nature, Proc. Natl. Acad. Sci. U.S.A. 100 (2003) 5597−5600.
[27] U.G.K. Wegst, M.F. Ashby, The mechanical efficiency of natural materials, Philos. Mag. 84 (2004) 2167−2181.
[28] A. Dutta, S.A. Tekalur, Crack tortuosity in the nacreous layer—topological dependence and biomimetic design guideline, Int. J. Solids Struct. 51 (2014) 325−335.
[29] S.P. Kotha, Y. Li, N. Guzelsu, Micromechanical model of nacre tested in tension, J. Mater. Sci. 36 (2001) 2001−2007.
[30] F. Barthelat, R. Rabiei, Toughness amplification in natural composites, J. Mech. Phys. Solids 59 (2011) 829−840.
[31] R. Rabiei, S. Bekah, F. Barthelat, Failure mode transition in nacre and bone-like materials, Acta Biomaterialia 6 (2010) 4081−4089.
[32] E.A. Flores-Johnson, L.M. Shen, I. Guiamatsia, G.D. Nguyen, A numerical study of bioinspired nacre-like composite plates under blast loading, Comp. Struct. 126 (2015) 329−336.
[33] The Initial Graphics Exchange Specification (IGES) Version 6.0. 2001. pp. 15−34, 63−181.
[34] P. Schneider, D.H. Eberly, in: B.A. Barsky (Ed.), Geometric Tools for Computer Graphics. The Morgan Kaufmann Series in Computer Graphics and Geometric Modeling, Morgan Kaufmann Publishers, San Francisco, CA, 2003.
[35] G.R. Johnson, W.H. Cook. A constitutive model and data for metals subjected to large strains, high strain rates and high temperatures, Proceedings of the Seventh International Symposium on Ballistics, The Hague, The Netherlands, 1983.
[36] P. Tran, S.S. Kandula, P.H. Geubelle, N.R. Sottos, Comparison of dynamic and quasi-static measurements of thin film adhesion, J. Phys. D Appl. Phys. 44 (2011) 034006.
[37] P. Tran, S.S.V. Kandula, P.H. Geubelle, N.R. Sottos, Hybrid spectral/finite element analysis of dynamic delamination of patterned thin films, Eng. Fract. Mech. 75 (2008) 4217−4233.
[38] P. Tran, S.S.V. Kandula, P.H. Geubelle, N.R. Sottos, Dynamic delamination of patterned thin films: a numerical study, Int. J. Fract. 162 (2010) 77−90.
[39] D. Hyde, ConWep—application of TM 5-855-1, in: Fundamentals of Protective Design for Conventional Weapons, USACE Waterways Experiment Station, Vicksburg, MS, 1992.
[40] C.N. Kingery, G. Bulmash, Airblast Parameters From TNT Spherical Air Burst and Hemispherical Surface Burst. Aberdeen Proving Ground, Ballistic Research Laboratory, Aberdeen, MD, 1984.
[41] US Army Corps of Engineers, UFC 3-340-02: Structures to Resist the Effects of Explosions, US Department of Defense, Editor, Washington, DC, 2008.

第9章

观测复合板对水下爆炸的响应并建立数值模型

Andreas Schiffer[1], Vito Tagarielli[2]

1 哈利法大学，阿拉伯联合酋长国阿布扎比

2 英国伦敦帝国理工学院

9.1 简　　介

复合材料对强动态载荷的响应主要表现为弹性形变。另外，这些材料因刚度高、密度低而拥有相对较高的应力波传播速度，使得载荷可以从加载点迅速传遍整个结构物。不过，由于材料的延展性较低，在高速射弹这类点集中冲击载荷下，复合材料结构的抗侵彻能力较弱。然而对于水下或空气中爆炸等载荷相对更为均匀的面分布冲击载荷，复合材料结构可以起到较好的防护效果。在水下爆炸事件中，引爆爆炸装药所产生的高强度冲击波在水中以声速传播[1]。冲击波自引爆点传播距离足够远后可以看作是平面波，可描述为随着时间按指数规律衰减的压力脉冲。距离引爆点任意位置的流体质点的绝对压力为环境静态液压与时间 $t=0$ 时到达质点的冲击波波面压力之和，表达式如下：

$$p(t)=p_{st}+p_0\exp(-t/\theta) \tag{9.1}$$

其中，超压峰值 p_0 和衰减时间 θ 与爆炸物质量和种类以及引爆点距离有关[2]。对于水深相对较浅的水下爆炸，初始静压 p_{st} 与 p_0 相比可以忽略。爆炸冲击波携带的巨大动量能造成爆炸周围的结构物发生快速形变或位移，这种结构物对爆炸的响应产生了复杂的流－固耦合（FSI）现象：移动的固体结构和相邻流

* 注意：本章是对第10章“水下爆炸响应”的修订和更新，原文由 V. L. Tagarielli 和 A. Schiffer 撰写，参见 *Dynamic Deformation, Damage and Fracture in Composite Materials and Structures*, *ed. VadimV. Silberschmidt*, *Woodhead Publishing Limited*, 2016, ISBN: 978－0－08－100870－6.

体质点之间的连续性使得流－固界面向流体方向反射出拉伸（稀疏）波，波幅与流－固界面的速度成比例，导致流体压力下降。如果水中任意质点的绝对压力下降到气化压力以下，水中将形成空穴。流－固耦合作用，包括空穴在内，对作用于结构的载荷冲量影响非常大。因此为了优化结构的抗爆性能，有必要透彻理解爆炸诱发的流－固耦合现象。

关于水下爆炸流－固耦合问题的研究成果最早可追溯到20世纪40年代初。Taylor[3]提出了流－固耦合的理论模型，预测独立无支撑刚性板在指数衰减压力脉冲载荷下的力学响应，发现由于空穴的出现，刚性板的质量越小，传递到板上的冲量越低。Taylor发现了无支撑刚性板的响应是由量纲参数 $\varphi=\rho_w c_w \theta/m$ 所控制的，其中，ρ_w 为水的密度，m 为板的面积质量，θ 为爆炸冲击波的衰减时间，c_w 为声波在水中的传播速度。Kennard[4]做了更多详细的理论工作，对流－固耦合和爆炸诱发的空穴现象提出了更深刻的见解。他发现当流体中某点的压力降至空穴极限时，该点处就出现“断裂锋面”（breaking fronts，BF），以超声速向外传播，形成的液体空穴区域不断扩大。接着，这些断裂锋面可能停止并反向运动，成为“闭合锋面”（closing fronts，CF），使空穴区域缩小。空穴锋面（断裂锋面和闭合锋面）的变化发展依赖于所研究问题的诸多具体情况（初始水压、结构材料刚度、各组分的强度以及几何构造，边界条件），对此，很多作者通过理论和数值建模作了说明[5-7]。

造船业通常使用大型爆炸实验方法来探测防护结构的抗冲击性。这些实验为船体的生存能力、损伤容限和结构失效模式提供了更多信息，但操作起来耗资巨大且需要配套合乎要求的管制和安全措施。基于这些原因，实验室规模的实验方法在过去十年间发展起来，以安全和可控的方式重现水下爆炸的场景。Deshpande等[8]扩展性地开发了激波管设备，这种设备可以通过高速射弹撞击激波管前端刚性活塞，从而使得激波管内部产生与爆炸冲击波相似的指数规律衰减脉冲载荷。通过该设备，研究了整体板和夹芯板的一维爆炸响应行为以及这些结构所受冲量载荷对结构本身的质量以及爆炸波特征变化的灵敏度，相关成果也为Taylor的理论提供了实验证据。Espinosa等采用类似的方法设计出离散激波管来研究被固支圆形实体板和夹芯板在爆炸载荷下的动力学行为[9-12]。LeBlanc和Shukla[13]也用激波管装置研究了水下爆炸载荷下固支复合材料结构的动态力学行为。但与前述研究的不同之处在于，他们采用的装置是通过在激波管内部引爆爆炸物从而产生爆炸冲击波。Wadley等[14]开发了另一种实验方法来还原作用于各种大型结构物上的爆炸冲击载荷，该方法同样采用引爆爆炸物的方式产生冲击波，而传递到结构的冲量则由动态载荷传感器测量。

上述实验方法不能观测流体的行为，并且研究的问题只限于初始静压可忽略不计的水下爆炸情况，如浅水爆炸事件。另外，像文献［13］中提到的使用炸药的情况，需要遵守严格的安全规定，这导致实验成本昂贵。在过去5年的研究中，我们一直设法消除上述制约条件。我们发明了一种仪器，可以在还原水中爆炸载荷场景的同时，观测结构物和流体的物理学响应，包括空穴形成的情况。使用该仪器还可以研究水背结构物对爆炸的响应行为。我们利用它研究了实心板和夹芯板以及充水双层船体的一维爆炸响应行为；在对仪器做了微小改动后，我们又用它研究了固支圆形复合板在水下爆炸下的三维响应。本章将详细阐述这些实验技术以及基于我们的观察所得出的结论。最后，我们对建立复合板水下爆炸响应模型的策略方法以及分析模型在设计图构建上的应用进行概括。

9.2 实验室规模的水下爆炸实验

9.2.1 实验仪器及其校准

本节我们介绍了Schiffer和Tagarielli[15]发明的激波管。该仪器是文献［8］所提到的仪器的延伸，这样改造之后适用于有初始水压的情形，用它可以直接观察流体的响应状况。图9.1所示为该仪器的示意图，为了便于高速摄影观察结构物的运动和流体的响应，仪器由一根透明的丙烯酸塑料管构成，内径 $d=27$mm，长 $L=2$m。管壁厚度需保障实验操作过程中（操作压力高达20MPa）管子不发生失效或塑性形变，管子长度需确保压力波在管子端头反射后对管内结构试件二次加载之前有足够的观察时间。

为了研究图9.1（a）、（b）、（c）所示的实心板、夹芯板、固支复合板对水下爆炸的响应，接下来我们将论述这三种不同的激波管构型。所有构型装置用的都是同一种管子。

（1）空背无支撑工况。

圆柱形结构试件（整体或夹芯结构）套上O形密封环后从激波管尾端向管内插入小段距离，如图9.1（a）所示。然后立起管子，往其中填入过滤后的自来水，从管子前端插入套了O形密封环的尼龙滑动活塞。活塞带有泄放阀，用于实验开始前排出水柱中的气泡。管子前端有固定止端，可避免活塞在水受压后被弹射出去。

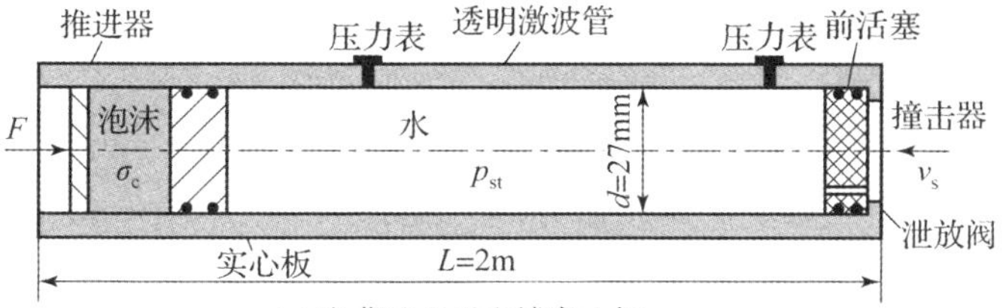

(a) 空背独立无支撑实心板

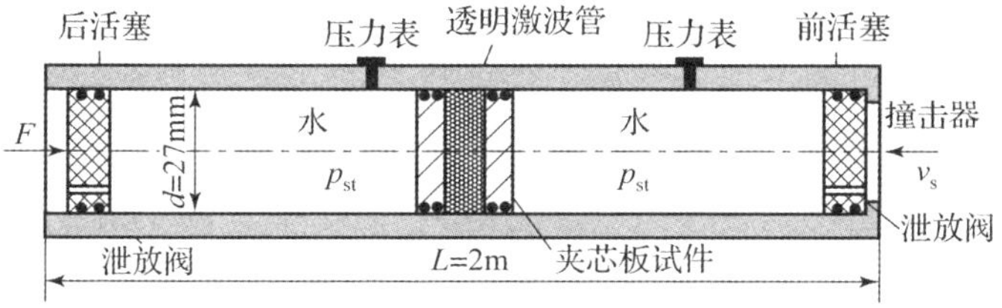

(b) 水背独立无支撑夹芯板

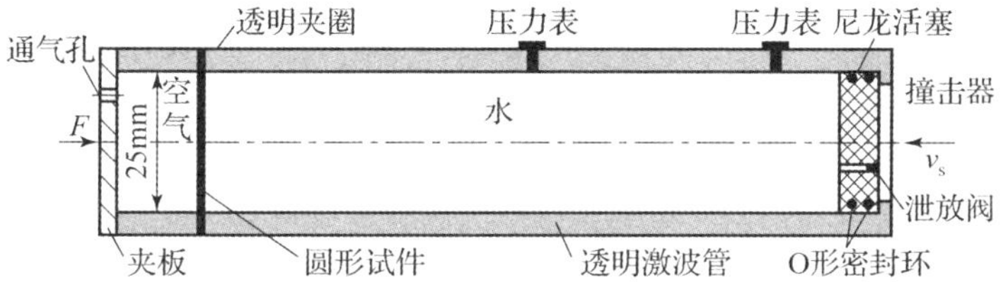

(c) 固支复合板

图 9.1　三种实施爆炸加载的激波管构型简图

在初始静水压力 p_{st} 不可忽略的情况下进行的试验，有必要在结构试件的背面以及水柱中施加恒定均匀的压力 p_{st}。为此，在结构试件的背侧放置泡沫圆柱体与之接触，然后在实验即将开始之前再施加大小为 F（F 的大小由阻性负载传感器测量）的可压缩泡沫。持续加大 F 直到 p_{st} 达到要求并且泡沫圆柱体发生约 5% 的初始塑性形变。在动态实验过程中，结构试件运动引起泡沫圆柱体发生额外的塑性形变；但是，泡沫的塑性压缩通常在近似恒定的平台应力作用下发生，这样结构试件背侧受到恒定的压力，且该恒定压力大小等于初始静压。泡沫圆柱体长度的选择要避免泡沫在实验过程中发生致密化，采用不同强度的 Rohacell 泡沫[16-17]制作成不同截面大小的泡沫圆柱体以调整 p_{st}。动态实验过程中，泡沫的压缩通常发生在应变率为 $10s^{-1}$ 时。但采用的 Rohacell 泡沫在 $\epsilon' = 10^{-3} \sim 10^3 s^{-1}$ 内的应变率效应可忽略[17]，从而产生恒定的 p_{st}。静压可忽略的实验（即 $p_{st} = 0.1MPa$）不使用泡沫圆柱体，结构试件与空气接触，所受压力为大气压力。

（2）水背无支撑工况。

水下结构的某些部件可能两侧都与水接触（如船舵）。为了重现水背工况，结构试件（实心板或夹芯板）被放置在激波管的中间，将管腔分割成两部分，如图 9.1（b）所示。管腔前后两部分都填满过滤后的自来水，两端都用上面提到的尼龙滑动活塞封住。对其中一只活塞施加适当的压力 F，从而获得流体静压 p_{st}。

（3）空背固支工况。

为了获得固支结构的爆炸响应，将复合板试件粘到激波管一端开口的环面上，从而将管口闭合。然后竖起管子从另一端管口加满水后插入尼龙滑动活塞。复合板试件的背面（干爽面）有透明夹圈支撑，其受到的轴向压力 F 由螺杆驱动的加载设备产生。夹圈由透明的丙烯酸塑料棒加工而成，直径 $d=25\text{mm}$。内管通过研磨获得光滑内壁，从而可以采用高速摄像机清晰地观察板的动态形变量。

9.2.2 激波管中爆炸冲击波的产生和传播

式（9.1）中的压力是用复合射弹在激波管前端撞击尼龙活塞产生的。复合射弹是在两个金属圆柱体中间装一个低密度泡沫圆柱体，如图 9.2 所示。至于使用这种夹芯样射弹的原因，Schiffer 和 Tagarielli[15] 做了详细说明，下面予以综述。在受到射弹撞击之前，管前端活塞（质量 M_p）的湿表面承受静压 p_{st}，而这一作用与其干表面接触的固定止端所施加的反作用力平衡，见图 9.2（a）。

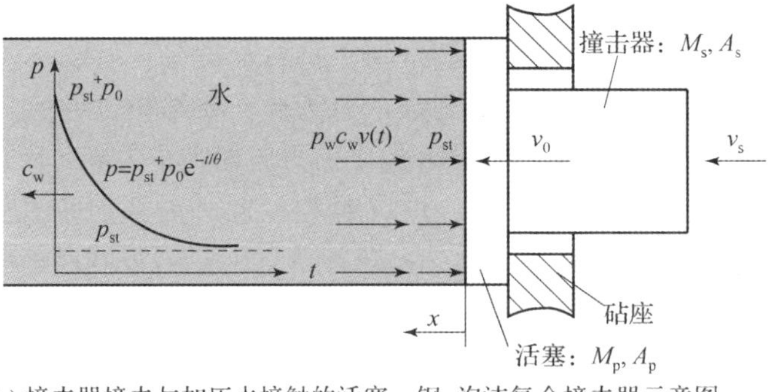

(a) 撞击器撞击与加压水接触的活塞，钢–泡沫复合撞击器示意图

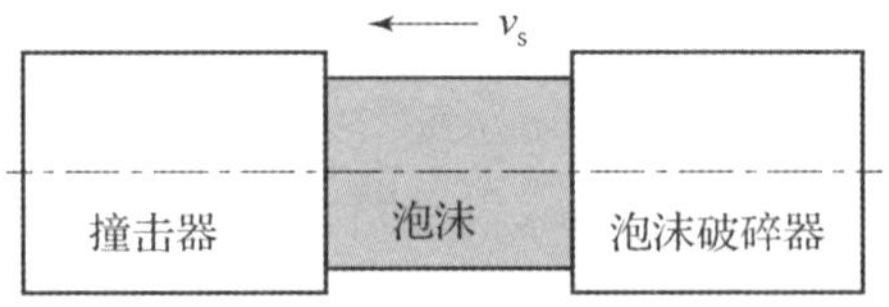

(b) 撞击器和泡沫破碎器直径20mm，长度则根据实验所需的复合撞击器质量而定，范围在30~50mm之间

图 9.2 撞击器在水下加压时的撞击示意图

考虑质量为 M_s 的圆柱形钢制撞击器以速度 v_s 对尼龙活塞发起的非弹性撞击。把活塞和撞击器都看作刚体，并对水的响应做声学近似处理，则撞击器－活塞联合体满足动态平衡：

$$m_{s,P}\dot{v} = -p_{st} - \rho_w c_w v \tag{9.2}$$

式中：m_{sP}为撞击器－活塞联合体的单位面积质量，即 $m_{s,P} = (M_s + M_P)/A_P$；$v$ 为联合体速度；ρ_w 和 c_w 分别为水的密度和水中声速。

联合体初始速度 v_0 由线性动量守恒给出，即 $v_0 = M_s v_s/(M_s + M_P)$。

式（9.2）在初始条件 $v(t=0) = v_0$ 时有解，此解让我们得到界面压力 $p(t) = p_{st} + \rho_w c_w v(t)$ 的表达式如下：

$$p(t) = (p_{st} + p_0)e^{-t/\theta} \tag{9.3}$$

其中，峰值压力 p_0 和衰减时间 θ 的公式为

$$p_0 = \rho_w c_w v_0,\quad \theta = \frac{m_{s,P}}{\rho_w c_w} \tag{9.4}$$

从式（9.3）可以看出，刚性射弹对水中活塞的撞击产生压力脉冲，其幅值按指数规律衰减到0，而不是衰减到式（9.1）给出的有限值 p_{st}，这是因活塞不再与支撑底座发生接触（图9.2（a）），造成湿侧出现大小为 $-p_{st}$的压力波并向流体柱中传播。要解决这个问题，在撞击时必须向活塞干爽侧施加另外的大小为 p_{st}的恒定压力，方法是采用图9.2（b）所示的由钢和聚合物泡沫构成的复合撞击器，可以在水柱中产生所需的压力脉冲。钢制圆柱体射弹与泡沫圆柱体串联放置，其后再跟泡沫破碎器。钢制射弹的撞击在水中产生以指数规律衰减的压力脉冲，而泡沫的塑性压缩对活塞产生恒定压力。塑性压缩过程由“泡沫破碎器”的动能驱动。值得注意的是，这种复合撞击器的几何构型导致指数衰减的压力脉冲与泡沫塑性失稳相关的恒定压力之间存在时差。但是，这种时差是纳秒级的，因此与指数衰减脉冲典型的衰减时间相比是可以忽略的。我们用不同密度的 Rohacell 泡沫构造了如图9.2（b）所示的复合撞击器。为确保泡沫－活塞界面的接触压力等于 p_{st}，复合撞击器截面面积 $A_F = A_P\ (p_{st}/\sigma_c)$，其中 σ_c 为所用泡沫的平台应力。对于水中初始压力为大气压力的实验情况，载荷脉冲是由相对简单的钢制圆柱体射弹撞击尼龙活塞在水柱产生的，可参见 Deshpande 等[8]的著作。

9.2.3 实验数据的处理与分析

实验中使用高速摄像机（VisionResearch 公司的 PhantomV7 型号摄像机，常设的摄像速度为 5000 帧/s）拍摄结构试件的运动和水中空穴的具体情况。通过这些拍摄的照片可以对水中空穴出现的位置和时间、空穴前沿的传播，以

及结构试件的变形和速度进行测量。水柱中的压力经由多个平嵌于激波管内壁的压电式压力传感器测量。对水柱中产生的压力波进行采样测量，同时与理论预测的脉冲值进行比较，绘制成图 9.3。图 9.3（a）是在 $p_{st}=0.1\mathrm{MPa}$ 的情况下，不同质量的钢制撞击器以近似速度撞击活塞产生的压力－时间曲线；压力如预测的一样按指数规律衰减至 0.1MPa，且使用不同质量的撞击器可以精准地调节压力的衰减时间。图 9.3（b）显示的是 $p_{st}>>0.1\mathrm{MPa}$ 时的两组测量值（以及相应的分析预测）；压力载荷是由图 9.2（b）所示的复合撞击器撞击产生的。生成的压力脉冲的初始幅值是 $p_{st}+p_0$，按要求指数衰减到初始压力 p_{st}。虽然测量所得峰值压力略低于理论预测，但实验结果与理论预测一致性令人满意。

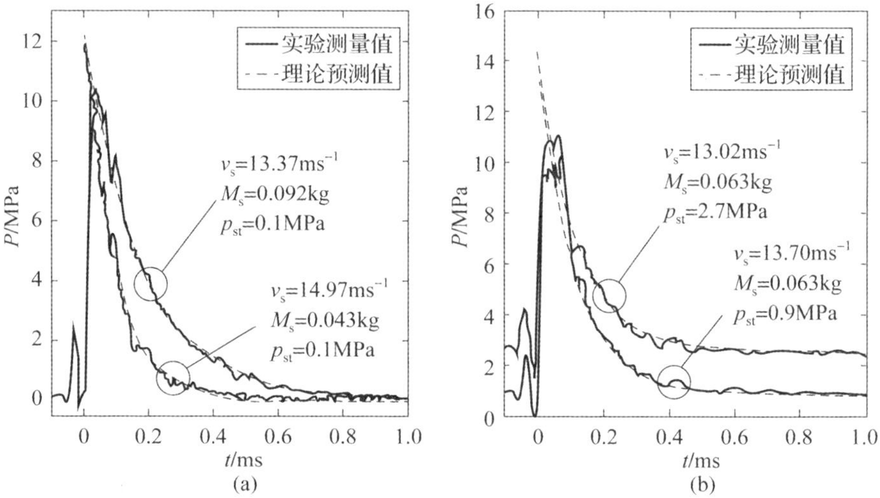

图 9.3 在（a）初始静压为大气压力和（b）初始静压较高的两种情形下，水中入射压力随时间变化的理论预测值和实验数据之间的比较

压力波在水柱中传播的速度与激波管的密度、几何尺寸以及弹性刚度有关。对于填满水的刚性管来说，压力波在流体中是以声速传播的（水中声速 $c_w\approx1498\mathrm{ms}^{-1}$）。相比之下，聚合物塑料管韧性较强，使得其自身在有压力波波前通过时发生明显的环向形变。而随后发生的管子轴向形变和流体运动之间的耦合导致压力波传播速度低于无限水域中的声速。压力脉冲幅值也会随着在管道中的传播而逐渐衰减[18]。多个压力传感器测量的波速显示 $c_w=1053\mathrm{ms}^{-1}$，显著低于水中声速，与 Korteweg[18] 的预测相符。另外，根据观测，压力脉冲幅值衰减约为 5%，初始上升时间也延长了 5% 左右，按指数规律衰减的时间大约延长了 15%。

9.3 实验结果

9.3.1 实心板结构

本节介绍采用上述仪器对无支撑实心板在爆炸载荷下的力学行为。图 9.4 给出了可滑动钢结构试件在实验中被高速摄像机拍摄的照片，代表的是空背无支撑实体板的情况。实验中，水的初始压力为大气压力。图 9.4（a）中，压力波冲击实心板，使之运动。不久之后，流 - 固界面就有空穴形成，这是板的运动和由此产生的稀疏波引起的，并可见断裂锋面以超声速向远离固体结构的方向传播[4]，见图 9.4（b）。在图 9.4（c）中，空穴气泡扩展，原因是水中形变加剧。从图 9.4（d）可见闭合锋面出现，这是由于摩擦和空气阻力引起板运动减速造成的，闭合锋面以亚声速传播[4]。在图 9.4（e）中，该闭合锋面已出视野之外，留下的是没有空穴的水体。试比较图 9.4（实验 1）和图 9.5（实验 2）中的照片。与实验 1 一样，实验 2 是在约等于峰值超压和衰

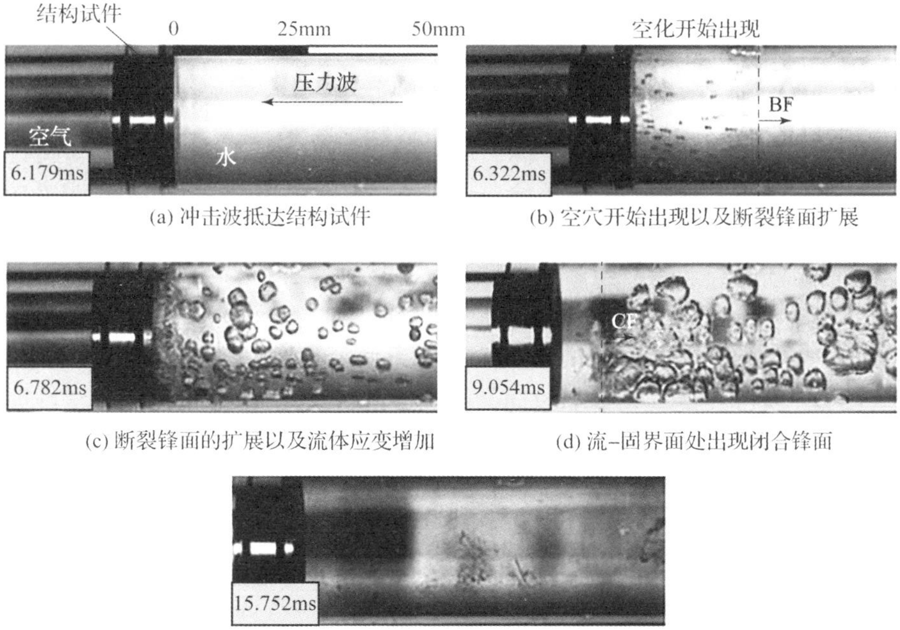

(a) 冲击波抵达结构试件　(b) 空穴开始出现以及断裂锋面扩展

(c) 断裂锋面的扩展以及流体应变增加　(d) 流–固界面处出现闭合锋面

(e) 空穴区域彻底消失

图 9.4　实验 1（$p_{st}=0.1\text{MPa}$，$\psi=\rho_w c_w \theta/m=1.13$，$p_0=14.9\text{MPa}$）的高速摄像图片

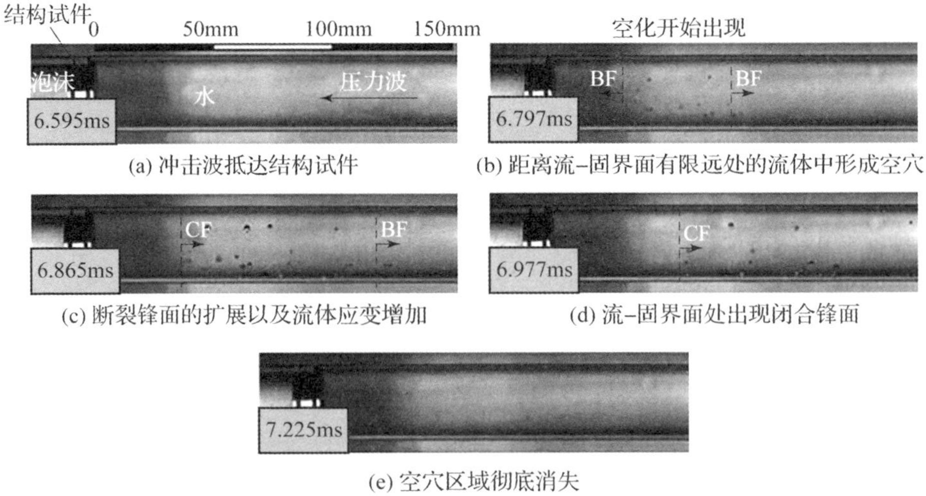

(a) 冲击波抵达结构试件　(b) 距离流-固界面有限远处的流体中形成空穴

(c) 断裂锋面的扩展以及流体应变增加　(d) 流-固界面处出现闭合锋面

(e) 空穴区域彻底消失

图 9.5　初始高静压的实验 2 的高速摄像照片

($p_{st}=2.7\text{MPa}$，$\psi=\rho_w c_w \theta/m=1.13$，$p_0=11.9\text{MPa}$)

减时间内对空背无支撑结构试件进行的实验；但实验 2 中的初始静压不可忽略（请注意实验中有放置泡沫支撑）。实验 2 中，空穴产生的地方与固体结构之间存在一定距离，两个断裂锋面形成于第一个空穴出现的地方并以超声速向外扩展，见图 9.5（b）。之后，结构试件运动减速，导致朝向结构试件。

移动的断裂锋面反转运动方向，形成闭合锋面，见图 9.5（d）。值得注意的是，在高静压实验中，由于水体变形较小，空穴气泡要比实验 1 中观察到的小得多。通过高速摄像分析技术观察可以跟踪断裂锋面和闭合锋面的运动轨迹。实验 1 和实验 2 的断裂与闭合锋面轨迹如图 9.6（a）显示，明显符合我们的分析预测结果（图中还有实验 3 的实验数据和预测曲线，其初始静压介于前两个实验初始静压值之间）。从图 9.6 中可以看出，初始静压越大，第一个空穴出现的位置距离流 - 固界面越远。升高的 p_{st} 还导致闭合锋面速度的增加。我们的建模结果[7]显示，断裂锋面和闭合锋面的运动轨迹强烈影响流 - 固界面压力从而影响固体结构受到的冲量大小。这是因为距离流 - 固界面最近的空穴锋面对介于两者之间传播的压力波造成部分反射。在图 9.6（b）中，我们给出了无支撑、水背实心板在 2 种实验（实验 4 和实验 5）中的断裂锋面和闭合锋面轨迹，相关高速摄像片参见文献［15］。这些实验中，结构试件质量、峰值超压和衰减时间保持恒定，实验 4 对应的是初始静压为大气压力，实验 5 则对应较高的初始静压。

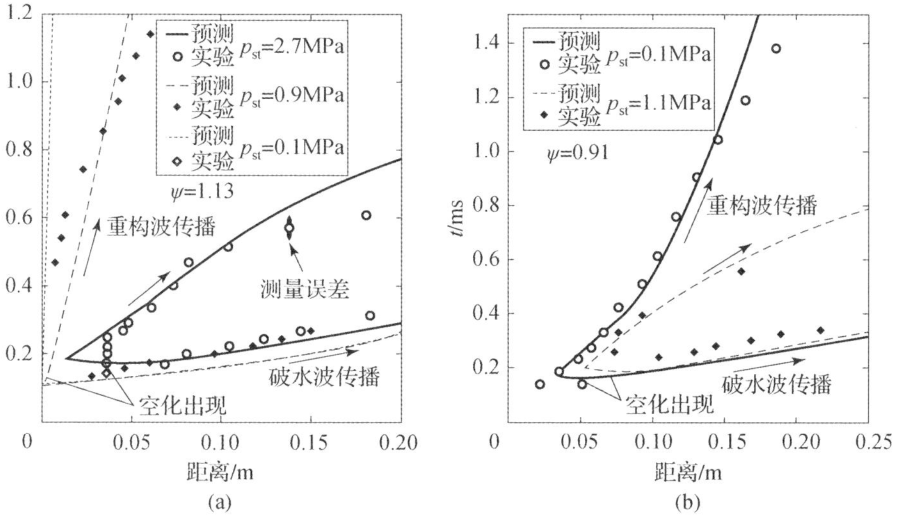

图 9.6　（a）实验 1（p_{st} = 0.1MPa，ψ = 1.13）、实验 2（p_{st} = 2.7MPa，ψ = 1.13）和实验 3（p_{st} = 0.9MPa，ψ = 1.13）中闭合锋面和断裂锋面实测轨迹与分析预测轨迹的比较；（b）实验 4（p_{st} = 0.1MPa，ψ = 0.91）和实验 5（p_{st} = 1.1MPa）中断裂锋面和闭合锋面轨迹曲线

从图 9.6（b）可以清楚看到，在水背工况下，首个空穴总是出现在距固体结构有一定距离的地方，即使初始静压可以忽略时也是如此。这可以认为是固体试件背侧接水提供了支撑的缘故。用实验观察到的响应来验证针对空背与水背实心板爆炸载荷问题建立的分析和数值模型，对比情况概括如图 9.7 所示。读者对此若有兴趣，不妨阅读我们已发表的相关专题论文[7]，其中得出的结论如下：①空背实心板受到的冲量可通过减小板的质量而大大地降低，但在水背工况下，这种降低的幅度要小得多；②静压增大时，实心板受到的冲量下降。该文还研究了弹簧支撑对板响应的作用。

9.3.2　夹芯板结构

下面讲述夹芯板结构一维爆炸响应问题，对文献［19］中报道的发现做出总结。图 9.8 和图 9.9 显示了初始静压等于大气压力的两种爆炸实验（记为实验 1 和实验 2）中拍摄的高速摄像相片。相应的结构试件具有相同的质量和面层材料。两种实验中的峰值超压和衰减时间也相同，唯一的不同是试件泡沫芯层的强度：实验 1 中使用的 Alporas 泡沫铝强度大约是实验 2 中使用的 Rohacell 泡沫强度的 2 倍。我们注意到，对于夹芯结构试件，无论初始静压是多

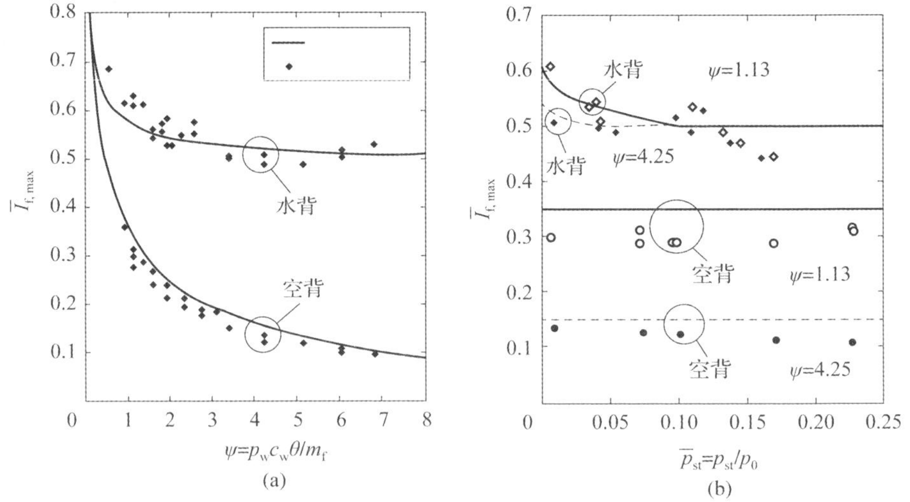

图 9.7 （a）在空背工况或水背工况的实验中，$p_{st}=0.1$MPa 时，无量纲比冲量的峰值 $\overline{I}_{f,max}=\max[\overline{I}_f(t)]$ 与 ψ 的函数关系，图中附上分析预测曲线以作比较。（b）在空背工况或水背工况的实验中，$I_{f,max}$ 的峰值是无量纲静压 $\overline{p}_{st}=p_{st}/p_0$ 的函数；将参数 ψ 在两个不同取值时的测量结果与预测曲线作比较

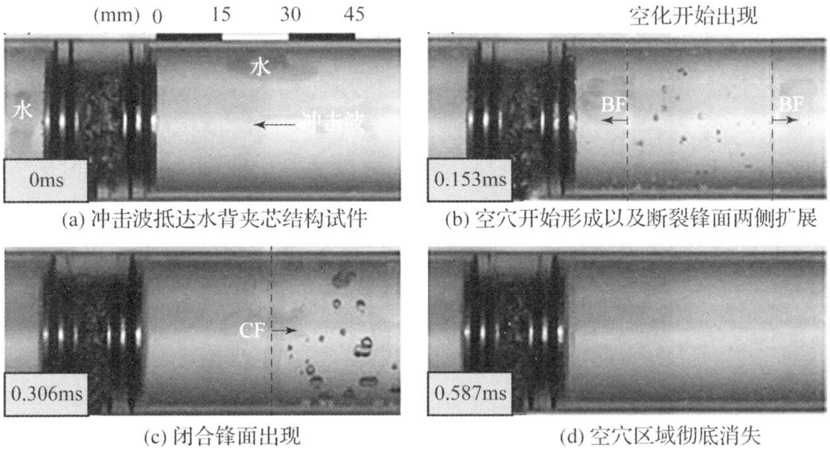

图 9.8 高速摄像拍摄的以金属泡沫为芯的夹芯结构试件爆炸加载系列图片（实验 1，$p_{st}=0.1$MPa，$p_0=11.4$MPa，$\theta=0.145$ms）

少，首个空穴出现的位置总是距流-固耦合面有一定距离。两种实验中，结构试件的芯层都出现了塑性压缩变形，夹芯结构的响应更类似于一块板（即前面板）受到恒定压力（即泡沫芯层的压缩强度）支撑时的响应，而不是等质量的实心板。

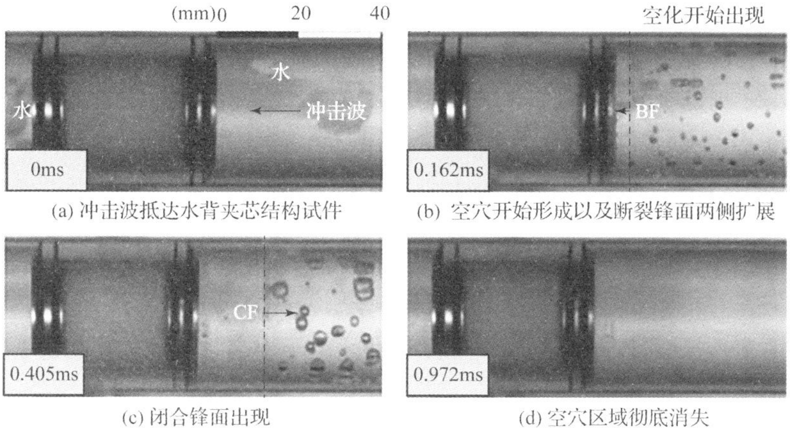

图 9.9　高速摄像拍摄的夹芯（聚合物泡沫）结构试件的系列图片
（实验 1，$p_{st}=0.1$MPa，$p_0=11.4$MPa，$\theta=0.145$ms）

两个实验中空穴锋面的测量轨迹与相应的有限元（FE）预测轨迹（图 9.10）中也可明显看出。结构物芯层强度越大，第一空穴出现的位置距离结构物越远，且闭合锋面速度越快。对等质量实心板的分析预测[7]也包括在图中。很明显，泡沫芯的使用极大影响了爆炸诱导的空穴现象，从而影响了作用于结构试件的载荷强度。

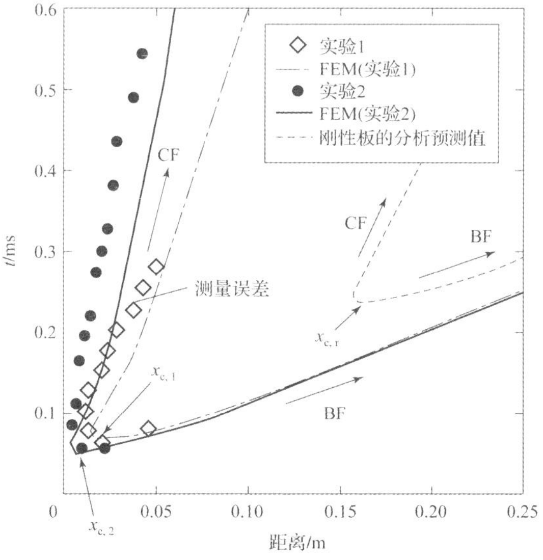

图 9.10　实验 1 和实验 2 中闭合锋面与断裂锋面轨迹的测量数据和有限元模型预测数据绘制成的时间 – 距离曲线图，两个实验都采用水背工况；图中也包括与夹芯板等质量的整体板的分析预测曲线（$M=26.3$g，$p_0=11.4$MPa，$p_{st}=0.1$MPa，$\theta=0.145$ms）以便比较

图 9. 11 说明了使用夹芯结构的好处，显示了初始静压等于大气压力时，板试件受到的比冲量归一化处理后与流 – 固耦合参数 ψ 的函数关系[7,19]。利用量值 $2p_0\theta$ 作归一化处理的冲量，表示的是爆炸波传递给质量和刚度无限大的结构物（等同于刚性面）的比冲量。虚线代表水背和空背实心板的分析预测结果，之前已通过实验得到证实（图 9. 7）。实心和空心菱形表示的是与实心板等质量的夹芯板的实验数据，空心和实心分别表示芯层材料强度相对较小和较大的夹芯板试件。很明显，采用夹芯结构导致传递的冲量减小。这种冲量减小在水背夹芯板上更加明显。这点通过观察即可证实，相较于空背夹芯板，背侧接触的水给予的支撑促进了芯层的压溃，从而使第一个空穴在更靠近流 – 固界面的地方出现。显而易见的是，泡沫芯强度较弱，冲量减少得更多。

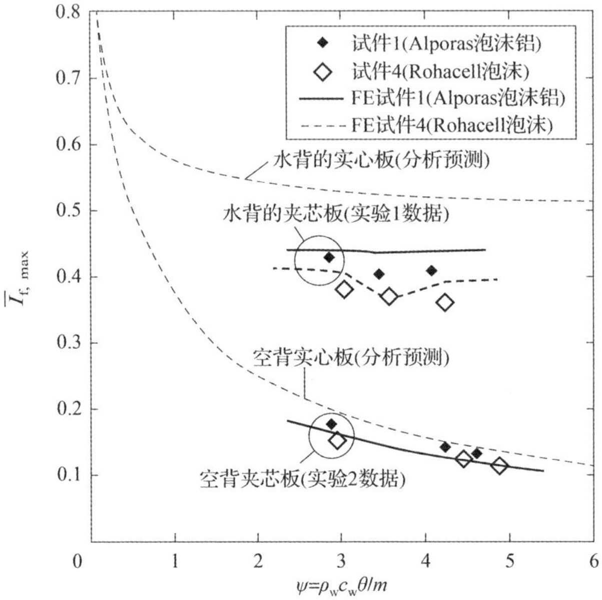

图 9. 11 水背和空背结构试件受到的无量纲冲量 $\bar{I}_{f,\max}$ 的实验测量数据和有限元预测数据与参数 ψ 的函数关系曲线。图中虚线表示等质量整体板的分析预测结果

关于初始静水压力大小对两种实验工况中夹芯板响应的作用的具体阐述，我们参阅了文献［19］。简而言之，初始压力加大相当于泡沫芯层产生了初始压缩应力。压缩应力降低了材料的有效强度，促使空穴提早形成，导致冲量下降（与等质量整体板的实验结果对比），这些情况随着初始静压的提高而越发显著。最后，我们注意到，在双层船体的设计上也可应用夹芯结构，特别有助于在爆炸冲击最强时保护船体底层整体结构[20]。

9.3.3　圆形复合板

复合板在开始失效之前显示出近似线弹性特征。在了解整体结构和夹芯结构的一维响应行为后，继续研究完全固支圆形弹性板是如何在三维空间上对指数级速度衰减的水下压力脉冲做出响应的。此处，只讨论浅水爆炸的情况。我们知道，细长弹性杆或薄板对动态加载的响应受到复合波传播现象的支配与影响，不同于其对准静态载荷的响应（可参见文献［21－23］）。对一块板均匀加载法向压力，其形变机理可认为是板受到从其周围向中心移动的弯曲波的影响，而波的移动速度取决于板自身的刚度和质量，见图9.12。当这样的波抵达板中心后，高阶振型被激活，但是振幅相对较小（未体现在图9.12中）；板进入延迟阶段，发生的形变如图9.12（c）所示，形变量达到峰值，出现弹性回弹。

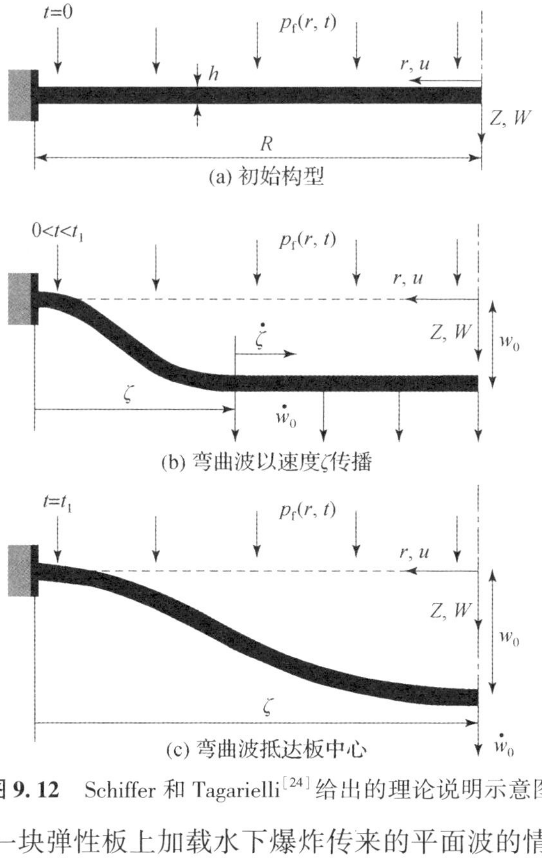

图9.12　Schiffer和Tagarielli[24]给出的理论说明示意图

现在考虑在一块弹性板上加载水下爆炸传来的平面波的情况。当这块板发生弯曲时，流－固界面在空间各点上的速度并不相同，在有支撑处为零，在板中心则为最大。这使得流体中的压力场依位置而变，致使随后发生的流－固耦合和空穴过程变得复杂。为了研究这个问题，进行了爆炸实验和相应的数值模拟。受实验观察和模拟结果的启发，建立了分析模型，这将在下一节中叙述。

图 9.13（a）是空背固支碳纤维复合材料（CFRP）板在爆炸实验中被高速摄像机拍摄的相片，显示了过程中结构物的形变和回弹。对于这种特定实验，结构弯曲波的传播很迅速，高速摄像机无法捕捉；有限元模拟的结果如图 9.13（b）所示，有助于理解早期的形变情况。在弯曲波从板周围向中心传播的过程中，板中心区域以相对较高且统一的速度运动（图 9.12（b））。这促使与板中心部分接触的水体中提早形成空穴，而与板周边接触的水体尚未形成空穴。这个空穴区很快消失，并由此导致邻近板的水体压力飙升，即画面（ⅳ）中出现的灰色区域，而板持续变形。

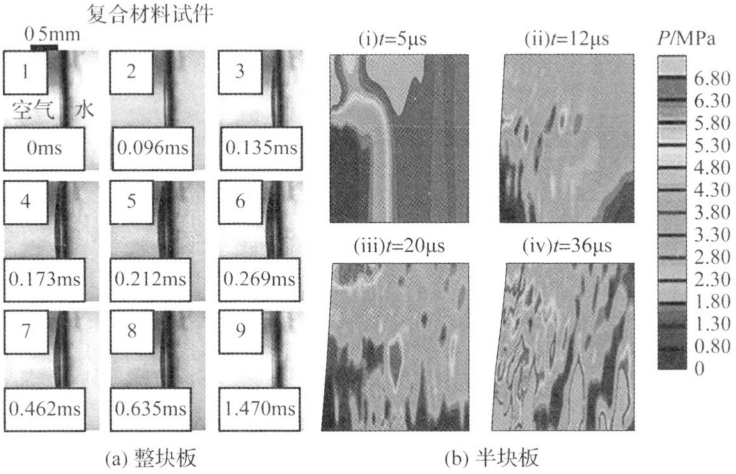

图 9.13 （a）高速摄像机拍摄的背侧接触空气的碳纤维复合材料板在爆炸加载时的一组照片，显示试件受到水下冲击波加载后的动态形变过程（$p_0=6.8\mathrm{MPa}$，$\theta=0.14\mathrm{ms}$）；（b）从四个选定时间帧的有限元模拟结果绘制的流体等压图。

图 9.14 显示的是与图 9.13 类似的实验中拍摄的照片，但关注的是流体的响应情况。从图 9.14（b）可以看出，随着板持续变形，水体中距结构试件一定距离处出现空穴并形成断裂锋面，这与夹芯板实验中观察到的情形类似（图 9.8 和图 9.9），与文献［7］中描述的弹簧支撑的整体板情形也类似。我们还注意到，实验和有限元模拟都显示出，距离固体结构物足够远处的流体响应本质上是一维的。随着板运动开始减速，由于其响应的弹性本质，朝向它移动的断裂锋面倒转了运动方向，成为闭合锋面（图 9.14(c)），这与一维爆炸事件中观察到的现象相似。

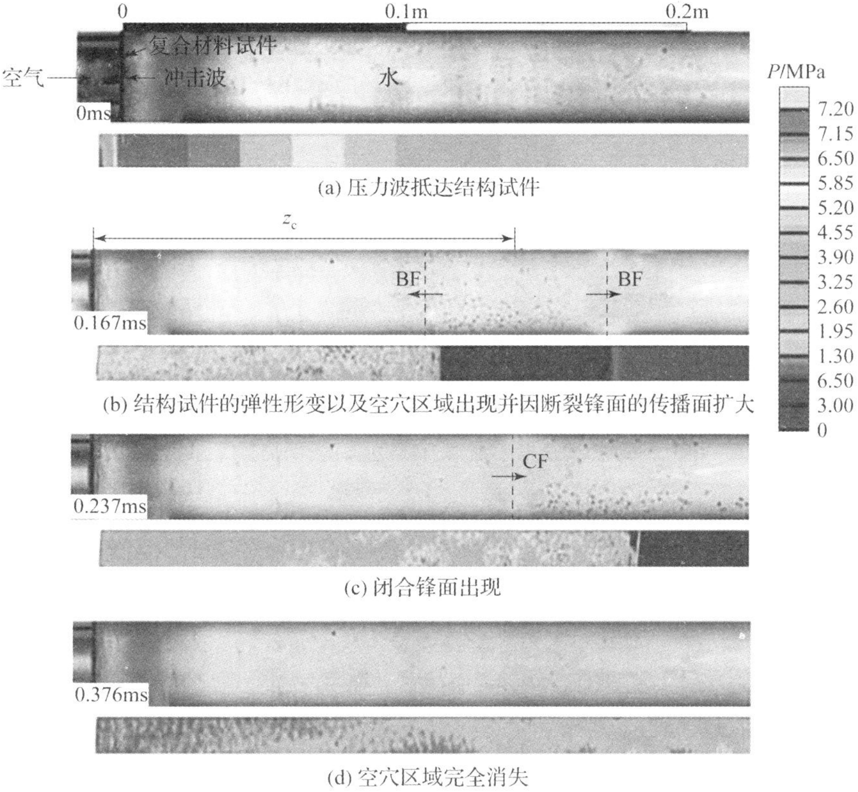

图 9.14　碳纤维复合材料结构试件爆炸响应实验（$p_0=7.2\text{MPa}$，$\theta=0.12\text{ms}$）的系列高速摄像照片，以及相应的有限元模拟流体等压图

比较图 9.14 和图 9.15 中的现象，会发现一些有趣的结论。与图 9.14 中展示的实验相比，图 9.15 中实验所用的板相同，加载的爆炸冲击波的衰减时间也相同但峰值压力较高，因此，观察到了板的失效。在图 9.15（b）中，板发生了弹性形变；随后在图 9.15（c）中，我们注意到在首个空穴形成的位置出现两个断裂锋面，与图 9.14 中观察到的情形类似。另外，从图 9.15（c）可知，板开始失效了。诱导次生空穴在更靠近结构试件的地方出现，相应的两个断裂锋面也伴随出现。通过分析和模拟[24]能够得到，这种次生空穴使板受到额外载荷；一旦板开始失效，允许水穿透其中，由水施加的载荷会加剧，导致板的额外损伤直至发生毁灭性失效。该实验和相应的模拟表明，弹性复合板的水下爆炸响应深受流 - 固耦合的影响，尤其是空闲现象的影响。特别地，在板发生弹性形变的爆炸响应实验中观察到两起空穴形成事件。第一起发生在板受载荷的早期阶段，本质上是三维的，并出现在紧靠板结构的区域。第二起发

生在板运动减速阶段，本质上是一维的，发生地与板有一定的距离。我们注意到，观察到的第二起空穴事件首次被记录在文献［21］中，这多亏当时用了透明的激波管才得以发现。这种空穴现象的存在一直被忽略，在所有关于建模研究的文献中都没有讨论过。而且，若板失效，就有额外的空穴事件发生，这是流体能穿透板之后发生加速诱发的，从而导致板失效后的载荷强度增加。

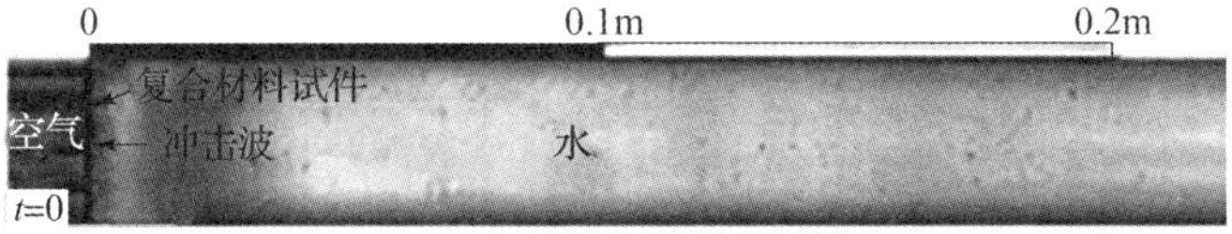

(a) 压力波抵达结构试件

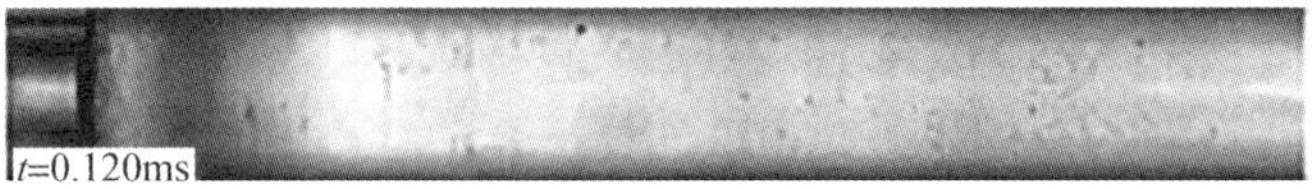

(b) 结构试件发生弹性形变

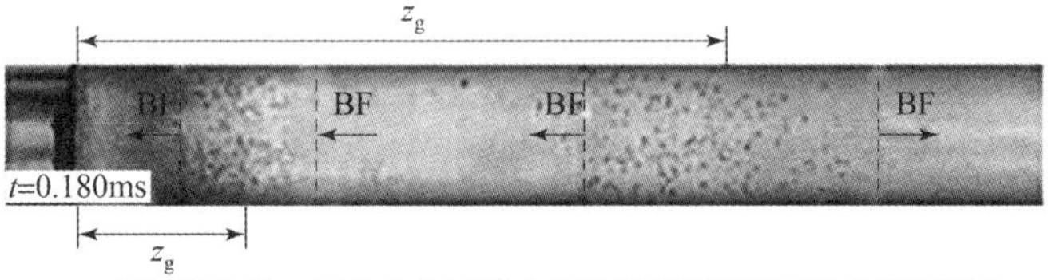

(c) 板开始失效，两个空穴区域出现并都因断裂锋面的传播而扩大

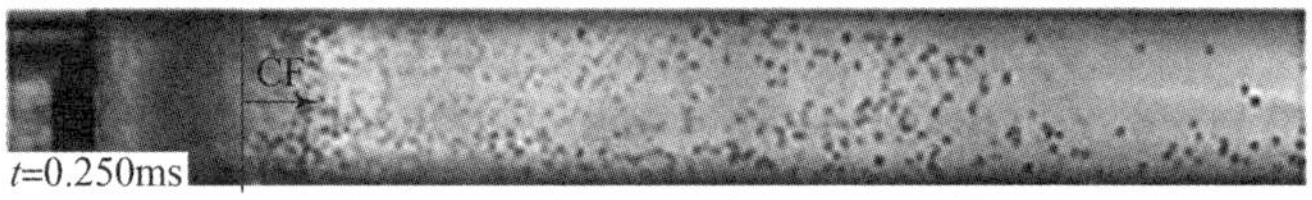

(d) 两个空穴区域发生合并，一个闭合锋面出现

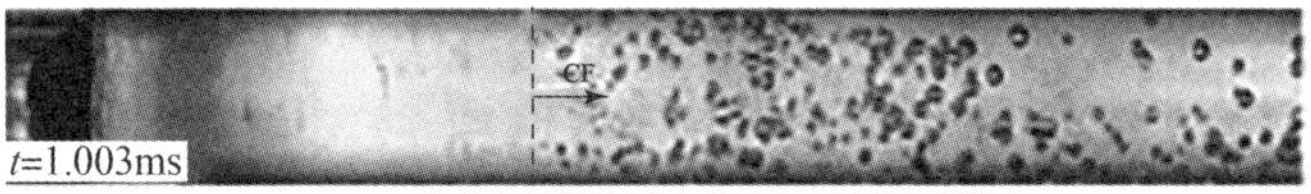

(e) 空穴区域因闭合锋面的传播而消失

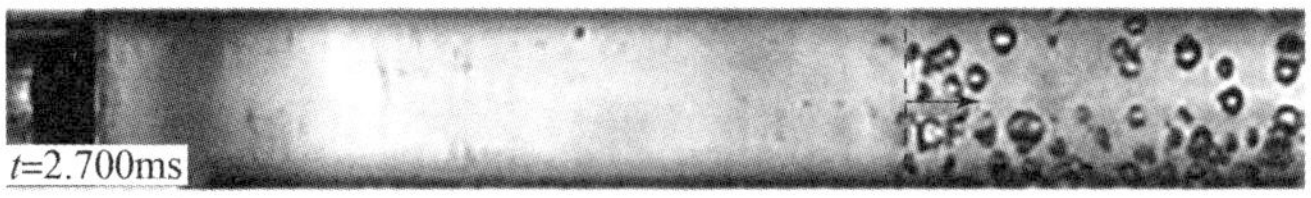

(f) 空穴区域因闭合锋面的传播而消失

图 9.15　碳纤维复合材料结构试件爆炸响应实验
（$p_0=9.4$MPa，$\theta=0.12$ms）的系列高速摄像照片

施加于板上的界面压力以及相应传递的冲量对空穴事件的细微变化极度敏感。因此，复合结构爆炸响应的有效建模必须将空穴事件的具体情况以及它们对流－固耦合的重要影响考虑进去。如果波在流体和固体结构中的传播能够建立明确的模型并充分考虑耦合效应，那么详细的数值模拟就能有效预测复合板

水下爆炸响应。然而，模拟的计算成本昂贵，且参数很难设置正确。不仅如此，模拟结果对于从物理学角度理解流－固耦合过程无益，并且对结构工程师来说往往太过复杂而无法解释。出于这些方面的考虑，我们发明了一种分析建模方法，能够帮助确定该问题的控制参数，绘制最优设计图来指导抗爆结构初始尺寸的设定，详细说明见文献［24］。下节将对我们的建模方法及其应用做概括说明。

9.4　建模与优化

9.4.1　分析模型概述

关于我们建立分析模型的理论依据，这里将做简单说明，具体可参见文献［24］。模型的目的是预测被固定住的圆形弹性正交各向异性板在受到水中按指数规律衰减的冲击波载荷后随时间发生的形变。为了保持模型的通用性，预测结果能解释流－固耦合、弯曲波在板中的传播，复合材料中产生的拉伸力和弯曲力、各向异性响应以及剪切力引起的板的形变。参照图9.12可知，板的形变分成两个阶段：在第1阶段，$0<t<t_1$，（图9.12（b）），板的响应形变是由源自被固定边界的、以速度ζ向板中心传播的弯曲波造成的；在第2阶段，$t_1>0$（图9.12（c）），板运动开始减速，弯曲波的传播可以忽略不计，因此$\zeta=R$。

用一个轴对称形变的多项式曲线拟合每一个阶段，确定剪切形变和弯曲形变并满足兼容性：

$$w(r,t)=w_{B0}(t)\left[3\left(\frac{R-r}{\zeta(t)}\right)^2-2\left(\frac{R-r}{\zeta(t)}\right)^3\right]+w_{S0}(t)\left[2\left(\frac{R-r}{\zeta(t)}\right)-\left(\frac{R-r}{\zeta(t)}\right)^2\right] \tag{9.5}$$

式中：$w_{B0}(t)$和$w_{S0}(t)$分别为板中心的弯曲形变和剪切形变。

引入式（9.5）先验地将第1阶段的问题维度降低至3个自由度（DOF），分别是由弯曲和剪切各自造成的板中心形变量$w_{B0}(t)$和$w_{S0}(t)$，以及波前位置$\zeta(t)$。在第2阶段，板的响应仅由两个自由度进行描述，即$w_{B0}(t)$和$w_{S0}(t)$，而此时$\zeta=R$。假定板是对称均衡的层合板，由n块横断面各向同性的复合单层板在任意方向上堆叠而成$\varphi_k(k=1,2,\cdots,n)$。为层合板引入柱坐标参考系$(r,\varphi,z)$，平面内单位宽度上的力$N_i$与相应的面内应变$\varepsilon_i$之间的关系可表示为

$$(N_r \quad N_t \quad N_{rt})^{\mathrm{T}} = \boldsymbol{A} \cdot (\varepsilon_r \quad \varepsilon_t \quad \epsilon_{rt})^{\mathrm{T}} \tag{9.6}$$

依据经典的层合板理论，公式中的 $\boldsymbol{A}$ 表示层合板平面内的刚度矩阵。同样地，单位宽度上的弯矩和扭矩 M_i 表示为

$$(M_r \quad M_t \quad M_{rt})^{\mathrm{T}} = \boldsymbol{D} \cdot (k_r \quad k_t \quad k_{rt})^{\mathrm{T}} \tag{9.7}$$

式中：$\boldsymbol{D}$ 为层合板的弯曲刚度矩阵；$\boldsymbol{\kappa}_i$ 为弯曲/扭曲率。

假定发生的是轴对称变形（式 9.5）并假定材料各点径向和切向位移忽略不计，即 $|u| \ll |w|$，$|v| \ll |w|$，那么面内应变、弯曲率以及横向剪切应变可表示为

$$\varepsilon_r = \frac{1}{2}\left(\frac{w_{\mathrm{B0}} + w_{\mathrm{S0}}}{\zeta}\right)^2,\ \varepsilon_t = \frac{u}{r} \approx 0,\ \gamma_{rt} = 0 \tag{9.8}$$

$$K_r = -\frac{\partial^2 w_{\mathrm{B}}}{\partial r^2},\ K_t = -\frac{1}{r}\frac{\partial w_{\mathrm{B}}}{\partial r},\ K_{rt} = 0 \tag{9.9}$$

$$\gamma_{rz} = \frac{\partial w_{\mathrm{S}}}{\partial r},\ \gamma_{tz} = 0 \tag{9.10}$$

建立水下爆炸加载模型需要规定流 - 固界面压力随时间的变化关系。在 $t > 0$ 的任何时间，这种界面上的压力分布由下式给出：

$$p_{\mathrm{f}}(r,t) = 2p_0 \exp(-t/\theta) - \rho_{\mathrm{w}} c_{\mathrm{w}} \dot{w}(r,t) \tag{9.11}$$

根据式（9.11）可知，界面压力 p_{f} 受到板的横向速度场 $w(r,t)$ 的影响很大，能降到流体的空穴压力大小，$p_{\mathrm{c}} \approx 0$，在此压力值以下，流体无法维持进一步的拉伸载荷并能发生任意大的胁变。

空穴现象的发生在流体响应行为中引入了非线性因素，导致无法全面分析处理三维水下爆炸问题。因此，我们利用之前的流 - 固耦合一维分析模型[7]来推断流 - 固界面的压力变化情况，说明空穴断裂锋面和闭合锋面的出现与传播以及压力波在这些锋面发生的部分反射。根据线性动量和角动量守恒的原理，利用式（9.5）~式（9.11）可以得到该系统运动的方程式，详见文献［24］。所得系统运动公式包括第 1 阶段的 3 个非线性常微分方程和第 2 阶段的 2 个常微分方程，通过给予适当的初始条件就可以对这些方程进行数值积分。通过量纲分析，这些运动方程可表达成无量纲形式。这样做能够确定其中起支配作用的无量纲参数分别为

$$\bar{h} = h/R,\ \bar{R} = \frac{R}{\theta}\sqrt{\frac{\rho}{E}},\ \bar{\mu} = \frac{\mu}{\theta\sqrt{E\rho}},\ \bar{\alpha} = \frac{\rho_{\mathrm{w}} c_{\mathrm{w}}}{\sqrt{E\rho}},\ \bar{p}_0 = \frac{p_0}{E} \quad (note\psi = \bar{\alpha}/\bar{\mu}) \tag{9.12}$$

式中：h 和 R 分别为圆形板的厚度和半径；E 为线性弹性板材料的杨氏模量，对于准各向同性复合板，E 为等效的平面内刚度，由矩阵 $\boldsymbol{A}$ 推导所得；ρ 为材料密度；$\mu = \rho h$ 为板的面积质量；p_0 和 θ 为指数级衰减的爆炸波的峰值压力和

衰减时间。

不同尺寸的弹性板的数值模拟结果证实了尺度无量纲转换（式（9.12））是合乎需求的。假定板材料的相关特性 E 和 ρ 是均质的且与板尺寸无关，并只考虑板的弹性响应，则可以认为所研究的问题是与尺度无关的。由此，大型海军舰艇组件的爆炸响应可以在实验室中运用缩小规模的实验装置和一组与实比结构相同的无量纲参数（式（9.12））进行测量。就暴露于水下爆炸危险中的实比海军舰艇组件而言，无量纲参数的常规范围为

$$0.04<\bar{h}<0.8,\ 0.001<\bar{R}<2.5,\ 0.003<\bar{\mu}<0.4,$$
$$0.004<\bar{\alpha}<0.4,\ 5\times10^{-5}<\overline{p_0}<0.025 \tag{9.13}$$

我们在小规模实验研究中使用的试件的几何结构、材料以及加载参数都适用于放大到真实的爆炸场景中。

9.4.2 分析预测和优化设计图

关于模型保真度的全面评价，可参见文献［21，24］。图 9.16 是显示模型保真度的一个实例。我们对两块聚乙烯树脂基复合玻璃纤维增强聚合物（GFRP）板进行实验，测量其中心形变量随时间变化，并与分析和有限元模拟预测结果做对比。很明显，分析模型能够捕捉到板的最大形变量和时间响

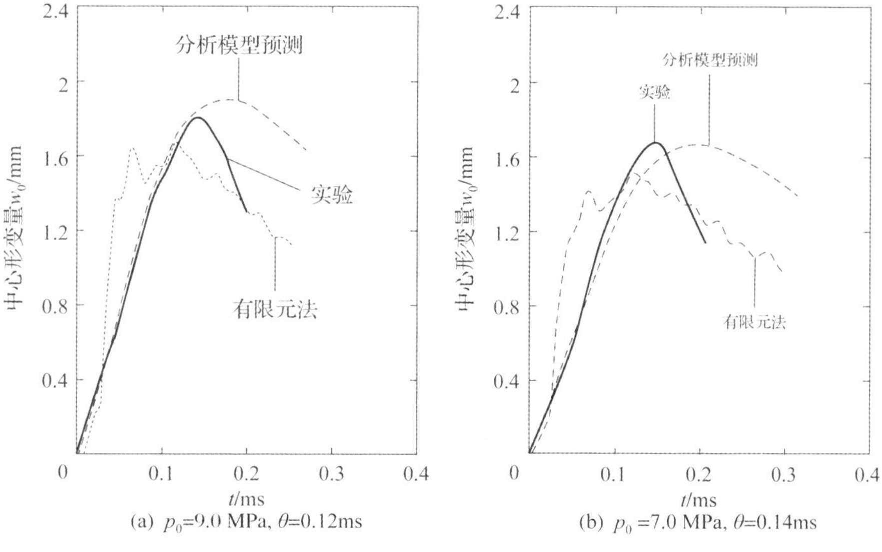

图 9.16 在两个特定条件实验中，玻璃纤维增强聚合物板中心形变量测量值随时间的变化（$w_0(t)$）曲线。图中包括分析模型和有限元模拟预测结果，以便比较。实验用板的直径都是 25m

应。注意，数值模拟预测的形变响应略微不同，对此，我们做了彻底的调查研究，发现这种微小差异是由数值模拟捕捉弯曲波抵达板中心之后产生的高阶形变造成的，简单起见，高阶形变没有进入分析模型。我们已经表明[25]，运用不同的形函数就能够捕捉这样的高阶形变；然而，在实验观察到的响应中，这样的高阶形变似乎被抑制了，而我们认为是材料阻尼和接触到结构物的水的黏滞响应联合作用共同抑制了结构的高阶形变。

图 9.17 是分析模型和数值模拟对选定的一组结构动态响应的预测结果之间的比较，所施加的冲量值范围广、板的几何特征多样，进一步显示出分析模型良好的预测准确度。经过验证的分析预测模型，结合实验中的发现，能够用来对不同材料体系的爆炸性能进行比较而得出相关结论。

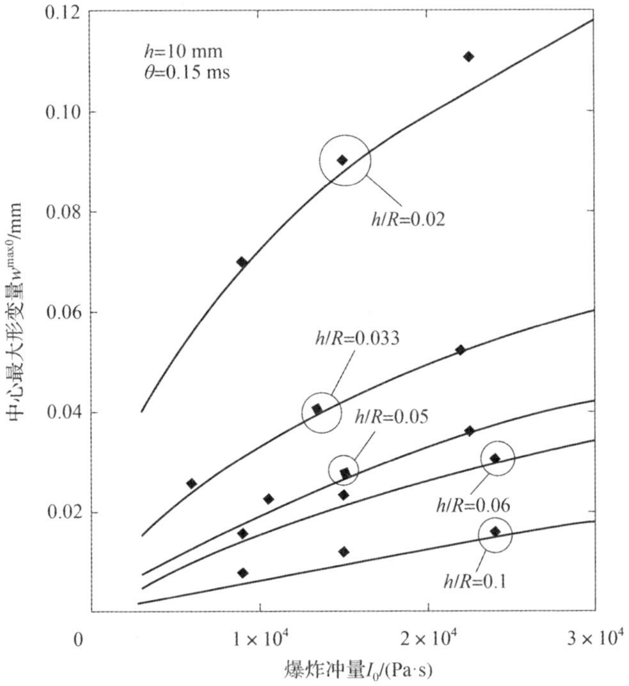

图 9.17 分析模型与有限元模拟预测的板中心最大形变量 $w_0^{\max}$ 随单位面积爆炸冲量 $I_0=2p_0\theta$ 的变化曲线

图 9.18 展示了分析预测给出的中心形变归一化处理后的最大值，$\overline{w}_0^{\max}=w_0^{\max}/R$，它是一定衰减时间 θ 下入射冲击波峰值压力 p_0 的函数；图中比较了等质量的碳纤维复合材料/环氧树脂和玻璃纤维增强聚合物/聚氯乙烯树脂的爆炸响应。实验中，在爆炸波压力 $p_0=9\text{MPa}$ 且相应的归一化形变量约为 $\overline{w}_0^{\max}=$

0.125 时，碳纤维复合材料板发生毁灭性的失效；另外，玻璃纤维增强聚合物板抗压达 11MPa 而没有发生失效（相应的归一化形变量峰值为 0.2）。

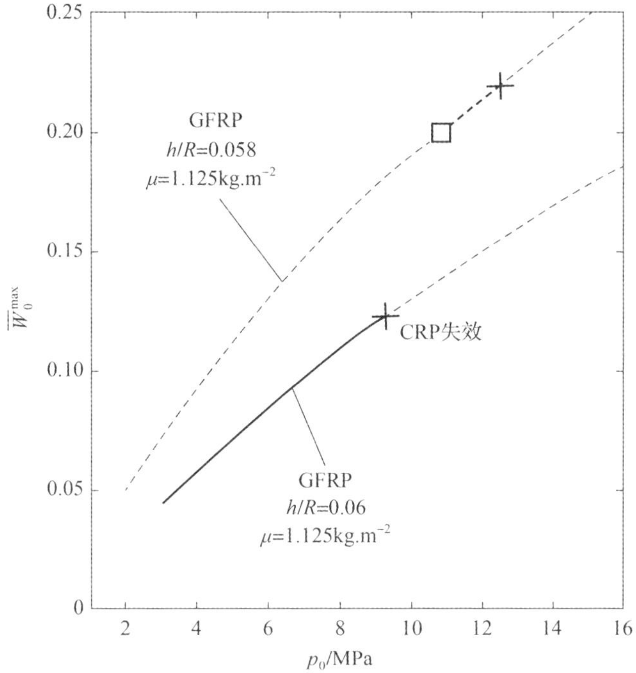

图 9.18 分析模型预测的面积质量 μ 相同的碳纤维复合板和玻璃纤维复合板归一化中心形变量峰值 $\overline{w}_0^{max}=w_0^{max}/R$ 随冲击波压力峰值 p_0 变化的曲线

我们断定，在受到一定的爆炸冲击时，玻璃纤维增强复合板的形变明显大于等质量的碳纤维增强复合板的形变，前者较高的延展性使其在抗冲击性能上超越了后者。给定面积质量和直径的情况下，玻璃纤维复合材料比碳纤维复合材料有更强的抗爆性能。严格来说，该论断只在板的失效机理如同我们在实验中观察到的那样（即板的拉伸撕裂发生在有支撑的点）才成立，而且为了观察不同的失效模态（如折断和分层），有必要开展更加全面的实验研究，对厚度/半径比有明显差异的板进行实验。然而，图 9.18 给出的信息可看作一则有用的指示，即玻璃纤维增强复合材料可能在建造抗爆结构方面比碳纤维增强复合材料更合适。

最后，我们使用该分析模型来构建最佳的设计图。图 9.19 便是一例。该图研究板的厚度/半径比 $\overline{h}=h/R$ 和无量纲半径 $\overline{R}=R\sqrt{\rho/E}/\theta$ 的常规变化范围，在绘制时限定了归一化峰值形变量 $\overline{w}_0=0.2$。图 9.19 中还显示了无量钢板质量$\bar{\mu}=\mu/(\theta\sqrt{E\rho})$和爆炸压力$\bar{p}_0=p_0/E$的等值线。我们发现，板材料发生的峰值应变随着无量纲峰值形变量的增加而增加。对于能稳固维持归一化峰值形变量，如在$\bar{w}_0=0.2$的材料，忽略分层剥离，图中各点对应着结构设计中的弹性响应（因此从设计的角度是可接受的）。图中实心箭头指示的路径$(h, R)_{\max}$，对应最大抗冲击性设计。作为比较，空心箭头指示了一个相似的路径$(h, R)_{\min}$，对应最小抗冲击性设计。利用图9.19可以对给定的面积质量设计出抗冲击性最佳的板。同样地，根据给定的抗冲击性能也能确定拥有最小质量的设计方案，这在选择能承受给定的峰值压力而不失效的复合板的材料和几何构型时非常有用。我们注意到这张设计曲线图具有通用性，让设计师无须进行任何计算就可以初步给出抗冲击复合板的最佳尺寸。这样的设计随后可通过具体的数值模拟分析进行验证。

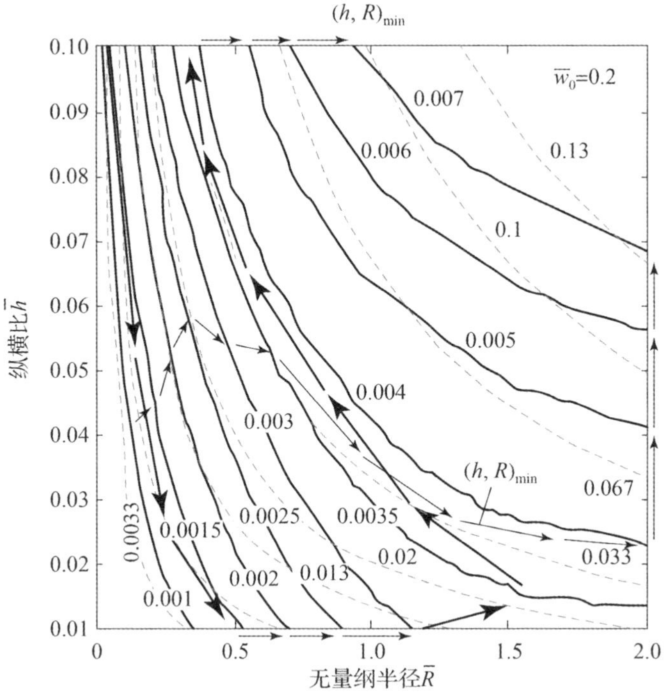

图9.19 $\bar{\alpha}=0.15$且归一化峰值形变量$\bar{w}_0=0.2$时，各向同性圆形板受到水下爆炸加载时的设计图；图中包括无量纲峰值压力$\bar{p}_0=p_0/E$等值线（实线，其数值带下划线）和面积质量$\bar{\mu}=\mu/(\theta\sqrt{E\rho})$（虚线）等值线。由$(h, R)_{\max}$表示的路径确定最大抗冲击性的设计，而$(h, R)_{\min}$表示的路径代表最小抗冲击性

9.5 结　　论

纤维增强类复合材料的复合弹性特质以及应力波在这些材料中具有相对较高的传播速度，使得这些复合材料结构能有效抵御动态载荷，例如在爆炸和撞击事件中遇到的动态加载。细长的复合材料结构在承载水下或空气中爆炸产生的弥漫性压力载荷时，表现出格外优良的防护性能。水下爆炸时，流－固耦合现象对复合板的动态响应有很大的影响：板的运动降低了流体中的压力，而这种压力下降幅度具有代表性，意味着压力可能降到零，从而诱导水中空穴出现。断裂锋面出现在第一个空穴生成的位置，并以超声速向外扩展，使得有空穴的水体区域扩大。如果周围流体的压力场和速度场条件合适，这样的锋面能反转运动方向成为闭合锋面，缩小空穴区域。空穴锋面的传播与结构物响应有关，因为结构响应影响水中的压力场和速度场。同样地，这些锋面的运动对结构响应的影响也十分显著，因为由结构发出的压力波遇到这些锋面后有部分被反射。要理解事件发生的复杂顺序，必须对现象做直接观察。本章描述了一个最新发明的设备，让我们第一次能够在实验室规模的水下爆炸实验中同步观察结构物在流体中的运动以及空穴现象。我们发明的这个设备也适用于爆炸加载前初始水压较高的情形，因此也能用于研究深水爆炸响应。我们用这个设备研究了若干种结构物的水下爆炸响应行为，通过实验观察和同时进行的有限元模拟，构建了分析预测模型，可方便地用于结构设计。

以下是研究得出的主要结论：

（1）在无支撑实心板加载冲击过程中，空穴总是出现在流－固界面上。若结构物有支撑（弹性、塑性或者如同结构背面的流体给予的黏性支撑），则第一个空穴出现的距离远，从而导致结构受到额外的冲量。

（2）深水爆炸载荷强度低于浅水爆炸载荷强度。

（3）与等质量实心板结构相比，夹芯结构使冲量大幅降低。水背工况下冲量降低的幅度比空背工况更加显著；同样地，夹芯板上爆炸载荷的强度随着水下深度的增加而降低。夹芯结构的芯料强度越弱，抗冲击性能越好。

（4）复合板的水下爆炸响应由弯曲波的瞬时传播控制。这导致在响应的非常早期阶段于流－固界面处发生复杂的三维空穴事件。复合板持续的形变引发距离结构物有限远处的次生空穴事件，这样的次生事件以近似一维的方式演化。两起空穴事件对传递给复合板的冲量都有很大影响，需要在预测模型中表现出来。

（5）在水下爆炸事件中，低强度的柔性玻璃纤维增强复合板的抗冲击表现优于高强度的刚性轻质碳纤维增强复合结构。

致　谢

感谢诺曼·弗莱克（Norman Fleck）、维克拉姆·德什潘德（Vikram Deshpande）、迈克·阿什比（Mike Ashby，剑桥大学）、约翰·哈钦森（John Hutchinson）、托尼·埃文斯（Tony Evans）、鲍勃·麦克米金（Bob McMeeking，加利福尼亚大学圣芭芭拉分校）和海登·沃德利（Haydn Wadley，弗吉尼亚大学）诸位教授对本章研究所传授的宝贵知识，与你们的交谈使我们深受启发。

参考文献

[1] R.H. Cole, Underwater Explosions, Princeton University Press, Princeton, NJ, 1948.

[2] M.M. Swisdak, Explosion Effects and Properties: Part II—Explosion Effects in Water, Naval Surface Weapons Center, Dahlgren, VA, 1978.

[3] G.I. Taylor, The pressure and impulse of submarine explosion waves on plates, in: G.K. Batchelor (Ed.), The Scientific Papers of G.I. Taylor, vol. 3, Cambridge University Press, Cambridge, UK, 1963, pp. 287–303.

[4] E.H. Kennard, Cavitation in an elastic liquid, Phys. Rev. 63 (1943) 172–181.

[5] V.S. Deshpande, N.A. Fleck, One-dimensional response of sandwich plates to underwater shock loading, J. Mech. Phys. Solids 53 (2005) 2347–2383.

[6] Y. Liang, A.V. Spuskanyuk, S.E. Flores, D.R. Hayhurst, J.W. Hutchinson, R.M. McMeeking, et al., The response of metallic sandwich panels to water blast, J. Appl. Mech. 71 (2007) 81–99.

[7] A. Schiffer, V.L. Tagarielli, N. Petrinic, A.F.C. Cocks, The response of rigid plates to deep water blast: analytical models and finite element predictions, J. Appl. Mech. 79 (2012) 061014.

[8] V.S. Deshpande, A. Heaver, N.A. Fleck, An underwater shock simulator, Proc. Royal Soc. Lond. A 462 (2006) 1021–1041.

[9] H.D. Espinosa, S. Lee, N. Moldovan, A novel fluid structure interaction experiment to investigate deformation of structural elements subjected to impulsive loading, Exp. Mech. 46 (2006) 805–824.

[10] F. Latourte, D. Gregoire, D. Zenkert, X. Wei, H.D. Espinosa, Failure mechanisms in composite panels subjected to underwater impulsive loads, J. Mech. Phys. Solids 59 (2011) 1623–1646.

[11] L.F. Mori, S. Lee, Z.Y. Xue, A. Vaziri, D.T. Queheillalt, K.P. Dharmasena, et al., Deformation and fracture modes of sandwich structures subjected to underwater impulsive loads,, J.Mech. Mater. Struct. 2 (2007) 1981–2006.

[12] L.F. Mori, D.T. Queheillalt, H.N.G. Wadley, H.D. Espinosa, Deformation and failure modes of I-core sandwich structures subjected to underwater impulsive loads, Exp. Mech. 49 (2009) 257—275.
[13] J. LeBlanc, A. Shukla, Dynamic response and damage evolution in composite materials subjected to underwater explosive loading: an experimental and computation study, Comp. Struct. 92 (2010) 2421—2430.
[14] H. Wadley, K. Dharmasena, Y. Chen, P. Dudt, D. Knight, R. Charette, et al., Compressive response of multilayered pyramidal lattices during underwater shock loading, Int. J. Impact Eng. 35 (2008) 1102—1114.
[15] A. Schiffer, V.L. Tagarielli, The response of rigid plates to blast in deep water: fluid—structure interaction experiments, Proc. Royal Soc. Lond. A 468 (2012) 2807—2828.
[16] S. Arezoo, V.L. Tagarielli, N. Petrinic, J.M. Reed, The mechanical response of Rohacell foams at different length scales, J. Mater. Sci. 46 (2011) 6863—6870.
[17] S. Arezoo, V.L. Tagarielli, C.R. Siviour, N. Petrinic, Compressive deformation of Rohacell foams: effects of strain rate and temperature, Int. J. Impact Eng. 51 (2013) 50—57.
[18] D.J. Korteweg, Uber die Fortpflanzungsgeschwindigkeit des Schalles in elastischen Rohren, Annu. Phys. 5 (1878) 525—542. in German.
[19] A. Schiffer, V.L. Tagarielli, One-dimensional response of sandwich plates to underwater blast: fluid—structure interaction experiments and simulations, Int. J. Impact Eng. 71 (2014) 34—49.
[20] A. Schiffer, V.L. Tagarielli, The one-dimensional response of a water-filled double hull to underwater blast: experiments and simulations, Int. J. Impact Eng. 63 (2014) 177—187.
[21] A. Schiffer, V.L. Tagarielli, The response of circular composite plates to underwater blast: experiments and modelling, J. Fluids Struct. 52 (2015) 130—144.
[22] V.L. Tagarielli, V.S. Deshpande, N.A. Fleck, Prediction of the dynamic response of composite sandwich beams under shock loading, Int. J. Impact Eng. 37 (2010) 854—864.
[23] V.L. Tagarielli, V.S. Deshpande, N.A. Fleck, The dynamic response of composite sandwich beams to transverse impact, Int. J. Impact Eng. 44 (2007) 2442—2457.
[24] A. Schiffer, V.L. Tagarielli, The dynamic response of composite plates to underwater blast: theoretical and numerical modelling, Int. J. Impact Eng. 70 (2014) 1—13.
[25] A. Schiffer, W.J. Cantwell, V.L. Tagarielli, An analytical model of the dynamic response of circular composite plates to high-velocity impact, Int. J. Impact Eng. 85 (2015) 67—82.

第 10 章

水下复合结构的不稳定性：静液压载荷与冲击载荷

Michael Pinto，Arun Shukla
美国罗德岛州金斯敦罗德岛大学

10.1 简　　介

复合材料因其拥有诸多优势而在海洋水下应用领域备受关注。复合材料质量轻、抗腐蚀性强，而且能让下潜结构物获得更大的水下操作深度。此外，这些材料对热、声和磁表现出的特征不明显因而具有隐蔽性，更加符合军事应用的需求。基于这些原因，复合材料在海洋工业中的应用日益增加，目前在海军舰艇上有多处应用，如声呐导流罩、桅杆和船体保护层[1]。由于对复合材料的认知还不充分全面，且缺少应用设计的简单规则，大范围的应用因此受到阻碍，尤其是在极端载荷条件下的应用[1]。这导致复合材料做的组件出现过度设计，削弱了材料在强度/重量上的优势。因此，目前的工作主要是通过研究内爆问题扩宽对复合材料的了解。

当外部压力达到临界点时，下潜结构物发生内爆，引起结构失稳继而发生快速且通常是毁灭性的塌陷。在塌陷过程中，结构物与周围流体的边界发生运动加速并在塌陷完成时突然终止。这种动量的突然改变向周围的流体释放出压力波，很可能损坏附近的结构物[2-4]。发生于日本神冈的核电站是能说明这种情况的显著示例，当时实验中一只光电倍增管发生内爆，释放出的压力波强大到引发了连锁塌陷反应，导致相邻的近 7000 只光电管发生内爆，损失高达 2000 万~3000 万美元[2-3]。因此，内爆问题在近几十年获得很多关注。有多位学者研究过玻璃球体的内爆，他们对塌陷过程中释放出的压力脉冲的特征及其对邻近结构造成损伤的威力做了叙述[4-8]。铝管的内爆也有人研究。Turner 和 Ambrico[9] 的研究确定了内爆事件的关键阶段与塌陷结构的局部压力有关。

该文提到，铝管的内爆导致：①初始负压期，原因是管体积下降；②小而尖的波峰，原因是塌陷完成时管壁之间产生接触；③较大的正压力峰，原因是周围流体动量变化；④宽的超压期，原因是塌陷沿管子长度方向传播。Farhat等[10]对不同长度（L）/直径（D）比（L/D）的铝缸产生模态2和模态4的失效的内爆问题进行研究，从中观察到释放出的压力脉动的差异以及屈曲模态的变化促进的塌陷进程。同样，在这些研究中，鲁棒流－固计算模型被开发出来，并且与实验数据拟合得相当好。最近，Ikeda等[11]研究了不同几何构型的铝管和铜管的自由场内爆。该研究考察的是不同塌陷模态对释放的压力脉冲的影响，并使用气泡动态标度律比较这些变化。

关于这一问题有若干分析处理手段，但复合材料管在静液压载荷情况下内爆的实验研究只有少数文献记载。Moon等[12]研究了碳纤维/环氧树脂圆筒在静态液压下的屈曲。该研究观察到圆筒外圈层中有裂缝，且裂缝走向与螺旋底层的绕旋角度平行。此外，当绕旋角度发生改变时，裂缝的路径也发生变化，表明外层材料的失效很大程度上受螺旋层绕旋角度的影响[12]。Ross和Smith[13-14]都对碳纤维/无碱玻璃纤维复合管进行了实验，确定了临界屈曲/失稳压力和屈曲模态，并创建了设计表。这些研究发现，长度短的管子（$L/D<0.5$）发生环向屈曲失效，中等长度的管子（$0.5<L/D<2.22$）发生非弹性屈曲，较长的管子（$L/D>3.1$）则发生弹性屈曲。Hernández－Moreno等[15]对静液压载荷下不同厚度（t）的丝状玻璃纤维/环氧树脂复合管进行了研究。研究中的薄壁试件（$t/D=0.035$）显示出模态3的屈曲形状，且层失效和分层现象显著。厚壁试件（$t/D=0.1$）产生毁灭性裂缝的区域更大。Hur等[16]用实验和计算的方法考察了碳纤维/环氧树脂铺带叠加管的屈曲模态、载荷和层失效问题。Yang等[17]基于各向异性层合板理论创建了计算临界屈曲压力的分析模型，并对无碱玻璃纤维/环氧树脂复合管进行实验，检测模型的预测效果。

关于炸药爆炸载荷引发的内爆也有一些数值研究。Pegg[18]对炸药爆炸引发均质材料的内爆力学以及爆炸冲量的特性如何影响结构的失稳进行了研究。Tanov等[19]利用有限元分析了静态预载荷对冲量驱动的复合管内爆的作用。Krueger[20]也使用有限元分析模型来研究爆炸引发的具有不同冲量强度的金属管内爆。Fatt等[21]使用马蒂厄方程得出复合缸在冲击载荷下的稳定性示意图。关于闭合缸体对水下爆炸响应的问题也有一些实验研究。Brett和Yiannakopolous[22]以及Hung等[23]都各自独立地对金属缸体遭受邻近区域爆炸的动态响应做过评估鉴定。另外，Ikeda[24]做了有关爆炸引发的不同载荷的金属管内爆实验，以确定结构塌陷发生的条件。最后，Arora等[25]就空气中和水下爆炸载荷对板状和管状复合结构的影响做了实验。然而，这些研究都没有测量过塌陷产生的压力脉冲，也没有塌陷事件的高速摄影相片。因此，关于复合管内爆是如何影响周围流体的局部压力场的问题，我们缺乏了解。不仅如此，关于爆炸引发的复合材料内爆问题的实验研究还没有人开展过，虽然存在相关数值研究，但对材料的损伤情况不能做出解释。到目前为止，还没有人尝试利用缓解策略降低内爆脉冲的强度。本章论述的工作旨在通过对复合材料内爆的理解做出重大贡献，以弥补这方面知识的空白。

10.2 实验方法

所有内爆实验都是在一只大型球形（直径2.1m、高2.1m）压力容器中进行的，其最大额定压力为6.89MPa，在整个塌陷事件过程中提供恒定的静态液压，并提供时长约1.4ms的“无反射”期。围绕压力容器的中段装有若干聚丙烯塑料窗口，两个高强度光源为试件提供充分的光照亮度，摄像机由此可对试件进行观察。

搭建实验装置之前，所有复合管试件的两端都盖上内嵌O形环的铝帽使之密封。在试件全长和大约环周一半的区域平滑涂覆黑漆，形成随机散斑的花纹。涂覆黑漆之前先给该区域涂上白漆以增加散斑花纹的对比度。利用钢索将试件水平悬吊在压力容器的中央，钢索则固定在容器内壁上。要确保复合管试件在容器内填满液体的过程中不会发生移动或漂浮，且有散斑花纹的一侧要对着容器上视窗的方向。实验中需要测量塌陷事件过程中局部压力的变化，在试件复合管周围沿环向和轴向的不同位置都安装了若干动态压力传感器，如图10.1所示（位于纽约州迪普市传感器公司的产品，型号PCB 138A05）。复合管中段放置了三个传感器，距离中段127mm处的轴向上放了四个传感器。所有传感器的安置都保持感应元件和复合管试件外表面之间的距离$R_s = 45$mm。这些传感器输出的放大信号由一台Astro-med公司（位于罗得岛州西沃里克镇）生产的便携式数据记录仪Dash 8HF-MS监测，取样频率为2MHz。然后，给压力容器灌满过滤水，只在容器顶端留出小块空气区域。过滤水是为了获得最大观察能见度。待容器填满后，流出的空气区域充入氮气使容器加压。容器内压力以0.083MPa/min的速率逐步增加直至复合管发生塌陷。这时，摄像机和压力传感器在终端受到触发，开始记录触发前1s产生的数据。这样，塌陷事件整个过程的数据都由记录设备收集下来。

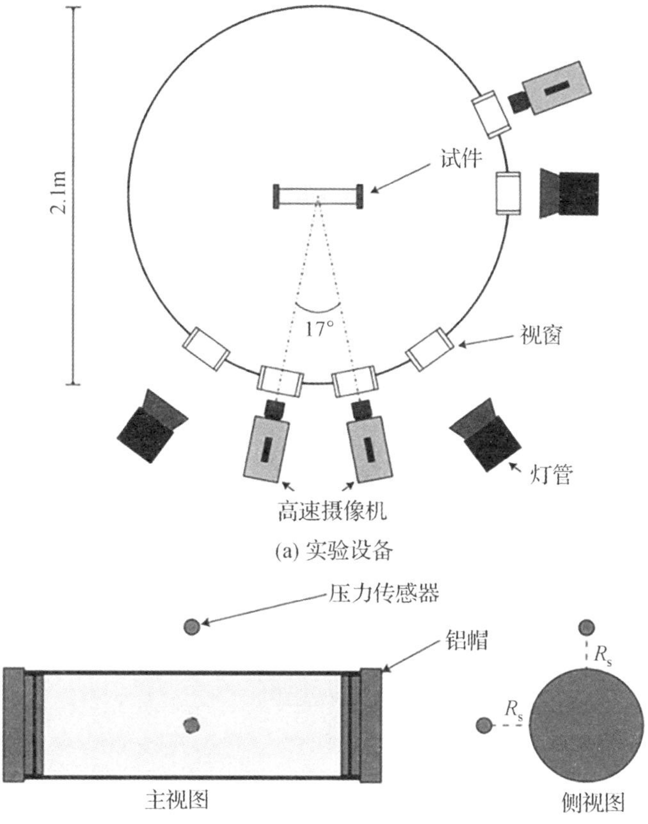

图 10.1　实验设备和试件构型

10.2.1　数字图像相关技术

数字图像相关（DIC）是一种相对新的技术方法，在不接触试件的情况下测量材料表面的全场位移。这种技术需记录加载过程中试件的若干图像，并比较试件变形前后的图像[26]。变形前的图像参照图像与变形后图像的相关性就可以实时确定每一点的位移。该方法使用一对彼此成特定立体角的同步相机，可以扩展应用，从而获得三维（3D）位移的测量。

近年来，尽管数字图像相关技术的使用范围有所拓展，但常规的应用仍仅限于空中试验。在引入不同的观察介质后，如视窗和水，因介质折射率各异，情况的复杂程度也有所上升。对于涉及下潜结构的实验，这一困难必须克服。依据前人的研究成果[27]可以对水下实验的数字图像相关技术进行校准，从而使测量位移和速度的准确度。在此，我们对此项工作的基本方法和结果进行综述。

为了评估三维数字图像相关技术在确定下潜物体表面某点的空间位置上的准确度，我们进行了校正实验，对一个浸没在小型客制水箱内的校正用试件进行图像记录。该技术使用更易获得的小型水箱重现了下潜状态时的光学作用。该实验装置的示意图如图 10.2 所示。装置长 600mm、宽 200mm、高 150mm，有两扇丙烯酸塑料视窗，厚度与压力容器的视窗相同，安装的立体角约 20°。水箱内有可精准平移的载物台，其平面内（水平方向）和平面外（垂直方向）平移的距离可精确到 0.01mm，上面安置着 76mm × 51mm（3 英寸 ×2 英寸）大小的涂覆散斑花纹的铝片试件。

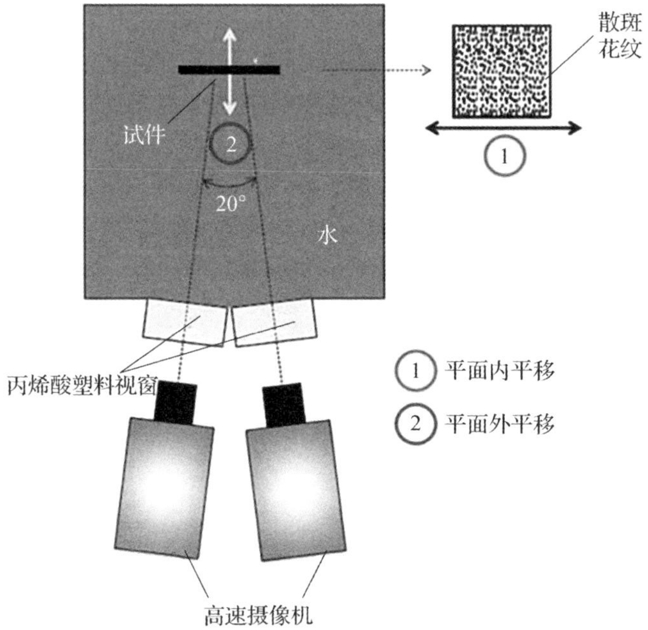

图 10.2 实验装置示意图

水箱外设置的两架高速摄像机的光轴分别与水箱上两扇视窗平面的法线对准。摄像相片的分辨率为 1024 ×1024 像素，放大倍数约为 11.44 像素/mm。铝片试件所放位置位于两架相机光轴在水箱内的交叉点（水下深度 450mm），这一位置与内爆实验一致。利用平移台将试件在平面内和平面外方向上以 1mm 的增量进行平移，并拍下相应的照片。试件在各平移方向上的位移用 Vic -3D 软件进行估测。利用参照校正的方法可以分别在 1.2% 和 2.5% 的误差范围内确定试件的平面内平移和平面外平移。为了进一步验证水下实验的数字图像相关技术，我们在实验前利用数字图像相关软件对每个试件的外半径进行重建。每种情况下，计算得出的外半径都和测量值非常接近，差异通常小于1mm。

10.2.2 流动能

要定义一个评估内爆脉冲强度的能量项，必须对脉冲的形状做出假设。内爆过程中，水流冲向结构试件的中心，大约汇集于试件管壁初始相碰的地方。因此，水的动量的突然变化发射出来的高压波也源于试件的中心。这导致在管壁接触时产生了近似球面波。Turner 等[9]已经在铝管塌陷实验中展示了内爆波的球面波特性。因此，我们也采用球面波的假设，使得基于水下爆炸理论而展开的能量分析能够进行下去。很多情况下，压力－时间曲线下面积（压力－冲量）是决定压力脉冲强度的重要参数[28]。这个参数综合了压力大小以及脉冲持续时间的影响，可判断压力脉冲潜在的破坏能力。该面积的大小内爆事件中产生的局部压力脉冲的流动能直接相关。每种试件负压区的流动能，我们都做了计算。经过任意时间 t 通过距离 R 处平面的能流量可定义为[29]

$$E_F = \frac{1}{2\rho_0 R_s}\left[\int_0^t \Delta p \mathrm{d}t\right]^2 \tag{10.1}$$

式中：Δp 为时间 t 时的动态压力；R_s 为距离；ρ_0 为流体密度。

已知压力脉冲的积分等于冲量 I，式（10.1）可简化为

$$E_F = \frac{I^2}{2\rho_0 R_s} \tag{10.2}$$

为得到总的流动能，我们假定压力脉冲为球面波，通量乘以半径等于压力传感器到波源距离的假想球面的面积，得到如下表达式：

$$E_A = 4\pi R_s^2 E_F \tag{10.3}$$

不同材料的塌陷压力各异，为了使测量结果归一化，我们用总的流动能除以材料塌陷前的静态液压势能，即

$$E_H = P_{cr} V_{tube} \tag{10.4}$$

式中：P_{cr}为塌陷时静态液压；V_{tube}为管子的容积。

这样处理后，压力脉冲中释放出的流动能就可以表示为塌陷压力时获得的静态液压势能的百分比。

由于知道了脉冲的形状，可以按上述方法利用单个压力感应器的信号来计算流动能。之所以利用位于中段的压力感应器读数来计算这个参数是因为越靠近波源，黏性损耗越低，读数越大，从而提高信噪比。

10.3 玻璃纤维缠绕管的流体静力内爆

在玻璃纤维/聚酯（PE）复合管内爆问题上的研究给出了这类材料失效的特征[30]。玻璃纤维/聚酯复合管由五层单方向性无碱玻璃纤维织物加强层以[±55/±55/0]的方式叠加而成，内直径57.2mm，无支撑裸长381mm，管壁厚2mm。这些管子由位于康涅狄格州米尔福德公司生产、制造。这些管子试件的内爆发生在2.05MPa时，呈现模态2的屈曲形状。在动态失效事件中，这些管子完全变平，并在泄压之后回弹至近乎环形。试件中段测量的局部压力的变化以及高速摄影图像如图10.3所示。

数字图像相关技术得到的径向位移和速度等值线沿管长的分布如图10.4所示，这些位移和速度的取值部位连成一条线并与管轴平行。动态塌陷前，这些试件开始以准静态的方式呈现出明显的椭圆形变形。数字图像相关的位移数据显示在 $t=-3.05$ms 时发生最大径向形变3.9mm（初始半径的13.6%）。自动态事件开始至 $t=-0.8$ms 可观察到压力在缓慢逐步地衰减，与这段时间发生的缓慢的椭圆形变形一样明显。不稳定的快速塌陷在 $t=-0.80$ms 之后开始，并伴随压力急剧下降。从相应的高速摄影图像以及数字图像相关等值线中可以看出，塌陷时有多处局部屈曲出现，形成高速区，从而导致局部压力陡降。这些局部屈曲在 $t=-0.45$ms 时汇聚成整体屈曲，如高速摄影图像和数字图像相关等值线所示；随着管子中心加速到最大速度27m/s，压力以近似恒定的速度持续下降。在 $t=0.00$ms 时，管壁相碰，随后是小的声波脉冲，在 $t=0.30$ms 时出现高振幅压力脉冲。

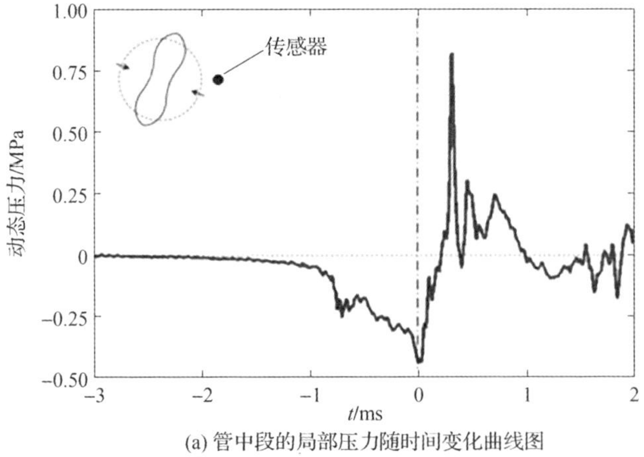

(a) 管中段的局部压力随时间变化曲线图

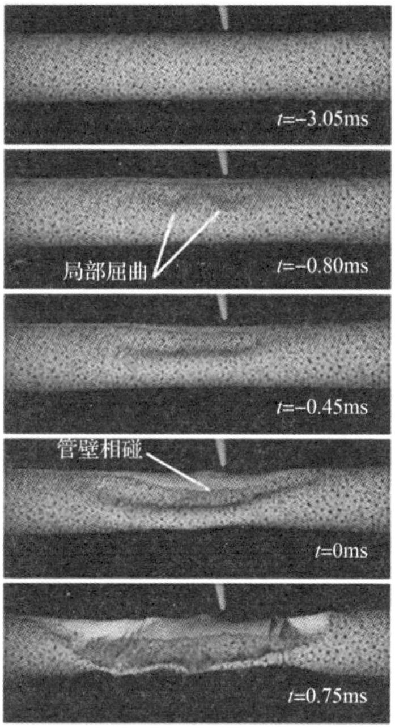

(b) 相应的高速摄影图片

图 10.3　玻璃纤维/聚酯复合管内爆实验中记录的代表性压力数据以及拍摄的高速摄图像

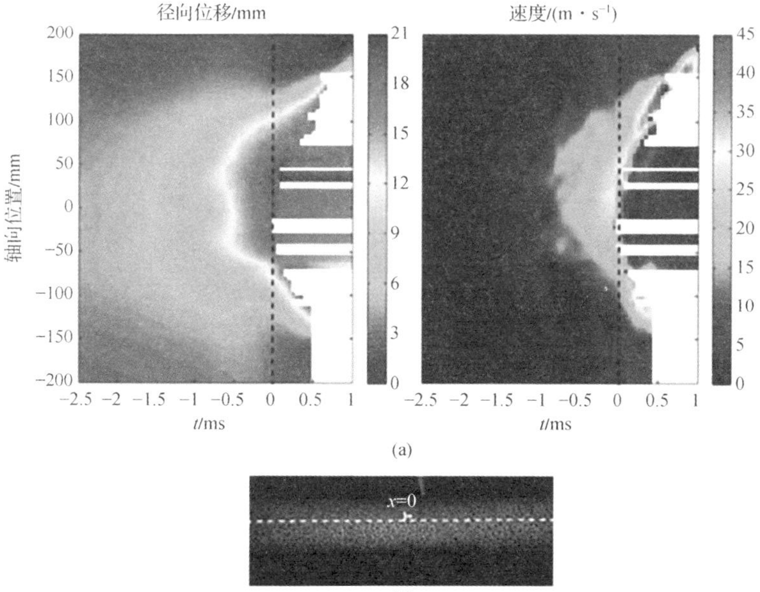

(a)

(b)

图 10.4　（a）沿玻璃纤维/聚酯复合管径向位移和速度的数字图像相关法等值线。白色区域表明材料损伤导致的相关性损失。数据提取部位如图（b）中虚线所示

图 10.5 显示了该结构的损伤类型和程度。造成的损伤包括严重分层、基体开裂、纤维散脱。管子外层剥离使得螺旋内层暴露出来，并且最里层的大部分也出现分层而被扯向管子内腔。断裂表面的光学显微摄影研究也显示，有非常长的完整玻璃纤维从表面断裂处伸出。这种纤维散脱对复合管的失效起到重要作用。这些主要损伤模态解释了负压区出现的许多跳跃和坡度变化。负压区的特性可以与复合材料剥层和纤维散脱中看到的物理学上的“黏滑”现象做比较[31]。

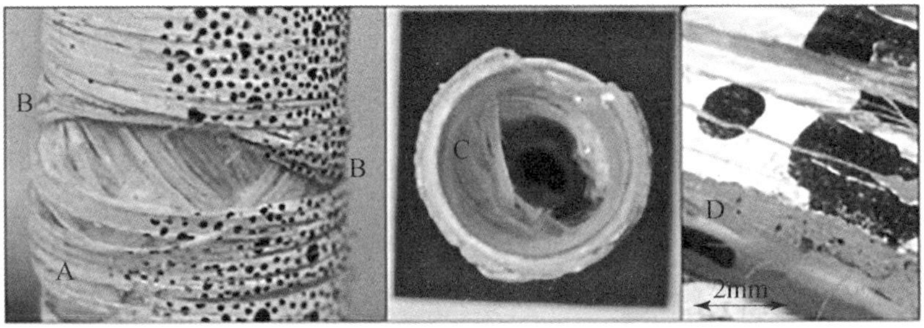

图 10.5 玻璃纤维/聚酯复合管试件内爆后的图片
A 基体开裂；B 外圈层剥离；C 螺旋内层剥离；D 玻璃纤维长丝散脱。

10.4 碳纤维/环氧树脂缠绕复合管的流体静力内爆

为了比较不同材料的表现，有研究人员对碳纤维/环氧树脂长丝缠绕的复合管进行一系列的实验[32]。这里讨论的碳纤维/环氧树脂复合管由 7 层单方向性碳纤维织物加强层以 ±15/0/ ±45/ ±15 的方式叠加而成，内直径 60mm，无支撑长度 381mm。这些管子由 Rock West Composites 公司（位于犹他州西约旦市）生产制造，标称壁厚 1.63mm。

10.4.1 结果

据观察，管子在 0.97MPa 时失效，呈现模态 2 的屈曲形态。试件管子中段测量的局部压力随时间的变化以及拍摄的相应高速摄影图像如图 10.6 所示。

由数字图像相关法获得的径向位移及速度等值线沿管长的分布如图 10.7 所示，这些位移和速度的取值部位连成一条线与管轴平行。

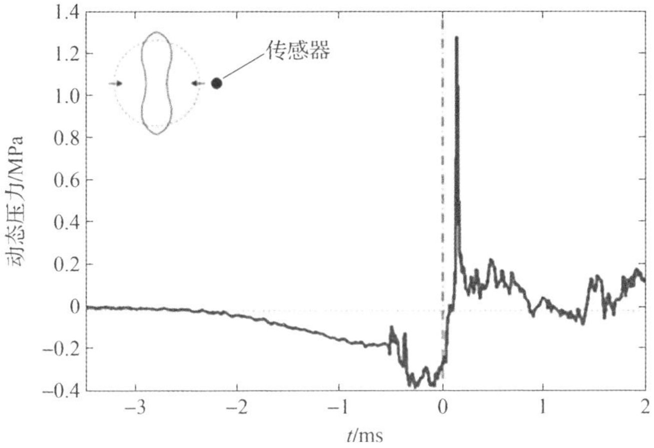

(a) 管中段的局部压力随时间变化曲线

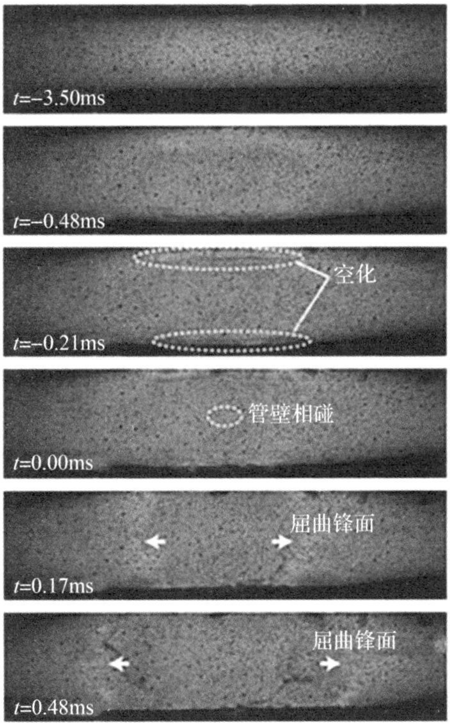

(b) 相应的高速摄影图像

图 10.6　碳纤维/环氧树脂复合管的代表性压力数据以及高速摄影图像

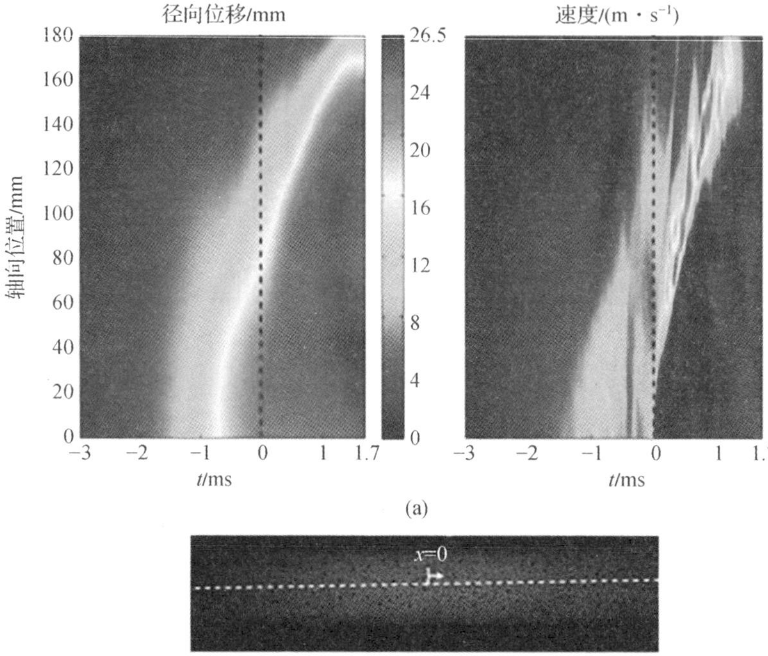

图 10.7 (a) 沿碳纤维/环氧树脂复合管径向位移和速度的数字图像相关法等值线。数据提取部位如图 (b) 中虚线所示

起初，材料失稳的特征是压力逐渐平稳地衰减直至 $t=-0.5$ms。此时，压力信号出现显著尖峰，之后就骤降到谷值 -0.4MPa。尖峰的出现是纵向裂缝的缘故，裂缝起始于两个屈曲瓣的顶点，释放出声波脉冲。这样的裂缝引起突然且严重的结构失稳，使得管壁加速，从而导致压力更加快速的下降。负压区的剩余部分维持着最小压力，这与 Turner[33] 在脆性玻璃管内爆试验中观察到的情况相似。此区域的压力下降足以引发屈曲瓣顶点附近形成空穴，如图 10.6 中 $t=-0.21$ms 时的标记所示。这个现象导致空穴气泡的形成。这些气泡长到临界尺寸后就自行溃灭，在近场释放出声压脉冲，表现为在 $t=-0.48$ms 和 $t=0.00$ms 之间出现较小的压力尖峰。壁与壁相碰发生在 $t=0.00$ms 时，发生位置如相应高速摄影图像所示。管壁相碰的发生得到数字图像相关速度等值线的证实，就发生在试件中心速度为 0 的时刻。在管壁相碰之前记录下的最大速度 16m/s，该速度管壁径向最大速度。管壁相碰之后，压力急剧上升到最大值，且屈曲已开始沿轴向传播，从速度为 0 的区域扩大以及径向位移区增大到接近管内径这两点可以明显看出。之后，屈曲形状沿

着结构长度方向持续蔓延，压力大小则主要受从压力容器边界反射的压力波影响。

内爆后试件的状况如图 10.8 所示。从图中可知，失效的主要模态几乎只有相互间大约成 180°角的两条纵向裂缝，对应着模态 2 的屈曲形状。尽管在这些较大的裂缝附近也观察到少量的环周裂缝，但它们相对轻微。另外，管子大部分都恢复到原先的形状，没有出现明显的分层。断裂表面的光学显微检查显示，主要的裂缝与外层的纤维缠绕角度平行，与其长轴方向成 ±15°，如图 10.8 中的 A 所示。这表明这些裂缝起源于外层拉伸强度高的区域，并通过强度相对弱的、与增强纤维平行的树脂含量较高的纤维间隙区传播。显微检查也发现了基层中断裂的纤维，如图 10.8 中 C 所示。各层断裂面也与 ±15°缠绕的外层平行，表明源于外层的裂缝在其穿透管壁传播的过程中保持其原有走向。此外，显微图片中看到的大的裂隙表明，这些纵向裂缝的确向管壁厚度方向穿行。

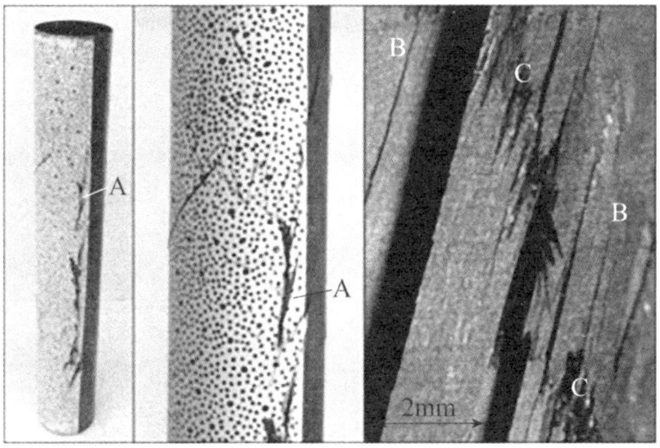

图 10.8　碳纤维/环氧树脂缠绕复合管试件内爆后图片

A 穿透壁厚的纵向裂纹；B 纤维间隙基体裂缝；C 基体纤维断裂。

10.4.2　与玻璃纤维/聚酯复合管的对比

两种复合材料情况下的流动能以总的静态液压能百分比的形式绘制，如图 10.9 所示。玻璃纤维/聚酯复合管塌陷时释放的能量比碳纤维/环氧树脂复合管塌陷时释放的能量少 85%。后者大体上是脆性失效，在屈曲瓣区域形成 2 个穿透管壁厚度的轴向裂缝。相比之下，事后分析显示，玻璃纤维/聚酯复合管的失效主要是分层和纤维散脱。这些过程的能量非常密集以致释放到压力脉冲中的剩余能量减少。

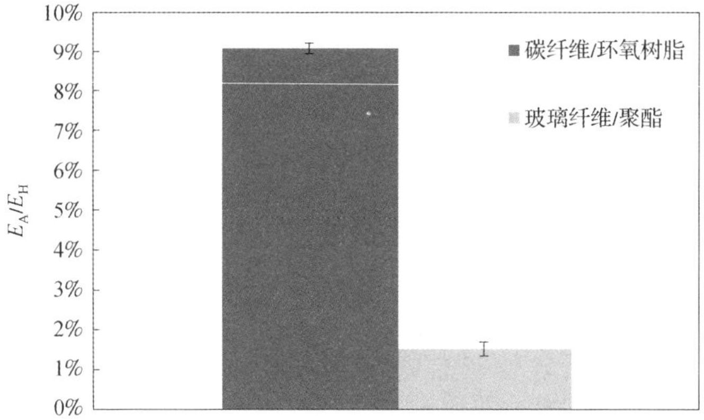

图 10.9 以总的静态液压能百分比计的各种材料的流动能

10.5 复合管内爆脉冲的抑制措施

几十年来，多位研究人员探究了聚合物涂层，特别是聚脲（PU），对复合材料爆炸冲击的缓和作用。Tekalur 等[34]研究了涂覆聚脲的无碱玻璃纤维复合材料受到空气爆炸载荷时的情况，并表明涂层减少了材料形变量、降低了损伤级别。也有多人对带聚脲夹层的夹芯复合材料进行研究。Bahei - El - Din 等[35]研究显示，与对照组夹芯板相比，聚脲夹层降低了动能和芯材损伤。Gardner 等[36]研究了夹芯复合材料中聚脲的位置的作用与分级泡沫芯的关系，并表明位置靠近板背面的聚脲层极大提升了抗冲击性。

本研究试图减缓聚脲涂层复合管内爆过程中释放的压力脉冲的强度[37]。我们在碳纤维/环氧树脂复合管内外管壁上涂覆了多层可控厚度的聚脲涂层，以此来确定涂层厚度对复合材料结构的影响。结果显示，厚的管内涂层显著降低了压力脉冲中释放的能量，但代价是结构的整体质量增加。出乎意料的是，厚的管外涂层提高了能量的释放，使塌陷更具危险性。这些发现为易遭受内爆威胁的海上复合材料结构设计提供了有用的指导。

10.5.1 实验细节

所研究的内爆体是长纤维缠绕的碳纤维/环氧树脂复合管，与 10.4 节所述试验中的相同。试件复合管涂覆的是由 Specialty Products，Inc. 公司（位于华盛顿州莱克伍德市）供应的双组分聚脲。本次研究使用了两种涂层厚度，“薄”涂层的体积与管壁相当，“厚”涂层是“薄”涂层的 2 倍厚。应该注意，管内外涂层厚度因其在管上的位置不同而略有差异，但它们的体积以及质量大致相同。

10.5.2　结果与讨论

所有的涂层都对结构的塌陷压力均有适度的增加。这些涂层增加了管壁的有效厚度和结构整体的质量，从而改变了临界塌陷压力。

1. 负压比较

前人的研究[30,32]强调过压力变化过程中负压部分的具体特征，这既是为了评价塌陷后释放的压力尖峰的强度，也是为了揭示塌陷力学的相关信息。本研究中各种情况下压力的变化情况如图 10.10 和图 10.11 所示。以半径为 R_i 的球形气泡的塌陷耗时为时间标度，气泡塌陷时所受外压等于研究所用管材的塌陷压力。这种时间标度的方法在近期研究金属管内爆问题的工作中得到成功应用[10]。在图 10.10 中，$\bar{t}=0$ms 代表管壁相碰的时刻。

从图 10.10 中可见，外覆涂层试件与无涂层试件负压区略有不同。在这些情况中，存在着碳纤维复合管内爆特有的两相负压现象。首先，管子发生变形但尚未损伤，压力呈平稳下降。在大约管壁相碰前 0.5ms 时，压力出现突然下降，接着压力进入短暂的平稳期，直至管壁相碰。这点符合结构中发生的大规模损伤的情况。此时，在高拉伸应力区域的屈曲瓣部分形成纵向裂缝。这将导致结构突然失稳，管壁迅速加速，结果导致局部压力迅速下降。管外涂层薄和厚的情况都显示出这些相同的特征和近似的最小压力，但是较厚的管外涂层似乎缩短了第二阶段的负压持续时间。这说明结构外涂层对结构损伤的形成发展有一些作用，下面将做进一步的研究。

相比之下，图 10.11 显示，内覆涂层对负压区造成显著影响。两相负压特征的某些元素仍有保留，但已发生大的改变。无论厚薄，内覆涂层都减小了该区域的压力下降幅度，且厚涂层的情况下压力下降更小。这表明，内覆聚脲涂层降低了结构的加速度，从而降低了周围流体的加速度，同时也表明涂层厚度增加会增强这种作用。而且，厚的内涂层似乎抑制了与结构损伤相关的第二负压阶段的出现。

2. 中点速度

要比较这些结构在塌陷过程中的运动速度，必须先对速度和时间数据进行标度处理，对变化的塌陷压力引起的差异进行说明。时间的标度运用了气泡动力学原理。为了标度速度来解释不同的塌陷压力，用下式定义了无量纲速度：

$$\bar{v}=\frac{\rho_0 v^2}{2P_{cr}} \tag{10.5}$$

式中：v 为测量得到的速度。

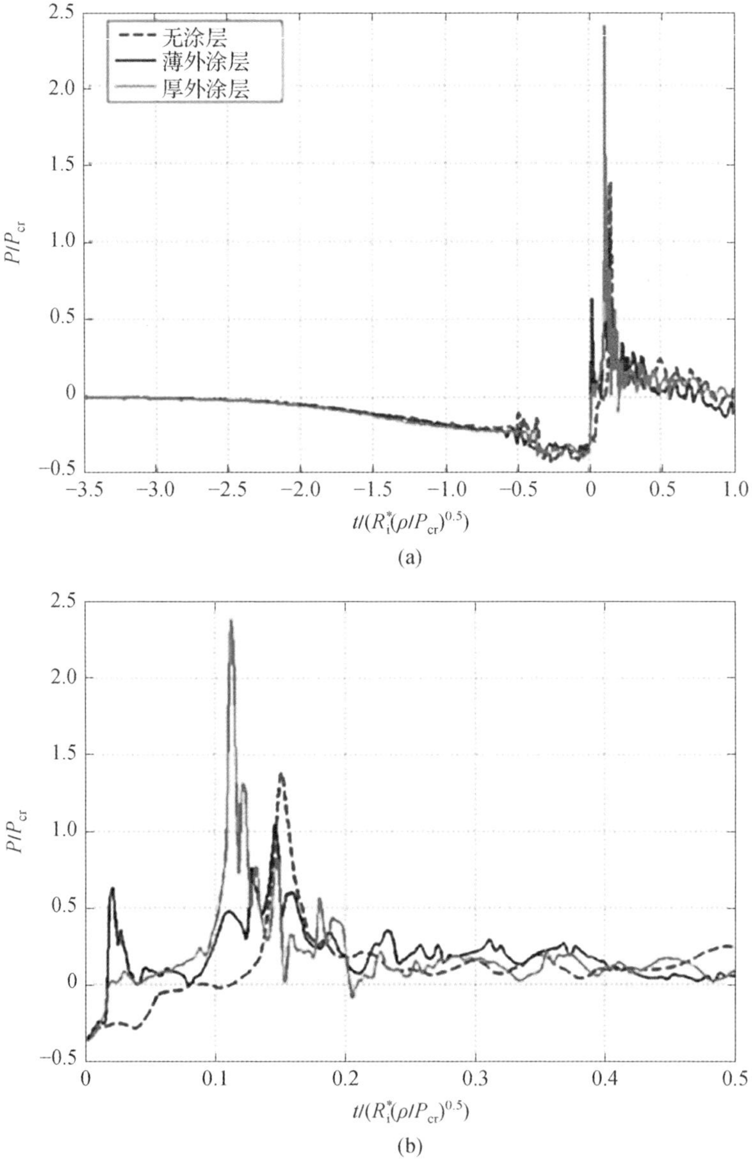

图 10.10 （a）外覆涂层结构中段的局部压力随时间变化曲线，压力已经过临界塌陷压力的归一化处理，时间也已做了无量纲处理。（b）从 $\bar{t}=0\text{ms}$ 到 $\bar{t}=0.5\text{ms}$ 的区域放大图

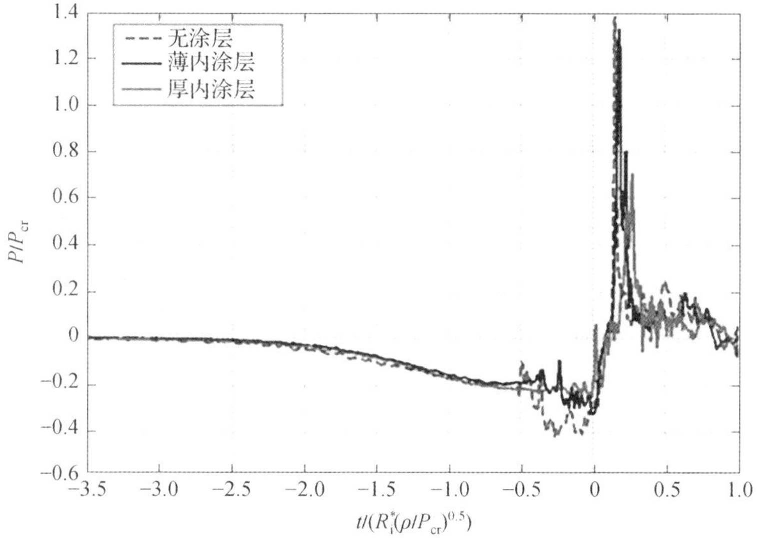

(a)

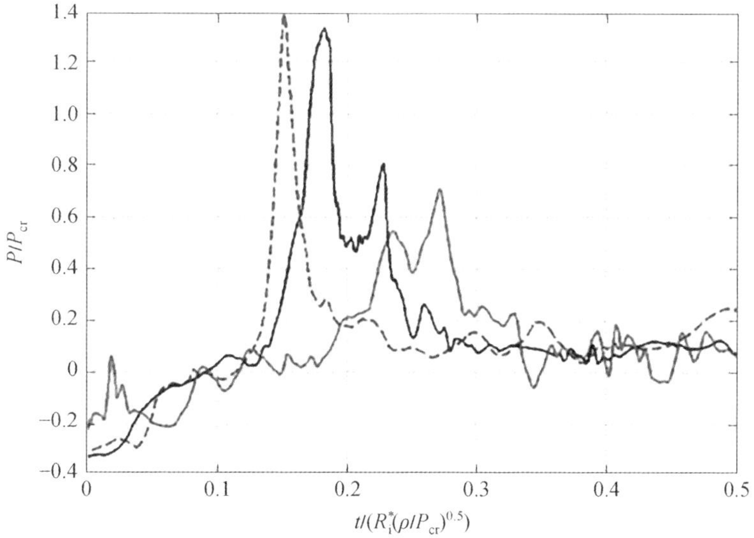

(b)

图 10.11 （a）内覆涂层结构中段的局部压力随时间变化曲线，压力已经过临界塌陷压力的归一化处理，时间也已做了无量纲处理。（b）从 $\bar{t}$ =0ms 到 $\bar{t}$ =0.5ms 的区域放大图

这个无量纲速度项与归一化处理的动能近似，并消除了压力对速度的影响。各种情况下无量纲速度随无量纲时间的变化曲线如图 10.12 所示。

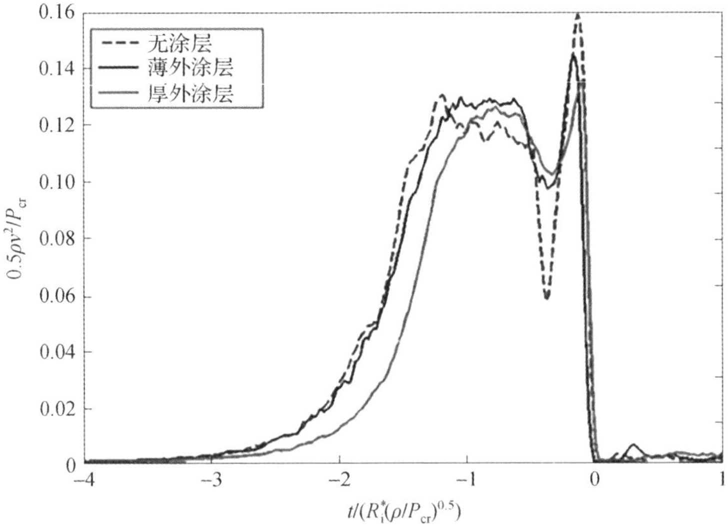

(a) 外覆涂层的数字图像相关速度数据

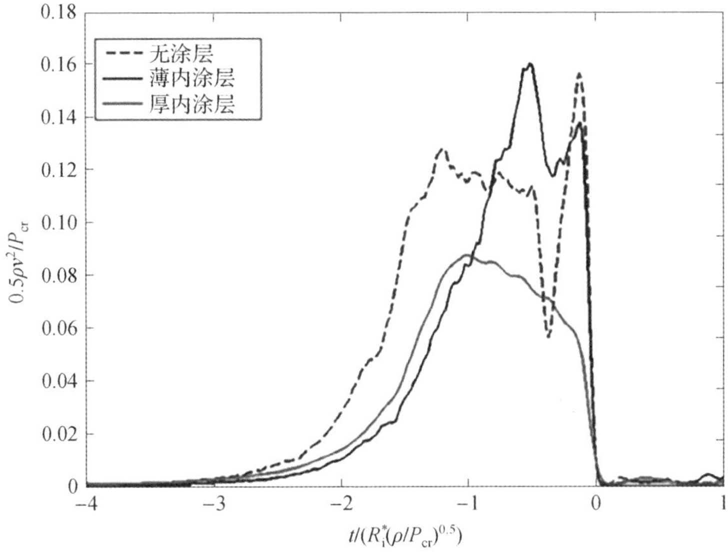

(b) 内覆涂层的数字图像相关速度数据

图 10.12 试件中段测量的无量纲速度随无量纲时间的变化曲线

研究外覆涂层结构的中点速度时发现，速度曲线之间差异不大。无涂层速度曲线上的有些尖峰在有涂层后变平滑了，不过速度量级大致相同。此处唯一显著的区别是，外覆厚涂层的管壁相碰前的速度平稳区的持续时间比另外几种情况要短。这样的速度平稳段是此时结构发生大规模损伤引起的，因此它看起来像是厚的涂层在某种程度上抑制材料失效过程的特征显现。相反，管内覆涂层对结构中点速度有很大的影响。内覆涂层对峰值速度的影响甚微，但是速度变化的特征明显不同了。通常表示管内存在损伤的平稳段没有出现，但却见管子持续加速直至最大值。有趣的是，内覆涂层的试件加速度比无涂层裸管加速度要小，表明涂层有阻滞效应。内覆厚涂层的试件显示出更大的中段速度差异。这些试件的最大速度明显低了很多，而且速度轨迹更加平滑。这两个特征表明，这种厚度的聚脲内涂层的力学行为控制主导了塌陷的过程。聚脲是一种应变率敏感性较高的材料，其硬度随应变率的上升而增加。因此，随着塌陷加速进行，聚脲涂层变得能够更好地抵抗形变并降低结构速度。厚的内涂层也大幅降低了管壁相碰时的加速度。就本研究情况，加速量级大约是无涂层情况时的 25%，表明这种涂层不仅降低了塌陷速度，而且还缓和了管壁相碰时的撞击，使得动量变化的速率有所下降。

3. 流动能

以总的静态液压位能的百分比表示各种材料的流动能如图 10.13 所示。先来看薄涂层的情况，从图中可见，无论是管内覆还是外覆，涂层对产生的流动能的影响都很小。虽然平均值有些变动，但是与对照的无涂层情况相比，任何变动都在误差范围内，这点和前面几节中观察到的情况一致。薄涂层时，最小压力和最大塌陷速度都显示出与对照组的差别很小，说明这种厚度的涂层对塌陷严重程度影响很小。

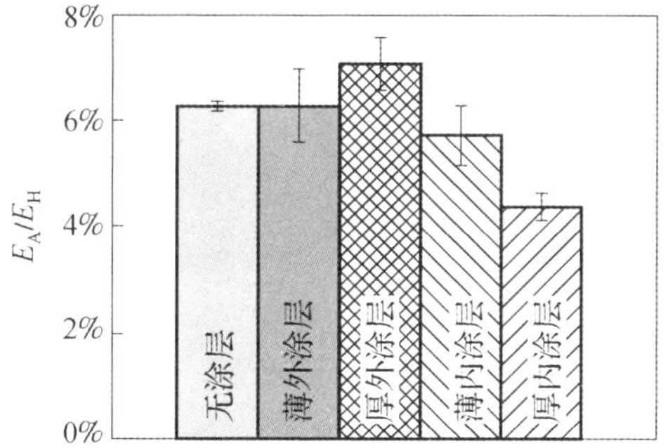

图 10.13　各种情况下内爆中释放的总流动能

相反，厚涂层确实对释放的流动能有明显影响。内覆厚涂层显示塌陷中释放的流动能显著降低（30%），表明这种涂层大幅降低了塌陷严重程度，且前述分析结果也佐证了这一点。内覆厚涂层的管子显示出较小的压力降幅、较低的峰值加速度，且塌陷速度减小。所有这些因素有助于减小失效事件的强度，从而减少释放的流动能。与之相反，外覆的厚涂层显示出流动能显著增加（14%）。但这一结果有些出人意料，因为此种情况的最大塌陷速度与无涂层情况的接近，不过有涂层时观察到的峰值压力要高得多。为了更好地理解和解释这个现象，我们做了事后分析来检查研究中各种情况下材料的损伤状况。究竟是涂层本身还是仅仅由于结构整体质量的增加引起所释放能量的变化，这是本次分析要解决的一个关键问题。但是，无论是薄涂层还是厚涂层，增加的质量大致相同，与涂层－管内壁或涂层－管外壁的位置无关。虽然增加的质量相同，但它对压力变化、塌陷速度以及释放能量的影响则大不相同，表明这些影响并非简单地由聚脲层增加的质量造成的，而是由具体的涂层本身造成的。

4. 外覆涂层对材料损伤的影响

检查试件内爆后的状况可深入探究外覆聚脲涂层对复合管塌陷力学的影响。对内覆聚脲涂层的复合管来说，与无涂层裸管对照后并未发现其损伤情况有明显改变。因此，本节内容只研究损伤情况发生改变的外覆聚脲涂层的复合管。图 10.14 所示为无涂层的碳纤维/环氧树脂复合管内爆后的典型照片。这些试件最突出的损伤形式是穿透试件厚度的纵向裂缝，如图 10.14 图中的 A 所示。这些裂缝开口明显，且其邻近纤维束也有额外的裂缝和纤维散脱现象。此外还有些环周裂缝出现，如图 10.14 中 B 所示，这些裂缝的严重程度比纵向裂缝低，是在屈曲沿管长方向传播时产生的。

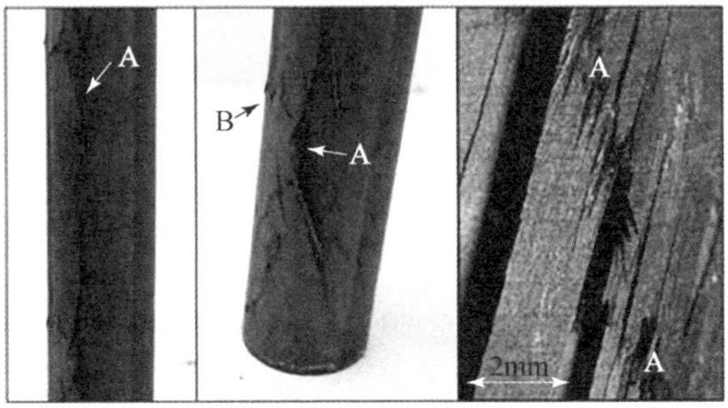

图 10.14 无涂层复合管内爆后的图片：A 穿透厚度的纵向裂缝；B 较小的环周裂缝。

为了观察外涂层如何影响结构的损伤，内爆后，在保持试件表面损伤状态的同时小心地取下试件上的涂层。外覆厚涂层的复合管内爆后如图 10.15 所示。

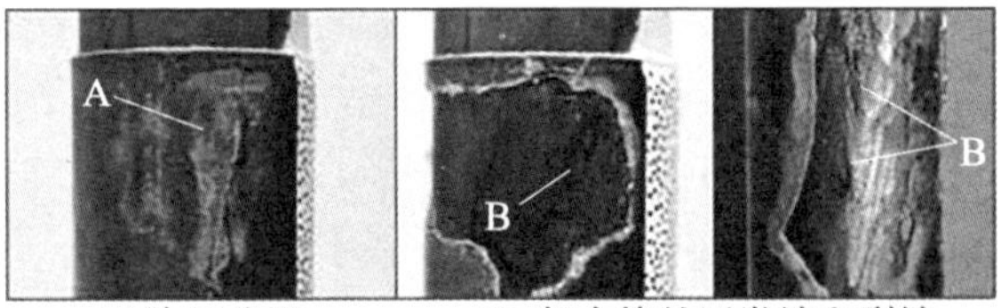

(a) 涂层分层　(b) 复合管外层卷缩和裂缝（涂层已被剥离以露出复合管表面）

图 10.15 外覆厚涂层的复合管内爆后损伤情况图片

同样地，在裂缝出现的地方就可以看到聚脲涂层出现剥离；不过，外覆的厚聚脲涂层在管子裂缝处不曾被击穿，如图 10.15 中的 A 所示。剥开最外层可见管材的损伤状态，如图 10.15（b）和（c）所示。主要的纵向裂缝以“B”标示在图 10.15 中，与前述两种情况相比，严重程度要小得多。沿裂缝散脱的纤维也明显少很多，且未见管壁分离。事实上，有些时候裂缝并不完全穿透管壁厚度，而是在管外层呈现出微小的弯曲，指示裂缝出现的位置。因此，外覆的厚涂层对这些结构的损伤机制有更大的抑制作用。抑制作用导致内爆事件耗散的能量减少，如前所述这种作用有助于增加压力脉冲释放的能量。

10.6 冲击波引发的复合管内爆

前面几节讨论的内容完全集中在自然内爆上：静态液压准静态地增加到临界值，引发结构物塌陷。但是，内爆也能够在亚临界压力下由水下爆炸载荷引发。试件若受到如近场水下爆炸产生的高强度冲击波载荷，可能会在相对低的静态液压下发生塌陷[38]。从爆炸波传入的额外能量驱动试件响应进入失稳区。下面将研究复合材料在这种极端情况下的行为[39]。

10.7 结　果

10.7.1 冲击波与试件之间的相互作用

要研究爆炸引发的内爆问题，理解压力波和试件之间如何相互作用是一件很重要的事。众所周知，水下爆炸释放的初始冲击波可被视为声压脉冲，经历过充分发展后，其传播速度大致为声速，因此可作为声波压力脉冲来处理[28]，使得我们可以用声学理论来分析波的行为。作为例子，距离爆炸源 305mm 处的复合管中段的两个不同位置所测压力随时间变化曲线如图 10.16 所示。比较位于炸药和试件之间的传感器（图 10.16 中的传感器 1）与位于试件上方的传感器（图 10.16 中的传感器 2）记录的压力变化可以发现一个有趣的现象。在所有实验中，置于炸药和试件之间的传感器记录都显示，在初始高强度冲击波峰之后不到 0.1ms 的地方就会紧跟着出现一个显著向下的压力尖峰。相反，位于试件上方的传感器只记录了初始脉冲，随后紧跟着出现的是强度下降的压力“波尾”，符合冲击波的典型波形。

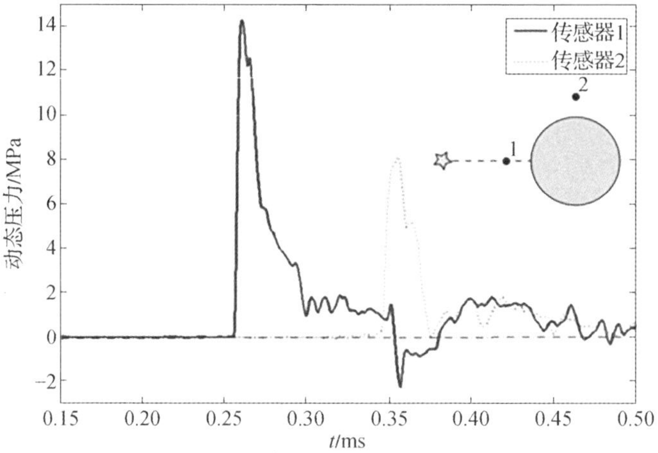

图 10.16 爆炸源与试件相距 305mm 时，由位于炸药和试件之间的传感器和位于试件上方的传感器分别测到的初始冲击波（图中星号位置指代炸药的位置）

由于初始尖峰和负向脉冲之间的时差要比声波从传感器到试件（2mm × 70mm）距离上传播的两倍时间略长，我们对流体与试件间界面做了进一步研究。当声波遇到两种介质之间的边界时，部分波会传递到第二种介质而部分波则会反射回第一种介质。反射和透射压力分别为 P_r 和 P_t，则入射波的压力 P_i 定义如下：

$$P_t = P_i + P_r = P_i(1 + R) \tag{10.6}$$

式中：R 为反射系数。

法向入射波在边界处的反射系数定义如下[40]：

$$R = \frac{\rho_2 c_2 - \rho_1 c_1}{\rho_2 c_2 + \rho_1 c_1} \tag{10.7}$$

式中：ρ 为传播介质密度；c 为介质中声速；下标 1 和 2 分别指代边界前后的介质。

实验中水的密度和声速分别为 998kg/m^3 和 1488m/s。据报道，碳纤维/环氧树脂复合材料跨厚度的平均密度和声速分别为 1611kg/m^3 和 3042m/s。若声波从水中垂直复合管面入射，由式（10.7）计算得到的反射系数为 0.535。依据简单的声学原理[40]，利用式（10.6）可知，压力为 P_i 的入射波在遭遇复合管表面后产生强度为 0.535P_i 的反射波，以及强度为 1.535P_i 且维持相同压缩性特征的透射波。透射波穿过复合管直至抵达封闭的空气体。水 – 气界面的反射系数大约为 –1。这意味着透射波在遇到该界面之后全部反射回复合管管壁，维持原先的强度，但符号相反。这使得压力脉冲转变成拉力波后再回穿管壁进入周围的流体，并被附近的传感器检测到。利用式（10.7）再计算复合管-水界面处的反射常数，则传递到水中的拉力波强度是 $0.821P_i$。结合波在各种介质中的衰减，解释了从直接位于炸药和复合管之间的传感器检测到的压力轨迹中观察到的反射拉力脉冲强度的降低。

从上述分析中得出的重要结论是，当封闭的复合管受到爆炸载荷时，穿过复合管壁的压力波不只有压缩波。如果该管内填充空气等低阻抗材料，则内部界面的阻抗不匹配会在管壁上引起幅度变化显著的拉伸波。这种拉伸载荷有可能降低结构的稳定性，因为它可能会损坏对面外张力高度敏感的基质材料或纤维基体界面[31]。

10.7.2　确定压力变化曲线特征

在封闭水箱中发生水下爆炸生成的压力场有很多干扰。初始冲击波的反射以及“气泡脉冲”是要确定的重要特征，但这些特征的叠加出现使问题变得棘手。为了解决这个问题，我们另设一台高速摄像机观察爆炸本身并采用声波理论来区分这些特征事件。

通过假定脉冲在水中以声速（约1500m/s）传播，可以确定初始冲击波的反射。冲击波以声速向外传播，到达水箱边界后折返回传感器，这一过程用时在1.04~1.80ms之间，依炸药位置而异。此冲击波以相同的速度继续传播，第二次反射将于2.10~3.61ms后抵达传感器。

附加的一台高速摄像镜头用来确定气泡脉冲。在水下被引爆后，炸药分解的气体形成了一个膨胀的过热气泡。气泡在达到最大临界尺寸后因受周围水的静压而收缩，并在彻底溃灭之时发射出相对较强且相当宽的压力脉冲，即“气泡脉冲”[28]。该气泡脉冲的振幅通常比初始冲击波的振幅要小得多，但它持续时间长，所以冲量大小与冲击波的不相上下。为确定气泡脉冲的时间，图10.17展示了它达到最大尺寸后又收缩溃灭的典型过程。所有情况下，气泡大约都在2.29ms时膨胀至最大尺寸，并在5.00~5.60ms时坍缩，因此在这个时间段附近发现的宽压力脉冲可认为是气泡脉冲。

10.7.3　近场爆炸（距离爆炸源102mm）

试件上与炸药距离最近（即102mm）的点的压力变化如图10.18所示，其中炸药引爆的时间记为0.00ms（本章后续都将使用该时间记法）。本试验情况下，复合管在遭受爆炸传来的初始冲击后很快就发生内爆。试件失稳发生在约0.90ms时，此时从水箱壁反射回来的脉冲尚未抵达试件表面，所以我们可以得出这样的结论：单是初始冲击波就具有足够的能量在这种亚临界静压下触

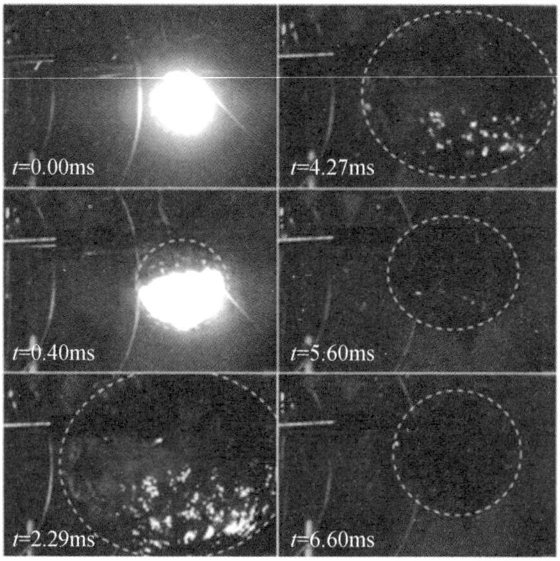

图 10.17 高速摄像机拍摄的气泡膨胀和坍缩过程的图片，气泡边界如图中白色虚线所示。气泡在炸药引爆 2.29ms 后膨胀到最大，在 5.60ms 时坍缩

发试件塌陷。管壁相碰发生在内爆开始后的 5.00ms，与自然内爆试验的结果大致一样。这表明，虽然两种情况下引发塌陷的机制不同，但塌陷的力学性质相同。在炸药引爆的情况下，管壁相碰后的压力变化中未检测到任何内爆脉冲，这是因为此时的压力信号因初始冲击波和气泡脉冲在水箱壁上反射后叠加在一起而受到干扰。

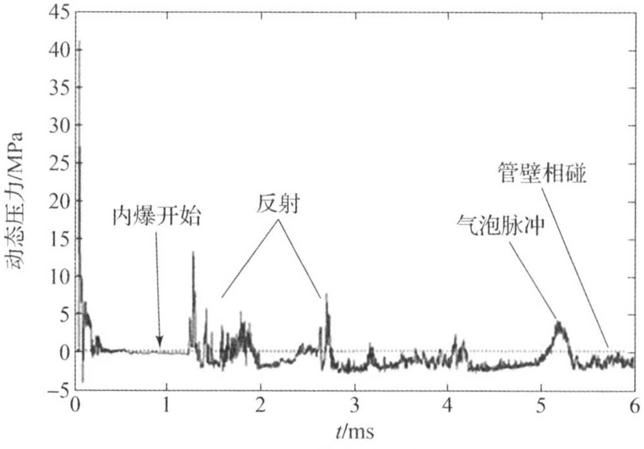

(a) 压力变化曲线图

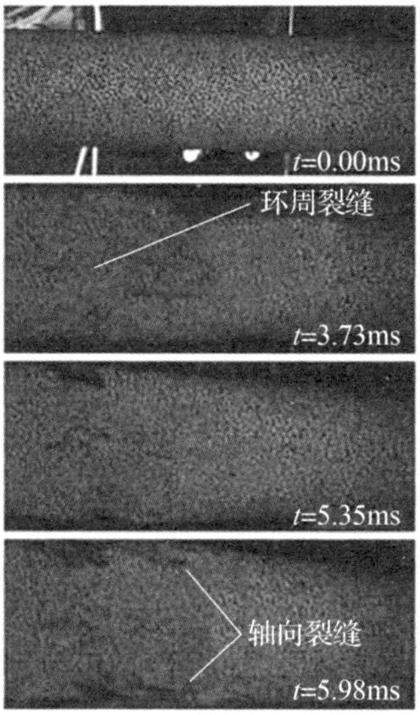

(b) 高速摄像机拍摄图片

图 10.18　距爆炸源 102mm 的内爆实验压力变化图以及高速摄像机拍摄图片

虽然此种情况下结构塌陷时间与自然内爆时的一致，但不一样之处在于此种情况下观察得到的结构损伤出现在管壁相碰之前。图 10.18（b）显示，与管壁相碰前 2.21ms 时，在管子的中段出现了大量的环周裂缝。这些裂缝与增强纤维纹路平行，表明它们出现在纤维之间富含树脂的区域。管子的中部因距离炸药最近受到的载荷最剧烈。导致早期损伤出现的原因是之前论述过的特定的波之间的相互作用。在管壁内形成的拉力载荷足够使基体和纤维间出现裂缝，如在高速摄像图片中看到的那样。这种裂缝显著降低了结构的稳定性，是引发损伤最终导致内爆的助推因素。

10.7.4　中场爆炸（距离爆炸源 203mm）

试件上距离炸药最近（即 203mm）的点的压力变化曲线如图 10.19 所示。中场爆炸同样导致试件内爆发生，不过时间上比距离爆炸源为 102mm 时的要晚得多，是在引爆炸药后的 6.53ms 开始的。这种延迟的塌陷显示，无论初始冲击波或是其遇到水箱壁后折返的反射波都不足以引起这个距离之外的试件的塌陷。试件结构失稳是在第一个气泡脉冲之后被触发的，这表明在中场距离下气泡脉冲才是导致内爆的原因。在起爆 2.43ms 后，试件复合管持续塌陷直至与管壁相碰，塌陷过程用时明显比自然内爆的塌陷时长（4.7ms）要短。塌陷时长缩短以及塌陷时机与波的相互作用有关。遇到试件的压力轨迹上的每一个特征段——初始冲击波、反射波、气泡脉冲，都使管壁内产生拉伸载荷。与前一种情况不同，本实验中的载荷强度不够大，没有超过复合材料基体的抗拉强度。如图10.19（b）所示，未发现因冲击波或随后的反射波和气泡脉冲撞击产生的裂缝。但是，材料内部仍可能出现损伤。这种反复加载可能破坏纤维/基体界面和/或导致分层现象，使原先存在的缺陷变大从而可能出现应力集中。这将导致每一次加载事件对材料的损伤不断累积下来，对材料的刚度及其结构的完整性造成破坏。本试验中，压力变化的前5.00ms内材料损伤就积累到一定程度以致气泡脉冲释放的能量足以触发其失稳。与距离爆炸源102mm的近场爆炸一样，中场爆炸的内爆脉冲的区分是不可靠的，因为内爆发生时所处压力场存在干扰。

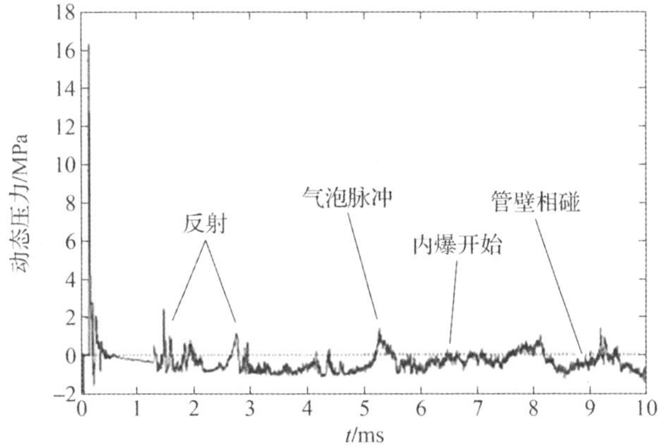

(a) 压力变化曲线图

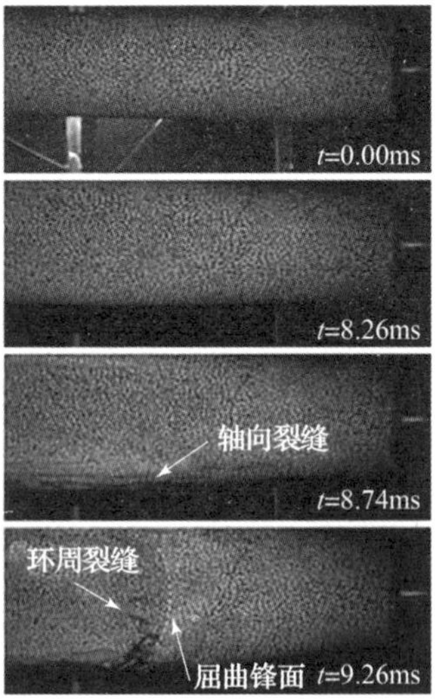

(b) 高速摄像机拍摄的图片

图10.19 距离爆炸源203mm的内爆实验压力变化图以及高速摄像机拍摄的图片

10.7.5　远场爆炸（距离爆炸源 305mm）

试件上距离炸药最近（即 305mm）的点的压力变化曲线如图 10.20 所示。与近场和中场的情况相似，这些复合管在远场爆炸中的内爆呈现模态 2 的形状；但是远场爆炸中，复合管塌陷的时间非常晚，是在炸药引爆后 15.26ms 时

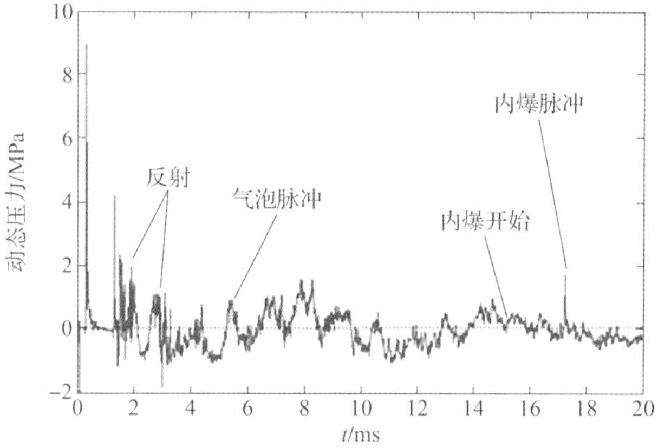

(a) 压力变化曲线图

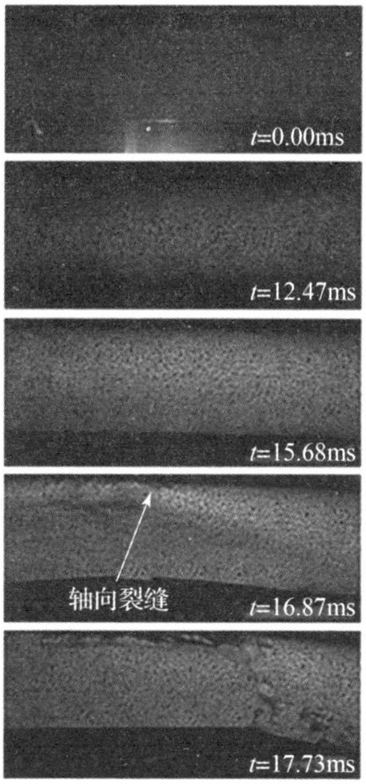

(b) 高速摄像机拍摄的图片

图 10.20　距离爆炸源 305mm 的内爆试验压力变化图以及高速摄像机拍摄的图片

才开始。这个时间要远晚于初始冲击和第一个气泡脉冲，说明这两个事件都不能单独触发管塌陷。内爆开始后第 1.83ms 管壁相碰，这甚至比中场爆炸时出现得更早。与中场爆炸的情况一样，延迟塌陷和塌陷时长的起因是压力变化过程中接连发生的每一次加载事件造成的材料损伤的累积。这种损伤不断降低结构刚性，直至冲量引起的振动与静态液压耦合能推动内爆发生。如高速摄像拍摄的图片所示，远场爆炸未造成严重的可见损伤，因为任何时间点都未出现环周裂缝。本试验情况下，压力场已足够稳定，所以内爆脉冲可清晰地分离出来。管壁相碰发生在 17.09ms 时，0.21ms 之后出现高振幅的压力尖峰，峰值压力为 1.67MPa。这个压力脉冲的振幅和出现的时机与自然内爆试验中所见一致，进一步佐证了这是内爆脉冲的事实。

10.7.6 数字图像相关法分析初始冲击响应

数字图像相关法也用于比较复合管对冲击波加载的初始响应。图 10.21 所示为半截复合管上等速线随时间的变化。首先可以观察到的是沿管长方向的冲击载荷的均匀性。近距离爆炸时，管结构的初始响应高度集中在靠近管子中部的局部区域。中远距离爆炸时，该响应更加均匀地分布在整个管长上。随着爆炸距离的增加，压力波的锋面因几何扩散而日趋平面化，在初始撞击发生后，载荷区域变大。各情况下初速度的大小也十分不同。距离爆炸源分别为 102mm、203mm、305mm 时，管子的最大速度分别为 13m/s、5.7m/s、4.5m/s。速度呈现递减趋势在预料之中，因为初始冲击波的峰值压力会按 $1/R_e$ 衰减，其中 R_e 是指爆炸源距离。管长方向上载荷均匀性的差异加上峰值速度的差异，极大影响了结构的动态响应。

由图 10.21 可以得到更为重要的一点，结构物对各种载荷情况的模态响应的明显差异。在距离爆炸最远的情况中，管子似乎是随着单个轴向波瓣振动。受到冲击波的初始撞击后，可见单个高速区沿长度方向移动，表明单个形变区出现。在距离爆炸最近的情况中，冲击后的响应十分不同，可见多个高速区在同一瞬时沿管轴向传播。这意味着近距爆炸时，初始局部冲击波激励了结构的高阶轴向模态，正因如此才能引发结构失稳。在没有造成结构损伤时，因施加的冲击引起结构振动，从而导致结构屈曲，这便是冲量引发的屈曲[38]。近距离爆炸激发结构相对较高速度的高阶振动，这样的扰动足以触发塌陷，而且之前的研究已经表明，爆炸性载荷的脉冲持续时间短的特点要求引发内爆的峰值压力必须非常高[38]。基于上述原因，中场或远场爆炸时，仅凭初始冲击波的力量是不足以引起结构塌陷的，而是要依赖结构物后续遭受损伤的不断积累。

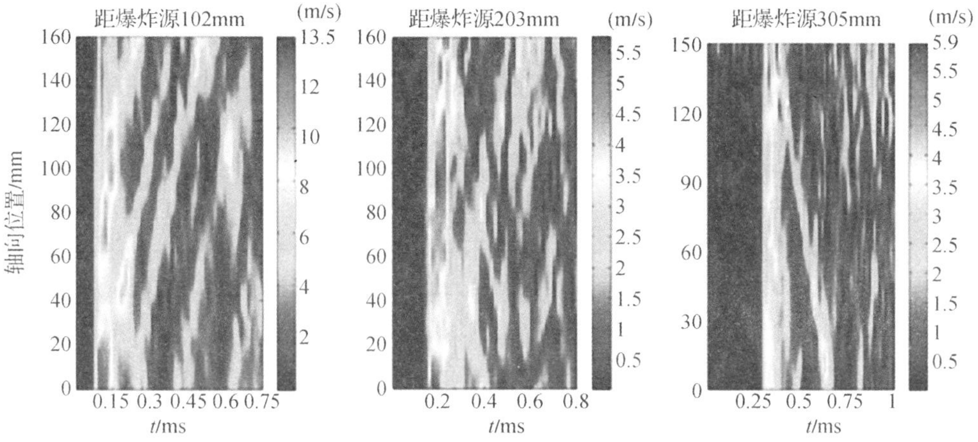

(a)

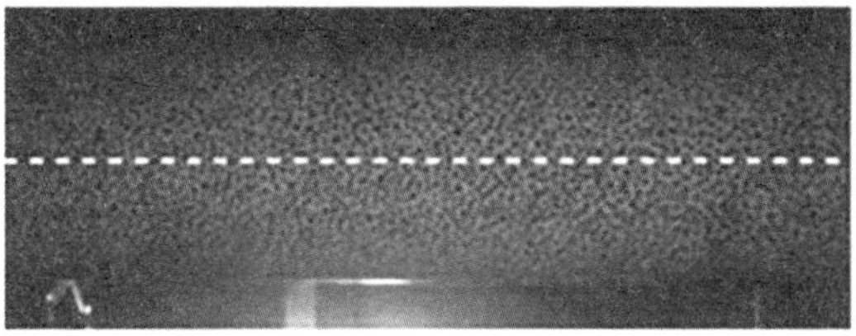

(b)

图 10.21　(a) 受到初始冲击波撞击后，试件上的等速线分布（只显示半边）。y 轴上的零点指示管子的中间，颜色用于区分单位为 m/s 的速度大小。(b) 数字图像相关法数据提取位置如白色虚线所示

10.7.7　端向冲击引发的复合管内爆

关于端向爆炸情况下冲击引发内爆的问题，我们开展了一系列试验。这种情况下，炸药被放置在管子的长轴上，如图 10.22 所示。全部试验所用管子与前述各种情况所用管子相同，管子一端距离炸药的位置从 50mm 到 200mm 不等。试验的静态液压均恒定保持在临界塌陷压力的 80%，这和侧边爆炸试验时相同。

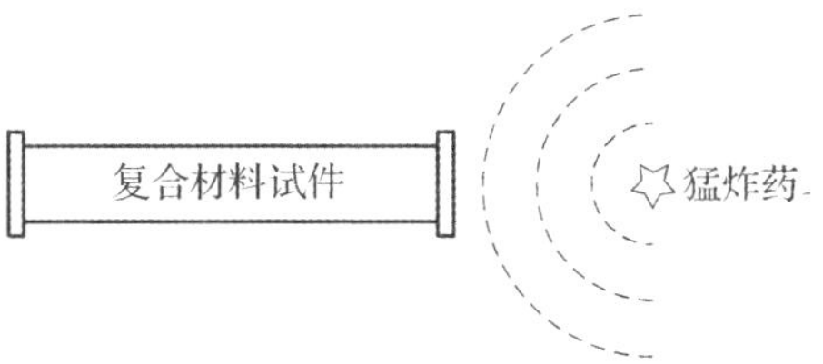

图 10.22　端向爆炸试验示意图

10.8 结果与讨论

本系列的全部试验中，试件的内爆都是在引爆炸药之后很久才发生。爆炸距离分别为50mm、100mm 和 200mm 时，内爆依次发生在 7ms、12ms 和 13ms 后。这么长时间的塌陷延迟意味着内爆不是简单地由冲击波本身引发的。考虑到水箱的无反射期是 1.4ms，这样的延迟时长足够水箱壁的多次反射振荡加载到试件上，使得问题的条件变成了受限环境的条件，处于其中的结构所受的长期载荷由水箱的几何构型控制。无论炸药的位置如何，在水箱和预压给定时，在足够冲击波经水箱壁多次反射的一段时间后，压力振荡将会趋于相同。因此，对于设定临界塌陷压力的 80% 为预压并使用特定炸药的这些试验，内爆的发生将与炸药位置无关。虽然塌陷的时机可能会因炸药位置的不同而有所差别，但试验显示内爆可能仅仅因为稳态振荡而发生。因为稳态振荡与炸药位置无关，所以炸药放置在任何位置内爆都会发生。

10.9 概括与结论

本研究成果代表了复合材料内爆领域的最先进水平，对碳纤维和玻璃纤维增强复合材料的流体静力内爆问题以及缓和塌陷释放的压力脉冲的策略进行了探讨和研究。此外，研究内容还包括不同的冲击强度和加载方向对冲击引发的复合管塌陷的影响。由此，我们对复合材料结构内爆问题的理解有了显著提升。本研究所得的主要结论概括如下：

(1) 各种增强结构和几何构型的复合管的流体静力内爆释放了潜在的有害声压脉冲。增强纤维的结构和管子的几何尺寸对压力脉冲的定量特征以及塌陷特征本身有显著影响。

(2) 长丝缠绕管的半径/壁厚比越大越有利于减轻损伤，原因是它们的塌陷导致的归一化冲量最小，且它们在发生塌陷前会以截面缓慢椭圆化变形的方式发出最强“警告”，这种变形约为管半径的 10%。由于这种椭圆化变形是弹性的，若在达到畸变程度前压力被释放则结构可以恢复。

(3) 由于玻璃纤维/聚酯树脂复合管的失效涉及能量密集性损伤过程，释放到压力脉冲中的能量要比碳纤维/环氧树脂复合管的情况低得多。

(4) 薄的聚脲涂层对内爆后发射出来的压力脉冲的作用很小，且与涂层位置无关。因为控制失效的损伤机制受到抑制，外覆厚的涂层增加内爆后释放的能量；因为塌陷速度下降且管壁相碰有所缓和，内覆厚的涂层减少内爆后释放的能量。

（5）复合管如果受到附近爆炸的脉冲载荷则可能在到达临界静压之前内爆。爆炸可能引发复合管内爆的原因如下：①初始冲击；②气泡脉冲；③在初始冲击和气泡脉冲过后很久结构损伤积累到一定程度。

致　谢

感谢海军研究办公室（Office of Naval Research）以及 Yapa D. S. Rajapakse 博士，他们的资助（拨款编号 N00014 - 10 - 1 - 0662）使得我们可以完成这项研究。

参 考 文 献

[1] A.P. Mouritz, E. Gellert, P. Burchill, K. Challis, Review of advanced composite structures for naval ships and submarines, Comp. Struct. 53 (2001) 21−42.
[2] Accident grounds neutrino lab—physicsworld.com [WWW Document]. <http://physicsworld.com/cws/article/news/2001/nov/15/accident-grounds-neutrino-lab>, 2001 (accessed 02.10.14).
[3] J. Ling, M. Bishai, M. Diwan, J. Dolph, S. Kettell, K. Sexton, et al., Implosion chain reaction mitigation in underwater assemblies of photomultiplier tubes, Nucl. Instrum. Meth. Phys. Res. A—Accel. Spectrom. Detect. Assoc. Equip. 729 (2013) 491−499.
[4] M. Diwan, J. Dolph, J. Ling, R. Sharma, K. Sexton, N. Simos, et al., Underwater implosions of large format photo-multiplier tubes, Phys. Procedia 37 (2012) 715−721.
[5] S.E. Turner, Underwater implosion of glass spheres, J. Acoust. Soc. Am. 121 (2007) 844−852.
[6] R.J. Urick, Implosions as sources of underwater sound, J. Acous. Soc. Am. 35 (1963) 2026−2027.
[7] M. Orr, M. Schoenberg, Acoustic signatures from deep water implosions of spherical cavities, J. Acous. Soc. Am. 59 (1976) 1155−1159.
[8] P.E. Harben, C. Boro. Implosion source development and Diego Garcia reflections. Presented at the 23rd Department of Defense/Department of Energy Seismic Research Review, Jackson Hole, WY, October 2−5, 2001.
[9] S.E. Turner, J.M. Ambrico, Underwater implosion of cylindrical metal tubes, J. Appl. Mech. 80 (2012) 1−11.
[10] C. Farhat, C.G. Wang, A. Main, S. Kyriakides, L.H. Lee, K. Ravi-Chandar, et al., Dynamic implosion of underwater cylindrical shells: experiments and computations, Int. J. Solids Struct. 50 (2013) 2943−2961.

[11] C.M. Ikeda, J. Wilkerling, J.H. Duncan, The implosion of cylindrical shell structures in a high-pressure water environment, Proc. Royal Soc. Lond. A Math. Phys. Eng. Sci. 469 (2013) 20130443.
[12] C.J. Moon, K. In-Hoon, C. Bae-Hyeon, K. Jin-Hwe, J.H. Choi, Buckling of filament—wound composite tubes subjected to hydrostatic pressure for underwater vehicle applications, Comp. Struct. 92 (2010) 2241—2251.
[13] C.T.F. Ross, A.P.F. Little, Y. Haidar, A.A. Waheeb, Buckling of carbon/glass composite tubes under uniform external hydrostatic pressure, Strain 47 (2009) 156—174.
[14] P.T. Smith, C.T.F. Ross, A.P.F. Little, Collapse of composite tubes under uniform external hydrostatic pressure, J. Phys. Conf. Series 181 (2009) 156—157.
[15] H. Hernández-Moreno, B. Douchin, F. Collombet, D. Choqueuse, P. Davies, Influence of winding pattern on the mechanical behavior of filament-wound composite tubes under external pressure, Comp. Sci. Technol. 68 (2008) 1015—1024.
[16] S.H. Hur, H.J. Son, J.H. Kweon, J.H. Choi, Postbuckling of composite tubes under external hydrostatic pressure, Comp. Struct. 86 (2008) 114—124.
[17] C. Yang, S.S. Pang, Y. Zhao, Buckling analysis of thick-walled composite pipe under external pressure, J. Comp. Mater. 31 (1997) 409—426.
[18] N.G. Pegg, Effects of impulse duration and combined impulse-hydrostatic pressure on buckling stability of cylindrical structures, J. Ship Res. 38 (1994) 164—171.
[19] R. Tanov, A. Tabiei, G. Simitses, Effect of static preloading on the dynamic buckling of laminated cylinders under sudden pressure, Mech. Adv. Mater. Struct. 6 (1999) 195—206.
[20] S.R. Krueger, Simulation of cylinder implosion initiated by an underwater explosion. MS Thesis, Naval Postgraduate School, Monterey, CA, 2006.
[21] M.S. Hoo Fatt, S.G. Pothula, Dynamic pulse buckling of composite shells subjected to external blast, Comp. Struct. 92 (2010) 1716—1727.
[22] J. Brett, G. Yiannakopolous, A study of explosive effects in close proximity to a submerged cylinder, Int. J. Impact Eng. 35 (2008) 206—225.
[23] C.F. Hung, B.J. Lin, J.J. Hwang-Fuu, P.Y. Hsu, Dynamic response of cylindrical shell structures subjected to underwater explosion, Ocean Eng. 36 (2009) 564—577.
[24] C.M. Ikeda. Fluid—structure interactions implosions of shell structures and wave impact on a flat plate. Thesis. University of Maryland, College Park, MD, 2012.
[25] H. Arora, P.A. Hooper, J.P. Dear, The effects of air and underwater blast on composite sandwich panels and tubular laminate structures, Exp. Mech. 52 (2012) 59—81.
[26] M.A. Sutton, J.J. Orteu, H.W. Schreier, Image Correlation for Shape, Motion and Deformation Measurements: Basic Concepts, Theory and Applications, Springer, New York, NY, 2009.
[27] S. Gupta, V. Parameswaran, M.A. Sutton, A. Shukla, A study of underwater implosion using digital image correlation, Proc. Royal Soc. Lond. A Math. Phys. Eng. Sci. 470 (2014). 20140576.
[28] R.H. Cole, Underwater Explosions, Princeton University Press, Princeton, NJ, 1948.
[29] A. Arons, D. Yennie, Energy partition in underwater explosion phenomena, Rev. Mod. Phy. 20 (1948) 519—536.
[30] M. Pinto, S. Gupta, A. Shukla, Hydrostatic implosion of GFRP composite tubes studied by digital image correlation, J. Pressure Vessel Technol. 137 (2015) 051302.
[31] S. Sridharan. Delamination Behaviour of Composites. Woodhead, Cambridge, England, 2008.
[32] M. Pinto, S. Gupta, A. Shukla, Study of implosion of carbon/epoxy composite hollow cylinders using 3-D digital image correlation, Comp. Struct. 119 (2014) 272—286.

[33] S.E. Turner, Small-Scale Implosion Testing of Glass and Aluminum Cylinders. NUWC-NPT Technical Memorandum 04-061, Naval Undersea Warfare Center Division, Newport, RI, 2004.
[34] S. Tekalur, A. Shukla, K. Shivakumar, Blast resistance of polyurea based layered composite materials, Comp. Struct. 84 (2008) 271−281.
[35] Y.A. Bahei-El-Din, G.J. Dvorak, O.J. Fredricksen, A blast-tolerant sandwich plate design with a polyurea interlayer, Int. J. Solids Struct. 43 (2006) 7644−7658.
[36] N. Gardner, E. Wang, P. Kumar, A. Shukla, Blast mitigation in a sandwich composite using graded core and polyurea interlayer, Exp. Mech. 52 (2012) 119−133.
[37] M. Pinto, A. Shukla, Mitigation of pressure pulses from implosion of hollow composite cylinders, J. Comp. Mater. 29 (2015) 3709−3718.
[38] H.E. Lindberg, A.L. Florence, Dynamic Pulse Buckling: Theory and Experiment, M. Nijhoff, Dordrecht, 1987.
[39] M. Pinto, A. Shukla, Shock-initiated buckling of carbon/epoxy composite tubes at sub-critical pressures, Exp. Mech. 56 (2015) 583−594.
[40] L.E. Kinsler, A.R. FreyR, Fundamentals of Acoustics, Wiley, New York, NY, 1962.

第 11 章

玻璃纤维墙强聚合物层压材料在水下爆炸冲击载荷下的响应

ADRIAN P. MOURITZ
澳大利亚维多利亚墨尔本皇家墨尔本理工大学

11.1 简　　介

玻璃纤维增强聚合物（GFRP）层压材料多年来一直被用于制造各种各样的海上航行工具，如皮划艇、橡皮艇、救生艇、快艇、游艇、客轮、气垫船、潜水器和海军舰艇。玻璃纤维增强聚合物具有高强度重量比（即“高比强度”）、耐腐蚀性、海水环境中的耐久性、抗弹性能和低磁性特征（可降低引发磁性水雷爆炸的可能性），因此其非常适合用作海军小型舰艇（如猎雷舰、巡逻艇）的结构材料[1-2]。

武器爆炸产生的冲击波一直以来都是海军舰艇面临的主要威胁。海军舰艇可能会遭受机载（如导弹、炸弹）或水中武器（如水雷、鱼雷）的攻击。我们研究了玻璃纤维增强聚合物层压材料在空气[3-7]冲击波和水下[8-12]冲击波的冲击载荷作用下的变形和损伤情况，还研究了玻璃纤维增强聚合物夹层复合材料在爆炸冲击波载荷作用下的响应[13-19]。复合材料层合板在爆炸冲击波作用下的损伤抗力取决于多种参数，包括纤维取向[20]和聚合物基体[21]。然而，关于层压材料内纤维体积含量对爆炸响应的影响，迄今我们尚未作过深入研究。

制造海军舰艇时使用的复合材料可以通过不同的制造工艺制造而成，因此其纤维体积含量会有所不同[1]。由于技术简单易学，手积层工艺（即“手糊成形工艺”）多年来一直是船舶建造者最喜欢的工艺。此工艺是采用手工方法将纤维增强材料和树脂胶液在模具上铺敷成形固化且脱模成制品的工艺。在制造过程中，可以使用刷子、滚筒或喷枪涂抹树脂胶液。在树脂胶液固化之前，将纤维材料堆叠并模塑成所需形状。虽然手积层工艺非常流行，但该工艺制造出来的产品有多种缺点，包括生产纤维体积含量相对较低的层压板（通常为30%~40%），富树脂区域和高孔隙率（通常为 4%~6vol%）。其他制造工艺，如真空袋成形工艺、真空辅助树脂灌注工艺和树脂传递模塑（RTM）工艺，可用于提高层压材料的品质。通过这些工艺，通常可以生产出具有较高纤维体积含量和较低孔隙率的层压材料，从而赋予材料较高的力学性能。然而，当暴露于爆炸事故时，制造工艺是否对层压材料的变形和抗损伤能力产生影响，这一点尚不清楚。

本章介绍了手积层工艺和真空辅助树脂传递模塑（VARTM）工艺制成的玻璃纤维增强聚合物层压材料水下爆炸响应的实验研究。除了制造工艺不同之外，层压材料在其他方面（如纤维类型、纤维取向、树脂）都是相同的，但是通过真空辅助树脂传递模塑工艺生产的层压材料纤维体积含量更高、孔隙率更低。两种类型的玻璃纤维增强聚合物层压材料都暴露于由塑性炸药爆炸引起的不断增强的水下爆炸冲击载荷作用下。通过增加炸药质量或减小塑性炸药的爆距，能以可控方式增加爆炸冲击波的强度。我们将爆炸载荷的不断增强对层压材料遭受的损伤类型和程度的影响进行了比较，此外，还测定了复合材料在遭受爆炸冲击后的力学性能。本章介绍的研究内容揭示了制造工艺对海军舰艇用玻璃纤维增强聚合物层压材料在水下爆炸冲击载荷作用下的响应具有强烈影响。

11.2　材料和实验方法

11.2.1　玻璃纤维增强聚合物层压材料

玻璃纤维增强聚合物层压材料由乙烯基酯树脂和 E 型玻璃纤维复合而成。该层压材料含有两种形式的玻璃纤维：玻璃纤维短切毡（CSM）和玻璃纤维粗纱织物（WR）。玻璃纤维短切毡是将玻璃纤维原丝短切成约 50mm 长，随机无定向地均匀分布在平面网上制成的一种玻璃纤维无纺增强材料，面密度为 $300g/m^2$。玻璃纤维粗纱织物由具有相等百分比的经纱和纬纱的平纹织物组成，面密度为 $600g/m^2$。玻璃纤维增强聚合物层压材料是将相同数量的玻璃纤维粗纱织物和玻璃纤维短切毡以交替顺序堆叠起来的增强材料。这种堆叠顺序与之前由澳大利亚皇家海军建造的“海湾”级猎雷艇采用的玻璃增强热固性塑料（GRP）复合材料的堆叠顺序相同。

玻璃纤维增强聚合物层压材料采用手积层工艺制作而成，其纤维体积含量较低。将涂覆有液态乙烯基酯树脂（Derakane 411）的玻璃纤维短切毡和玻璃纤维粗纱织物以交替顺序堆叠铺放在平坦的模具表面，以此来制备层压材料。在铺层过程中，需利用齿形辊完全辊压纤维材料，以确保树脂均匀浸润玻璃纤维，并消除夹层中出现的气泡。铺层完毕后，在常温条件下（温度：20~24℃；相对湿度：40%~60%）层压材料会凝胶化和固化。根据 ASTMD2584《固化增强树脂燃烧损失的标准试验方法》测定，玻璃纤维增强聚合物层压材料的平均纤维体积含量为29%。图 11.1 所示为采用手积层工艺制作的玻璃纤维增强聚合物层压材料的横截面图。该材料具有相对较大的孔隙率（7.4%）。孔隙的大小通常小于 1mm，这是由于层压过程中产生的气体无法顺利排出形成的（即使在铺层过程中通过辊压进行固结，仍会存在滞留的气体）。此层压材料的最终厚度约为 8.5mm。

图 11.1 采用手积层工艺制作的玻璃纤维增强聚合物层压材料的横截面图（黑色区域代表孔隙）

玻璃纤维增强聚合物层压材料还可采用真空辅助树脂传递模塑工艺制作而成。将由玻璃纤维短切毡和玻璃纤维粗纱织物堆叠组成的干燥预成形件铺放在封闭模具内，在真空压力的推动下，液态乙烯基酯树脂流入模具中，并完全浸润玻璃纤维进行成形。在常温条件下，液态乙烯基酯树脂会在模具内凝胶化和固化。玻璃纤维增强聚合物层压材料的纤维体积含量为41%，孔隙率低于1%。该层压材料的厚度约为 7.3mm，比采用手积层工艺制成的复合材料稍薄。

11.2.2 水下爆炸冲击试验

在注满水的舱室中，对两种不同的玻璃纤维增强聚合物层压材料进行水下爆炸冲击试验，如图 11.2 所示。该爆炸冲击试验装置是一个封闭在混凝土板内的近乎平底式钢制圆筒，圆筒直径为 1.85m，深度为 2.0m。圆筒内壁和底端覆有一层含有较小气泡的轻质塑料薄片（商业上称为气泡膜）。气泡膜可用于最大限度地减少来自圆筒内壁和底端的冲击波的内部反射。

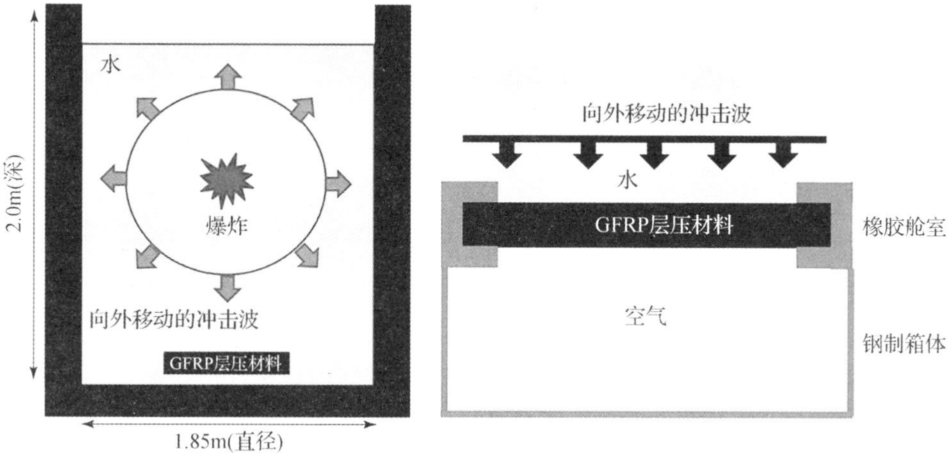

(a) 在注满水的舱室中进行爆炸冲击试验的剖视图

(b) 层压材料的剖视图和边界条件

图 11.2 玻璃纤维增强聚合物层压材料进行水下爆炸冲击试验的示意图

我们对一个长 270mm、宽 70mm 的矩形玻璃纤维增强聚合物层压材料试件进行了水下爆炸冲击试验。在试验之前，将一个玻璃纤维增强聚合物层压材料试件放置在钢制箱体内（把试件长边两端夹在两片柔性橡胶之间），在水下爆炸产生的冲击波作用下，该层压材料弯曲变形，如图 11.2（b）所示。试件的侧面没有支撑。层压材料由于柔性橡胶的支撑，在冲击作用下发生了偏转，但未产生明显的平面拉伸应力或边缘剪切应变（这些应力或应变会导致局部损伤出现）。在冲击载荷作用下，层压材料的弯曲主应力沿试件长度方向分布。层压材料的一个表面与水（含有炸药）接触，另一个表面则与空气接触。试验所用的炸药是一种塑性炸药（PE4 炸药），由约 88% 的黑索今（RDX，即环三亚甲基三硝胺）和 12% 的非爆炸性黏结剂及增塑剂组成。为了控制水下冲击波的强度，我们改变了炸药质量及其与玻璃纤维增强聚合物试件的爆距。表 11.1 给出了水下爆炸试验中使用的不同炸药质量、爆距以及峰值压力。在每种爆炸试验条件下，分别对每种层压材料的四个试件进行试验。

表 11.1 水下爆炸试验条件

炸药质量/g	爆距/mm	水下冲击波的峰值压力/MPa
5.8	1.00	8
15.6	1.00	11
15.6	0.73	16

续表

炸药质量/g	爆距/mm	水下冲击波的峰值压力/MPa
30.0	0.70	22
50.0	0.75	24
50.0	0.64	29

使用压力传感器（PCB 135A05）测量水下冲击波的压力－时间响应，并用 Norland Prowler 数字波形分析仪进行记录。一个压力传感器放置在与水接触的层压材料表面，另一个压力传感器悬浮在与层压材料试件的爆距相同的水中（自由场）。图 11.3 所示为在玻璃纤维增强聚合物层压材料表面测量的水下冲击波的压力－时间响应。当冲击波阵面传播到某点时，该点的压力瞬间增大，然后在短时间内迅速衰减（约 200μs）。在这个冲击波之后是一个压力低得多、持续时间短得多的反射冲击波。由于原激波的峰值压力和冲量远大于反射波的，这是造成玻璃纤维增强聚合物层压材料变形和损伤的主要因素。

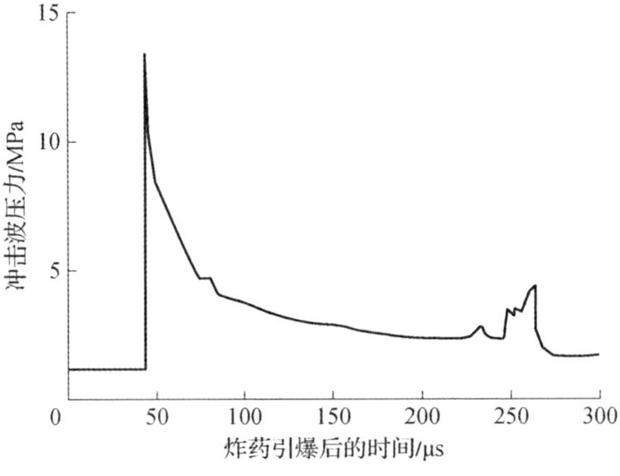

图 11.3 在距离玻璃纤维增强聚合物层压材料 1.0m 处引爆质量为 15.6g 的炸药后产生的水下冲击波的压力－时间曲线

11.3 结果与讨论

将纤维体积含量相对较低（采用手积层工艺制作而成）和纤维体积含量较高（使用真空辅助树脂传递模塑工艺制作而成）的玻璃纤维增强聚合物层

压材料，在不断增强的水下冲击波强度下进行试验，以确定损伤的类型和程度。在水下冲击波作用下，层压材料试件达到较高弯曲应变，从而导致爆炸损伤。如图 11.4 所示，层压材料（纤维体积含量低的复合材料）的损伤形式为玻璃纤维和聚合物基体之间的界面裂纹以及聚合物基体内的裂纹。裂纹通常会与材料内的孔隙相互作用。由于层压材料结构中存在缺陷，当受到外力作用时，在这些缺陷处就会产生应力集中，导致裂纹形核，引起初始裂纹。

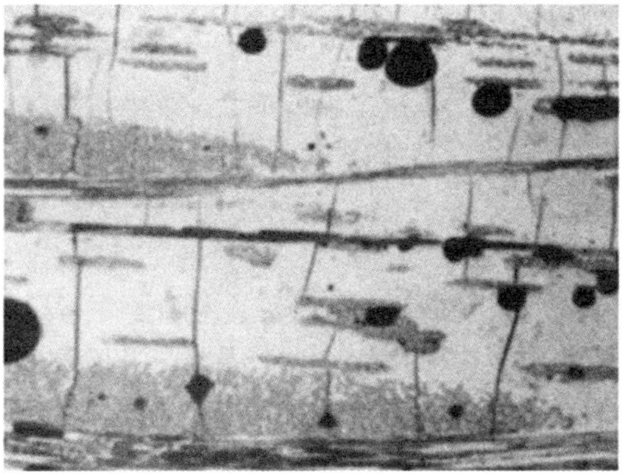

图 11.4　在爆炸冲击载荷作用下，纤维体积含量低的层压材料内的基体开裂

随着水下冲击波强度的不断增加，两种类型的玻璃纤维增强聚合物层压材料的不同铺层之间都产生了分层裂纹，且裂纹不断扩展。单根纤维先断裂，然后整个玻璃纤维层断裂，最终导致层压材料完全断裂。水下冲击波峰值压力的增加对玻璃纤维增强聚合物层压材料分层损伤的影响如图 11.5 所示。层压材

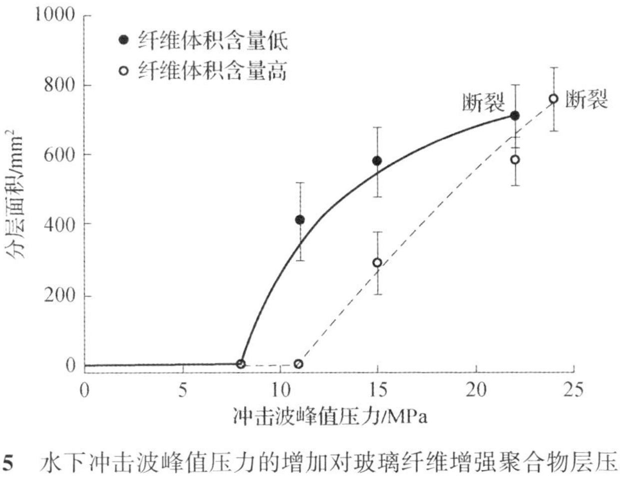

图 11.5　水下冲击波峰值压力的增加对玻璃纤维增强聚合物层压材料分层损伤的影响（图中曲线是根据试验中所得到的数据拟合而成）

料的纤维体积含量影响分层损伤的萌生和扩展。对于具有高纤维体积含量的层压材料而言，引起分层开裂所需的冲击波峰值压力要高得多。此外，纤维体积含量高的层压材料所产生的分层开裂程度显著低于纤维体积含量低的层压材料。图 11.5 所示为层压材料完全断裂时的峰值压力，纤维体积含量高的复合材料在断裂前可以承受更强的冲击载荷。

在水下爆炸冲击波施加的压力下，玻璃纤维增强聚合物层压材料会发生弯曲受损。随着冲击力的不断增加，层压材料的弯曲程度也越来越大，导致损坏越来越严重，直到最终发生完全断裂。使用真空辅助树脂传递模塑工艺制造而成的层压材料由于纤维体积含量较高，具有更好的力学性能，包括更大的弯曲刚度和强度。因此，该层压材料具有更好的耐弯曲性能，在受损前可以承受更高的弯曲应变，从而具有更好的抗水下爆炸毁伤能力。在进行水下爆炸试验后，我们测量了玻璃纤维增强聚合物层压材料的力学性能。将层压材料加工成漏斗形试件，以 $25 \times 10^{-6} s^{-1}$ 的恒应变速率连续加载，直至试件破坏，以此测定其拉伸破坏应力。将层压材料固定在防屈曲支撑框架结构内，以 0.1mm/s 的端部缩短率对试件进行压缩，直至试件破裂，以此测定其压缩破坏应力。

图 11.6 所示为增加水下冲击波峰值压力对两类层压材料拉伸破坏应力和压缩破坏应力值的影响的比较。正如预想的那样，层压材料的力学性能随着冲击波压力的增加而降低。在爆炸冲击波作用下，分层开裂和纤维断裂是让复合材料损伤的主要原因，同时还会导致材料力学性能降低。其他研究也给出了复合材料在遭受爆炸冲击载荷后力学性能会降低[9-12]。在遭受爆炸冲击载荷后，纤维体积含量较高的层压材料的力学性能更好，这是因为其具有更好的抗爆炸毁伤能力，如图 11.6 所示。

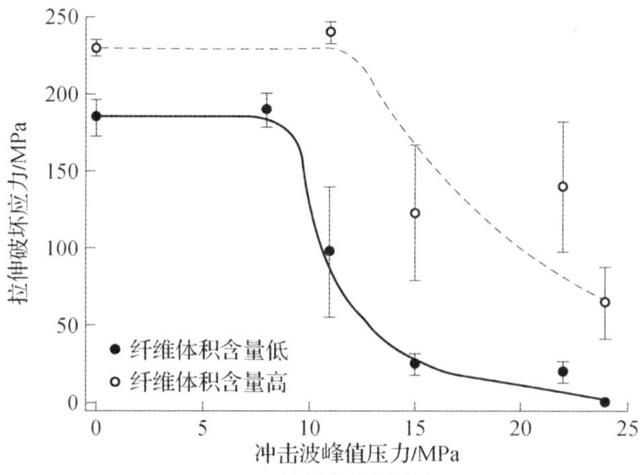

(a) 拉伸破坏应力

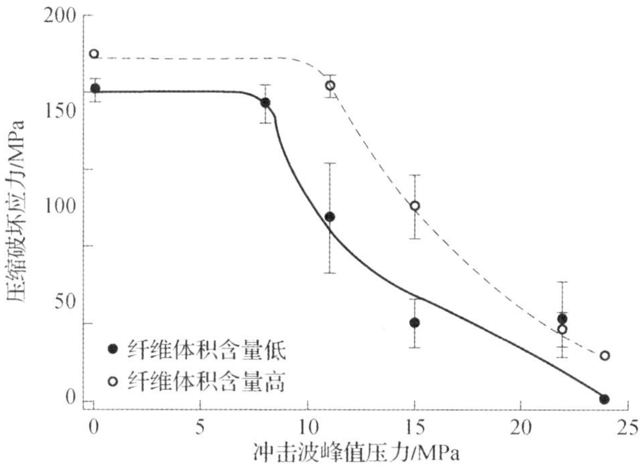

(b) 压缩破坏应力的影响

图 11.6 水下冲击波峰值压力增加对玻璃纤维增强聚合物层压材料（根据试验中所得的数据绘制而成）

11.4 结　论

以海军舰艇为例，建造海军舰艇时所需的具有抗爆炸毁伤能力的复合材料可以通过不同的制造工艺制造而成，因为不同工艺制造出的材料其纤维体积含量会有所不同。例如，与真空袋成形工艺和树脂传递模塑工艺相比，在大型船舶建造中广泛使用的铺层工艺生产出的材料，其纤维体积含量较低。试验研究证明，当发生水下爆炸事故时，玻璃纤维增强聚合物层压材料中的纤维体积含量对其抗损伤性和在遭受爆炸冲击后的力学性能具有重要影响。

当受到爆炸载荷作用时，层压材料会遭到损坏，损坏类型包括纤维－基体界面开裂、基体开裂、分层开裂、纤维断裂和层板断裂，其受纤维体积含量的影响不大。然而，造成这些损伤所需的爆炸条件受纤维体积含量的影响显著。引起分层开裂所需的水下冲击波峰值压力随着纤维体积含量的增加而增加。此外，具有较高纤维体积含量的层压材料所遭受的分层损伤程度也较低，而且纤维体积含量较高的层压材料在断裂前可以承受更强的冲击载荷。在爆炸冲击波作用下，纤维体积含量较高的层压材料拥有更强的抗爆炸毁伤能力，这是因为它们具有更好的力学性能（特别是弯曲刚度和强度），这些特性使其在爆炸冲击波载荷作用下更能抵抗变形。纤维体积含量较高的层压材料由于具有较高的抗爆炸毁伤能力，在遭受爆炸载荷作用后，其拉伸和压缩性能更好。这项研究表明，在爆炸冲击载荷作用下纤维体积含量对复合材料力学性能具有重要影响，而纤维体积含量可以通过制造工艺来控制。

致　谢

这项研究是由澳大利亚国防部国防科学与技术组织（DSTO 现为澳大利亚国防科技集团）开展的。在此感谢澳大利亚国防部国防科学与技术组织的 Ray Woodward 博士、David Saunders 博士和 Patrick McCarthy 博士。

参考文献

[1] C.S. Smith, Design of Marine Structures in Composite Materials, CRC Press, 1990.
[2] A.P. Mouritz, E. Gellert, P. Burchill, K. Challis, Review of advanced composite structures for naval ships and submarines, Comp. Struct. 53 (2001) 21−42.
[3] G.S. Langdon, W.J. Cantwell, Z.W. Guan, G.N. Nurick, The response of polymeric composite structures to air-blast loading: a state-of-the-art, Int. Mater. Rev. 59 (2014) 159−177.
[4] J.L.R. Comtois, M.R. Edwards, M.C. Oakes, The effect of explosives on polymer matrix composite laminates, Comp. A Appl. Sci. Manufact. 30 (1999) 181−190.
[5] S.A. Tekalur, K. Shivakumar, A. Shukla, Mechanical behavior and damage evolution in E-glass vinyl ester and carbon composites subjected to static and blast loads, Comp. B Eng. 39 (2008) 57−65.
[6] H. Arora, P.A. Hooper, J.P. Dear, Dynamic response of full-scale sandwich composite structures subject to air-blast loading, Comp. A Appl. Sci. Manufact. 42 (2011) 1651−1662.
[7] H. Arora, P.A. Hooper, P. Del Linz, H. Yang, S. Chen, J.P. Dear, Modelling the behavior of composite sandwich structures when subjected to air-blast loading, Int. J. Multiphys. 6 (2012) 199−217.
[8] A.P. Mouritz, D.S. Saunders, S. Buckley, The damage and failure of GRP laminates by underwater explosion shock loading, Composites 25 (1994) 431−437.
[9] A.P. Mouritz, The effect of underwater explosion shock loading on the fatigue behavior of GRP laminates, Composites 26 (1995) 3−9.
[10] A.P. Mouritz, The effect of underwater explosion shock loading on the flexural properties of GRP laminates, Int. J. Impact Eng. 18 (1996) 129−139.
[11] A.P. Mouritz, The damage to stitched GRP laminates by underwater explosion shock loading, Comp. Sci. Technol. 55 (1995) 365−374.
[12] A.P. Mouritz, Ballistic impact and explosive blast resistance of stitched composites, Comp. B Eng. 32 (2001) 431−439.
[13] D.J. Hall, Examination of the effects of underwater blasts on sandwich composite structures, Comp. Struct. 11 (1989) 101−120.
[14] J. LeBlanc, A. Shukla, Dynamic response and damage evolution in composite materials subjected to underwater explosive loading: an experimental and computational study, Comp. Struct. 92 (2010) 2421−2430.

[15] F. Latourte, D. Gregoire, D. Zenkert, X. Wei, H.D. Espinosa, Failure mechanisms in composite panels subjected to underwater impulsive loads, J. Mech. Phys. Solids 59 (2011) 1623−1646.
[16] M. Jackson, A. Shukla, Performance of sandwich composites subjected to sequential impact and air blast loading, Comp. B Eng. 42 (2011) 155−166.
[17] S. Avachat, M. Zhou, Effect of core density on deformation and failure in sandwich composites subjected to underwater impulsive loads, Int. J. Multiphys. 6 (2012) 241−265.
[18] S. Avachat, M. Zhou, Effect of facesheet thickness on dynamic response of composite sandwich plates to underwater impulsive loading, Exp. Mech. 52 (2012) 82−93.
[19] G.S. Langdon, C.J. von Klemperer, B.K. Rowland, G.N. Nurick, The response of sandwich structures with composite face sheets and polymer foam cores to air-blast loading: preliminary experiments, Eng. Struct. 36 (2012) 104−112.
[20] R.C. Batra, N.M. Hassan, Blast resistance of unidirectional fiber reinforced composites, Comp. B Eng. 39 (2008) 513−536.
[21] M.Y. Yahya, W.J. Cantwell, G.S. Langdon, G.N. Nurick, The blast behavior of fiber reinforced thermoplastic laminates, J. Comp. Mater. 42 (2008) 2275−2297.

第 12 章

对贮水复合材料箱的低速冲击

Taylor J. South 和 Young W. Kwon
美国加利福尼亚州蒙特利海军研究生院

12.1 简　　介

复合材料因为具有重量轻、强度高、刚度大等特点而越来越受欢迎。它们被广泛应用于商业和国防领域，包括航空航天和海洋环境。由于这些应用通常处于动态环境中，因此冲击载荷是一个主要的关注领域。复合材料结构通常比金属结构更容易遭受冲击损伤，因为它们的硬度较低、延展性较弱。金属材料因其硬度较高、延展性较好，在冲击载荷作用下能够吸收较大的能量而不发生失效[1]。此外，由于复合材料更具柔韧性，在受到冲击载荷作用后会产生很大变形。当复合材料结构与其他结构或部件非常接近时，复合效应可能是一个非常重要的考虑因素。例如，由于飞机空间有限，燃料电池通常位于靠近重要部件的位置。在燃料电池受到冲击的情况下，结构会发生很大变形，可能导致燃料电池与相邻部件产生不必要的接触。即使复合材料结构未出现故障，冲击的动态响应也可能对相邻部件造成损坏。

装有流体的复合材料结构，如燃料电池，会受到变形结构或运动结构与周围或内部的流体流动之间的相互作用，这种相互作用称为流体－结构相互作用（FSI）。复合材料应考虑这种复合效应，因为它与金属结构有很大不同。之所以出现这种差异，是因为金属结构密度远大于流体（即水）密度。在聚合物复合材料中，结构密度和流体密度相当，因此会导致差异很大的结构响应[2]。

我们已经对装有流体的金属结构进行了研究。但是，对于与流体接触的复合材料结构来说，我们进行的研究要少得多。如参考文献［3］中的研究，通常仅使用数值分析来测量不同液位下柔性层压复合材料的模态频率和壁面压力。参考文献［4］中论述并比较了已经进行的其他数值研究。虽然其中的许多试验都是验证性试验，但对部分充液贮箱的研究中，共同的主题是晃动效应。液体晃动效应一直是贮液复合材料结构的主要研究课题。此类试验研究一般在水平振荡激励下进行，而非在结构冲击作用下进行[5]。在上述情况下，我们还研究了挡板产生的影响，以确定其对液体晃动产生的影响[6]。

以往对复合材料结构的大多数冲击研究都没有考虑流体－结构相互作用。在一些选定的复合材料研究[7-9]中，我们分析了受到低速冲击的平板结构的流体－结构相互作用，还研究了夹芯板和层压复合材料板。研究发现，流体－结构相互作用对复合材料结构的动力响应有显著影响。

当对部分充液贮箱的冲击振荡进行研究时，我们发现冲击力要么与金属结构有关，要么与复合材料中的高速冲击有关。此外，我们还对低速冲击进行了分析，但方法和材料与目前进行的研究有所不同。让箱体（由钢和铝制成）从高处落下，产生冲击力，以此代替重物撞击产生的冲击力。参考文献［10－12］进行的研究在许多方面都具有可比性。在研究中，测量了碳纤维增强聚合物矩形贮液结构在不同液位下高速冲击时的应变和压力变化。因为冲击速度很快，所以研究的重点是水锤效应对流体和结构的影响。

到目前为止，对复合材料贮液结构在低速冲击作用下的研究还很少。此项研究的目的是了解流体－结构相互作用对装有流体（水）且受到低速冲击的复合结构的影响。了解装有流体的结构的动态响应可以为未来复合材料设计提供重要信息。了解导致结构最大应力、应变和变形的条件以及潜在的抑制因素非常重要。研究的最终目标是，提供可以改进国防和商用复合材料结构的知识。

12.2　试验描述

如图 12.1 所示，我们进行了低速冲击试验，使用 E－玻璃纤维复合材料制作了一个箱体，箱体尺寸为 25cm × 25cm × 25cm，其顶部和底部均设置开口。尽管箱体壁厚有很小的变化，但标称厚度为 2mm。为了不损坏冲击点，我们在冲击位置安装了一块铝片，如图 12.1 所示。使用应变计对复合结构各面的水平和垂直方向进行应变测量，

图 12.1　带有铝片的复合材料箱体结构

应变计放置在复合材料箱的两侧和背面的中心位置。由于正面的中心位置受到冲击，放置在该面上的应变计偏离了中心。

图 12.2 所示为应变计的安装位置。将底板和顶板连接在复合材料箱上，再进行冲击试验。底板由厚度为 2.54cm 的 6061 铝板制成，并将其视为固定边界。用铝制角件将底板固定在光学平台上，以防止任何移动，如图 12.3 所示。顶板由厚度为 2.54cm 的聚甲基丙烯酸甲酯（PMMA）板制成，如图 12.3 所示。在顶板的角落钻一个孔，方便灌注和排放箱体中的液体。这个孔为螺纹孔，可以用螺纹管帽密封。由于顶板和底板没有相互连接，因此顶板会随着复合结构在冲击响应下自由移动。

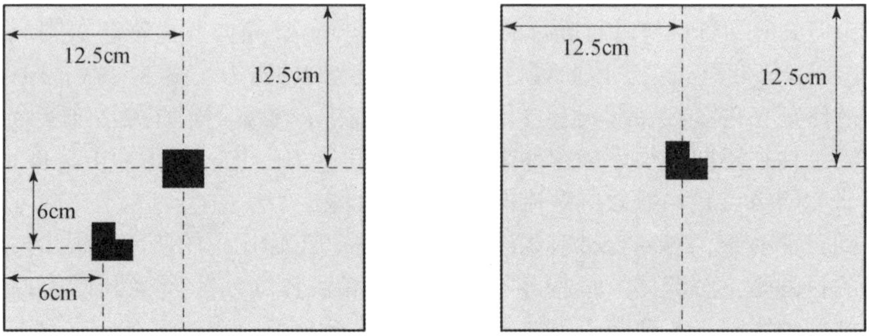

(a) 正面　　(b) 左侧、右侧和背面

图 12.2　应变计的安装位置

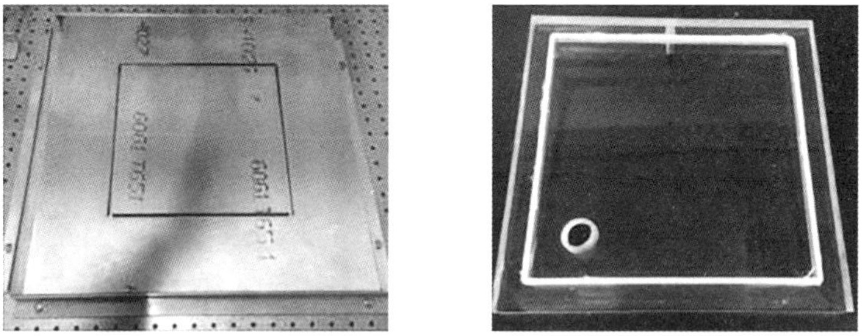

(a) 铝制底板　　(b) 聚甲基丙烯酸甲酯顶板

图 12.3　铝制底板和丙烯酸顶板示意图

为了将复合结构装配到底板和顶板中，在底板和顶板上设置一个凹槽。将复合材料箱插入凹槽中并填充硅酮密封剂。为了确保底板和顶板非常牢固地固定在复合材料箱上，将垫圈材料压入复合材料箱外部的凹槽中。准备进行试验的结构如图 12.4 所示，冲击是利用带有称重传感器的冲击摆运动时产生的，

且称重传感器用于测量冲击力 - 时程。该研究中分析的其中一点是挡板对复合材料结构内流体波传播的影响。使用 Divinycell 乙烯基泡沫设计和制造了两个挡板，泡沫厚度为 7.5mm，密度为 0.045g/cm^3。泡沫的孔很小，将其放置在复合结构中进行试验时，仅有极少的水会被吸收到泡沫中。

图 12.4 完整的实验设备

第一个挡板，称为挡板 1，是一个简单设计，近似“X”形。每个挡板的尺寸为 24cm × 24cm，并含有 6 个 3cm × 3cm 的孔（以便流体流动）。挡板 1 的设计如图 12.5 所示。

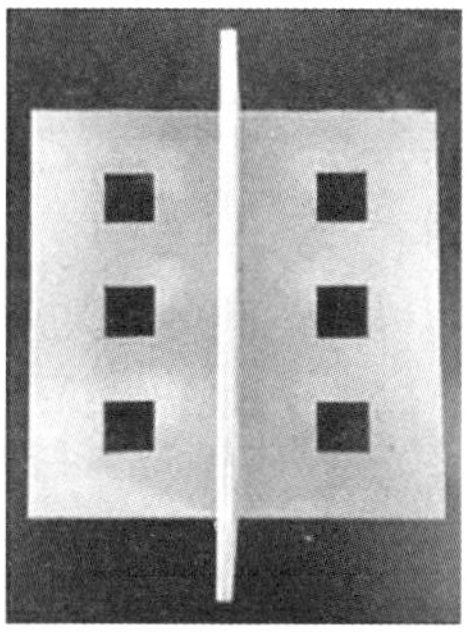

(a) 侧面轮廓

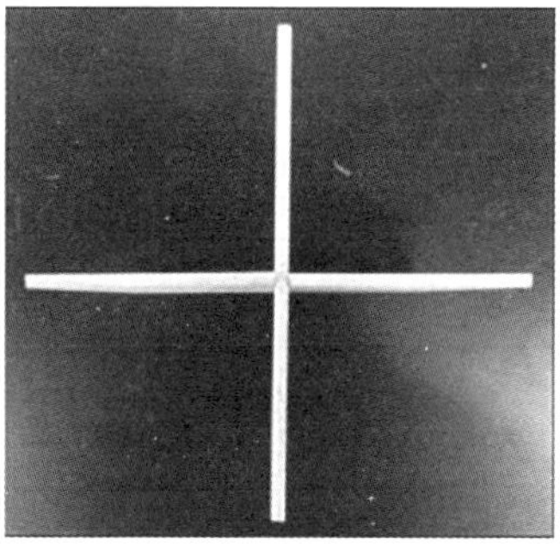

(b) 顶部轮廓

图 12.5 挡板 1

第二个挡板，称为挡板 2，是一个较为复杂的设计，近似棋盘形状。每个挡板的尺寸为 24cm × 24cm，并包含 9 个 2cm × 3cm 的孔（以便流体流动）。尽管挡板 2 中孔的尺寸与挡板 1 中孔的尺寸有所不同，但每个挡板中孔的总面积保持不变。挡板 2 的设计如图 12.6 所示。将所有挡板插入复合材料箱中，当把水添加到复合材料箱中时，挡板漂浮起来并与箱体顶板贴近。

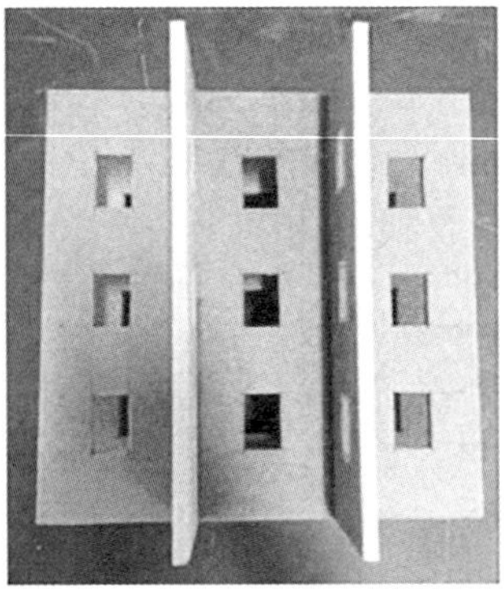

(a) 侧面轮廓

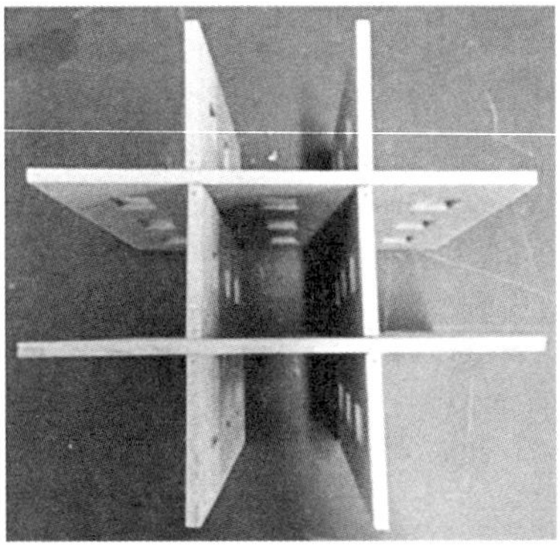

(b) 顶部轮廓

图 12.6　挡板 2

为了测试流体－结构相互作用对复合结构的影响，我们分别对不注水（0%）、注满水（100%）和部分注水的结构进行试验。对于不同水位，我们还使用了不同的冲击力进行试验。在安装挡板和未安装挡板的情况下，对于不同水位，也使用不同的冲击力进行试验。每次试验均重复进行几次，以确认结果的一致性。在不注水（0%）和注满水（100%）的过程中，逐渐加水，分别为注水 25%、注水 50% 和注水 75%。在收集了一些数据后，为了更好地理解注水 75% 和注水 100% 之间的应变情况，增加了两次额外注水（注水 90% 和注水 95%）试验进行分析。因为箱体不是透明的，所以注水量是根据水的体积来确定的。在安装挡板的情况下，计算水的体积时可以假设泡沫为固体，因为泡沫孔隙率极小，其吸水率可以忽略不计。对于每种注水情况，都使用了两种不同的冲击载荷进行试验：一种是以 25°落角入水，另一种是以 45°落角入水。以 25°落角入水冲击对应的速度为 0.978m/s，以 45°落角入水冲击对应的速度为 1.729m/s。在试验中，将冲击锤拉回量角器上显示的所需角度，然后手动松开冲击锤。只允许冲击锤撞击复合结构一次，结果，冲头在反弹时被卡住停止。为了确保测量结果的可重复性和一致性，在每种注水情况下对每个落角进行 6 次试验。每次试验后留出足够的时间，使流体运动恢复到静止状态。

12.3　结果与讨论

测量每个试验的冲击力，并对在各种注水情况下 25°落角和 45°落角的冲击力进行比较。在对数据进行分析后，使用高速摄影直观地观察数据所显示的冲击行为。

12.3.1 冲击力数据

对每次试验的冲击力数据进行测量，并进行一致性比较。对于每一次试验，试验运行的差异越小，冲击力数据越会显示出高重复性。图 12.7 所示为 45°落角冲击情况下进行 6 次重复试验（A～F）的典型示例。由于所测数据一致，所有冲击力－时程图将只使用其中一个试验示例。在注水量低于 50%（即注水量为 0% 和 25%）时，冲击力的大小大致相同；在注水量高于 50%（即注水量为 75%、90%、95% 和 100%）时，冲击力的大小大致相同。在注水量居中（即注水量为 50%）时，冲击力大小介于低注水量和高注水量之间，稍微偏向低注水量情况下的冲击力。

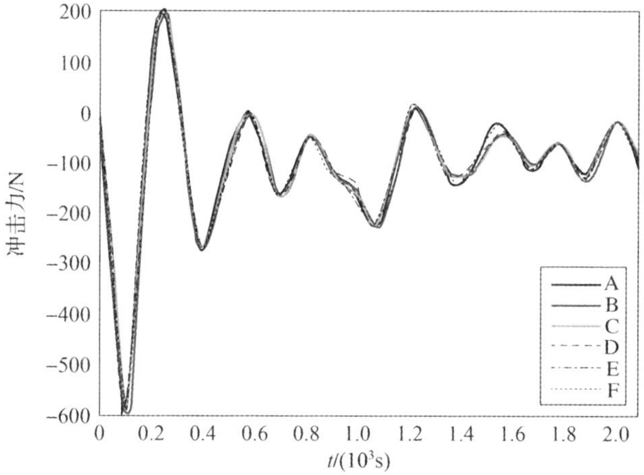

图 12.7 45°落角冲击情况下进行 6 次重复试验的冲击力数据对比（注水量为 0%）

表 12.1 比较了在注满水时以 45°落角进行试验的最大冲击力。对于每一次冲击，无论落角角度如何，冲击力在返回为 0 之前都会产生一定程度的振荡。在初始冲击和最大冲击力之后，冲头在反弹之前的一段时间内会与结构保持接触。初次接触后的冲击行为会随着注水量的变化而变化。

表 12.1 最大冲击力

注水量/%	最大冲击力/N（25°落角）	最大冲击力/N（45°落角）
0	315.5	590.9
25	317.6	593.5
50	417.2	772.5
75	603.4	1130.5

续表

注水量/%	最大冲击力/N（25°落角）	最大冲击力/N（45°落角）
90	604.9	1127.2
95	594.0	1121.2
100	599.2	1117.6

对于低注水量情况（注水量小于50%），冲头与结构发生首次接触，然后与结构保持接触一段时间，最后反弹，如图12.8所示。

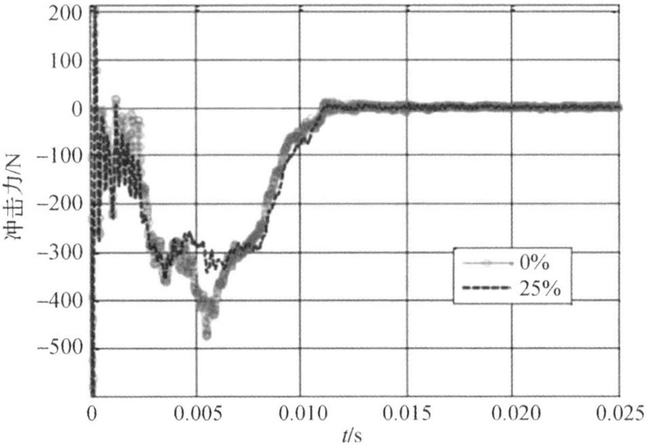

图12.8 45°落角冲击情况下进行试验的冲击力-时程图（低注水量）（见彩图）

对于中等注水量和高注水量情况（注水量为50%及以上），冲头与结构发生首次接触，然后在反弹之前会经历反复的冲击，这些额外的冲击如图12.9所示，

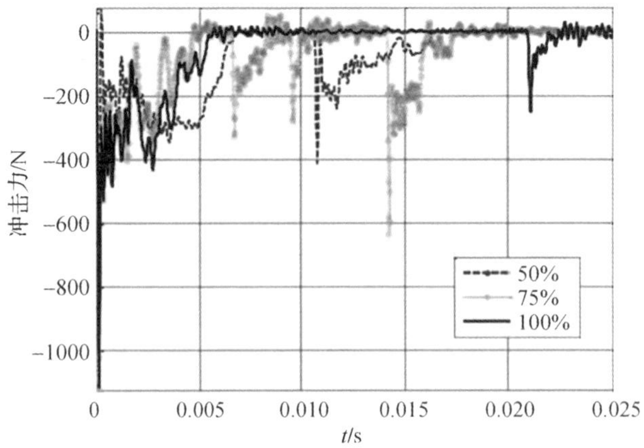

图12.9 45°落角冲击情况下进行试验的冲击力-时程图（高注水量）（见彩图）

即在初始最大冲击力后出现的负峰。在所有情况下，最大冲击力发生在 1.0 ~ 1.2ms，但是冲头与结构接触的总接触时间随着注水量的增加而增加。

表 12.2 所列为各种注水量情况下接触时间的近似值。

表 12.2　冲头与结构的接触时间

注水量/%	接触时间/ms
0	13
25	13
50	18
75	21
90	22
95	22
100	25

为了更好地理解不同注水量情况下最大冲击力的趋势，详见图 12.10 所示的最大冲击力。该趋势显示，在低注水量和高注水量情况下冲击力基本上一致，在中等注水量情况下冲击力有所变化。这些差异归因于添加水时结构中存在的附加质量效应。为了进行比较，我们绘制了有挡板情况下的试验数据图。在有挡板与没有挡板情况下进行的试验，其结果略有不同。对于所有注水情况，挡板 2 的平均最大冲击力略小于挡板 1 的平均最大冲击力，并且有挡板时的最大冲击力都小于没有挡板时的情况。

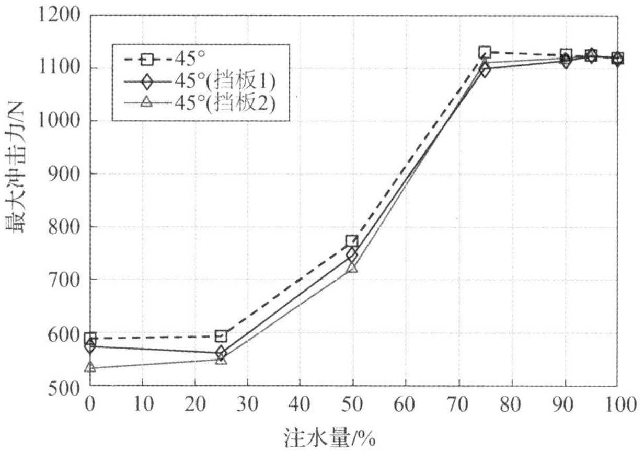

图 12.10　不同注水量情况下的最大冲击力趋势

我们通过高速摄像图像对不同注水量情况下的冲击行为进行研究。在低注水量、中等注水量和高注水量情况下，冲击响应具有非常明显的差异。在低注水量情况下，冲头与结构接触，两者都向内移动到最大偏转点，然后一起向外移动，直到冲头与该结构分开。这种情况符合固支板第一种模式的预期形状。在中等注水量和高注水量情况下，冲头与结构接触，并在结构振荡时短暂停止，然后冲头反弹，与结构分开。在结构振荡期间，冲头和结构之间会发生多次额外的接触。这种情况下，冲头和结构在最终分开之前会发出“咔嗒”声响。虽然无法看到确切的振型，但在中等注水量和高注水量情况下，冲击后结构的运动比低注水量情况下的运动具有更高的振型。与其他注水量情况相比，注满水（即注水量为 100%）时的振型略有不同。注满水（即注水量为 100%）时的振型与不注水（即注水量为 0%）时的振型完全不同，注满水时其结构向内变形，然后再反向变形。该结构和冲头在最大偏转时分开，并在冲头反弹之前重新接触。

12.3.2 应变分析

从冲击开始之时，同时测量每个面的应变响应，并记录 70ms 时间内的情况。应变的水平分量和垂直分量都需要被测量。除非另有说明，否则所有结果讨论均指水平分量。就如冲击力数据一样，每次试验都要测量应变响应，并比较其一致性。对于每次试验，无论是哪个面或注水量如何，应变响应数据均显示了令人难以置信的高重复性。图 12.11 所示为以 45°落角、在正面、高注水量（注水量为 75%）情况下进行 6 次试验的典型示例。由于数据的一致性，仅使用一个试验示例来展示微应变－时程图。

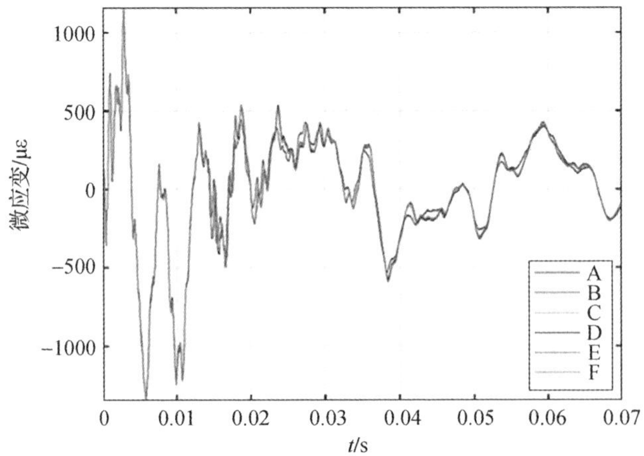

图 12.11 45°落角冲击情况下进行 6 次试验的应变响应数据比较（注水量为 75%）

在正面，冲头与结构初始接触后，结构的应变响应在不同注水量情况下是不同的。在低注水量（注水量为 0% 和 25%）情况下，当冲头移动到结构中时，应变开始为正值（拉伸）；当结构移动至最大向内偏转时，应变开始为负值（压缩）；当冲头与结构脱离接触时，应变最终又恢复为正值（拉伸）。在两种低注水量情况下，最大应变值为负值，出现在最大挠度点。在高注水量（注水量为 75%、90%、95% 和 100%）情况下，出现相反的初始应变响应。当冲头移动到结构中时，应变开始为正值；在冲头与结构接触期间，应变开始为负值；当冲头与结构脱离接触时，应变恢复为正值，并开始随着时间的推移而衰减。在所有高注水量情况下（注水量为 100% 的情况除外），最大应变值为负值。在注水量为 100% 的情况下，最大应变发生在拉伸状态。在中等注水量（注水量为 50%）情况下，应变行为同时符合低注水量和高注水量情况下的特征。正如在高注水量情况下所见，应变开始为负值，但幅度没有达到第一个正峰值的类似水平。当应变恢复为负值时，其符合高注水量情况下的振荡模式，但在冲头与结构脱离接触时，应变出现更大的正值。与大多数其他注水量情况一样，最大应变发生在拉伸状态下。正面应变响应图如图 12.12 和图 12.13 所示。为了清晰起见，不同高注水量情况下的应变值被分开绘制成图。

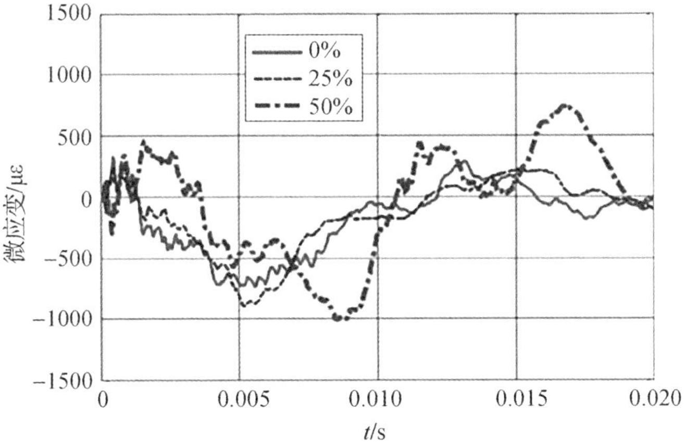

图 12.12　45°落角冲击情况下正面的应变 – 时程图

随着注水量的不断增加，最大绝对应变值也逐渐增加。在高注水量情况下，最大应变发生在注水量为 75% 和 95% 之间，最大值取决于落角角度和是否存在挡板。在所有条件下，注满水（注水量为 100%）时的最大应变小于其他高注水量情况（注水量为 75%、90% 和 95%）的最大应变。

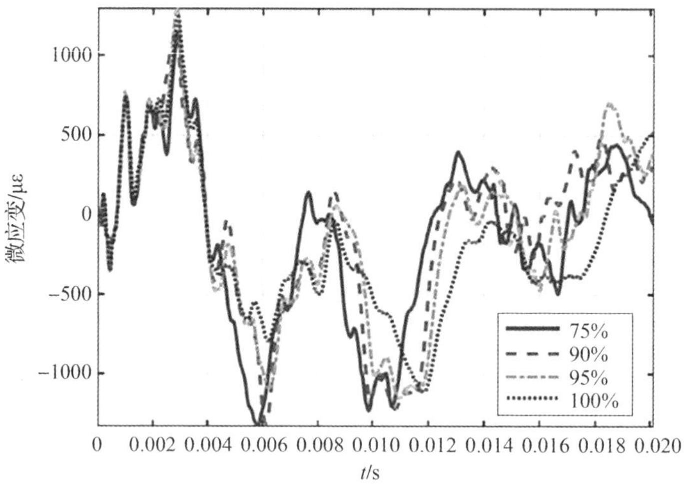

图 12.13　45°落角冲击情况下（见图 12.11）正面的应变-时程图（高注水量）

无论是否存在挡板，正面的最大绝对应变趋势在所有注水量情况下都是一致的。图 12.14 所示为正面的最大应变趋势。随着时间的推移，左侧和右侧的应变行为非常相似，但幅度略有不同，归因于两侧厚度的微小差别。随着时间的推移，左侧和右侧应变主要处于拉伸状态，所有注水量情况下的最大应变都出现在拉伸状态下。这与正面情况不同，正面的应变随着时间的推移在拉伸状态和压缩状态之间均匀振荡，除了注满水（注水量为 100%）的情况外，每种注水量情况下的最大应变都发生在压缩状态之中。

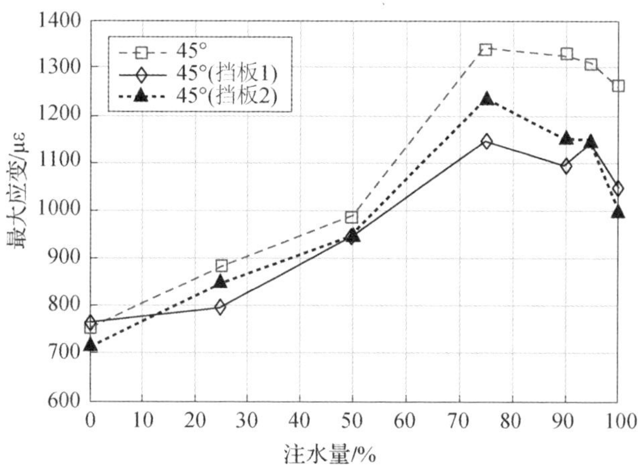

图 12.14　不同注水量情况下的最大绝对应变趋势（正面）

随着注水量的增加，达到最大应变的时间通常也会增加。达到最大应变的时间在低注水量情况下只有轻微增加，但注水量在 50% 和 75% 之间时会有较高增加。在较高注水量情况下，达到最大应变的时间会略有减少，因为其实际发生的时间早于注水量为 75% 的时间。图 12.15 和图 12.16 所示为左侧的应变 – 时程。

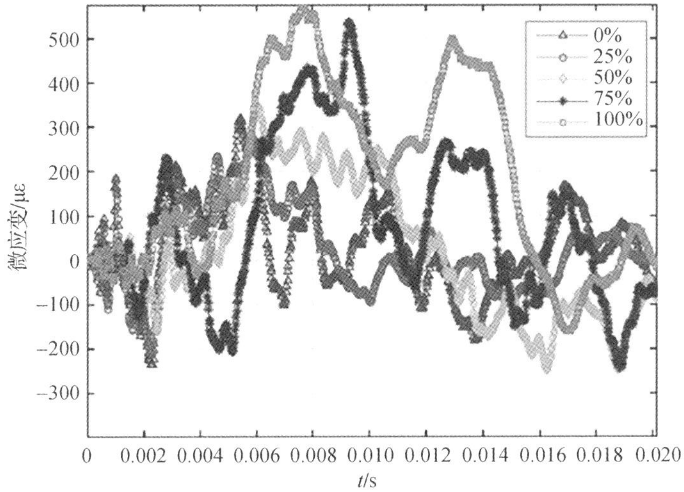

图 12.15　45 度°落角冲击情况下左侧的应变 – 时程图

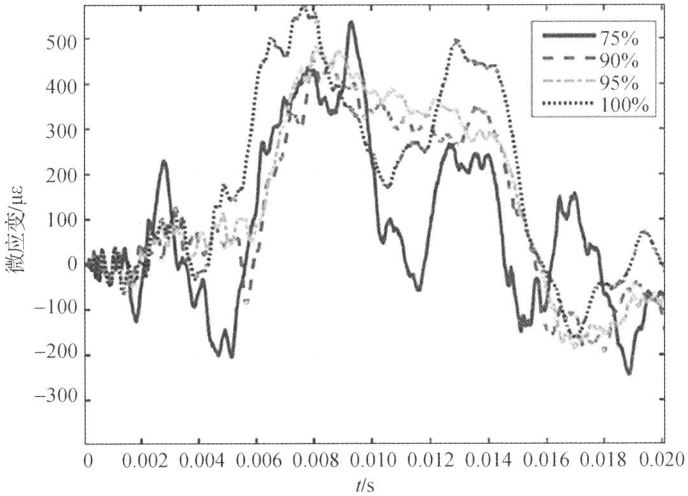

图 12.16　45°落角冲击情况下左侧的应变 – 时程图（高注水量）

不同注水量情况下，左侧的应变趋势与正面的不同。注水量从 0% 升至 25% 期间，最大应变逐渐降低，然后在注水量升至 75% 期间，最大应变增加。

注水量在75%和90%之间时，最大应变略有下降，但在其他高注水量情况下应变略有增加。注满水（注水量为100%）时两侧具有最大应变。图12.17所示为25°落角和45°落角冲击情况下左右两侧的应变趋势。如前所述，幅度差异归因于表面厚度的微小差别，但应变趋势基本相同。此外，不同注水量情况下最大应变的趋势不受冲击力大小（即落角角度）的影响。

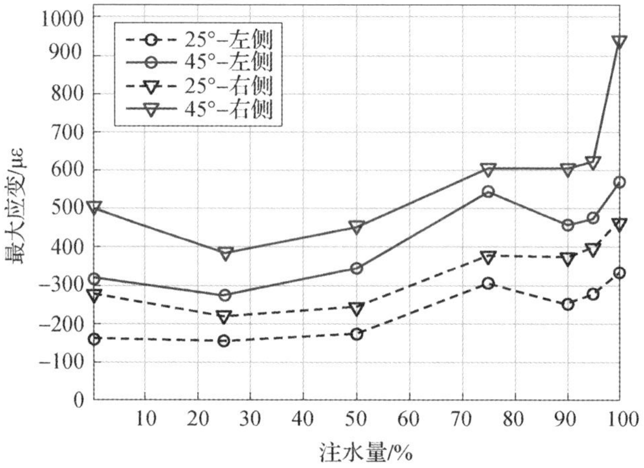

图12.17 不同注水量情况下的最大绝对应变趋势（左侧/右侧）

图12.18所示为挡板对左右两侧应变的影响。结果显示，左右两侧的应变略有不同，并且在挡板的影响下，两侧的应变也不一致。左侧更为一致，并且在几乎所有有挡板的情况下，应变都下降了；右侧显示了一些应变减少的情况，但并不是在大多数情况下。

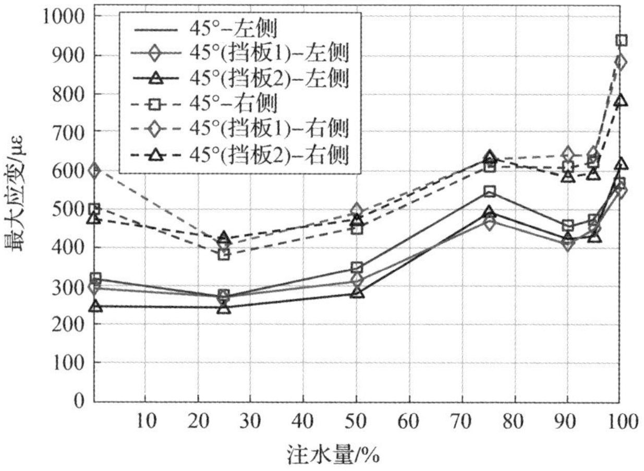

图12.18 不同注水量情况下的绝对最大应变趋势（挡板，左侧/右侧）

背面的应变行为显示出与左侧和右侧相似的振荡模式，但开始时间较晚，因为冲击会让结构发生移动。在所有注水量情况下，在冲击后大约 3ms 应变变化最小。背面的应变也主要处于拉伸状态，所有最大应变都发生在拉伸状态。图 12.19 和图 12.20 所示为背面的应变－时程图。为了清晰起见，不同高注水量情况下的应变值被分开绘制成图。

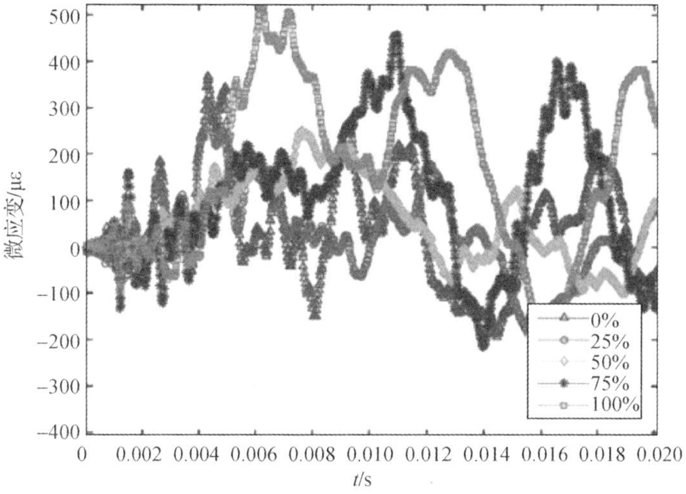

图 12.19　45°落角冲击情况下背面的应变－时程图

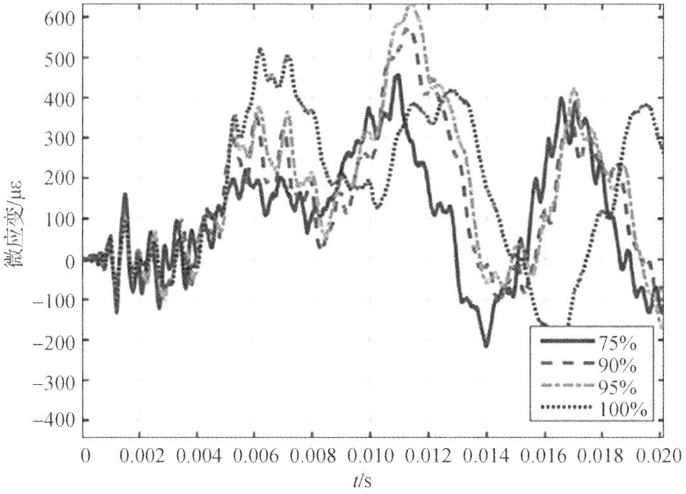

图 12.20　45°落角冲击情况下背面的应变－时程图（高注水量）

随着注水量的增加，最大应变通常在低注水量情况下减小，在高注水量情况下增加，在中等注水量情况下应变发生转变。注水量为 50% 时应变最小，然后应变持续增加，直到注水量为95%时达到最大值。最大应变值在注水量为50%和95%之间增加了一倍以上。在注水量为100%情况下，最大应变减小，这是25°落角和45°落角冲击情况下的特征趋势。在有挡板的情况下也是如此。我们还绘制了最大应变的标准偏差曲线图，并且注意到在注水量为50%情况下最大应变的标准偏差最大，在该注水量情况下，背面的标准偏差也大于正面、左侧和右侧。图12.21所示为背面的最大应变值与注水量的关系。

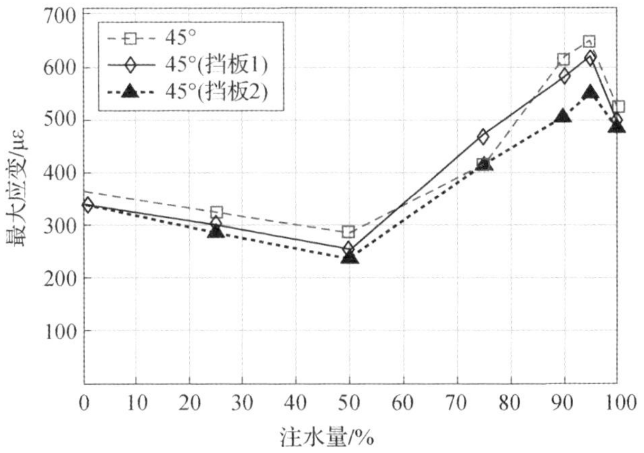

图12.21 不同注水量情况下的绝对最大应变趋势（背面）

我们绘制了背面达到最大应变的时间和注水量的关系曲线，如图12.22所示。通常情况下，达到最大应变的时间会随着注水量的增加而增加。在注水量为0%、25%和100%情况下的应变值与第一个主峰上出现的最大应变值大致相同，然后随着时间开始衰减，如图12.19所示。

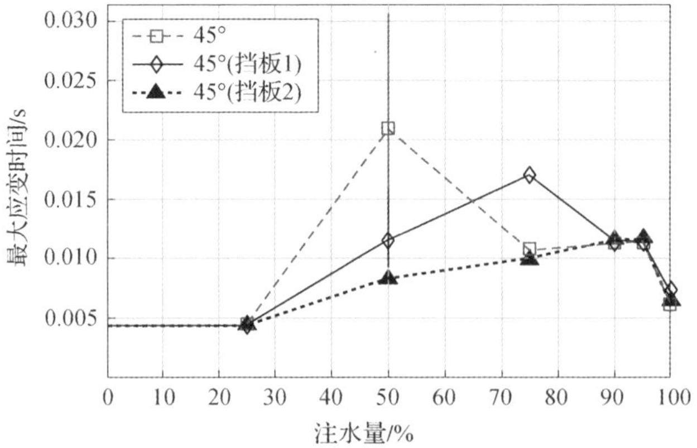

图12.22 不同注水量情况下的绝对最大应变时间（背面）

对于高注水量情况（注水量小于 100%），应变形成所需的时间更长，最大应变出现在第二个主峰上，如图 12.20 所示。中等注水量情况下的峰值应变，没有像其他注水量情况下峰值应变那样明显，并且峰值之间具有较大的标准偏差。在注水量为 50% 的情况下进行各种试验时出现了两种情况：在第一种情况下，最大应变出现在拉伸状态的第一个主峰上；在第二种情况下，最大应变出现在压缩状态的第二个主峰上，这种现象如图 12.23 所示。值得注意的是，最大应变的绝对值大致相同。

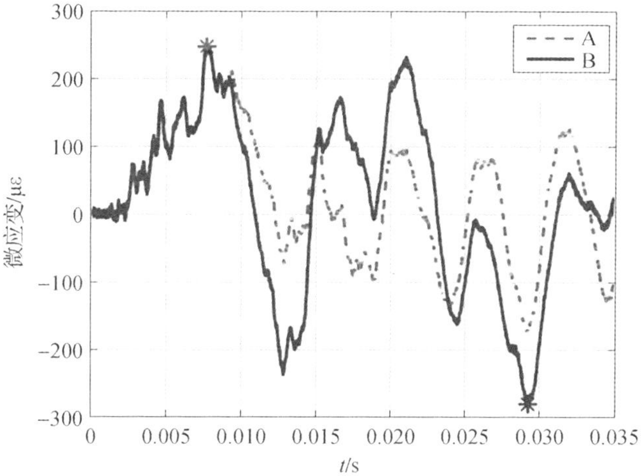

图 12.23　45°落角冲击情况下背面的应变–时程图（注水量为 50%）

为了验证这种行为具有可重复性，在注水量为 50% 的情况下，我们将试验次数从 6 次增加到 18 次。在进行的 18 次试验中，有 9 次试验显示第一种情况发生在最大应变处于拉伸状态时，而另外 9 次试验显示第二种情况发生在最大应变处于压缩状态时。为了进一步证实这一现象，我们将注水量分别增加到 55% 和 60%，仍然出现了相同的情况。很明显，在 45°落角冲击情况下，这种分叉现象始终存在于中等注水量情况下。但是，在 25°落角冲击情况下没有发生这种现象。我们对背面的高速摄影和应变时间数据的频次进行了分析，其结果将在下面讨论。

与正面、左侧和右侧的情况一样，在 25°落角和 45°落角冲击之间，背面的应变大约增加了一倍。与正面情况一样，挡板减少了应变，特别是在高注水量情况下。随着注水量的增加，挡板减少应变的效果也随之增加。我们可以从图 12.21 中看出，在注水量为 50% 以上时，应变幅度的差异也增加了。在注水量为 95% 的情况下，背面的应变减少最大。在这种情况下，挡板 1 将最大应变减少了约 3%，挡板 2 将应变减少了约 13%。挡板对应变的影响如

图 12.24 所示。在中等注水量情况下，每个挡板对分叉现象的影响并不相同；挡板 2 消除了分叉，而挡板 1 保留了分叉。

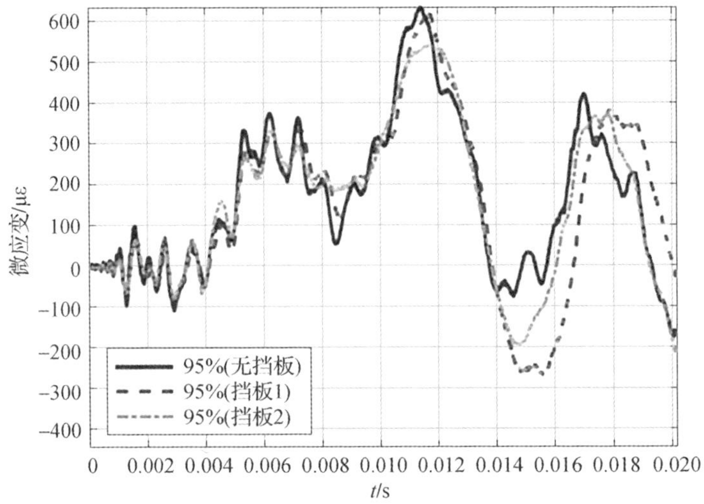

图 12.24 45°落角冲击情况下背面的应变-时程图（挡板）

与正面一样，高速摄影被用于观察不同注水量情况下复合材料背面的结构响应。摄像机直接放置于结构的上方，这样可以观察到所有面（正面、背面、左侧、右侧……）的响应以及流体运动。高速摄影可用于对不同注水量情况下的结构响应进行定性比较。虽然无法确定确切的振型，但在低注水量、中等注水量和高注水量情况下，振型具有非常明显的差异。在低注水量情况下，该结构在中心向外变形，并以从内向外的运动振荡（就像第一振型中弯曲的板一样）。在高注水量情况下，结构顶部向外变形，底部向内变形。其行为与第二振型中的板一样，但也存在第一振型的特点。对于中等注水量情况，两种振型之间的区别更加难以区分。该运动似乎是板弯曲的第一振型和第二振型的组合。通过直观观察我们发现，应变数据中存在的分叉现象并不明显。

从箱体正上方拍摄的高速摄影中，我们深入了解了受到冲击后箱体表面是如何相互作用的。在所有示例中，变形都是从结构的正面移动至背面。每个示例中结构反应也都相同，当正面向内变形时，侧面向外变形，背面也向外变形。在初始变形之后，所有的侧面都在摆动，并且它们运动的幅度随着时间的推移而衰减。虽然这些行为大体相同，但在不同注水量情况下会存在一些明显差异。在低注水量情况下，所有面（正面、背面、左侧、右侧……）上的变形幅度都不如高注水量情况下的那么明显。在高注水量情况下，流体运动也会更快，但注水量为 100% 的情况除外，因为没有自由液面的液流。在低注水量和高注水量的情况下，左右两侧的响应存在明显的差异。在低注水量情况下，左侧和右侧的最大向外变形发生在靠近正面的地方，约为侧面长度的 1/4。在高注水量情况下，最大向外变形位于中心位置，约为侧面长度的 1/2。在中等注水量情况下，最大向外变形介于上述两者之间。

12.3.3　频率分析

为了更好地了解振型以及在中等注水量情况下背面出现的分叉现象，我们对应变数据进行了快速傅里叶变换。在低注水量和高注水量情况下，都存在主导（最大幅度）频率。随着注水量的增加，主导频率降低。图 12.25 所示为在注水量为 25% 时背面的应变能量谱 - 频率图，图 12.26 所示为在注水量为 75% 时背面的应变能量谱 - 频率图，它们代表了每个面在不同注水量情况下的频率图。尽管正面、左侧、右侧和背面的频率图略有不同，但主导频率相似。

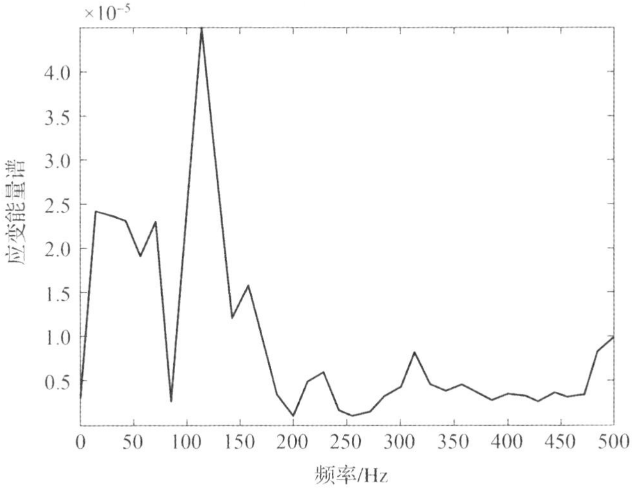

图 12.25　45°落角冲击情况下注水量为 25% 时的应变能量谱 - 频率图

我们将背面作为该分析的重点区域，图 12.27 所示为随着注水量的增加，复合材料结构的频率变化趋势。在低注水量和中等注水量情况下，结构的最低主频率降低；在高注水量情况下，趋于稳定，这显示出了一种非线性趋势。对于 25°落角和 45°落角冲击情况，注水量为 25% 和 50% 时的频率存在差异，其中较高的冲击速度使得频率也变得较高。这种差异归因于高速冲击时晃动产生的影响。表 12.3 列出了不同注水量情况下的最低主导频率。

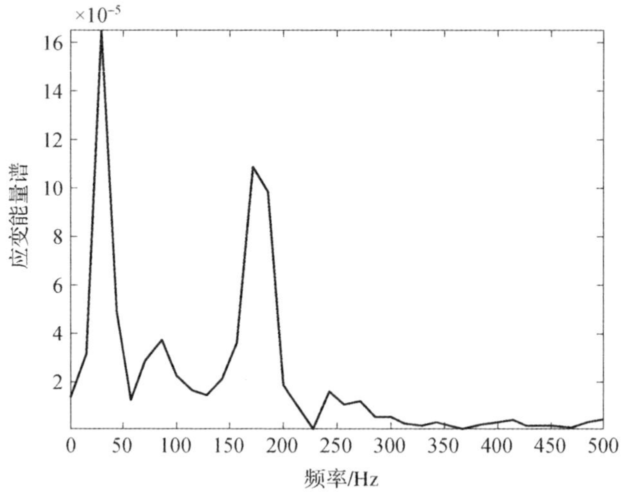

图 12.26 45°落角冲击情况下注水量为 75% 时的应变能量谱 - 频率图

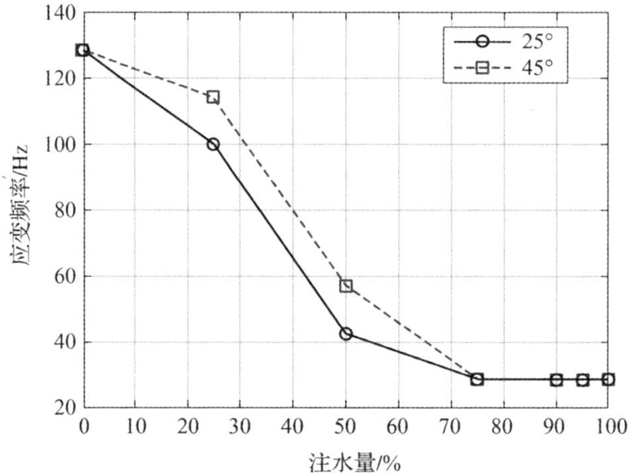

图 12.27 不同注水量情况下背面的主导频率

表 12.3 不同注水量情况下背面的最低主导频率

注水量/%	25°落角冲击情况下的最低主导频率/Hz	45°落角冲击情况下的最低主导频率/Hz
0	128.5	128.5
25	99.94	114.2
50	42.83	57.11
75	28.56	28.56

续表

注水量/%	25°落角冲击情况下的最低主导频率/Hz	45°落角冲击情况下的最低主导频率/Hz
90	28.56	28.56
95	28.56	28.56
100	28.56	28.56

如图 12.28 所示，中等注水量情况下的频率图清楚地显示了在背面产生的应变中发生的分叉现象。在这种情况下，存在两种不同频率。

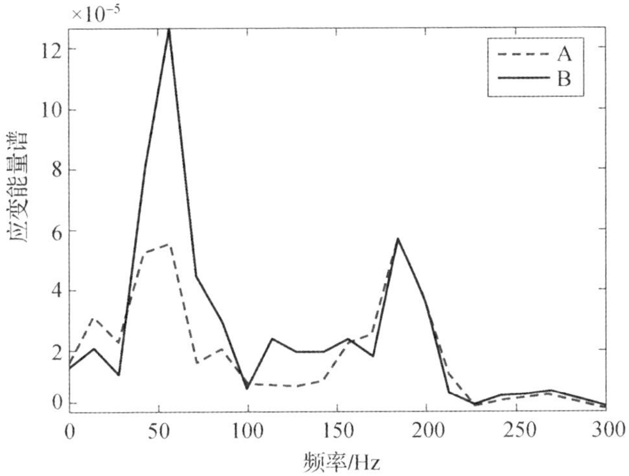

图 12.28　注水量为 50% 时的应变能量谱频率图

虽然只绘制了两个试验曲线图，但这两个图代表了在注水量为 50% 时进行的 18 个试验。如图 12.29 所示，其中 9 个试验符合虚线“A”的模式，另外 9 个试验符合实线“B”的模式。这些标记与图 12.23 中的标记一致。此标记表明，在 57Hz（“B”）处存在强峰值的情况下，最大应变出现在压缩状态下的第二个主峰上。在 57Hz 和 186Hz（“A”）处存在几乎相等的峰值情况下，最大应变出现在拉伸状态下的第一个主峰上。背面存在的频率决定了变形振型的分类和发生最大应变的时间。频率分析研究的最后一点是挡板对结构响应的影响。在同一个注水量情况下，其背面的频率受到挡板数量的影响。在注水量为 25% 时，两个挡板将最低优势频率从 114Hz 降低到 100Hz。这种降低与 25°落角冲击情况下出现的频率不相上下。如同在两个落角冲击情况下注水量为 25% 和 50% 时的频率差异一样，有挡板时频率的减少归因于流体晃动的减少。图 12.29 所示为在不同注水量情况下有挡板和无挡板时的应变频率趋势。

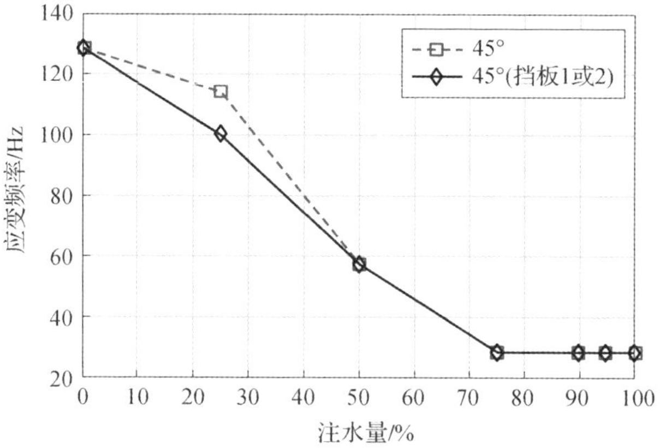

图 12.29 在不同注水量情况下，有挡板和无挡板时背面的应变频率趋势

12.4 结　　论

我们进行了一项试验研究，以探求低速冲击下流体-结构相互作用对贮液复合材料箱的影响。逐渐改变液位高度，并测试了两种不同的冲击速度；在箱体中添加挡板，以分析挡板会不会产生影响。流体-结构相互作用对复合材料的结构响应行为有显著影响。不同冲击速度下测得的冲击力会随着液位的增加而变化。对于两种不同的冲击速度，低注水量情况下具有大致相同的最大冲击力，高注水量情况下具有较高但几乎等同的最大冲击力。在中等注水量情况下，最大冲击力介于上述两者之间。45°落角冲击力大约是25°落角冲击力的两倍。在正面，对于中等注水量和高注水量情况，在冲头回弹之前，冲头和结构之间有多次接触。

复合材料箱的应变响应随着注水量的变化而变化。在正面，该复合材料箱最初在低注水量情况下处于拉伸状态，在中等注水量和高注水量情况下处于压缩状态。除了注满水（注水量为100%）时最大应变处于拉伸状态外，其他所有情况下最大应变都处于压缩状态。随着注水量的不断增加，绝对最大应变值也逐渐增加。正面的最大应变发生在注水量为75%和95%之间。

左侧和右侧的应变响应非常相似，并且会随着注水量的变化而变化。在所有注水量情况下，左侧和右侧的最大应变均出现在拉伸状态下。注水量从0%升至25%时最大应变呈逐渐降低趋势，然后到注水量为75%时最大应变增加。注水量在90%时最大应变略有下降，但在其他高注水量情况下应变幅度增加。

注满水（注水量为 100%）时两侧具有最大应变。

背面的应变反应显示出非常有趣的现象。与左右两侧情况一样，在所有注水量情况下，最大应变出现在拉伸状态下。随着注水量的不断增加，低注水量和中等注水量情况下的最大应变逐渐减小。在高注水量情况下，应变显著增加，最大应变出现在注水量为 95% 时。在高注水量情况下，达到最大应变的时间也会更长。中等注水量情况出现了一种分叉现象，即存在两种不同的应变响应。在一种响应中，最大应变发生在拉伸状态中，而在另一种响应中，最大应变发生在压缩状态中。

对应变频率的分析表明，最低优势频率随着注水量的增加而降低。在低注水量和中等注水量情况下，两种冲击速度之间存在差异。在背面，分叉情况变得清晰，两种不同的应变响应显示不同的频率。很明显，液体晃动是造成频率差异的主要原因。挡板对正面的影响大于对背面的影响，尤其是在高注水量情况下。挡板 1 对降低正面的最大应变更有效，而挡板 2 对降低背面的最大应变更有效。在注水量为 50% 时出现分叉的情况下，挡板 2 成功消除了该现象。总的来说，在降低复合结构中的流体-结构相互作用方面，挡板 2 比挡板 1 更有效。综上所述，流体-结构相互作用对复合材料的结构响应有很大影响，在贮水复合材料箱的设计过程中应充分考虑流体-结构相互作用所产生的影响。

致　谢

非常感谢 Chanman Park 为数据测量系统提供的帮助，以及 John Mobley 为试验零件加工提供的帮助。该项试验由海军研究办公室（ONR）固体力学项目团队提供赞助，项目经理是 Yapa Rajapakse。

参考文献

[1] Z. Aslan, R. Karakuzu, B. Okutan, The response of laminated composite plates under low-velocity impact loading, Comp. Struct. 53 (2003) 119–127.

[2] Y.W. Kwon, Study of fluid effects on dynamics of composite structures, ASME J. Pressure Vessel Technol. 133 (2011)031301-6.

[3] R.D. Firouz-Abadi, H. Haddadpour, M.A. Kouchakzadeh, Free vibrations of composite tanks partially filled with fluid, Thin-Walled Struct. 47 (2009) 1567–1574.

[4] S. Rebouillat, D. Liksonov, Fluid–structure interaction in partially filled liquid containers: a comparative review of numerical approaches, Comput. Fluids 39 (2010) 739–746.

[5] H.M. Koh, J.K. Kim, J.-H. Park, Fluid−structure interaction analysis of 3-D rectangular tanks by a variationally coupled BEM−FEM and comparison with test results, Earthq. Eng. Struct. Dyn. 27 (1998) 109−124.
[6] M. Eswaran, U.K. Saha, D. Mairy, Effect of baffles on a partially filled cubic tank: numerical simulation and experimental validation, Comput. Struct. 87 (2009) 198−205.
[7] Y.W. Kwon, M.A. Violette, R.D. McCrillis, J.M. Didoszak, Transient dynamic response and failure of sandwich composite structures under impact loading with fluid structure interaction, Appl. Comp. Mater. 19 (2012) 921−940.
[8] L.E. Craugh, Y.W. Kwon, Coupled finite element and cellular automata methods for analysis of composite structures with fluid−structure interaction, Comp. Struct. 102 (2013) 124−137.
[9] Y.W. Kwon, E.M. Priest, J.H. Gordis, Investigation of vibrational characteristics of composite beams with fluid−structure interaction, Comp. Struct. 105 (2013) 269−278.
[10] J.A. Artero-Guerrero, J. Pernas-Sanchez, J. Lopez-Puente, D. Varas, On the influence of filling level in CFRP aircraft fuel tank subjected to high velocity impacts, Comp. Struct. 107 (2014) 570−577.
[11] J.A. Artero-Guerrero, J. Pernas-Sanchez, J. Lopez-Puente, D. Varas, Numerical analysis of CFRP fluid-filled tubes subjected to high-velocity impact, Comp. Struct. 96 (2013) 286−297.
[12] D. Varas, R. Zaera, J. Lopez-Puente, Experimental study of CFRP fluid-filled tubes subjected to high-velocity impact, Comp. Struct. 93 (2011) 2598−2609.

第 13 章

贮液容器近场爆炸抑制的物理机制

Huon Bornstein[1,2], Shannon Ryan[1] 和 Adrian P. Mouritz[2]
1. 澳大利亚维多利亚渔人湾国防科技集团
2. 澳大利亚维多利亚墨尔本皇家墨尔本理工大学

13.1 背　　景

在近期的冲突中，对联军使用简易爆炸装置（IED）的现象越来越普遍。从 2001 年到 2016 年，在军事行动代号为“持久自由行动”[1]的战争中，大约有 1400 名联军部队士兵被简易爆炸装置炸死，占敌对行动战斗阵亡人数的 50%左右。由于简易爆炸装置爆炸造成的人员伤亡惨重，我们开始对乘坐装甲车和徒步行军的军人如何免遭简易爆炸装置袭击进行了大量研究。研究的一些防护措施包括新型材料、夹芯板、能量衰减座椅和地板、V 型船体以及主动式爆炸防护系统。此外，我们还发现“液体装甲”（即在装甲车上装入液体）可能会提高爆炸防护等级。使用液体进行爆炸防护的想法并不是一个新的概念，因为 Kalaisanath 等[2]在研究水在保护弹药贮存设施和船舶结构中的应用时已经深入研究并记录了大量试验数据。在布什发动战争期间，有证据表明通过给轮胎灌水，可以在一定程度上吸收地雷爆炸产生的能量[3]，以此减少地雷爆炸引起的损伤。

Bornstein 等[4]最初的工作是评估注水容器对爆炸载荷作用下钢板的整体运动和局部变形的抑制作用。整体运动和局部变形试验的装置如图 13.1 所示。在装满 20L 水的容器、距离靶板 50mm 处的装满 20L 水的容器、没有装水的空容器的情况下进行试验。使用 1.75kg 球形 PE4 炸药（炸药底部至钢板顶面之间的距离为 400mm）进行局部变形试验。在进行整体运动试验时使用的是 1kg 圆筒状 PE4 炸药，该炸药放置在距钢板底面 400mm 的钢罐内。

Bornstein 等[4]进行的这项试验的结果表明，虽然在整体运动试验中可以观察到注水容器中水对爆炸载荷作用下钢板的整体运动具有抑制作用，但抑制

(a) 整体运动

(b) 局部变形

图 13.1 整体运动的试验装置（20L 容器）和局部变形的试验装置[4]

程度与添加到系统中的液体质量有关。因此，对于质量至少为 10t 的车辆而言，添加少量水以抑制爆炸可能对整体运动产生的影响非常小。但是，在局部变形试验中可以观察到，使用注水容器对抑制爆炸载荷作用下的变形大有裨益，即钢板的永久变形减少了 65%，如图 13.2 所示。

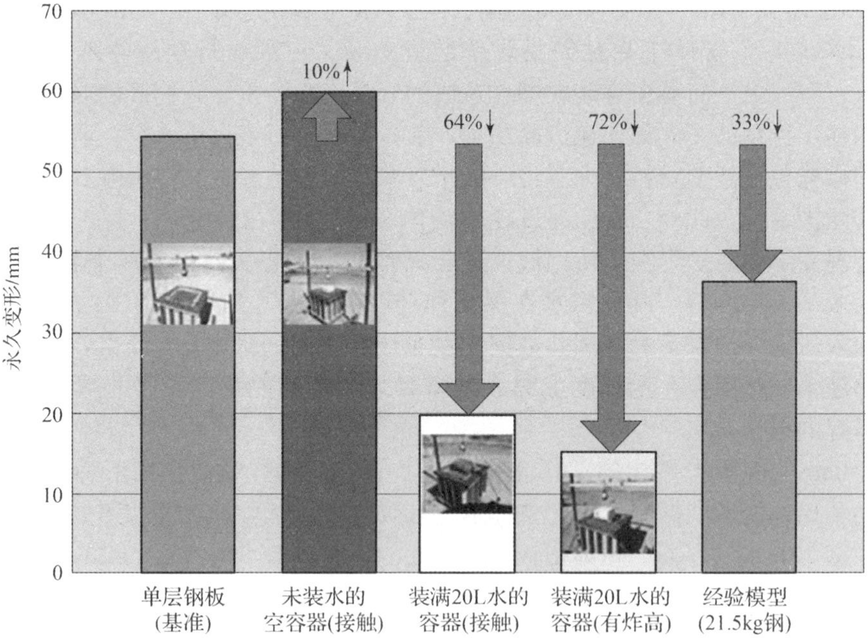

图 13.2 局部变形试验的平均永久变形结果[4]

使用 Nurick 和 Martin[5] 开发的经验模型评估了添加相同质量钢材时的效果，并确定注水容器为该特定试验条件提供了良好的爆炸抑制作用。虽然本研究确定了使用注水容器对抑制近场爆炸大有益处，但无法就所提供的爆炸抑制的物理机制得出明确结论。

13.2　关于水的早期研究

图 13.3 所示为使用水介质提供爆炸防护的 5 种主要情况。通过对早期研究的分析，我们可以理解注水容器对近场爆炸防护的潜在机制。Kalaisanath 等[2]对用水进行爆炸抑制的综述表明，炸药被放置于水中时存在 3 种主要潜在抑制机制，这三种抑制机制为蒸发、后燃烧抑制和动量提取。

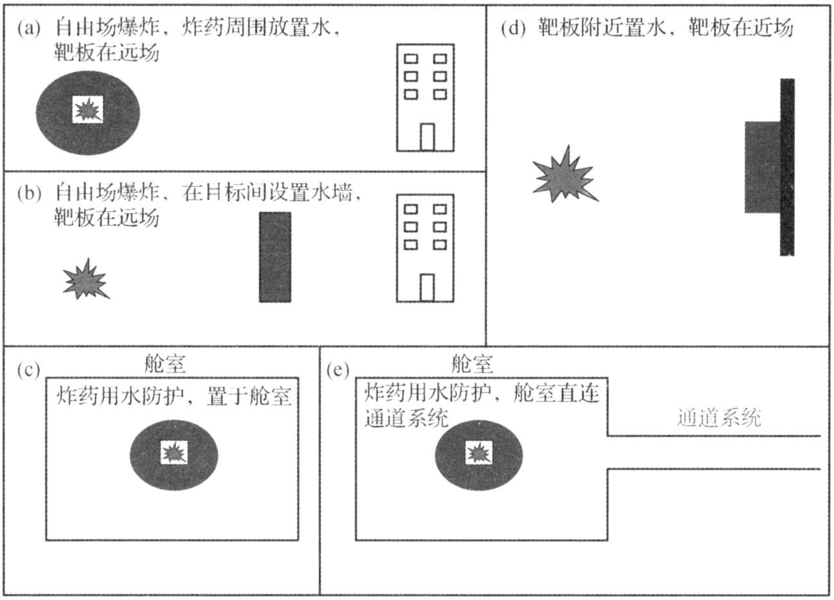

图 13.3　5 种主要的爆炸防护场景（使用大量的水已被证明可以提供有效的抑制作用）

虽然在整个文献［2］中对这 3 种机制的引用是一致的，但对于哪种机制更为重要还未达成共识。一些研究人员（如 Absil 等[6]）指出，哪种机制更为重要很可能取决于具体情况。他们提供了一个示例，即蒸发在舱室内爆炸载荷作用中的重要性。对于舱室内的爆炸载荷，损伤通常受准静态压力（QSP）影响，与自由场爆炸中的峰值压力或冲量相比，其作用持续时间更长。随着持续时间的延长，有更多的时间让水分解和蒸发，从而降低舱室内的准静态压力。除了这 3 种机制之外，水墙会产生单独的抑制机制，即水墙在其后面形成一个低压区或“阴影区”。Needham[7]提供了一个称为经验法则，用于定义“阴影区”，即“阴影区”垂直于流动方向，是结构尺寸的4~5倍”。Chen[8-9]等已注意到该阴影区产生的影响。试验表明，水墙具有与钢制墙体相同的性能，说明墙的几何形状（而非流体性能）才是抑制爆炸的原因。

13.3 试验与数值研究

我们将在以下章节中讨论之前定义的4种抑制机制在贮液容器近场爆炸防护方面的重要性，还将描述和评估一系列其他潜在的机制在减轻近场爆炸载荷中的重要性。上述信息是基于使用Bornstein等[4,10-11]在研究工作中详细描述的试验和数值模拟结果以及作者基于其工作所做的评估。基本试验和数值模拟装置简述如下。试验装置如图13.4所示，其中炸药悬置在扁钢靶板上方600mm的舱室内。在所有试验中均使用5.06kg圆筒状PE4炸药以及10mm厚的钢靶板。在贮液容器实验中，容器是完全装满水并放置在钢靶板顶部中心的位置。靶板被放置在爆炸胀形模（EBD）上，使用激光位移传感器（LDT）记录靶板中心的瞬态变形。我们已经对此进行了试验，以评估不同形状的贮液容器以及注有替代抑制剂的容器产生的影响。

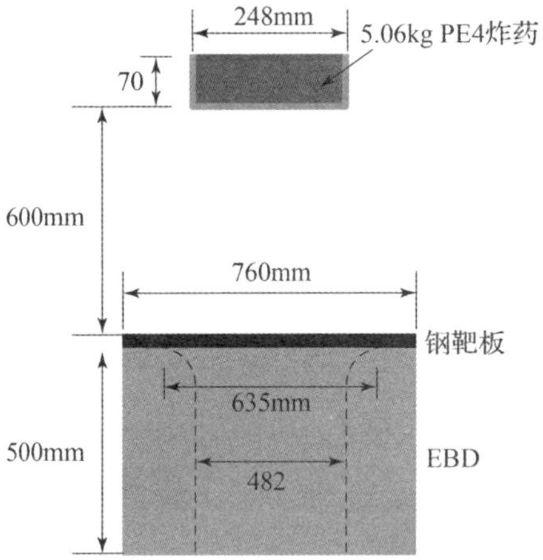

(a) 示意图

(b) 装置照片

图13.4 试验装置示意图和试验装置照片[10]

在ANSYS AUTODYN软件中，采用耦合欧拉-拉格朗日求解器在不同的试验条件下进行数值模拟。在执行网格细化研究之后，采用2D网格划分的算法以确保流体内冲击波的准确分辨率。基本数值模型如图13.5所示。欧拉单元用来表示炸药、空气、水和容器，而拉格朗日单元用来描述爆炸胀形模和钢靶板。除了钢材是基于高应变率下材料特性数据建立模型，其余材料模型数据均来源于文献［4，10－11］。因为所有 13 个试验示例的动态变形预测结果相对误差在 12% 以内，因此该模型被认为是有效的。

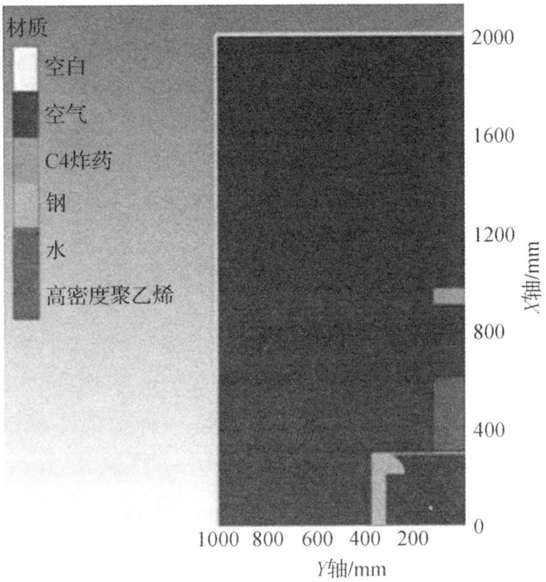

图 13.5　用于可变形靶板模拟的数值模拟模型，此处使用的注水容器尺寸为 245mm × 245mm × 300mm（边缘的橙色区域突出了模拟中使用的流出边界条件[10]）（见彩图）

13.4　对抑制机制的评估

13.4.1　蒸发

TNT 炸药的爆炸热为 4.85MJ/kg，而水的蒸发潜热为 2.26MJ/kg。许多学者认为蒸发是自由场与有限空间内爆炸的抑制机制，其中水被用作抑制剂。Absil 等[6]使用热力学代码 CHEETAH 和 TIGER 来评估蒸发影响，并计算出水－爆炸物质量比为 1 时，峰值入射压力降低 25%。水－爆炸物质量比更大时，峰值入射压力最大可减少 40%。水通过蒸发降低爆炸事件中峰值压力的能力，取决于其在载荷时间范围内雾化和蒸发的能力。舱室内壁的反射预计会进一步分解液滴。Absil 等[6]的报告表明，蒸发对内部爆炸情况下记录的准静态压力的影响可能更明显。Grujicic 等[15]对液滴破碎[12-13]和蒸发模型[14]进行了一系列的对比试验。试验表明，对于与水接触的炸药来说，产生直径为 50μm 的平均液滴大小需要 0.5~2ms。然而，蒸发直径为 50μm 的液滴需要约 5ms。在爆炸场景中，载荷持续时间远短于 5ms，因此蒸发不太可能在爆炸抑制中发挥主要作用。

鉴于 Grujicic 等[15]计算的是炸药被放置于水中的情况，并且被评估的注水容器与炸药相距一定距离，在这种情况下，蒸发在爆炸载荷持续时间最短时也可能在爆炸抑制中发挥主要作用。Bornstein 等[4]进行的初期小规模试验表明，峰值变形发生在 2.7ms 内。另外，Bornstein 等[10]进行的大规模试验表明，峰值变形发生在 1.4ms 内。该分析表明，在这种爆炸防护情景中，没有足够的时间让蒸发在爆炸抑制中发挥主要作用。

13.4.2 后燃烧

许多常用的炸药，如 TNT，作为一种负氧平衡的炸药，由于爆炸后爆轰产物的燃烧，可以释放出大量能量。TNT 炸药是一种负氧平衡的炸药，其燃烧热为 9.6MJ/kg[16]。Ripley 等[16]确定 C4 炸药是一种氧平衡炸药，其燃烧热为 1.4MJ/kg。后燃烧效应可以代表爆炸载荷强度的显著增强，特别是对约束空间内的炸药而言，准静态压力是爆炸载荷的重要参数。如果水能够抑制后燃烧反应，那么水可被认为是消减爆炸载荷的主要抑制机制之一。然而，Willauer 等[17]使用水雾进行的试验表明，使用 3 种不同类型的炸药（TNT、Destex 和 PBSN-109）时，抑爆效果差异极小。试验是在炸药重量（C_m）与腔体体积（V_C）之比为 0.12kg/m³ 的条件下进行的，远低于 Edri 等[18]提出的 0.41kg/m³ 的极限，是完全后燃烧产生的极限值。由于舱室内的爆炸被认为是后燃烧效应最大的情况，Willauer 等[17]的研究似乎低估了后燃烧抑制在爆炸抑制中发挥主要作用的重要性。

13.4.3 动量提取

对于炸药被放置于水中这一情况，水就相当于炸药外壳。爆轰产物会将其动量的一部分传递给水，随着水和爆轰波的速度降低，冲击波的速度和压力也随之降低。Needham[7]论述了修改后的 Fano 方程，并指出当套管质量与炸药质量比为 3 时，只有 66% 的爆炸能量将用于驱动爆炸冲击波。进一步增加套管质量会使可用爆炸能量的减少最小化，这与 Absil 等[6]的结果类似。Absil 指出，将水-爆炸物质量比增加到 3 以上时，不会进一步减少容器内的准静态压力。Cheng 等[19]的数值模拟结果也表明，当水-爆炸物质量比高于 3 时，能观察到爆炸的抑制效果有轻微增强。Absil 等[6]在忽略蒸发和水破碎的情况下，对水屏障和炸药进行了数值模拟，以确定动量提取能力，从而解释试验中观察到的爆炸抑制水平。他们进行数值模拟的结果表明，在上述情况下，峰值入射压力可降低 60%。这一数值低于同一研究中进行的舱室试验得出的准静态压力 85% 的减幅，因此得出结论，爆炸冲击反射很可能会提高舱室内蒸发。这表明多种抑制机制可能对水介质起到的爆炸抑制具有影响。如 Kirkpatrick 等[20]所述，将冲击波能量转化成水的动能不仅降低了峰值入射压力，还可能增强近场传递的冲量。在近场爆炸抑制情况下，必须考虑近场内反射冲量传递的这种潜在增强的冲量。为了使动量提取在近场爆炸抑制中发挥主要作用，爆轰产物的动能必须转换成流体的动能，然后再将流体的动能重新定向离开靶板。Bornstein 等[10]最初忽略了动量提取的重要性，因为在爆炸后 0.25ms 内的数值模拟中，没有容器破裂和水的扩散现象。将评估时间定为 0.25ms，是因为他们发现 0.25ms 是靶板中心主要载荷阶段的持续时长。

图 13.6～图 13.8 所示为后续数值分析，比较了注水容器、装砂容器和钢板（面积密度与注水容器相同）的动量和能量。模型装置如图 13.5 所示，尺寸为 $245 \times 245 \times 300mm^3$，不含爆炸胀形模或靶板。将钢板设置成其顶面与容器的高度相同。图 13.6 所示为大量能量在径向方向上（从靶板扩散开来）转

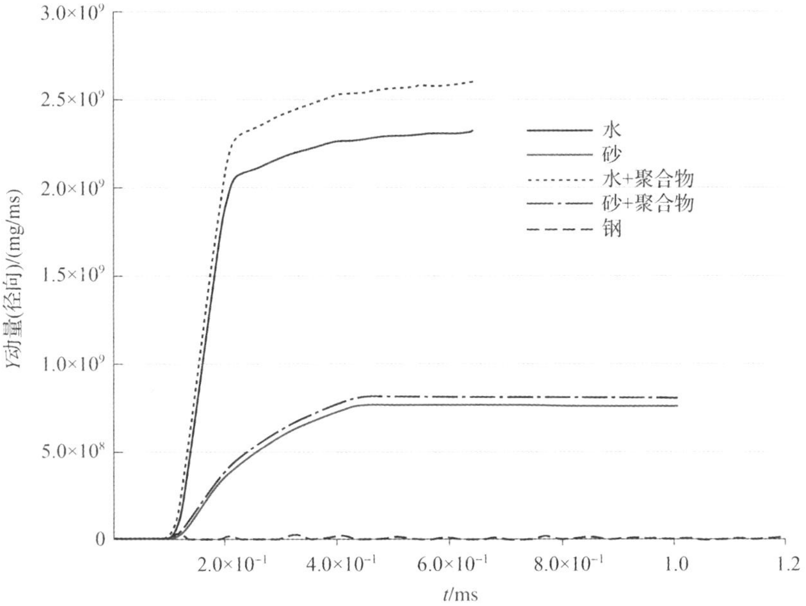

图 13.6　注水容器、装砂容器和面密度等效钢板的爆炸抑制的径向动量
（带“+聚合物”的所有内容均表示分析中包含聚乙烯容器的动量）

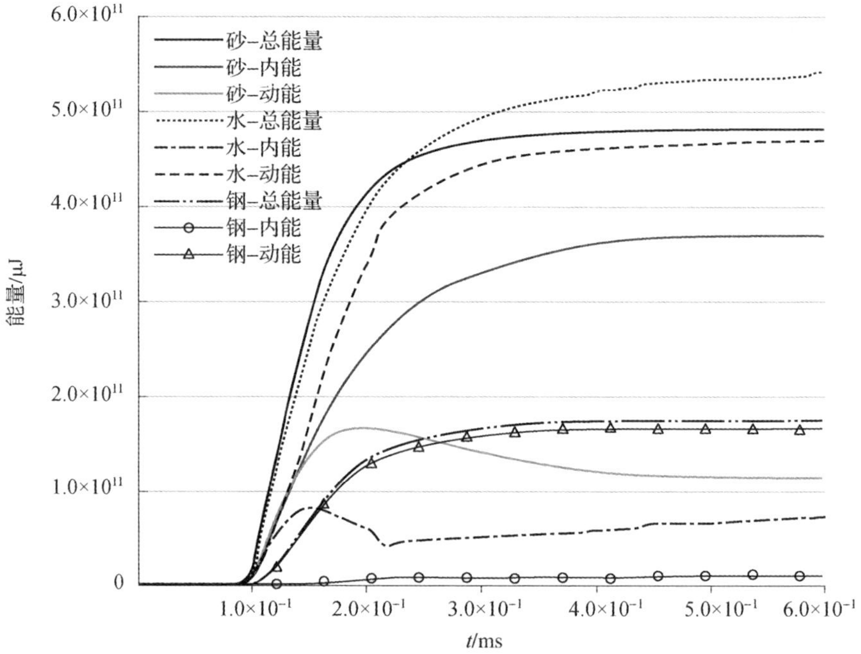

图 13.7 注水容器、装砂容器和面密度等效钢板的爆炸抑制的总能量、内能和动能

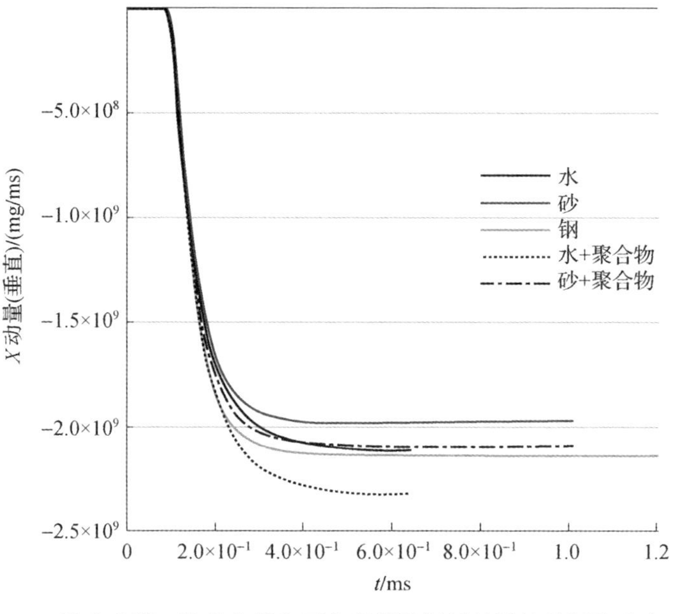

图 13.8 注水容器、装砂容器和面密度等效钢板的爆炸抑制的垂直动量
(带"+聚合物"的所有内容均表示分析中包含聚乙烯容器的动量)

化为流体的动量和动能，这与动量提取的抑制机制一致。虽然传递到水和砂的总能量相似（图 13.7），但水在径向方向上具有大量的动能，而砂被压缩则产生大量的内能。钢制容器的总能量明显低于其他两个容器（即注水容器、装砂容器），这是因为它的内部能量最小，并且在径向上没有产生动能。值得注意的是，水中额外的径向动量并未违反动量守恒方程（又称“动量守恒定律”），由于动量在所有方向上扩散，水平方向上动量的净变化仍然为 0。转移至钢的总能量的差异并不违反能量守恒方程，因为已经确定空气和爆轰产物中仍存在额外的能量。虽然这些结果表明，水可能通过动量提取起到抑制作用，但对垂直动量的分析表明，水、砂和钢之间的差异极小（图 13.8）。虽然已经确定由于水是一种流体，会在爆炸载荷作用下扩散，但在该阶段无法对这种影响进行量化。

13.4.4 阴影

将一个注满液体的容器放在迎面而来的冲击波的路径中，这种情况类似于在爆炸物周围放置水墙。冲击波的衍射和爆轰波的偏转将导致注水容器外部产生阴影区。图 13.9 所示为容器高度对在装有流体的容器外部产生阴影区大小的影响。

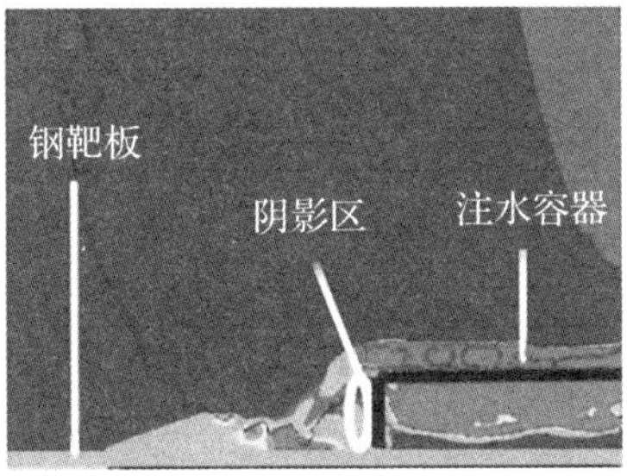

(a) 300mm×300mm×50mm注水容器(0.155ms)

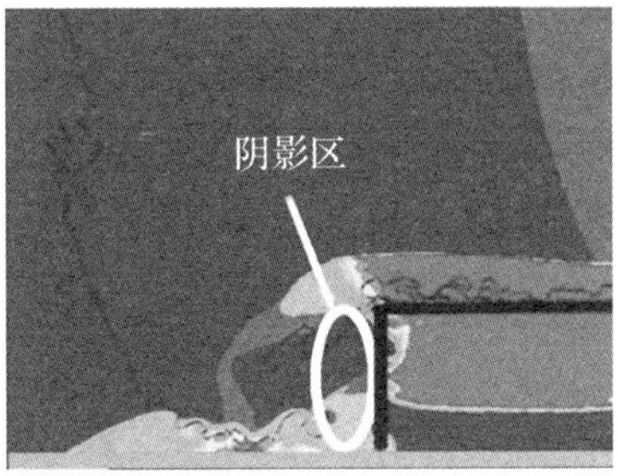

(b) 300mm×300mm×100mm注水容器(0.160ms)

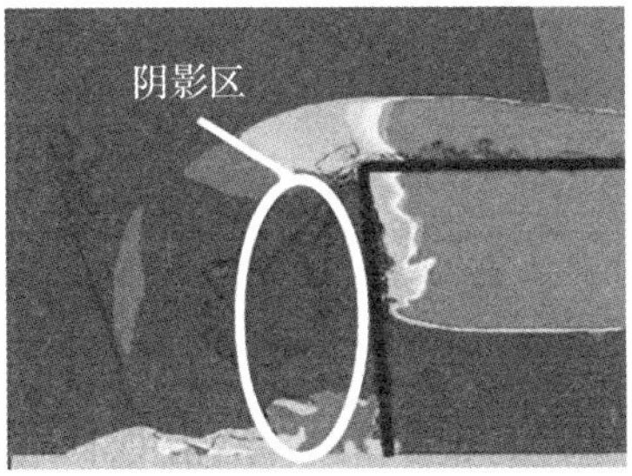

(c) 300mm×300mm×200mm注水容器(0.160ms)

图 13.9 3 个注水容器靶板上的爆轰波载荷情况[10]
(注水容器的外形/尺寸已经加以强调)

随着阴影区尺寸的增大，传递到该区域中钢靶板的动量减小，这将有助于把变形最小化。由于阴影区仅出现在注水容器外部，注水容器的表面区域可能会影响爆炸载荷。Bornstein 等[10]进行的试验表明，随着容器表面积的增加（对于有恒定高度的容器而言），靶板的变形也随之增加。对于该现象的产生，可以根据阴影区在改变靶板上载荷的空间分布中的作用进行解释。如果我们假设阴影区产生的总冲量的减少是相同的，无论其位置如何，我们都可以定性评估容器大小所产生的影响（图 13.10），因为我们看到，容器越大，低压区越远离靶板的中心。由于靠近板支承处的载荷对变形的影响小于板中心的载荷对变形的影响，因此对于表面积较大的容器，其阴影区对变形的作用可能较小。图 13.11 所示为使用吊环捕捉靶板上载荷空间分布的数值研究。

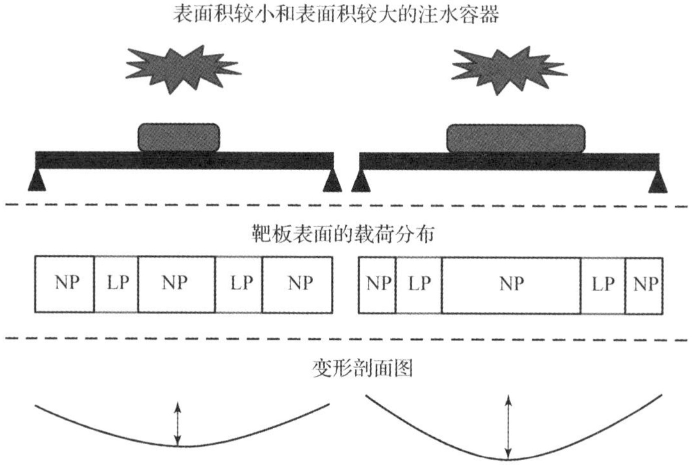

图 13.10 阴影区对载荷空间分布和钢靶板潜在变形的影响的示意图

图 13.4 所示的基本模型装置含有爆炸胀形模，靶板替换为半径为 25mm、高度为 80mm 的板，以代表吊环。使用半径为 150mm 和 210mm 的注水容器进行评估，其中这两个容器的高度均为 100mm。将两个注水容器的结果与基准条件进行比较，结果表明，对于靶板内部 150mm（低于两个注水容器）的情况，在试验条件下仅观察到微小差异。与基准结果相比，半径为 150mm、高度为 100mm 的注水容器在容器外 50mm 区域内产生的冲量减少了约 50%。在更大的半径为 210mm、高度为 100mm 的注水容器中，可以观察到大小相似的阴影区，该区域中传递到板的冲量减少了约 70%。虽然在较大的注水容器的阴影区中观察到的冲量减小略高，但这一结果与由于载荷空间分布的变化而在较宽容器中观察到的较高变形的解释一致。这些结果表明，遮蔽是减少近场爆炸载荷作用下靶板变形的关键机制。

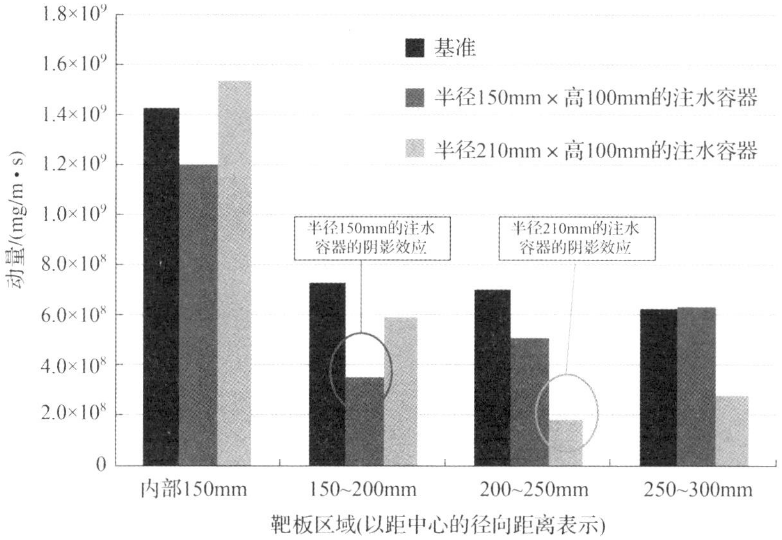

图13.11 在基准条件下高度为100mm、半径为150mm和210mm的注水容器的靶板载荷空间分布图

13.4.5 抑制剂的质量

Rahimzadeh等[21]提出了弹性碰撞（式(13.1)）和非弹性碰撞（式(13.2)）的基本动量守恒方程，以评估增加装甲质量对传递到结构的冲击的影响。

$$\frac{I_t}{I_0}=\frac{2(m_t/m_a)}{m_t/m_a+1} \quad (\text{弹性碰撞}) \tag{13.1}$$

$$\frac{I_t}{I_0}=\frac{m_t/m_a}{m_t/m_a+1} \quad (\text{非弹性碰撞}) \tag{13.2}$$

式中：m_t为靶板质量；m_a为装甲（贮液容器）质量；I_t为传递到靶板的冲量；I_0为初始冲量。

上述公式表明，通过增加相互作用中的能量耗散或增加装甲/抑制剂的质量，可以减少传递给靶板的冲量。使用贮液容器作为装甲系统的一部分，可能会通过更多的非弹性碰撞产生额外的能量耗散。如果将贮液容器视为装甲系统，这些方程表明，增加贮液容器的质量将减少传递到靶板的冲量。减小传递到靶板的冲量将导致靶板变形的减小。从大量的试验和数值模拟结果可以推断出质量在产生抑制作用方面的重要性。在高200mm、宽300mm的容器中使用具有不同密度的抑制剂进行试验，包括一个发泡聚苯乙烯（EPS）容器、一个发泡聚苯乙烯+注水的组合容器（体积各占50%），以及一个高100mm的注水容器（放置在100mm空容器上）。数值模拟表明，3个容器都存在阴影区，变形与抑制剂的质量相关，如图13.12所示。这表明抑制剂的质量起着重要的抑制作用。

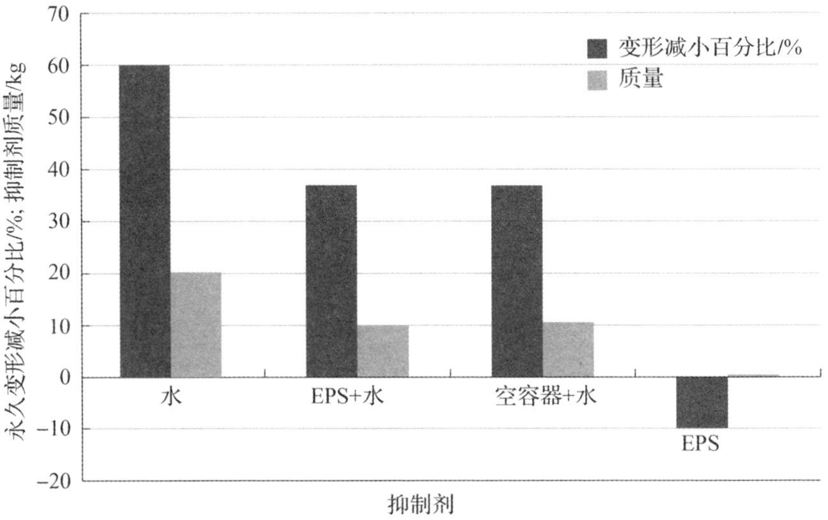

图13.12 抑制剂密度对永久变形的影响。使用尺寸为300mm×300mm×200mm的容器进行比较

如前所述，在某些情况下，更大质量的贮液容器比更轻的贮液容器起到的抑制作用更小。这些结果受到一系列其他抑制机制和载荷机制的影响，我们将在下文中进一步讨论。

13.4.6 冲击阻抗不匹配和峰值压力降低

冲击阻抗是指材料对冲击波传递的阻力，定义为$\rho_0 U_S$，其中ρ_0为初始密度，U_S为给定粒子速度下的冲击波速度。在标准的空气冲击波（冲击波与钢相互作用）场景中，钢与空气的冲击阻抗比约为8×10^4。因此，冲击波将几乎完全在板表面反射。冲击波和爆轰波的反射将巨大的压力施加于钢表面，这就是钢变形的原因。当冲击波被反射时，施加的压力在钢内产生应力（压力）波。在冲击波与贮液容器相互作用的情况下，注水容器的阻抗比约为3.6×10^3，高密度聚乙烯贮液容器的阻抗比约为5.5×10^3。这表明，很可能是压力波而非冲击波被传递到贮液容器中。图13.13中的数值模拟显示了注水容器阻抗不匹配产生的影响。入射冲击波和爆轰波显示从注水容器表面反射出来，从而导致压力波在水中传播。

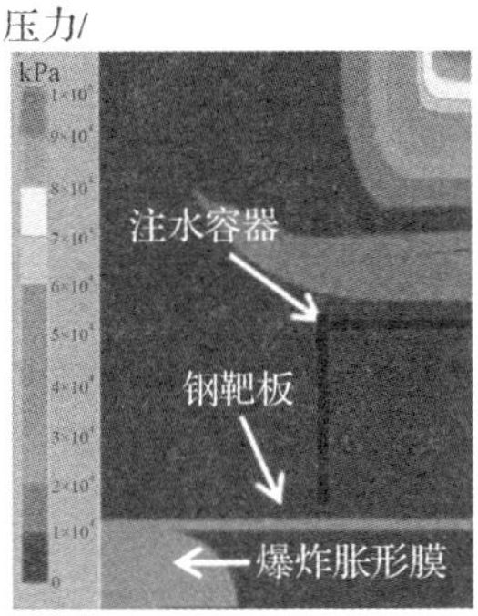

(a) 在冲击波与注水容器相互作用之前(0.080ms)

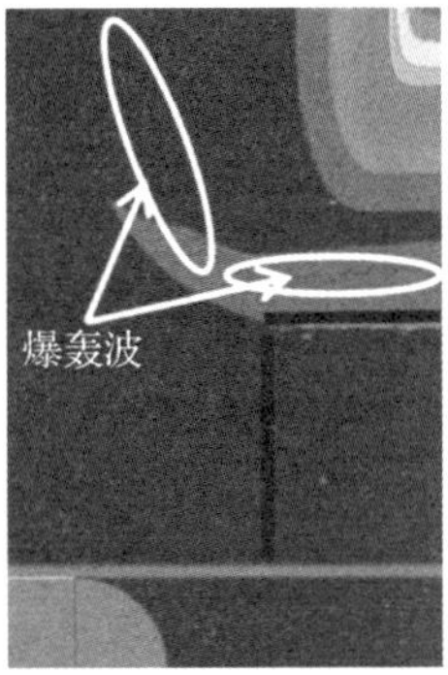

(b) 注水容器表面的初始冲击波反射(0.085ms)

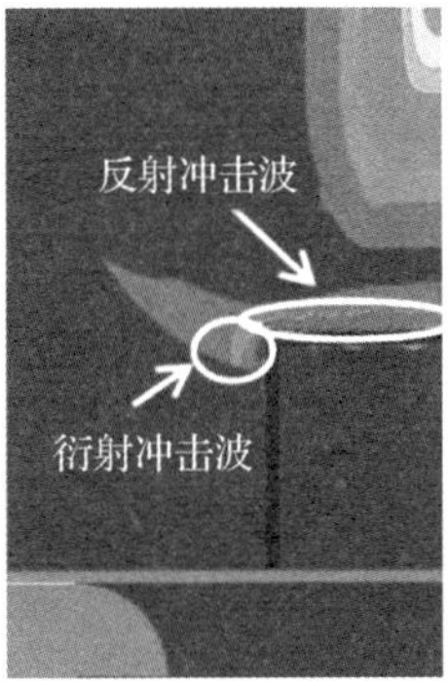

(c) 通过注水容器的初始压力波传递，冲击波开始在容器周围衍射(0.095ms)

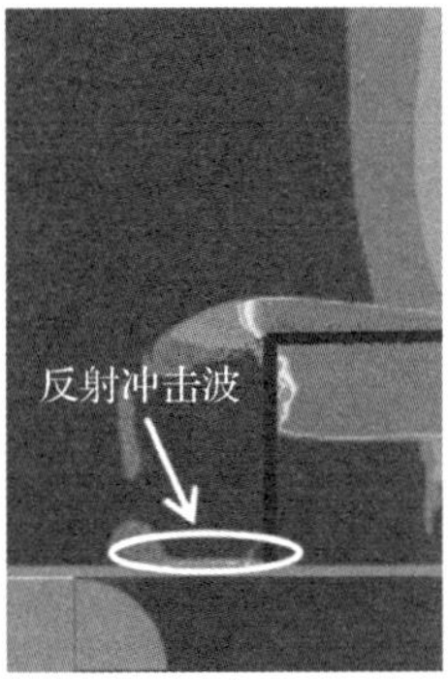

(d) 冲击波从注水容器外的靶板表面反射出来，水中压力波在水中传播小于100mm(0.145ms)

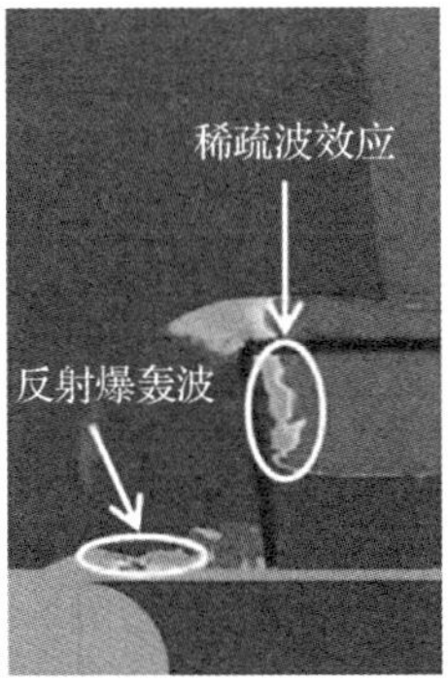

(e) 爆轰波从注水容器外的靶板表面反射出来，水中压力波在水中传播小于150mm(0.160ms)，在压力低于注水容器中心线的容器边缘内部可以看到稀疏波效应(即稀疏波带来的影响)

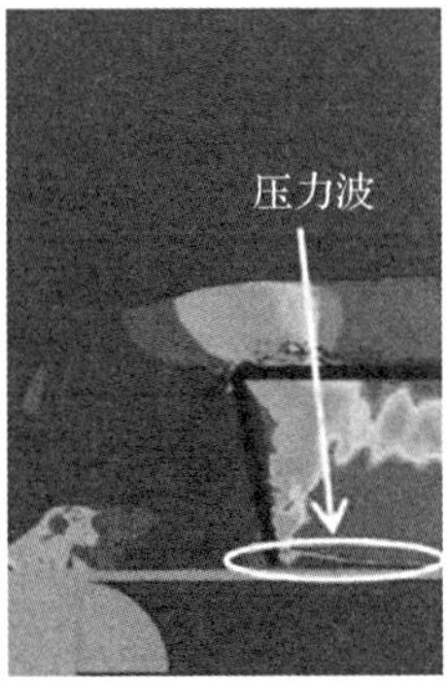

(f) 到达靶板前水中压力波(0.200ms)

图 13.13　300mm × 300mm × 200mm 注水容器的压力等值线
(注水容器的外形/尺寸已经加以强调)[10]

当压力波以水中声速（约1500m/s）传播时，衍射的空气冲击波和偏转的爆轰波超过压力波，并在受到中心载荷作用之前加载到板的外侧，从而导致空气冲击波和水中压力波的到达之间有0.055ms的延迟，以及水中爆轰波和压力波的到达之间有0.04ms的延迟。虽然在这种情况下冲击阻抗不匹配改变了载荷的时间分布，但模型或试验中没有证据表明这会对靶板的变形产生显著影响。试验已经证实，泡沫夹芯和蜂窝夹芯等可压缩材料[11]可降低传递至结构的峰值压力。抑制材料，如砂、水基泡沫或掺气水（即把气体注入水中），都具有可压缩性，可以通过相同的机制来降低峰值压力并延长载荷持续时间。此外，这些材料的声速通常很低，如果通过抑制可以降低压力波的传播速度，那么这些材料非常适合用于此目的。Bornstein等[11]对一系列可压缩性抑制材料进行了研究，如砂、掺气水、发泡聚苯乙烯+水组合材料（体积各占50%）。图13.14所示为装砂容器和注水容器内压力波传播的数值模拟。很明显，砂显著降低了靶板处的峰值压力，也延迟了压力波到达的时间。

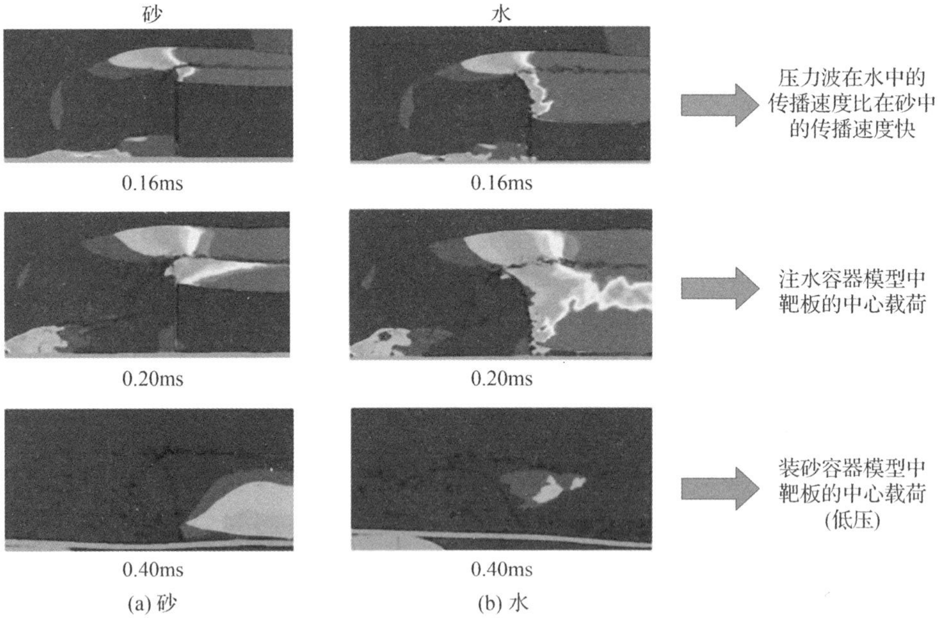

图13.14 压力波在砂和水中的传播比较（顶部：爆轰产物到达板的外缘。中间：水中的压力波到达板的表面。底部：砂中的压力波到达板的表面）

当注水容器中的压力波在爆炸后0.2ms到达，那么装砂容器中的压力波要到爆炸后0.4ms才到达。砂还可以将峰值压力降低约$\frac{1}{10}$。虽然峰值压力显著降低，压力波的到达时间也有延迟，但在爆炸抑制方面，砂只显示出最小的增强作用，如图 13.15 所示。与注水容器相比，装砂容器的变形减少仅为 5%。考虑到砂的密度比水的密度大 36%，降低峰值压力和改变载荷的时间分布对近场爆炸的影响可以忽略不计。

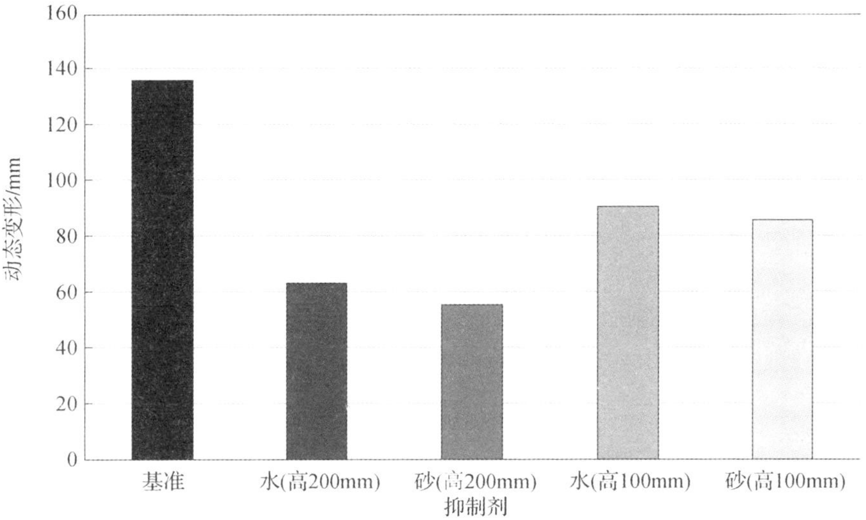

图 13.15　将基准爆炸试验与高为 100mm 和 200mm 的注水容器和装砂容器内爆炸试验进行比较的动态变形结果（注：容器宽度和长度为 300mm）

为了解释为什么砂不能起到额外的抑制作用，我们必须研究由 Jones[22] 开发的简支板和固支板变形的分析模型。这些模型是基于无量纲冲量来评估无量纲变形情况的。Jones[22] 的分析结果表明，在给定冲量的情况下，变形由施加压力和靶板临界压力之比决定。靶板的临界压力定义为在靶板内引起塑性应变所需的最小压力。靶板的临界压力可通过下式计算：

$$P_c = 12M_0/(R^2(1-a/R)(1+3a/R)) \tag{13.3}$$

$$M_0 = \sigma_0 \times H^2/4 \tag{13.4}$$

式中：R 为圆板的半径；σ_0 为屈服强度；H 为厚度；a 为炸药半径。

在此试验场景下，计算出的临界压力为 2.4MPa。与注水容器中的峰值压力 600MPa 和装砂容器中的峰值压力 50MPa 相比，这一数值相差甚远。对于水和砂而言，所施加的压力与临界压力之比分别为 240 和 20。根据 Jones[22] 的分析模型，上述比值高于我们预计的会对靶板变形产生影响的比率。因此，在这种施加压力非常高的近场爆炸载荷情况下，使用可压缩性抑制材料降低峰值压力不太可能对变形产生影响。

13.4.7 稀疏波

Rigby[23]对因稀疏波的产生而导致冲击波的传播衰减这一结论进行了全面审核和评估。当冲击波与箱体边缘相互作用时，会产生稀疏波（消波）。在箱体的边缘处，会产生反射冲击波并远离靶板表面，同时入射波会在箱体边缘发生衍射。这一现象导致两个波之间出现压力不平衡，并在两个压力区域之间产生流动。因此，在边缘处会产生稀疏波，其沿着靶板表面向靶板中心传播，从而减小作用在靶板上的压力和冲量[23]。由于稀疏波降低了作用在靶板上的压力，因此这也是一种抑制机制，可以用作爆炸保护系统的一部分。贮液容器的有限尺寸将导致出现稀疏波（消波），这可能是一种潜在的抑制机制，如图13.16所示。

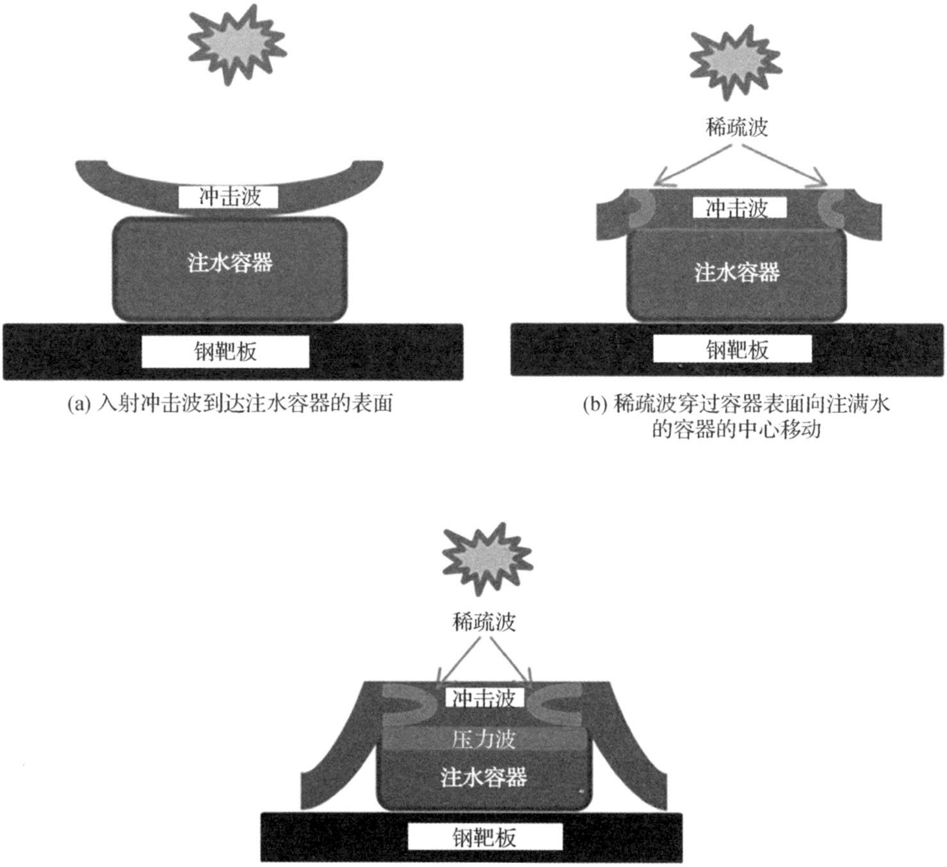

(a) 入射冲击波到达注水容器的表面

(b) 稀疏波穿过容器表面向注满水的容器的中心移动

(c) 稀疏波进一步向容器中心传播，释放了施加的压力

图13.16 承受爆炸载荷的注水容器的边缘产生稀疏波的示意图[10]

Bornstein 等[10]进行的数值模拟表明了稀疏波在减少施加到靶板上的载荷方面的影响。图 13.17 所示为在注满水的容器内通过水传递的压力明显减小。除了可以直观观察稀疏波的影响外，图 13.17 还给出了容器尺寸对稀疏波到达时间的影响。对于相同高度（100mm）的容器，由于稀疏波的提前到达，在较窄的容器中可观察到传递到靶板中心的比冲量（或称比冲）减小。

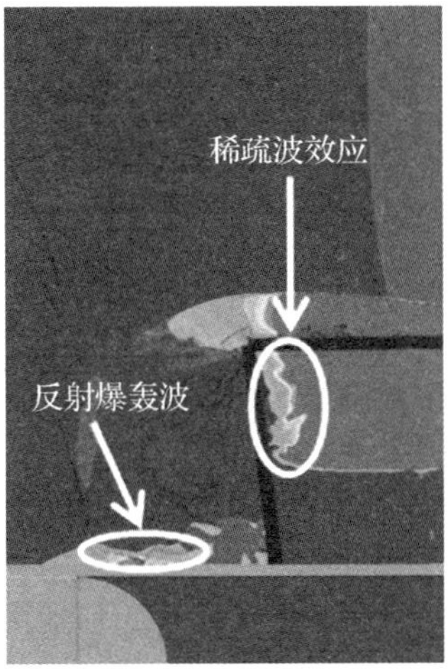

(a)

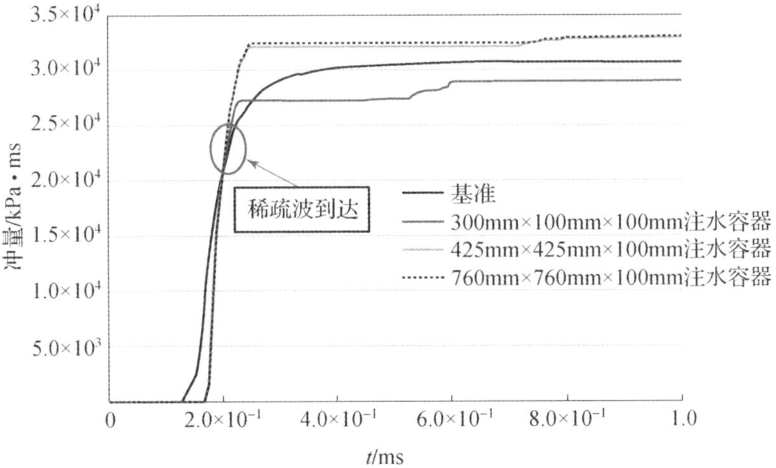

(b)

图 13.17 （a）300mm×300mm×200mm 注水容器的数值模拟压力等值线，突出显示了容器边缘内部稀疏波的影响；（b）在基准设置以及 3 种不同几何结构的注水容器中，靶板中心的冲量－时间测量值[10]

13.4.8 空泡

在恒温下通过降低压力（进入张力状态）使液体破裂的过程通常称为空泡（空穴）现象[24]。Taylor[25]描述了刚性靶板对水下冲击波的响应，并指出靶板的质量对传递到板上的动量有重大影响。流体－结构界面的运动形成空泡（空穴），这一现象减少了载荷向刚性靶板的传递。这种现象通常称为流体－结构相互作用效应。McShane 等[26]进行了试验，以确定从水下爆炸载荷传递到夹层板的冲量。然后，将这些结果与 Taylor[25]对刚性靶板的分析预测进行比较。McShane 等[26]观察到，当使用夹层板时，由于流体－结构相互作用效应，传递的冲量减少了 75%~85%；但与整体式板材相比，仅观察到微小的改进。

由于在承受近场爆炸载荷的注水容器内可能形成空泡（空穴），因此必须将其视为潜在的抑制机制。图 13.18 所示为注水容器内空泡（空穴）的产生与溃灭，这表明空泡的溃灭产生了第二个载荷阶段。

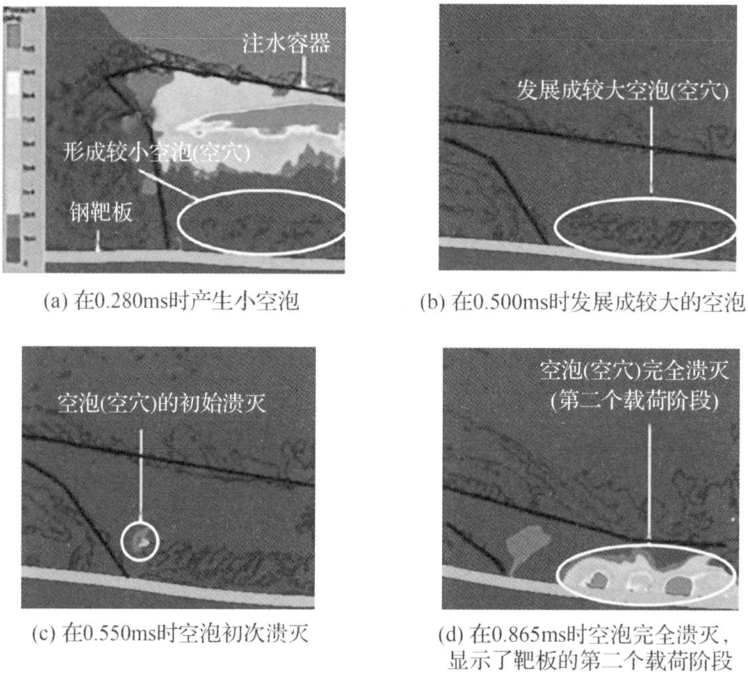

(a) 在0.280ms时产生小空泡　(b) 在0.500ms时发展成较大的空泡

(c) 在0.550ms时空泡初次溃灭　(d) 在0.865ms时空泡完全溃灭，显示了靶板的第二个载荷阶段

图 13.18　300mm × 300mm × 200mm 注水容器内空泡的产生与溃灭（注水容器的外形/尺寸已经加以强调）[10]

数值模拟和 Bornstein 等[10]的试验结果中的变形－时程图展示了第二个载荷阶段，如图 13.19 所示。Deshpande 和 Fleck[27]还发现，由于空泡的溃灭

（空穴闭合）产生了第二个载荷阶段，但是 Taylor[25] 开发的分析模型中没有考虑这一点。他们注意到，由于额外的载荷阶段，传递给靶板的冲量增加了约 20%。Schiffer 和 Tagarielle[28] 在固支复合板上进行的试验表明，由于空泡的膨胀和溃灭，会出现多个载荷阶段，从而影响靶板的变形和受到的载荷。如图 13.17 所示，当该靶板完全浸入水中时，传递到靶板中心的比冲量（或称比冲）高于基准设置情况下的比冲量。虽然减小炸药的距离可以解释额外冲量，但抑制作用不足则表明，在这种情况下空泡现象可能不是一种重要的抑制机制。

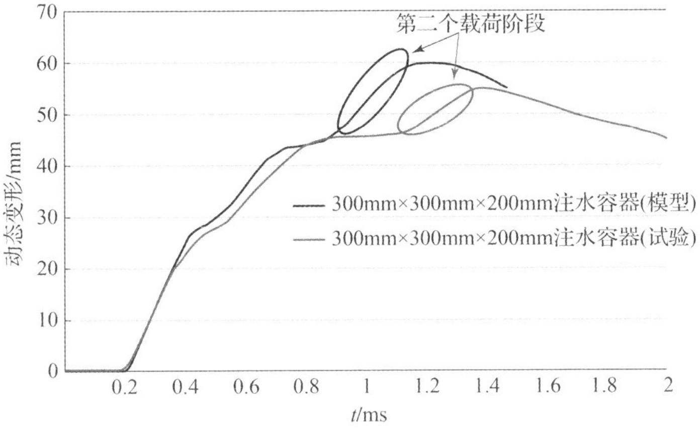

图 13.19　300mm × 300mm × 200mm 注水容器的试验和数值模拟比较（靶板的第二个载荷阶段）

13.5　抑制机制之间的权衡作用

上一节讨论了相互独立的抑制机制。我们了解到使用贮液容器抑制近场爆炸的物理原理是优化容器的设计，从而提供最大限度的保护。为了做到这一点，必须了解相关抑制机制之间的权衡作用。为了更好地理解这些权衡作用，在下面章节中，我们将对改变贮液容器的高度和宽度对相关抑制机制的影响进行分析。当机制的重要性或改变几何结构的效果未知时，其影响也被描述为未知。增加贮液容器的高度会产生以下影响：

（1）载荷：由于距离减少而导致载荷增加（导致更高的变形）。

（2）阴影：低压区的阴影增大（导致变形降低）。

（3）抑制剂质量：抑制剂质量增加（导致变形降低）。

(4) 稀疏波：影响最小（预计无变化）。

(5) 动量提取/空泡（空穴）/减压：未知。

该分析表明，增加贮液容器的高度对所有机制都会产生积极影响，但由于距离减小而产生的额外载荷除外。这一结果与 Bornstein[10] 等得出的结果一致，即贮液容器高度会起到抑制作用，如图 13.20 所示。

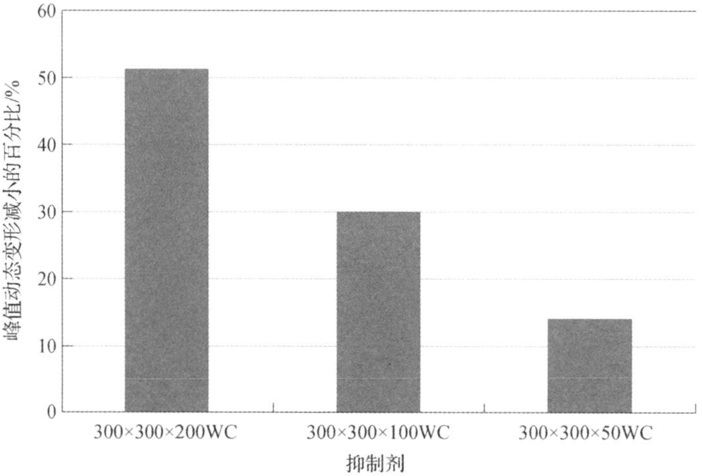

图 13.20 容器高度（恒定表面积）对爆炸抑制的影响，以厚度为 10mm 的钢靶板的峰值动态变形减少百分比表示[10]

增加贮液容器的宽度会产生以下影响：

(1) 载荷：由于较大面积上的距离减少而导致载荷增加（导致更高的变形）。

(2) 阴影：阴影区大小相同，但低压区离靶板中心更远（导致更高的变形）。

(3) 抑制剂质量：抑制剂质量增加（导致变形降低）。

(4) 稀疏波：稀疏波到达靶板中心区域较晚（导致更高的变形）。

(5) 动量提取/空泡（空穴）/减压：未知。

该分析表明，增加贮液容器的宽度，仅仅通过增加抑制剂的质量就可对抑制产生积极影响。Bornstein 等[10] 得出的贮液容器宽度对抑制作用的结果似乎证实了这一发现，因为增加贮液容器的宽度会导致抑制作用减少，如图 13.21 所示。

由于存在相互竞争的抑制和加载机制，在给定高度的情况下，将得出一个最佳的贮液容器宽度，该宽度有利于抑制作用最大化。通过对 150mm 贮液容器高度进行的数值模拟研究证实了这一点，如图 13.22 所示。

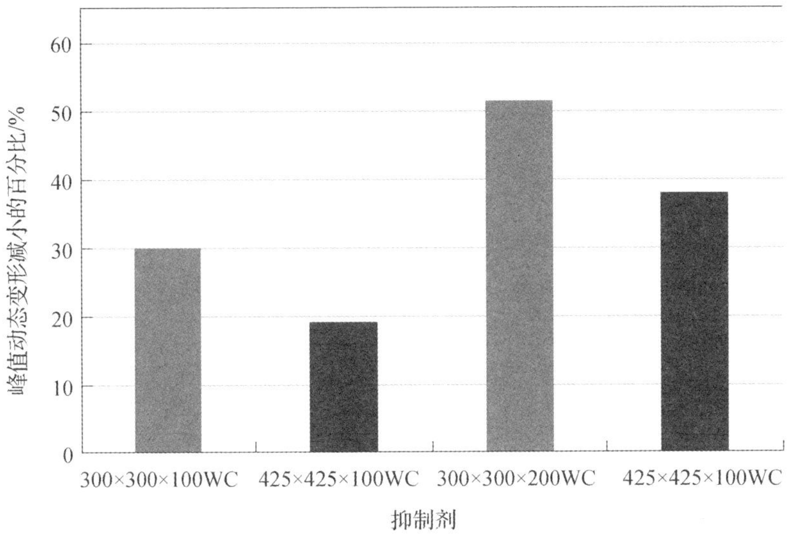

图 13.21　容器表面积（恒定高度）对爆炸抑制的影响，以厚度为 10mm 的钢靶板的峰值动态变形减少百分比表示[10]

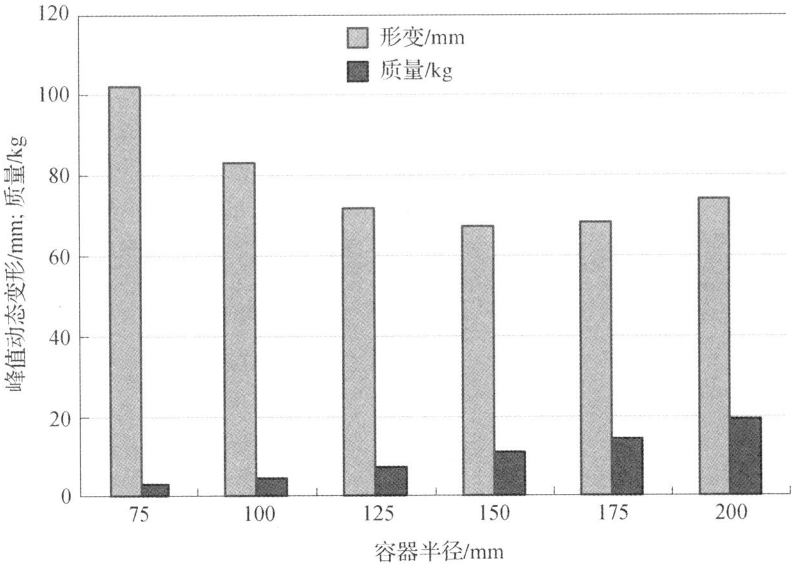

图 13.22　不同容器宽度（恒定高度为 150mm）的动态形变图

13.6 结　　论

本章描述了对利用贮液容器抑制近场爆炸物理机制的理解现状。从应用角度来看，使用贮液容器进行爆炸防护的好处是显著的，钢靶板的动态变形减少了 50% 。虽然空气和贮液容器之间的冲击阻抗不匹配导致容器中空气冲击波和压力波之间的延迟，但是这种延迟与靶板变形的显著减少无关。同样，由于近场爆炸载荷具有高压特点，通过使用可压缩抑制剂来降低峰值压力未起到增强抑制的作用。研究发现，容器的几何形状对抑制作用具有重大影响，这一发现有助于对一些抑制机制的相对重要性进行概述。阴影、稀疏波和抑制剂质量对靶板在冲击波载荷下的响应有显著影响。阴影可以减少传递到容器外部区域内的靶板的动量。因为容器的尺寸影响阴影区的尺寸和位置，所以阴影发挥抑制作用的重要性取决于容器的几何形状。稀疏波在容器的边缘产生，会在容器边缘形成低压区。因此，稀疏波发挥抑制作用的重要性取决于容器的几何形状。抑制剂质量与容器尺寸和抑制剂密度有关，由于动量守恒原理，其影响传递到靶板的冲量。除了存在抑制机制之外，容器还减小了与炸药的间距，因此其几何形状影响了系统的载荷输入。这些抑制和加载机制之间的权衡作用有助于得出在给定载荷场景下容器的最佳宽度。

虽然在了解贮液容器的近场爆炸抑制机制方面取得了重大进展，但仍有许多领域需要我们深入了解。试验和数值结果表明，通过流体的径向扩散会发生动量提取，但其重要性在该阶段尚无法进行量化。此外，空泡（空穴）在抑制爆炸中的潜在作用在现阶段也无法进行量化。

参 考 文 献

[1] iCasualties, Operation Enduring Freedom, 2016 [cited 18.10.16]. Available from: <http://icasualties.org/oef>.

[2] K. Kalaisanath, P. Tatum, F. Williams, J. Mawhinney, Blast mitigation using water—a status report, Naval Research Laboratory, Washington, DC, 2002.

[3] P. Stiff. Taming the Landmine. Galago Publishing Pty Ltd, Alberton, South Africa 1986.

[4] H. Bornstein, P. Phillips, C. Anderson, Evaluation of the blast mitigating effects of fluid containers, Int. J. Impact Eng. 75 (2015) 222−228.

[5] G. Nurick, J. Martin, Deformations of thin plates subjected to impulsive loading—a review. Part II: Experimental studies, Int. J. Impact Eng. 8 (1989) 171−186.
[6] L. Absil, H. Verbeek, R. Forsen, A. Bryntse, Water mitigation of explosion effects. Part II: Redistribution of explosion energy, Proceedings of the 28th DoD Explosives Safety Seminar, Orlando, FL, 1998.
[7] C. Needham, Blast Waves, Springer, Heidelberg, Germany, 2010.
[8] L. Chen, Q. Fang, L. Zhang, Y. Zhang, W. Chen, Numerical investigation of a water barrier against blast loadings, Eng. Struct. 111 (2016) 199−216.
[9] L. Chen, L. Zhang, Q. Fang, Y.-M. Mao, Performance based investigation on the construction of anti-blast water wall, Int. J. Impact Eng. 81 (2015) 17−33.
[10] H. Bornstein, S. Ryan, A.P. Mouritz, Physical mechanisms for near-field blast mitigation with fluid containers: effect of container geometry, Int. J. Impact Eng. 96 (2016) 61−77.
[11] H. Bornstein, S. Ryan, A. Mouritz, Effect of fluid properties on the blast mitigation provided by fluid containers, Proceedings of the 24th Military Aspects of Blast and Shock Conference, Halifax, Canada, 2016.
[12] J. Butz, P. French, M. Plooster. Application of fine water mists to hydrogen deflagration, in: Halon Alternatives, Albuquerque, NM, 1993, pp. 345−355.
[13] R. Miller, K. Harstad, J. Bellan, Evaluation of equilibrium and non-equilibrium evaporation models for many droplet gas−liquid flow simulations, Int. J. Multiphase Flow 24 (1998) 1025−1055.
[14] R. Schmehl, G. Maier, S. Wittig, Analysis of fuel atomization, secondary droplet breakup and spray dispersion in premix duct of a LPP combustor, Proceedings of the 8th Conference on Liquid Atomization and Spray Systems, Pasadena, CA, 2000.
[15] M. Grujicic, B. Pandurangan, C.L. Zhao, B.A. Cheeseman, A computational investigation of various water-induced explosion mitigation mechanisms, Multidiscipline Model Mater. Struct. 3 (2007) 185−212.
[16] R. Ripley, L. Donahue, T. Dunbar, S. Murray, C. Anderson, F. Zhang, et al., Ground reflection interaction with height-of-burst metalized explosions, Proceedings of the 26th International Symposium on Shock Waves, Göttingen, Germany, 2007.
[17] H. Willauer, R. Ananth, F.W. Williams, G.G. Back, M.C. Kennedy, J. O'Connor, et al., Blast mitigation using water mist: test series II. Naval Research Laboratory Report NRL/MR/6180-09-9182, 2009.
[18] I. Edri, V. Feldgun, Y. Karinski, D. Yankelevsky, Afterburning aspects in an internal TNT explosion, Int. J. Protect. Struct. 4 (2013) 97−115.
[19] M. Cheng, K. Hung, O. Chong, Numerical study of water mitigation effects on blast wave, Shock Waves 14 (2005) 217−223.
[20] D. Kirkpatrick, A. Argyle, K. Harrison, J. Leggett, A comparison of the blast and fragment mitigation performance of several structurally weak materials, Proceedings of Shock Compression of Condensed Matter, Waikoloa, HI, 2007.
[21] T. Rahimzadeh, E. Arruda, M. Thouless, Design of armor for protection against blast and impact, J. Mech. Phys. Solids 85 (2015) 98−111.
[22] N. Jones, Structural Impact, Cambridge University Press, Cambridge, 2012.
[23] S. Rigby, Blast wave clearing effects on finite-sized targets subjected to explosive loads, PhD Thesis, University of Sheffield, 2014.
[24] C. Brennen, Cavitation and Bubble Dynamics, Oxford University Press, Oxford, 1995.
[25] G. Taylor, The pressure and impulse of submarine explosion waves on plates, The Scientific Papers of G.I. Taylor,, vol. III, Cambridge University Press, Cambridge, 1963.

[26] G. McShane, V. Deshpande, N. Fleck, Underwater blast response of free-standing sandwich plates with metallic lattice cores, Int. J. Impact Eng. 37 (2010) 1138–1149.
[27] V. Deshpande, N. Fleck, One-dimensional response of sandwich plates to underwater shock loading, J. Mech. Phys. Solids 53 (2005) 2347–2383.
[28] A. Schiffer, V. Tagarielli, The response of circular composite plates to underwater blast: experiments and modelling, J. Fluids Struct. 52 (2015) 130–144.

第 14 章

具有耐爆炸冲击性的舰船复合材料的研究进展

ADRIAN P. MOURITZ
澳大利亚维多利亚墨尔本皇家墨尔本理工大学

14.1 简　　介

纤维增强复合材料层合板和夹芯复合材料已经广泛应用于建造各种各样的大型海军舰艇。目前已有几种复合材料用于水面舰艇。纤维增强复合材料层合板通常是以玻璃纤维或碳纤维织物作为增强材料、以热固性聚合物（大多数情况下为聚酯或乙烯基酯）作为基体材料复合而成。夹芯复合材料通常由上下两块薄而强的玻璃面板或碳纤维增强层合板和填在其中并与面板牢固连接起来的轻质芯层（通常是泡沫或轻木）组成[1-2]。

采用复合材料代替钢或铝作为结构材料，可以提升军舰的作战性能，提高其航程、耐波性和载重量，同时通过减少维护（减少腐蚀与疲劳损伤）和燃料消耗（减轻质量）来降低拥有成本。例如，扫雷舰舰体由复合材料制成，可以降低电磁特征；在舰船的桅杆和上层建筑中使用复合材料，可以提升隐身性能，减少雷达反射截面。复合材料被大量应用于巡逻艇、扫雷舰和护卫舰的舰体和上层建筑、战列舰和其他大型船舶的上部结构和直升机吊架、雷达和通信桅杆、方向舵和螺旋桨，以及其他应用，如管道系统和发动机罩。复合材料还可用于制造潜艇（如球鼻艏）和遥控式水下航行器。Smith[1]和 Mouritz 等[2]对复合材料在海军舰艇中的应用进行了回顾总结。

在海军舰艇中使用复合材料可以减轻武器爆炸产生的冲击，使机械和设备避免因受到水下冲击载荷而产生损坏。空中或水下爆炸产生的高压冲击波一直以来都是海军舰艇面临的主要威胁，此类冲击波可能会损坏、削弱和破坏复合材料，还可能危及使用复合材料建造的海军舰艇的结构完整性、安全性和作战能力。传统军舰结构中使用的钢板和铝板在船体结构断裂之前可承受巨大的塑性变形[3-5]，这种变形使金属板能够吸收大量的冲击波能量，从而使船舶具有一定的抗爆能力。用于船舶结构的层合板[6]和夹芯复合材料板[7]的大规模爆炸试验都表明这些材料不会发生塑形变形，但是其能量吸收过程可能会导致脆性损坏，由此引起灾难性故障。爆炸引起的冲击波会使复合材料产生基体开裂、分层、纤维断裂以及（夹层材料的情况时）面芯脱黏和芯压碎进而造成损伤。造成这种损伤的冲击波压力远小于破坏高强度钢板所需的冲击波压力。

人们已经开发了很多解析模型和有限元（FE）模型，用于分析由空中或水下冲击波加载引起的各向异性层合板和夹层复合材料的非线性动态响应[8-48]。根据不同的模型，人们可以计算爆炸载荷下复合板的重要物理响应，包括振动频率和模态、位移和速度，以及导致材料失效的损伤产生和扩展。这种模型得到了大量试验研究的补充，这些试验研究涉及层合板和夹芯复合板的变形、损伤和爆炸后力学性能[6-7,49-64]。其中一些研究针对海军结构相关的复合材料，例如碳或玻璃纤维增强乙烯基酯层合板和带有聚合物泡沫或轻木芯的夹芯复合材料。然而，大多数试验使用的材料尚未用于水面舰艇。例如，人们已经对热塑性基体层合板、碳－环氧树脂层合板和夹芯复合材料进行了研究，其芯材为芳纶、铝蜂窝、金属泡沫或聚异氰脲酸酯，这些材料都没有用于海军舰艇[53,55,65-73]。设计抗爆复合材料是具有挑战性的，因为所涉及的响应，包括冲击波传输、动态开裂、芯碎、纤维断裂、高应变率变形等，在跨越纳米到结构尺度的长度尺度上同时且经常相互作用。实施能够抵抗许多跨尺度复杂损伤过程的材料解决方案对人们来说是一项重大挑战。此外，新材料解决方案可能无法满足船舶结构的其他设计因素要求，如低成本、易于制造、力学性能好和耐用。

本章综述了已发表的研究，旨在提高海军舰艇结构中使用的层合板和夹芯复合材料的抗冲击性。在本章中，抗爆性能是一个通用术语，表示受到爆炸冲击波脉冲载荷的复合材料的动态响应、抗损伤性和/或爆炸后性能的任何改进。这可能包括增加冲击波衰减、减少动态挠度和应变、减少损伤和/或比不是专门抗爆的传统复合材料有更高的抗爆性能。本章概述了开发可用于未来军舰结构的防爆复合材料的研究进展。本章的重点是通过增强层合板和夹芯复合材料的组成材料（即纤维、聚合物基体、芯材）来提高其抗冲击性。本章不考虑其他提高抗冲击性的方法，如几何设计解决方案或主动减振技术。尽管有几篇论文专门回顾了复合材料抗爆性能的不同方面，但是没有一篇文章是专门讲解材料解决方案的。Langdon 等[74]近期回顾了复合材料的空气爆炸响应，Porfici

和 Gupta[75] 回顾了专门针对层合板和夹层材料的爆炸载荷。Pan 和 Cheung[76] 以及 Van Papegem 等[77] 论述了如何使用复合材料来提高土木工程结构（如公路桥梁）的抗冲击性。本章与以上述文章的不同之处在于，本章侧重于使用新型材料解决方案来优化海军复合材料在空中和水下的爆炸响应。研究发现，利用材料解决方案改善复合材料的抗冲击性与其他方案有一些不同之处。

14.2 复合材料的冲击损伤强化

多年来，提高层合板和复合材料夹芯板对硬体冲击事件的抗损伤性一直是人们深入研究的课题，因为它们容易受到损坏，特别是基体和铺层开裂。我们可以通过材料解决方案来提高层合板和复合材料夹芯板对局部硬体冲击的抵抗力，这些材料解决方案包括表面使用高韧性的热塑性基体相[78-79]；通过化学变化或使用橡胶或热塑性颗粒对热塑性基体进行增韧[80-81]；通过纳米颗粒添加剂（如碳纳米管、嵌段共聚物、纳米黏土）对热固性基体进行强化和增韧[82-84]；在热固性基体层之间进行热塑性交织[85-86]；使用三维编织、黏合、簇绒和 Z 形编织进行厚度加固[87-89]。我们可以通过以下方式提高复合材料夹芯板的局部抗冲击性能：使用混合纤维表面，如碳纤维和芳纶纤维的组合[90]，对聚合物泡沫核心进行纳米粒子加固[91-92]；使用功能分级的聚合物泡沫[93]；采用具有桁架和点阵结构的高强度芯层设计；通过黏合或钉子进行穿透加固[94-97]。

尽管有很多有效的方法可以提高层合板和复合材料夹芯板对局部硬体的抗冲击能力，但是我们并不清楚这些方法对爆炸引起的冲击波载荷的影响。局部冲击和爆炸冲击波都会在短时间内（通常在 10 ~ 5000μs 内）引起材料的高应变率（通常为 10 ~ 1000s^{-1}）。因此，可以使用提高抗冲击损伤能力的方法来提高抗冲击性。然而，脉冲压力分布、冲击波传输、动态挠度以及复合材料对局部冲击事件的其他反应都与远场爆炸不同。例如，图 14.1 比较了爆炸性冲击波的典型超压时程和局部非穿透性冲击事件的压力 - 时间曲线。遭受爆炸性冲击波的加载后，几乎会瞬间上升到峰值压力，然后经历受冲击波压力的指数式衰减。由于气穴现象以及水下气泡振荡产生的多重冲击波，可能会出现负压。局部硬体撞击中不会出现如此复杂的加载条件，而且存在很大的差异，因为局部硬体撞击可能转化为复合材料不同的动态响应和破坏模式。从局部冲击载荷到分布式爆炸载荷的简单内插是不可能的，因此需要对冲击波载荷条件下的抗破坏方法进行评估。

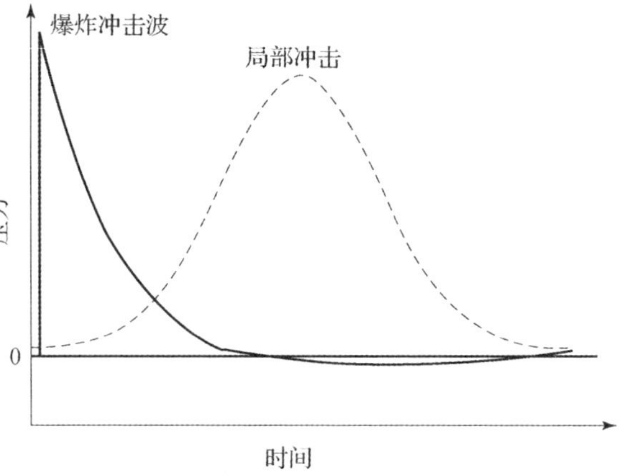

图 14.1 爆炸性冲击波和局部冲击的典型压力-时间曲线的比较

在过去的几年里，出现了越来越多的研究评估新材料，以提高复合材料的抗冲击性。表 14.1 和表 14.2 分别总结了针对提高层合板和复合材料夹芯板的抗冲击性的材料解决方案。这些解决方案包括：通过正确地选择纤维的类型和体积分数以及铺层的面密度和方向来设计层合板；使用热塑性树脂；通过黏合进行穿透加固。复合材料夹芯板的潜在优化方向包括使用功能分级、高阻尼和高能量吸收的芯材，以及在穿透方向加固的芯材。其他可能的解决方案包括冲击吸收芯材和能量吸收的涂层系统。下面论述了其他可能的解决方案，包括描述它们在增加抗爆炸破坏能力方面的功效，以及评估它们在海军舰艇上使用时的实用性。

表 14.1　改进层压材料抗冲击性的方法

方法	抗爆机制	参考文献
纤维类型	具有高刚度、高强度和失效应变特性的纤维，可最大限度地减少动态变形，提高抗冲击性	[22, 53, 56, 98-99]
纤维长度	连续的纤维比不连续的（切碎的）纤维具有更高的刚度和强度，可以减少动态挠度，增加抗冲击性	[54]
纤维体积分数	增加纤维的体积分数可以减小爆破载荷引起的动态挠度	[22, 100]
织物重量	降低织物的面积密度可产生更多的层状界面来承受爆炸能量	[54, 101]

续表

方法	抗爆机制	参考文献
层板方向	优化能量吸收的层板方向	[22]
渐变层合板	贯穿厚度方向的分级层从前层吸收更多的能量	[54]
热塑性基体相	高韧性和延展性的热塑性基体可抵抗爆炸损坏	[101]
仿生微结构设计	通过类似于珍珠的层间互锁增强分层间的韧性来抵抗爆炸引起的损害	[102]
黏合	通过裂纹桥接增强分层的韧性来抵抗爆炸破坏	[103 - 104]
弹性涂层	用聚脲涂层保护层合板，减少爆炸引起的位移和应变	[13，105]

表 14.2　增加复合材料的抗冲击性的方法

防损方法	注释	参考
芯层密度	通过破碎增加爆炸能量的吸收来降低芯层密度	[59，106]
冲击波减弱的聚合物芯层	通过波粒散射和/或粒子破裂来减弱爆炸能量	[107 - 110]
分级聚合物泡沫芯	通过波浪散射和核心粉碎来减弱朝后皮方向密度增大的多层泡沫的爆炸能量	[111 - 113]
皮芯弹性体夹层	利用面层和芯层之间的聚脲层衰减爆炸能量并增强夹芯复合材料的硬度	[112，114]
面层与芯层厚度比	通过减弱波浪和芯层粉碎来最小化比率，以增强抗冲击性	[31，33，37，60，62]
缝制聚合物泡沫芯	加强和强化芯层对爆炸损害的抵抗力	[115]
冲击吸收芯	内部谐振器，用于抑制和减弱冲击波	[116 - 117]
面层 - 芯层剪切键	面和芯材的互锁，以减少脱黏现象	[118 - 119]

14.3 层压材料抗冲击性的改善

14.3.1 用于提高层合板抗冲击性的纤维增强材料

对层合板进行纤维加固会对其爆炸响应和抗破坏能力产生很大影响。合理选择纤维的类型、长度和体积含量，以及纤维层的方向、面密度和分布，可以提高整体式层合板和用于层压复合材料面层的层合板的抗爆炸破坏能力。

1. 纤维性能的影响

人们没有对纤维的力学性能，如模量、强度、破坏应变和断裂韧性进行系统的研究。Batra 和 Hassan[22] 通过数值仿真研究了纤维模量对碳纤维增强 PEEK 层合板的爆炸反应的影响。有限元分析结果表明，用高模量纤维增加复合板的刚度可以减少冲击载荷引起的动态挠度，从而减少开裂和其他损坏。Comtois 等[53] 和 Tekalur 等[56] 的试验结果支撑了这一点，他们发现，与碳纤维复合材料相比，玻璃纤维层合板在较低的冲击波压力下发生损伤。这一改进是由于碳纤维的较高刚度在冲击波载荷下偏转时在层合板中引起了较低的应变。

Basturk 等[98] 通过数值仿真发现，在相同的冲击载荷条件下，玄武岩纤维复合材料比玻璃纤维板材的偏转和损伤更小，这是因为玄武岩具有更高的刚度。Kwon 等[99] 发现，爆炸载荷引起的振动与纤维模量有关。动态模型显示，由于纤维模量较高，碳纤维层合板的自然频率比玻璃纤维层合板的自然频率高约 50%。

因此，提高刚度以最小化偏移，以及通过高强度和失效应变以抵抗断裂，可以提高纤维的抗损伤性能。然而，采用选择纤维的方式来增加抗爆炸破坏能力可能对设计参数产生负面影响，如海军的结构成本。

2. 纤维长度的影响

复合板的抗爆性能也取决于增强纤维的长度。船舶结构使用的复合材料通常包括由连续纤维组成的编织布，有时也结合由不连续纤维组成的短切毡。与不连续的纤维层合板相比，织物复合材料产生的爆炸损伤更少，这可能是由于它们的高刚度和强度在脉冲载荷下可以抵抗偏移和断裂[54,120]。然而，人们没有研究量化连续纤维与非连续纤维层合板在抗爆方面的改进，尽管人们预期这种提升是显著的。

3. 铺层厚度的影响

通过减少用于纤维加固的织物的厚度（或面密度），可以提高层合板的抗爆炸破坏能力。Hebert 等[101] 比较了含有多层轻质（4.88kg/m^2）或重质（7.32kg/m^2）非压缩玻璃织物的层合板，发现轻质玻璃织物具有更好的抗破坏性。由于轻质织物层合板在单位厚度上有更多的层压界面，以通过层间开裂来消散冲击波能量，因此抗冲击性得到了提高。由于有更多的层状界面通过分层开裂来吸收冲击波能量，爆炸受损区域的面积减小。同样，Franz 等[54] 发现，减少层合板中使用的切碎纤维垫的面密度，可以增加承受空气爆炸载荷时的抗分层能力。图 14.2 所示为增加冲击波冲力对用不同密度切碎纤维垫加固的层合板的破坏面积的影响。相关损伤范围定义了爆炸造成的破坏面积与面板总面积的正比。对于不同的层合板来说，损坏的数量随着脉冲能量超过阈值而增加。

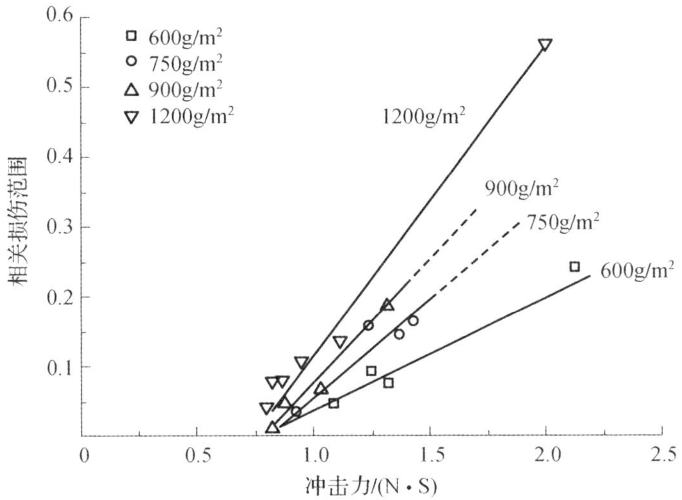

图 14.2 碎玻璃纤维垫的面密度对承受爆炸冲击载荷的层合板的相对损伤范围的影响。相对损伤范围是指爆炸损伤的面积与暴露在爆炸中的层合板的面积之比（数据信息来源于 *T. Franz*，*G. N. Nurick*，*M. J. Perry* – 对爆炸载荷下短切毡玻璃层合板的响应进行的实验研究，《国际冲击工程杂志》27(2002)639 – 667）

重要的是，损伤范围随着层合板中使用的切碎纤维垫的密度（或厚度）的增加而减少。高脉冲负荷下，当层合板包含较薄的玻璃纤维垫时，爆炸引起的损伤量会减少。人们有理由认为，脱层的层合板界面数量的增加会使爆炸中能消散更多的能量。然而，在复合材料船舶建造中使用轻质加固的一个缺点是，由于增加了层数处理和铺设，制造成本较高。大多数船舶复合材料结构中使用的是相对较粗的织物，用较细的织物取代这些织物将增加层数以达到所需的层合板厚度，这将增加制造成本和加工时间。

4. 铺层取向的影响

层合板所吸收的冲击波能量和由此产生的损伤可以通过调整层合板的方向来控制。Schiffer 和 Tagarielli[48]使用有限元法分析比较了准各向异性和交叉层合板对水下爆炸载荷的弹性响应和动态挠度。

不考虑损伤的建模结果显示，复合材料的铺层对爆炸反应的影响很小。Batra 和 Hassan[22]对 9 种不同的准各向同性［0/ +45/ -45/90］层型对碳纤维层板的冲击波能量吸收和爆炸破坏的影响进行了有限元建模研究。有限元分析显示，铺层方向对冲击波所做的总功和层合板变形所需的应变能量有很小的影响。然而，由分层开裂、基体开裂，以及在较小程度上由纤维断裂和纤维-基体脱黏所耗散的脉冲能量取决于层状结构，如图 14.3 所示。预计在压缩载荷下，促进分层开裂最小的层板方向将具有最高的剩余结构完整性。然而，层合板的爆炸反应对其层压方向的依赖性需要通过试验来验证，人们还没有对这一点进行验证。

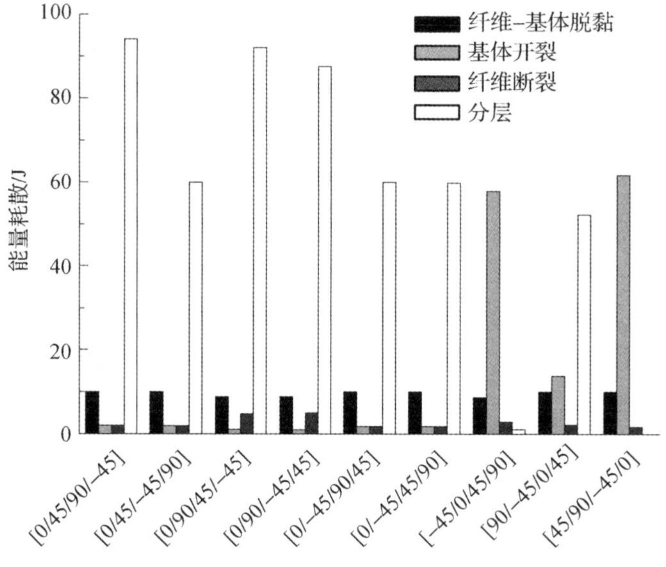

图 14.3 对于准各向异性的碳纤维层合板，层压方向对分层、基体开裂、纤维-基体脱黏和纤维断裂的能量耗散的影响（数据信息来源于 R. C. Batra，N. M. Hassan，单向纤维增强复合材料的抗爆性，*Comp. B Eng.* 39（2008）513-536）

5. 铺层层级的影响

Franz 等[54]提出，与具有传统均匀层结构的材料相比，具有分级层的层合板可能具有更强的抗爆炸破坏能力。可以通过纤维加固的类型、体积分数和编织方式对厚度方向上的层间密度进行分级。Franz 等[54]认为将具有高能量吸收和阻尼特性的层合板放在靠近爆炸载荷表面的地方以消散冲击波，将具有较高刚度和强度的不同层合板放在后层以提供机械支撑，从而提高抗爆性能。然而，人们还没有设计和评估基于分层层合板的抗爆性能。

14.3.2　选择基体来提高层合板的抗冲击性

常用于船舶复合材料结构的热固性聚合物，如聚酯和乙烯基酯，具有相对较低的韧性和延展性，所以层合板在爆炸载荷下容易分层和基体开裂。关于通过聚合物基体的增韧和强化来改善层合板的抗爆性的公开信息很少，尽管它已被证明可以增加抗冲击性[78-84]。Hebert 等[101]表明，在高应变率下，用具有高强度、高延展性和高韧性特性的热塑性基体可以减少由冲击波载荷引起的分层损伤量。Hebert 等通过试验证明，当基体聚合物为高延展性和高韧性的热塑性塑料（聚氨酯）而非脆性的热固性塑料（乙烯基酯）时，玻璃纤维增强的层合板对高脉冲载荷的抗破坏能力可以得到改善。其他研究也评估了热塑基复合材料的抗爆性（如 Yahya 等[55]），不过除了 Hebert 等[101]的工作外，没有其他研究直接比较热塑性和热固性基复合材料的爆炸性能。使用热塑性复合材料来提高抗爆性的一个实际考虑是，制造大型海军船舶结构的成本较高。使用乙烯基酯等热固性聚合物的一个主要原因是其低黏度和低温固化的特性有助于生产。这些特性是许多热塑性塑料所没有的，它们必须在高温下加工，这大大增加了制造成本。

14.3.3　用于提高层合板抗冲击性的仿生学铺层设计

生物模拟是提高复合材料抗爆炸破坏能力的一种新方法。模仿具有高韧性特性的天然材料（如骨或珍珠）的微观结构，可能会提高层合板的抗爆性能。珍珠有一种类似于砖和砂浆的互锁的脆性无机材料的微观结构，由于在亚微米到毫米长度尺度上诱发的各种增韧过程，具有很高的断裂韧性。Tran 等[102]最近分析了一种仿生玻璃纤维层合板的水下爆炸响应，其层间设计模仿了珍珠的波状和互锁。使用流体-结构耦合有限元模型，Tran 等计算出层合板的动态位移和速度并没有因为仿生学铺层设计而发生明显变化。然而，通过设计带有波浪形和交错层的层合板，改变了内部应力的大小和分布。在仿生层合板中，峰值应力更低，应力分布更均匀。仿生设计缓解了层合板的冲击波能量释放，层合板的互锁增加了抗分层能力。然而，由于层间波浪的增加，该设计预计会降低平面内力学性能（特别是抗压强度）。此外，仿生设计概念还没有通过爆炸试验得到验证。

14.3.4 通过增强厚度来提高层合板的抗冲击性

有许多通过厚度的加固技术来提高层合板的抗冲击破坏能力，包括黏合、簇绒、三维编织和Z形针刺[87-89]。在这些方法中，只有黏合方法可以改善层合板的抗爆性。Mouritz[103-104]通过试验表明，用芳纶丝黏合层合板是一种有效的方法，可以减少爆炸载荷造成的分层损伤。黏合线沿着分层裂缝形成大规模的桥接牵引区，从而提高了抗破坏性。Mouritz发现，通过黏合线的裂缝桥接，由高压冲击波引起的分层开裂量明显减少。损伤的减少导致黏合的层合板具有更高的爆破后力学性能。例如，表14.3所列为当层合板用低密度或高密度黏合板加固时的分层破坏面积和爆破后的抗弯性能。层合板被置于低或高压力的水下冲击波下，其峰值超压分别为15MPa或23MPa。通过黏合减少了分层损伤的数量，抗冲击性随着黏合量的增加而增加。在高压爆破载荷下，黏合的层合板具有更高的剩余抗弯性能（380%~400%）。

表14.3 黏合对玻璃－乙烯基酯编织板的爆炸引起的损坏面积和爆炸后的抗弯性能的影响（括号中的数字给出了由于黏合而导致的爆炸损坏面积减少或弯曲性能变化的百分比）

复合	爆炸压力	爆炸损伤范围/cm^2	爆炸后的弯曲模量/GPa	爆炸后的抗弯强度/MPa
未黏合的层合板	低	2.83	15.2	347
轻质缝纫层合板	低	1.26(255%)	11.9(222%)	305(212%)
重质缝纫层合板	低	0.78(272%)	11.8(222%)	289(217%)
未黏合的层合板	高	7.77	2.4	68
轻质缝纫层合板	高	5.37(231%)	11.9(1396%)	216(1218%)
重质缝纫层合板	高	3.91(250%)	12.1(1404%)	326(1379%)

引自 *A. P. Mouritz, The damage to stitched GRP laminates by underwater explosion shock loading, Comp. Sci. Tech.* 55 (1995) 365－374.

其他类似于黏合的层合板穿透加固方法，如三维编织、簇绒和Z形针刺，有望提高抗爆炸破坏能力和爆炸后的性能，尽管这还有待证明。然而，制造具有穿透加固功能的高成本海军复合材料结构是这项技术应用的一个主要障碍。另外，如黏合、簇绒和Z形针刺等技术可以降低复合材料的平面力学性能[121-122]，这可能会削弱水面舰艇的结构强度。

14.3.5 提高层合板抗冲击性的制造工艺

用于制造水面舰艇的复合材料结构的工艺会影响抗冲击性。复合材料船舶结构最常使用湿式手积层工艺，这导致纤维体积含量较低（通常为 45%～55%）和高孔隙率（高达约 5%）。对于某些类型的船舶结构，如甲板部分或散装加劲器，可以使用增加纤维含量和减少孔隙的替代制造工艺，如真空袋树脂灌注（VBRI）或复合材料真空辅助树脂浸渍模塑技术（SCRIMP）[123-125]。尽管有限的工作强调了其重要性，但制造过程对复合材料爆炸反应的影响还没有得到广泛的评估。

Mouritz[100] 比较了由湿式手积层工艺或树脂传递模塑（RTM）制成的玻璃纤维编织层合板的水下爆炸反应。这些工艺生产的层合板的纤维体积含量分别为 53% 和 60%，空隙含量分别为 7.5% 和接近 0%。图 14.4 比较了水下爆炸冲击波的峰值超压对手积层工艺或树脂传递模塑工艺制造的层合板的分层损伤量的影响。

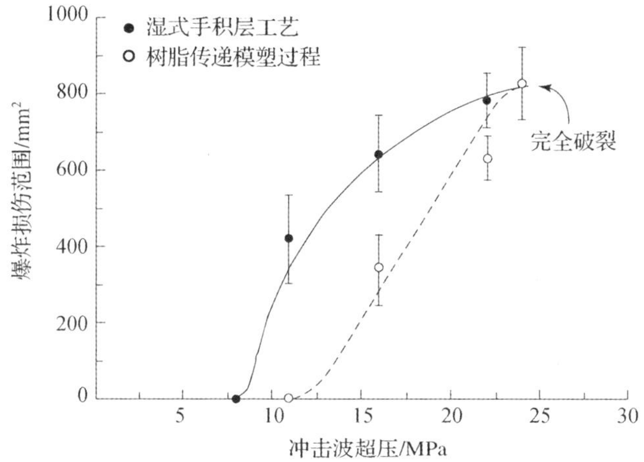

图 14.4 用湿式手积层工艺和树脂传递模塑工艺制造的玻璃－乙烯基酯编织层合板的分层损伤量随水下冲击波峰值压力的增加而变化的比较。引自 *A. P. Mouritz, The effect of processing on the underwater explosion shock behavior of GRP laminates, J. Comp. Mat.* 29（1995）2488－2503.

利用树脂传递模塑（RTM），启动损伤的阈值爆炸压力增加了，冲击载荷造成的损伤量减少了。抗冲击性的提高是由于树脂传递模塑工艺实现了更高的纤维含量，这使得层合板更硬，因此在冲击波压力下出现的变形更小[100]。Batra 和 Hassan[22] 的工作支持了这一发现，他们用有限元模型表明，承受水下爆破载荷的层合板的总功能量随着纤维含量的增加而减少，这是由于更高的刚度和强度。Mouritz[100]还将由树脂传递模塑制成的层合板良好的抗爆性能归因于较低的孔隙率，因为孔隙是层合板内分层和其他裂纹的起始点。Mouritz 发现，较高的抗破坏性导致由树脂传递模塑制造的层合板具有优越的爆破后力学性能，如图 14.5 所示[100]。预计其他增加纤维含量和减少孔隙率的制造工艺也将提高复合材料船舶结构的抗冲击性，如真空装袋、VBRI 和 SCRIMP。虽然已经在船舶结构制造中使用这种工艺，但它们在作为单件生产的最大尺寸方面受到限制，这也是湿式手积层工艺仍然是制造海军复合材料船舶的流行工艺的一个原因（同时更简单）。

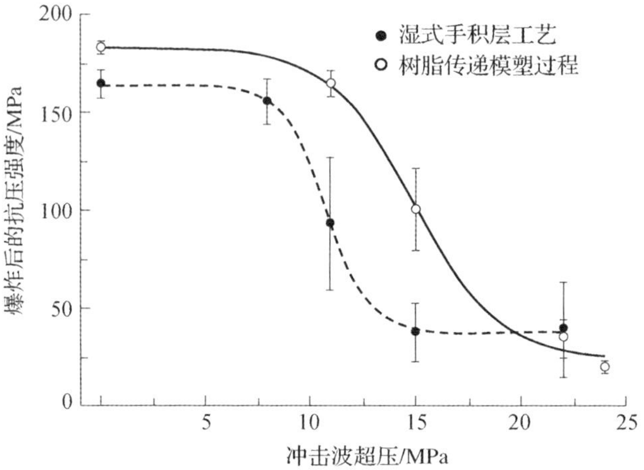

图 14.5 水下冲击波的峰值压力增加对湿法手积层工艺和树脂传递模塑法制造的玻璃－乙烯基酯编织板的爆炸后抗压强度的影响比较。引自 *A. P. Mouritz, The effect of processing on the underwater explosion shock behavior of GRP laminates, J. Comp. Mat.* 29（1995） 2488－2503.

14.3.6 用于提高层合板抗冲击性的能量吸收涂料

聚脲等弹性涂料可以保护材料免受爆炸的破坏性影响。这种涂层可以减少材料从空气和水下爆炸物中吸收的能量，从而将变形和损坏降到最低。Amimi 等[126-127]发现，在钢板背面涂上聚脲，可以极大减少爆炸引起的塑性变形。Shukla 等[105,115]发现，当在背面厚涂上聚脲涂层时，对玻璃纤维层合板的抗冲击性有类似的改善。聚脲涂层减少了吸收的能量、动态变形和损伤的数量。在爆炸载荷引起的高应变率变形下，聚脲涂层的弹性模量大幅增加，导致与层合板的阻抗匹配更好。这增加了涂层层合板的体积刚度，转化为较小的挠度，从而减少了爆炸损伤。例如，图 14.6 所示为增加聚脲涂层厚度对承受冲击载荷的玻璃/环氧树脂层合板最大中心点挠度的影响。涂层被涂在层合板的正面或背面，其厚度被定义为层合板厚度的倍数（为 4.8mm）[105]。随着涂层厚度的增加，最大挠度以线性速度减少，背面的涂层更有效。然而，为了实现挠度的大幅减少，有必要使用比层合板厚几倍的涂层，这对船舶结构来说是不现实的。LeBlanc 和 Shukla[105] 发现，在前面的层合板表面涂抹聚脲涂层的效果较差，在某些条件下实际上可能会放大爆炸的破坏作用。

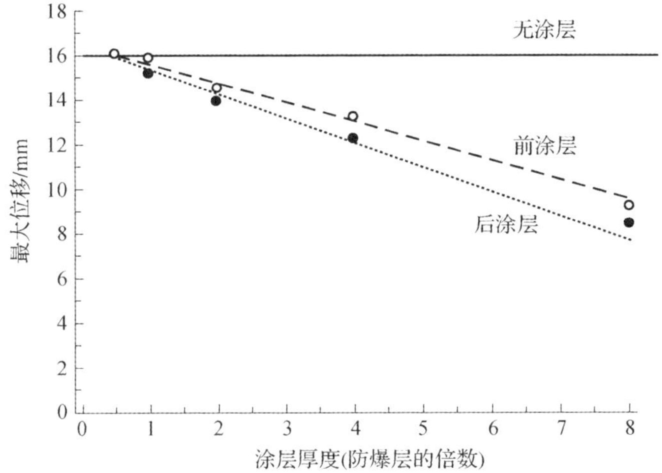

图 14.6　增加聚脲涂层厚度对冲击载荷下层合板的最大中心点挠度的影响。引自 *J. LeBlanc*，*A. Shukla*，*Response of polyurea – coated flat composite plates to underwater explosive loading*，*J. CompMat.* 49(2015) 965 – 980.

14.4　复合材料夹芯板抗冲击性能的改善

夹芯复合材料的抗冲击性取决于许多参数，包括表皮和芯材的力学性能以及面皮和芯材之间的界面黏结的失效强度。对于许多夹芯复合材料来说，抗冲击性是由芯层材料和面层 – 核心界面的能量吸收和失效特性控制的，而不是由层合板表皮控制的[43,63,106,114]。上面描述的和表 14.1 中总结的用于提高整体层合板抗冲击性的许多方法都可以应用于夹芯复合材料的表皮。此外，如表 14.2 所列，对核心材料和表皮与核心之间的界面区域进行修改，可以获得额外的抗冲击性。

14.4.1　用于提高复合材料夹芯板抗冲击性的能量吸收芯材

聚合物泡沫芯材在确定承受爆炸载荷的夹芯复合材料的振动响应、挠度、应变、损伤和残余力学性能方面起着重要作用。大量的冲击波能量通过波的散射和核心的挤压而消散[43,63,106,114]。爆炸引起的入射压应力波会造成大应变的岩心破碎，从而吸收大量的冲量能量。例如，图 14.7 比较了由薄玻璃纤维面层和厚聚合物泡沫核心组成的夹芯复合材料的核心和表层所耗散的能量[43]。大部分脉冲能量被聚合物泡沫芯材通过挤压吸收，这使背面层的冲击负荷降到最低。可以通过降低芯层密度来提高夹芯复合材料的抗冲击性[59,106]。Ghoshal 和 Mitra[106]的模型显示，由于更高的可压缩性、更高的塑性能量耗散以及核心对动波能量更快的吸收率，爆炸响应随着芯材密度的降低而改善。这些过程降低了作用在背面上的冲击波的幅度，从而提高了夹芯复合材料的抗爆性能。Avachat 和 Zhou[59]研究了芯层密度（具有相同的面密度）对夹芯复合材料的水下抗冲击性的影响。图 14.8 显示了芯材密度对不同芯材密度的夹芯复合材料在承受越来越大的冲击载荷时的最大背面位移的影响。挠度随着芯层密度的增加而逐渐减少，这表明在单位重量的基础上具有优越的抗冲击性。图 14.8 还显示，夹芯复合材料的挠度要比相同面积质量的单层板的小。然而，为提高夹芯结构的抗冲击性而降低芯材密度，必须与降低核心刚度、强度和疲劳寿命相平衡。

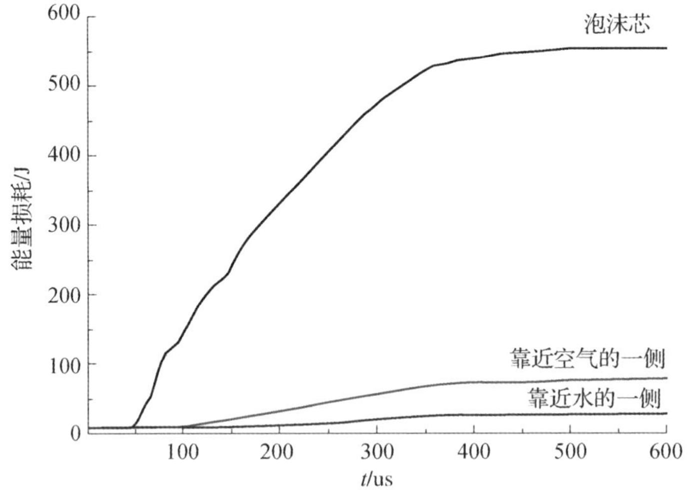

图 14.7 能量在 E－玻璃/乙烯基酯表层和 PVC 泡沫核心的夹芯复合材料的核心和两个表层中耗散。引自 *X. Wei*，*P. Tran*，*A. deVaucorbeil*，*R. B. Ramaswany*，*F. Latourte*，*H. D. Espinosa Three－dimensional numerical modeling of composite panels subjects to underwater blast*，*J MECH PHYS SOLIDS*，61（2013）1319－1336.

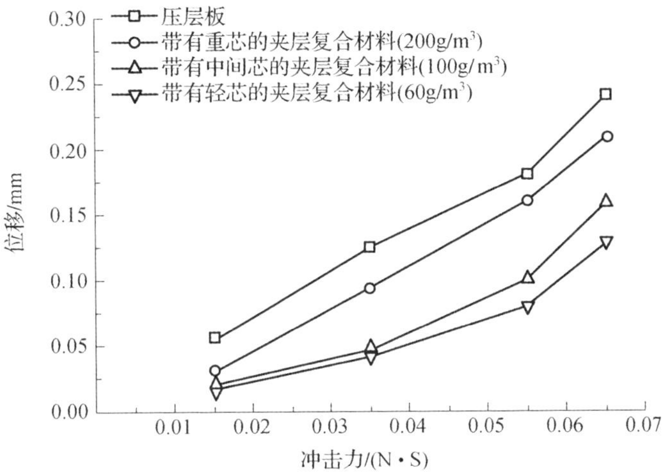

图 14.8 脉冲峰值压力对 3 种芯材密度（$60g/m^3$、$100g/m^3$ 和 $200g/m^3$）的夹芯复合材料中心点位移的影响。为了进行比较，还显示了一个单片式的层合板。该位移是归一化为面板长度的最大中心线位移。引自 *S. Avachat, M. Zhou, Effect of core density on deformation and failure in sandwich composites subjected to underwater impulsive loads, Int. J. Multiphys.* 6（2012）241 –265.

为了提高夹层材料的能量吸收，人们已经对各种类型的芯材进行了评估。Ribeiro 等[107-109]的研究表明，由热固性基质中的空心玻璃微球组成的合成泡沫对衰减冲击波非常有效。爆炸波前与空心颗粒的相互作用在改变冲击波速度和通过图 14.9 所示的机制降低波压方面起着重要作用。当冲击波在合成泡沫塑料中传播时，由于中空颗粒和聚合物基体的不同声阻抗，其能量被波的散射所消散，见图 14.9（a）。另外，颗粒在临界冲击波压力以上时，随着夹带的空气的释放而断裂，见图 14.9（b）。这种空气产生了一个背压，降低了冲击波的速度。中空颗粒的大小和体积分数在决定核心的冲击波衰减效率方面起着重要作用。用于海军船舶的夹芯复合材料通常有一个聚合物泡沫或轻木芯，而不是合成泡沫。Ribeiro 等的工作表明，尽管需要对有代表性的海军船舶材料和结构进行进一步研究，但合成泡沫可能是增加抗爆性的有效材料。

Christou 等[110]研究了夹芯复合材料的冲击波衰减性能，该复合材料采用乙烯腈泡沫填充固体玻璃或二氧化硅气凝胶颗粒。研究发现，玻璃珠（尺寸范围为 250~420μm）通过颗粒 – 泡沫界面的波散射有效衰减了爆炸压力。试验表明，穿过泡沫芯材的冲击波的峰值压力减少了约 65%，这导致夹芯复合材料的位移大幅减少，如图 14.10 所示。相比之下，二氧化硅气凝胶颗粒由于

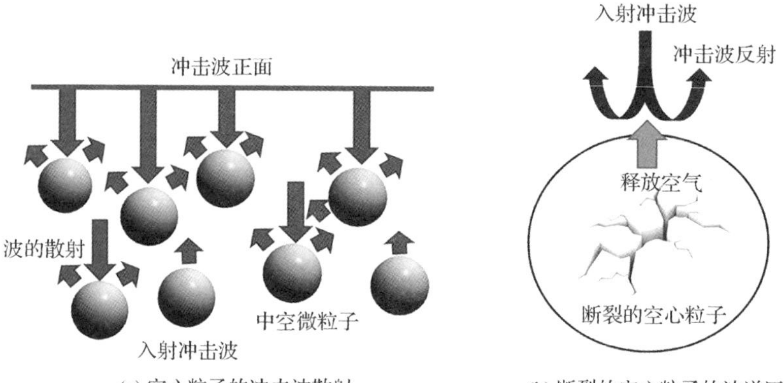

(a) 空心粒子的冲击波散射　　(b) 断裂的空心粒子的波逆压

图 14.9　用作夹芯复合材料核心材料的合成聚合物泡沫的爆炸衰减机制示意图

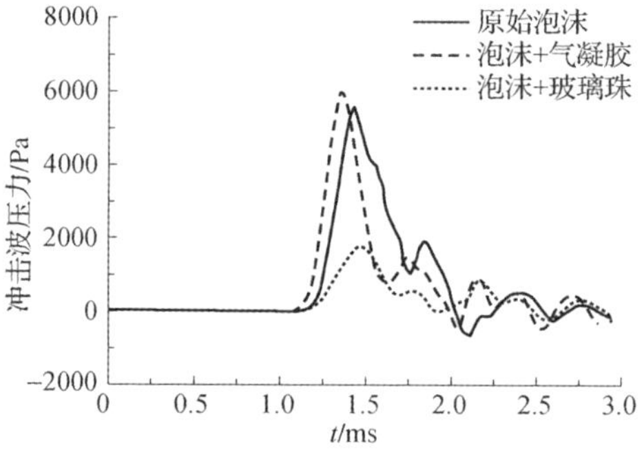

(a) 冲击波压力–时间曲线

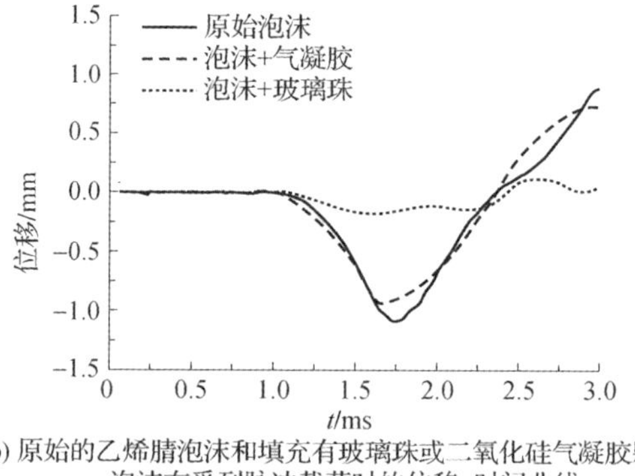

(b) 原始的乙烯腈泡沫和填充有玻璃珠或二氧化硅气凝胶颗粒的泡沫在受到脉冲载荷时的位移–时间曲线

图 14.10　（a）冲击波压力 – 时间曲线和（b）原始的乙烯腈泡沫和填充有玻璃珠或二氧化硅气凝胶颗粒的泡沫在受到脉冲载荷时的位移 – 时间曲线。引自 *G. A. Christou, L. R. Young, R. Goel, A. P. Vechart, A. Jerusalem, Shock attenuation of PMMA sandwich panels filled with soda – lime glass beads：a fluid – structure interaction continuum models simulation, Int. J. Impact Eng.* 47（2012）48 – 59.

尺寸较大（1~5mm），因此不能有效地减弱冲击波。只要颗粒在正确的尺寸范围和浓度内，具有与基体不同的声学阻抗特性的其他类型的填充材料也会在芯体内减弱冲击波，这是可行的。阶梯式分级聚合物泡沫是另一种提高核心材料爆炸能量吸收的方法。一些研究对夹芯复合材料的抗冲击性进行了研究，并对聚合物泡沫核心的厚度密度进行了分级（阶梯式）改变[111-113]。

泡沫核心的密度是分级的，以此增加各层之间的声学阻抗不匹配，从而反射和衰减冲击波，如图 14.11 所示。Wang 等[111]通过试验证明，与密度均匀的芯材相比，从前层到后层的泡沫密度以逐步增加的方式为芯材提供更高的能量吸收。冲击波在每个界面上都有部分反射，这减少了传给背部蒙皮的脉冲压力，从而减少了对夹芯复合材料的破坏。Gardner 等[112-113]表明，增加分级层的数量可以提高聚合物泡沫芯材的爆炸能量吸收能力。同时，增加分级泡沫层的数量会带来更多的波反射界面，从而增加爆炸的衰减。

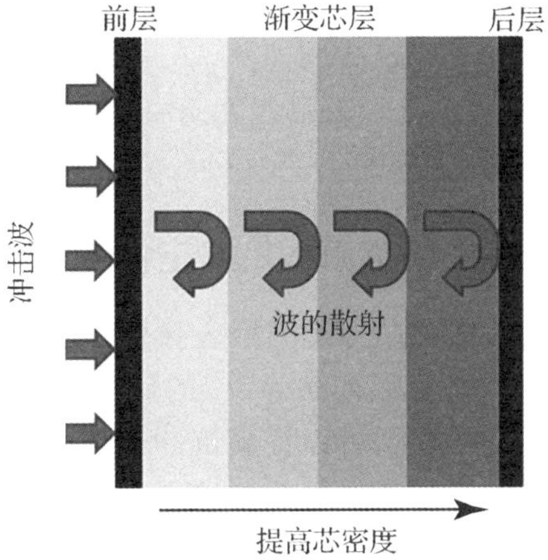

图 14.11　通过夹芯复合材料的分级核心来增加抗爆炸破坏能力的示意图
（磁芯密度从前表面到后表面增加，通过磁芯破碎和波的散射来衰减冲击波的能量）

图 14.12 显示了不同芯层数量的夹芯复合材料在承受爆炸载荷时，其后表面的最大平面应变。核心由一层、两层、三层或四层苯乙烯－丙烯腈泡沫组成，从前层到后层，每一层的密度都有所增加（图 14.11）。图 14.12 显示，1600μs 时的后表面应变随着芯子层数的增加而减少，具有两层、三层和四层的芯子的最大应变值分别减少 4%、8% 和 12.5%[113]。然而，在海军夹芯结构中使用分级泡沫芯材将对制造成本产生一定的影响，并可能由于芯材剪切刚度的可能降低而影响结构性能。

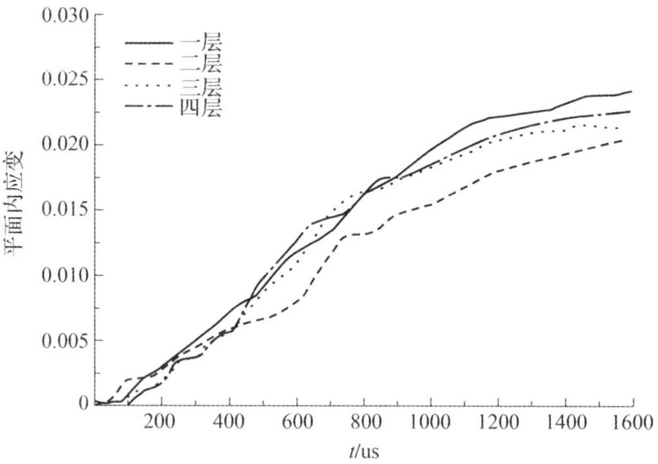

图 14.12 具有一层、两层、三层或四层分级芯层的夹芯复合材料在爆炸载荷下的平面内应变 – 时间曲线。引自 *N. Gardner, S. Gupta, E. Wang, A. Shukla,' Blast resporse of sandwich composite: effect of core grodation, pre – looding, and temperature, in: A Shukla et al (Fds), Blast Mitigation: Experimental and Numerical Studies, Springer Science + Business Media, New York, NY*, 2014, *pp.* 279 – 330.

14.4.2 用于提高复合材料夹芯板抗冲击性的能量吸收层

在夹芯复合材料的面层和芯层之间插入弹性体层是提高抗爆性的有效方法。Bahei – El – Din 等[114]和 Gardner 等[112]的研究表明，使用聚脲作为层合板面层和泡沫芯层之间的薄夹层可以提高抗冲击性。在后部表皮和芯材之间放置聚脲，通过动态刚度增加能量吸收，这就减少了夹芯复合材料的挠度和应变，反过来又减少了后部表皮的损坏量。例如，图 14.13 比较了夹芯复合材料的中心点表面位移，在芯材和背皮之间有无聚脲涂层[114]。夹芯复合材料由薄的碳纤维/环氧树脂面皮和 PVC 泡沫组成，聚脲涂层被插入核心和背皮之间。夹芯复合材料的前表面和后表面的位移在聚脲的作用下分别减少了 20% 和 10%，这表明了其卓越的抗冲击性。然而，在前皮和芯体之间存在聚脲的效果恰恰相反，它放大了爆炸波的破坏性效果。所有对弹性涂层和夹层的研究都局限于聚脲，当置于夹芯复合材料的后表面或附近时，它能有效减轻爆炸载荷的破坏性影响。其他具有类似于或优于聚脲的应变率硬化特性的弹性体还没有得到评估，这些弹性体可能会在缓解爆炸方面提供更大的改进。然而，弹性涂层或夹层增加了复合材料结构的重量和成本，并可能降低刚度和强度性能。

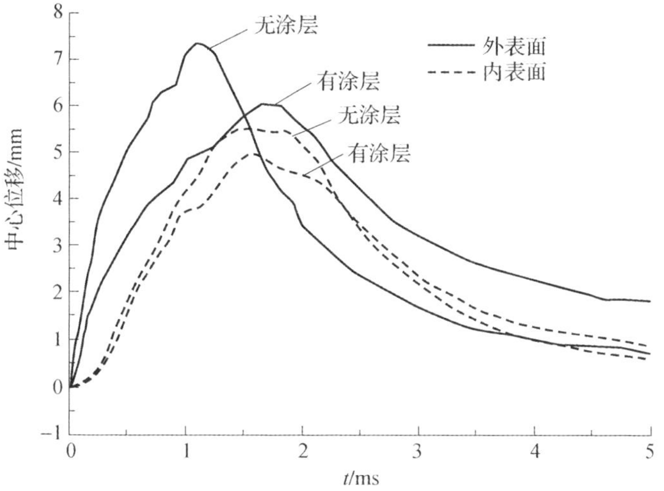

图 14.13　在受到脉冲载荷时，有和无聚脲涂层夹层的夹芯复合材料的前后表面位移的比较。引自 *Y. A. Bahei – El – Din*，*G. J. Dvorak*，*O. J. Fredricksen*，*A blast – tolerant sandnich plate design with a polyurea interlayer*，*Int. J. Solids Struct.* 43 （2006） 7644 – 7658.

14.4.3　优化面芯比提高夹芯复合材料的抗冲击性

最近有几项研究证明，夹芯复合材料的抗冲击性取决于面板与芯材的厚度比[31,33,37,60,62,128]。增加这个比率可以改善振动阻尼和能量吸收性能，并减少后层的动态变形。Langdon 等[62]报道指出，由于更大的弯曲刚度，增加芯材厚度可以使夹芯复合材料在爆炸载荷下的整体挠度最小。增加芯子的厚度也能通过芯子的挤压增加冲击波的能量耗散能力。然而，用于船舶结构的夹芯复合材料的设计和负载限制了可以使用的最大面芯厚度比。

14.4.4　提高夹芯复合材料抗冲击性的通厚加固法

如前所述，通过三维编织、黏合或 Z 形针刺引入的高强度纤维对夹芯复合材料进行通厚加固是提高局部抗爆性能的有效方法[94-97]。另外，黏合可以增加层合板的抗爆性能[103-104]。已经研究了用黏合线对夹芯复合材料进行穿透加固以提高抗爆炸破坏能力的问题，尽管研究结果与之前描述的黏合线层合板的情况不同。Tekalur 等[115]评估了由三维编织层合板面皮和黏合的聚合物泡沫核心组成的夹芯复合材料的爆炸响应。研究发现，黏合增加了对高压冲击波的损伤容忍度，高压冲击波会导致芯子的破碎。Tekalur 等发现，未黏合的夹芯复合材料的表皮和核心部分的动态挠度是独立发生的。通过黏合，由黏合产生的耦合作用使表皮和芯材同步变形，这就减少了挠度和损坏。然而，Guan 等[129]发现，黏合并不能有效地提高夹芯复合材料的抗爆炸破坏能力。Cuan 等对黏合的夹芯复合材料在不同的爆炸载荷条件下进行的有限元分析表明，大部分的脉冲能量被表皮和核心吸收，而黏合处只吸收了总冲击波能量的一小部分。这表明，黏合可能只在某些爆炸载荷条件下有效地改善夹芯复合材料的抗破坏性。然而，由于成本高、制造复杂，黏合不太可能是提高用夹芯复合材料制造的水面舰艇结构的抗爆性能的实用方法。

14.4.5 用于提高复合材料夹芯板抗冲击性的冲击吸收芯材

最近，Chen 和 Wang 提出了具有内部能量吸收器的芯层复合材料夹芯的概念[116-117]。嵌入核心部分的内部能量吸收器的夹层梁有可能大大减少冲击波能量向后层的传递。吸收器被配置为弹簧 - 质量 - 冲床系统，该系统具有质量和弹簧及冲床的并联，以及包含与冲床串联的额外弹簧的放松系统。然而，活性芯体吸收爆炸能量的功效还有待证明。

14.4.6 为提高夹芯复合材料的抗冲击性而进行的表皮到芯部的加固

表皮和芯材之间的界面破坏是承受爆炸载荷的夹芯复合材料的常见破坏模式。失败的原因是表皮和芯子之间的脱黏开裂，或由于芯子的挤压而导致分离。有几种方法可以提高面 - 芯界面的破坏强度，包括使用高强度的黏合剂黏合、钉接和机械联锁（剪切键）[118-119]。然而，这些技术对于提高夹芯复合材料的面 - 芯界面的抗爆炸破坏能力的功效还没有被研究过。

14.5 结　论

近年来，在提高层合板和夹芯复合材料对空中和水下爆炸的生存能力方面已经取得了实质性的进展。数值建模和小规模试验表明，许多材料解决方案有可能减轻爆炸冲击波的能量，减少复合材料在脉冲载荷下产生的挠度和应变，抵抗损伤的发生和蔓延，并保持较高的爆炸后力学性能。这些方法的一个关键考虑因素是，船舶结构的设计必须平衡成本、可制造性、功能、刚度、强度和其他设计参数与高抗爆性的要求，这些竞争性的要求并不总是兼容。一些材料的解决方案相对容易实施到当前的船舶设计实践中，如改进制造方法以增加纤维含量和消除层合板中的孔隙，逐步分级泡沫芯材密度，或在夹芯复合材料中使用合成泡沫。其他材料解决方案由于成本、制造的复杂性增加或结构性能的潜在降低而更难实施。此外，需要对大型船舶复合材料结构的方法进行更彻底的验证，以确保其在水面舰艇使用时的有效性。尽管本章所描述的材料解决方案存在局限性且评估不完整，但有几个方案为提高复合材料水面舰艇的抗爆性能提供了途径。

致　谢

感谢美国海军研究办公室（项目办公室 Y. Rajapakse 博士）的资金支持（N000141310603）。

参 考 文 献

[1] C.S. Smith, Design of Marine Structures in Composite Materials, CRC Press, 1990.
[2] A.P. Mouritz, E. Gellert, P. Burchill, K. Challis, Review of advanced composite structures for naval ships and submarines, Comp. Struct. 53 (2001) 21−42.
[3] G.N. Nurick, J.B. Martin, Deformation of thin plates subjected to impulsive loading—a review. Part-I: Theoretical considerations, Int. J. Impact Eng. 8 (1989) 159−169.
[4] G.N. Nurick, J.B. Martin, Deformation of thin plates subjected to impulsive loading—a review. Part-II: Experimental studies, Int. J. Impact Eng. 8 (1989) 171−186.
[5] R. Rajendran, J.M. Lee, Blast loaded plates, Marine Struct. 22 (2009) 99−127.
[6] J.E. Slater, Selection of a blast-resistant GRP composite panel design for naval ship structures, Marine Struct. 7 (1994) 417−440.
[7] D.J. Hall, Examination of the effects of underwater blasts on sandwich composite structures, Comp. Struct. 11 (1989) 101−120.
[8] J.N. Reddy, Geometrically nonlinear transient analysis of laminates composite plates, J. Am. Inst. Aeronaut. Astronaut. 21 (1983) 621−629.
[9] V. Birman, C.W. Bert, Behaviour of laminates plates subjected to conventional blast, Int. J. Impact Eng. 6 (1987) 145−155.
[10] L. Librescu, A. Nosier, Response of laminated composite flat panels to sonic boom and explosive blast loadings, J. Am. Inst. Aeronaut. Astronaut. 28 (1990) 345−352.
[11] R.W. McCoy, C.T. Sun, Fluid−structure interaction analysis of a thick-section composite cylinder subjected to underwater blast loading, Comp. Struct. 37 (1997) 45−55.
[12] H.S. Turkmen, Z. Mecitoglu, Nonlinear structural response of laminated composite plates subjected to blast loading, J. Am. Inst. Aeronaut. Astronaut. 37 (1999) 1639−1647.
[13] H.S. Turkmen, Z. Mecitoglu, Dynamic response of a stiffened laminated composite plate subjected to blast load, J. Sound Vib. 221 (1999) 371−389.
[14] K.Y. Lam, Z. Zong, Q.X. Wang, Dynamic response of a laminated pipeline on the seabed subjected to underwater shock, Comp. B Eng. 34 (2003) 59−66.

[15] X. Qiu, V.S. Deshpande, N.A. Fleck, Finite element analysis of the dynamic response of clamped sandwich beams subject to shock loading, Eur. J. Mech. A Solids 22 (2003) 801–814.
[16] N.A. Fleck, V.S. Deshpande, The resistance of clamped sandwich beams to shock loading, Transac. ASME J. Appl. Mech. 71 (2004) 386–401.
[17] L. Librescu, S.Y. Oh, J. Hohe, Linear and non-linear dynamic response of sandwich panels to blast loading, Comp. B Eng. 35 (2004) 673–683.
[18] G. McShane, D. Radford, V.S. Deshpande, N.A. Fleck, The response of clamped sandwich plates with lattice cores subjected to shock loadings, Eur. J. Mech. A Solids 25 (2006) 215–229.
[19] R.C. Batra, N.M. Hassan, Response of fiber reinforced composites to underwater explosive loads, Comp. B Eng. 38 (2007) 448–468.
[20] T. Hause, L. Librescu, Dynamic response of doubly-curved anisotropic sandwich panels impacted by blast loadings, Int. J. Solids Struct. 44 (2007) 6678–6700.
[21] G. McShane, V.S. Deshpande, N.A. Fleck, The underwater blast resistance of metallic sandwich beams with prismatic lattice cores, Transact. ASME J. Appl. Mech. 74 (2007) 352–364.
[22] R.C. Batra, N.M. Hassan, Blast resistance of unidirectional fiber reinforced composites, Comp. B Eng. 39 (2008) 513–536.
[23] L. Libresu, S. Na, Z. Qin, B. Lee, Active aeroelastic control of aircraft composite wings impacted by explosive blasts, J. Sound Vib. 318 (2008) 74–92.
[24] R. Li, G.A. Kardomateas, G.J. Simitses, Nonlinear response of shallow sandwich shell with compressible core to blast loading, J. Appl. Mech. 75 (2008), (Paper 061023).
[25] H.N.G. Wadley, K.P. Dharmasena, Y.C. Chen, P. Dudt, D. Knight, R. Chareet, Compressive response of multilayered pyramidal lattices during underwater shock loading, Int. J. Impact Eng. 35 (2008) 1102–1114.
[26] F. Zhu, L. Zhao, G. Lu, Z. Wang, Deformation and failure of blast-loaded metallic sandwich panels—experimental investigations, Int. J. Impact Eng. 35 (2008) 937–951.
[27] M.S.H. Fatt, L. Palla, Analytical modeling of composite sandwich panels under blast loads, J. Sandwich Struct. Mater. 11 (2009) 357–380.
[28] D. Karagiozova, G. Nurick, G. Langdon, Behaviour of sandwich panels subject to intense air blasts—Part 2: Numerical simulation, Comp. Struct. 91 (2009) 442–450.
[29] R. Li, G.A. Kardomateas, G.J. Simitses, Point-wise impulse (blast) response of a composite sandwich plate including core compressibility effects, Int. J. Solids Struct. 46 (2009) 2216–2223.
[30] J. LeBlanc, A. Shukla, Dynamic response and damage evolution in composite materials subjected to underwater explosive loading: an experimental and computational study, Comp. Struct. 92 (2010) 2421–2430.
[31] H. Arora, P.A. Hooper, J.P. Dear, Dynamic response of full-scale sandwich composite structures subject to air-blast loading, Comp. A Appl. Sci. Manufact., 42, 2011, pp. 1651–1662.
[32] A. Chen, H. Kim, R.J. Asaro, J. Bezares, Non-explosive simulated blast loading of balsa core sandwich composite beams, Comp. Struct. 93 (2011) 2768–2784.
[33] Z. Kazanci, Dynamic response of composite sandwich plates subjected to time-dependent pressure pulses, Int. J. Non-Linear Mech. 46 (2011) 807–817.
[34] F. Latourte, D. Gregoire, D. Zenkert, X. Wei, H.D. Espinosa, Failure mechanisms in composite panels subjected to underwater impulsive loads, J. Mech. Phys. Solids 59 (2011) 1623–1646.
[35] J. LeBlanc, A. Shukla, Dynamic response of curved composite panels to underwater explosive loading: experimental and computational comparison, Comp. Struct. 93 (2011) 3072–3081.

[36] A.K. Upadhyay, R. Pandey, K.K. Shukla, Nonlinear dynamic response of laminated composite plates subjected to pulse loading, Commun. Nonlinear Sci. Numeric. Simul. 16 (2011) 4530−4544.
[37] H. Arora, P.A. Hooper, P. Del Linz, H. Yang, S. Chen, J.P. Dear, Modelling the behavior of composite sandwich structures when subjected to air-blast loading, Int. J. Multiphys. 6 (2012) 199−218.
[38] Y. Gao, M.S.H. Fatt, Local facesheet pulse buckling in a curved, composite sandwich panel, Comp. Struct. 104 (2013) 249−260.
[39] S. Susler, H.S. Turkmen, Z. Kazanci, The nonlinear dynamic behavior of tapered laminated plates subjected to blast loading, Shock Vib. 19 (2012) 1235−1255.
[40] M.S.H. Fatt, J. Gao, D. Sirivolu, Foam-core, curved composite sandwich panels underwater blast, J. Sandwich Struct. Mater. 15 (2013) 261−291.
[41] C.N. Phan, G.A. Kardomateas, Y. Frostig, Blast response of a sandwich beam/wide plate based on the extended high-order sandwich panel theory and comparison with elasticity, J. Appl. Mech. 80 (2013) 061005.
[42] H.N.G. Wadley, T. Borvik, L. Olovsson, J.J. Wetzel, K.P. Dharmasena, O.S. Hopperstad, et al., Deformation and fracture of impulsively loaded sandwich panels, J. Mech. Phys. Solids 61 (2013) 674−699.
[43] X. Wei, P. Tran, A. de Vaucorbeil, R.B. Ramaswany, F. Latourte, H.D. Espinosa, Three-dimensional numerical modeling of composite panels subjects to underwater blast, J. Mech. Phys. Solids 61 (2013) 1319−1336.
[44] D. Balkan, Z. Metitoglu, Nonlinear dynamic behavior of viscoelastic sandwich composite plates under non-uniform blast load: theory and experiment, Int. J. Impact Eng. 72 (2014) 85−104.
[45] V.N. Burlayenko, T. Sadowski, Transient dynamic response of debonded sandwich plates predicted with finite element analysis, Meccanica 49 (2014) 2617−2633.
[46] H.A. Khawaja, M. Moatamedi, Multiphysics investigation of composite shell structures subject to water shock wave impact in petroleum industry, Mater. Sci. Forum 767 (2014) 60−67.
[47] D.B. Segala, P.V. Cavallaro, Numerical investigation of energy absorption mechanisms in unidirectional composites subjected to dynamic loading events, Comput. Mater. Sci. 81 (2014) 303−312.
[48] A. Schiffer, V.L. Tagarielli, The dynamic response of composite plates to underwater blast: theoretical and numerical modeling, Int. J. Impact Eng. 70 (2014) 1−13.
[49] A.P. Mouritz, D.S. Saunder, S. Buckley, The damage and failure of GRP laminates by underwater explosion shock loading, Composites 25 (1994) 431−437.
[50] A.P. Mouritz, The effect of underwater explosion shock loading on the fatigue behavior of GRP laminates, Composites 26 (1995) 3−9.
[51] A.P. Mouritz, The effect of underwater explosion shock loading on the flexural properties of GRP laminates, Int. J. Impact Eng. 18 (1996) 129−139.
[52] C.T. Dyka, R. Balaliance, Damage in marine composites caused by shock loading, Comp. Sci. Technol. 58 (1998) 1433−1442.
[53] J.L.R. Comtois, M.R. Edwards, M.C. Oakes, The effect of explosives on polymer matrix composite laminates, Comp. A Appl. Sci. Manufact. 30 (1999) 181−190.
[54] T. Franz, G.N. Nurick, M.J. Perry, Experimental investigation into the response of chopped-strand mat glassfiber laminates to blast loading, Int. J. Impact Eng. 27 (2002) 639−667.
[55] M.Y. Yahya, W.J. Cantwell, G.S. Langdon, G.N. Nurick, The blast behavior of fiber reinforced thermoplastic laminates, J. Comp. Mater. 42 (2008) 2275−2297.
[56] S.A. Tekalur, K. Shivakumar, A. Shukla, Mechanical behavior and damage evolution in E-glass vinyl ester and carbon composites subjected to static and blast loads, Comp. B Eng. 39 (2008) 57−65.

[57] F. Dolce, M. Meo, A. Wright, M. French, M. Bernabei, Structural response of laminated composite plates to blast load, Plastics Rubbers Comp. 39 (2010) 180–188.
[58] M. Jackson, A. Shukla, Performance of sandwich composites subjected to sequential impact and air blast loading, Comp. B Eng. 42 (2011) 155–166.
[59] S. Avachat, M. Zhou, Effect of core density on deformation and failure in sandwich composites subjected to underwater impulsive loads, Int. J. Multiphys. 6 (2012) 241–265.
[60] S. Avachat, M. Zhou, Effect of facesheet thickness on dynamic response of composite sandwich plates to underwater impulsive loading, Exp. Mech. 52 (2012) 82.
[61] F. Dolce, M. Meo, A. Wright, M. French, M. Bernabei, Hybrid S2/carbon epoxy composite armours under blast loads, Appl. Comp. Mater. 19 (2012) 349–362.
[62] G.S. Langdon, C.J. von Klemperer, B.K. Rowland, G.N. Nurick, The response of sandwich structures with composite face sheets and polymer foam cores to air-blast loading: preliminary experiments, Eng. Struct. 36 (2012) 104–112.
[63] S. Avachat, M. Zhou, Experimental analysis of dynamic deformation and damage in composite sandwich structures subjected to underwater impulsive loads, in: V. Chalivendra, et al. (Eds.), Dynamic Behavior of Materials, Society of Experimental Mechanics, 2013, pp. 275–286.
[64] P. Kumar, D.S. Stargel, A. Shukla, Effect of plate curvature on blast response of carbon composite panels, Comp. Struct. 99 (2013) 19–30.
[65] M.Y. Yahya, W.J. Cantwell, G.S. Langdon, G.N. Nurick, The blast resistance of woven carbon fiber-reinforced epoxy composite, J. Comp. Mater. 45 (2011) 789–801.
[66] R. Sriram, U.K. Vaidya, J.E. Kim, Blast impact response of aluminium foam sandwich composites, J. Mater. Sci. 41 (2006) 4023–4039.
[67] Y. Chi, G. Langdon, G. Nurick, The influence of core height and face plate thickness on the response of honeycomb sandwich panels subjected to blast loading, Mater. Design 31 (2010) 1887–1899.
[68] G.S. Langdon, G.N. Nurick, M.Y. Yahya, W.J. Cantwell, The response of honeycomb core sandwich panels, with aluminium and composite face sheets, to blast loading, J. Sandwich Struct. Mater. 12 (2010) 733–754.
[69] F. Zok, H. Rathburn, H. He, E. Ferri, C. Mercer, R. McMeeking, et al., Structural performance of metallic sandwich panels with square honeycomb cores, Phil Mag 85 (2005) 3207–3234.
[70] D.D. Radford, G.J. McShane, V.S. Deshpande, N.A. Fleck, The response of clamped sandwich plates with metallic foam cores to simulated blast loading, Int. J. Solids Struct 43 (2006) 2243–2259.
[71] F. Zhu, L. Zhao, G. Lu, E. Gad, A numerical simulation of the blast impact of square metallic sandwich panels, Int. J. Impact Eng. 36 (2009) 689–699.
[72] K. Dharmasena, D. Quenheillalt, H. Wadley, P. Dudt, Y. Chen, D. Knight, et al., Dynamic compression of metallic sandwich structures during planar impulsive loading in water, Eur. J. Mech. A Solids 29 (2010) 56–67.
[73] L. Jing, L. Wang, L. Zhao, Dynamic response of cylindrical sandwich shells with metallic foam cores under blast loading—numerical simulations, Comp. Struct. 99 (2013) 213–223.
[74] G.S. Langdon, W.J. Cantwell, Z.W. Guan, G.N. Nurick, The response of polymeric composite structures to air-blast loading: a state-of-the-art, Int. Mat. Rev. 59 (2014) 159–177.
[75] M. Porfiri, N. Gupta, A review of research on impulsive loading of marine composites, in: I.M. Daniel (Ed.), Major Accomplishments in Composite Materials and Sandwich Structures: An Anthology of ONR Sponsored Research, Springer Science + Business Media BV, 2009, pp. 169–194.

[76] X. Pan, M.M.S. Cheung, Improving blast resistance of highway bridge by using FRP, Proceedings of the 19th International Conference on Composite Materials, 28 July–2 August 2013, Montreal, Canada, pp. 1569–1576.
[77] W. Van Papegem, S. Palanivelu, J. Degrieck, J. Vantomme, B. Reymen, D. Kakagiannis, et al., Blast performance of a sacrificial cladding with composite tubes for protection of civil engineering structures, Composite B. 65 (2014) 131–146.
[78] M.N. Ghasemi Nejhad, A. Parvizi-Majidi, Impact behaviour and damage tolerance of woven carbon fiber-reinforced thermoplastic composites, Composites 21 (1990) 155–168.
[79] W.J. Cantwell, J. Morton, The impact resistance of composite materials—a review, Composites 22 (1991) 347–362.
[80] J.K. Kim, D.B. MacKay, Y.-W. Mai, Drop-weight impact damage tolerance of CFRP with rubber-modified epoxy matrix, Composites 24 (1993) 485–494.
[81] R. Bagheri, B.T. Marouf, R.A. Pearson, Rubber-toughened epoxies: a critical review, Poly. Rev. 49 (2009) 201–225.
[82] K. Iqdul, S.U. Khan, A. Munir, J.K. Kim, Impact damage resistance of CFRP with nanoclay filled epoxy matrix, Comp. Sci. Tech. 69 (2009) 1949–1957.
[83] L. Sun, R.F. Gibson, F. Gordaninejad, J. Suhr, Energy absorption capability of nanocomposites: a review, Comp. Sci. Tech. 69 (2009) 2392–2409.
[84] S. Denneulin, P. Voit, F. Leonardi, J.L. Lataillade, The influence of acrylate triblock copolymer embedded in matrix on composite structures' responses to low-velocity impacts, Comp. Struct. 94 (2012) 1471–1481.
[85] J.E. Master, Improved impact and delamination resistance through interleafing, Key Eng. Mat. 37 (1989) 317–347.
[86] A. Duarte, I. Herszberg, R. Paton, Impact resistance and tolerance of interleaved tape laminates, Comp. Struct. 47 (1999) 753–758.
[87] K. Dransfield, C. Baillie, Y.-W. Mai, Improving the delamination resistance of CFRP by stitching—a review, Comp. Sci. Tech. 50 (1994) 305–317.
[88] A.E. Bogdanovich, A.H. Mohammed, Three-dimensional reinforcements for composites, SAMPE J. 45 (2009) 8–28.
[89] A.P. Mouritz, Review of z-pinned composite laminates, Composite A 38 (2007) 2383–2397.
[90] F. Xia, X.Q. Wu, Work on impact properties of foam sandwich composites with different structures, J. Sand. Struct. Mat. 12 (2010) 47–62.
[91] N. Gupta, R. Maharsia, Enhancement of energy absorption in syntactic foams by nanoclay incorporation for sandwich core applications, App. Comp. Mat. 12 (2005) 247–261.
[92] A.F. Avila, M.G.R. Carvalho, E.C. Dias, D.T.L. da Cruz, Nano-structured sandwich composites response to low-velocity impact, Comp. Struct. 92 (2010) 745–751.
[93] E. Etemadi, A. Afaghi Khatibi, M. Takaffoli, 3D finite element simulation of sandwich panels with a functionally graded core subjected to low velocity impact, Comp. Struct. 89 (2009) 28–34.
[94] U.K. Vaidya, M.V. Kamath, M.V. Hosur, H. Mahfus, S. Jeelani, Low-velocity impact response of cross-ply laminated sandwich composites with hollow and foam-filled z-pin reinforced core, J. Comp. Tech. Res. 21 (1999) 84–97.
[95] A.N. Palazotto, L.N.B. Gummadi, U.K. Vaidya, E.J. Herup, Low velocity impact damage characteristics of z-fiber reinforced sandwich panels—an experimental study, Comp. Struct. 43 (1999) 275–288.
[96] F. Xia, X.-Q. Wu, Study on impact properties of through-thickness stitched foam sandwich composites, Comp. Struct. 92 (2010) 412–421.

[97] A. Nanayakkara, S. Feih, A.P. Mouritz, Experimental impact damage study of a z-pinned foam core sandwich composite, J. Sand. Struct. Mat. 14 (2012) 469–486.

[98] S. Basturk, H. Uyanik, Z. Kazanci, An analytical model for predicting the deflection of laminated basalt composite plates under dynamic loads, Comp. Struct. 116 (2014) 273–285.

[99] Y.W. Kwon, E.M. Priest, J.H. Gordis, Investigation of vibrational characteristics of composite beams with fluid–structure interaction, Comp. Struct. 105 (2013) 269–278.

[100] A.P. Mouritz, The effect of processing on the underwater explosion shock behavior of GRP laminates, J. Comp. Mat. 29 (1995) 2488–2503.

[101] M. Hebert, C.-E. Rousseau, A. Shukla, Shock loading and drop weight impact response of glass reinforced polymer composites, Comp. Struct. 84 (2008) 199–208.

[102] P. Tran, T.D. Ngo, P. Mendis, Bio-inspired composite structures subjected to underwater impulsive loading, Comp. Mat. Sci. 82 (2014) 134–139.

[103] A.P. Mouritz, The damage to stitched GRP laminates by underwater explosion shock loading, Comp. Sci. Tech. 55 (1995) 365–374.

[104] A.P. Mouritz, Ballistic impact and explosive blast resistance of stitched composites, Composite B. 32 (2001) 431–439.

[105] J. LeBlanc, A. Shukla. Response of polyurea-coated flat composite plates to underwater explosive loading. J. Comp. Mat. 2015; 49:965-980.

[106] R. Ghoshal, N. Mitra, On core compressibility of sandwich composite panels subjected to intense underwater shock loads, J. App. Phys. (2014) 115, (Paper 024905).

[107] J. Ribeiro, I. Plaskin, J. Campos, R. Mendes, J. Gois, Process of shock attenuation inside a hollow glass microsphere composite media, AIR Conf. Proc. 505 (2000) 59–562.

[108] J. Ribeiro, J. Campos, I. Plaskin, R. Mendes, J. Gois, Wide range shock wave data for polyester syntactic foam, J. Phys. IV Franc. 110 (2003) 785–791.

[109] J. Ribeiro, J. Campos, I. Plaskin, R. Mendes, J. Gois, Asymmetric collapse and microjetting in shock wave propagation in porous materials, J. Phys. IV Franc. 110 (2003) 887–893.

[110] G.A. Christou, L.R. Young, R. Goel, A.P. Vechart, A. Jerusalem, Shock attenuation of PMMA sandwich panels filled with soda-lime glass beads: a fluid–structure interaction continuum model simulation, Int. J. Impact Eng. 47 (2012) 48–59.

[111] E. Wang, N. Gardner, A. Shukla, The blast resistance of sandwich composites with stepwise graded cores, Int. J. Solids Struct. 46 (2009) 3492–3502.

[112] N. Gardner, E. Wang, A. Shukla, Performance of functionally graded sandwich composite beams under shock wave loading, Comp. Struct. 94 (2012) 1755–1770.

[113] N. Gardner, S. Gupta, E. Wang, A. Shukla, Blast response of sandwich composites: Effect of core gradation, pre-loading, and temperature, in: A. Shukla, et al. (Eds.), Blast Mitigation: Experimental and Numerical Studies, Springer Science + Business Media, New York, NY, 2014, pp. 279–330.

[114] Y.A. Bahei-El-Din, G.J. Dvorak, O.J. Fredricksen, A blast-tolerant sandwich plate design with a polyurea interlayer, Int. J. Solids Struct. 43 (2006) 7644–7658.

[115] S.A. Tekalur, A. Shukla, K. Shivakumar, Blast resistance of polyurea based layered composite materials, Comp. Struct. 84 (2008) 271–281.

[116] J.S. Chen, R.T. Wang, Wave propagation and power flow analysis of sandwich structures with internal absorbers, J. Vib. Acoust. (2014) 136, (Paper 041003).

[117] J.S. Chen, R.T. Wang, Wave propagation and power flow analysis of sandwich structures with internal absorbers, J. Vib. Acoust. (2014) 136, (Paper 041003).

[118] A. Mostafa, K. Shankar, E.V. Morozov, In-plane shear behavior of composite sandwich panel incorporated with shear keys methodology at different orientations: finite element study, J. Comp. Mat. 48 (2014) 2945–2959.
[119] N. Mitra, A methodology for improving shear performance of marine grade sandwich composites: sandwich composite panel with shear key, Comp. Struct. 92 (2010) 1065–1072.
[120] L.A. Louca, A.S. Fallah, The use of composites in blast-resistant walls, in: N. Uddin (Ed.), Blast Protection of Civil Infrastructure and Vehicles Using Composites, Woodhead Publishing Ltd, Cambridge, 2010, pp. 298–340.
[121] A.P. Mouritz, B.N. Cox, A mechanistic approach to the properties of stitched laminates, Composites A 31 (2000) 1–27.
[122] A.P. Mouritz, B.N. Cox, A mechanistic interpretation of the comparative in-plane mechanical properties of 3D woven, stitched, and pinned composites, Composites A 41 (2010) 709–728.
[123] M.O. Critchfield, T.D. Judy, A.D. Kurzweil, Low-cost design and fabrication of composite ship structures, Marine Struct. 7 (1994) 475–494.
[124] L. Nguyen, T. Juska, J. Mayes, Evaluation of low cost manufacturing technologies for large scale composite ship structures, Proceedings of the 38th Structures, Structural Dynamics, and Materials Conference, Kissimmee, FL, 1997.
[125] J. Summerscales, T.J. Searle, Low-pressure (vacuum infusion) techniques for moulding large composite structures, Proc. Inst. Mech. Eng. Part L J. Mat. Design App. 219 (2005) 45–58.
[126] M.R. Amimi, J.B. Isaacs, S. Nemat-Masser, Experimental investigation of response of monolithic and bilayer plates to impulsive loads, Int. J. Impact Eng. 37 (2010) 82–89.
[127] M.R. Amimi, J. Simon, S. Nemat-Masser, Numerical modeling of effect of polyurea on response of steel plates to impulsive loads in direct pressure-pulse experiments, Mech. Mat. 42 (2010) 615–627.
[128] D. Balkan, Z. Metitoglu, Nonlinear dynamic behavior of viscoelastic sandwich composite plates under non-uniform blast load: theory and experiment, Int. J. Impact Eng 72 (2014) 85–104.
[129] Z. Guan, A. Aktas, P. Potluri, W.J. Cantwell, G. Langdon, G.N. Nurick, The blast resistance of stitched sandwich panels, Int. J. Impact Eng. 65 (2014) 137–145.

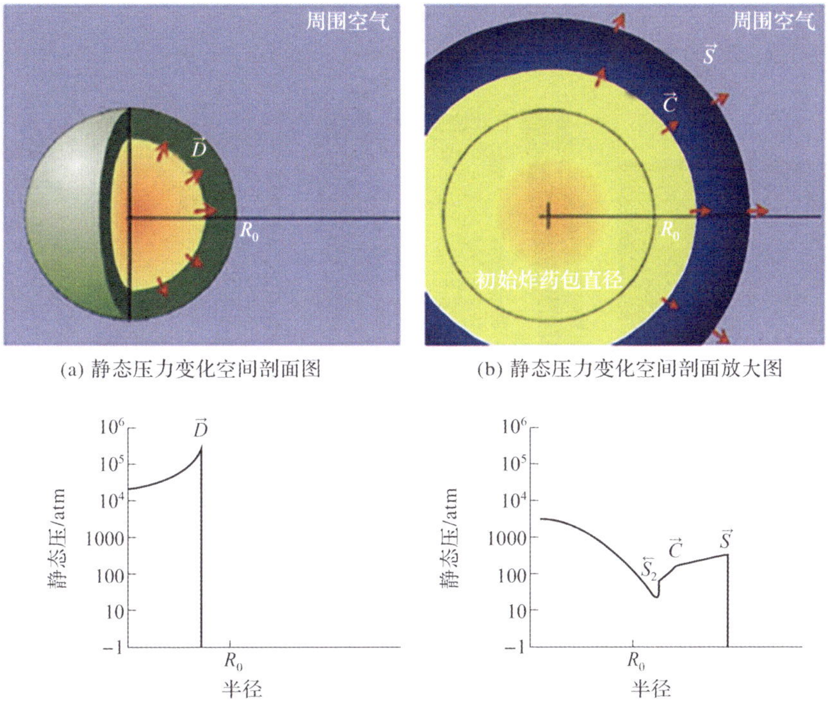

(a) 静态压力变化空间剖面图　(b) 静态压力变化空间剖面放大图

(c) 静态压力变化图　(d) 压力变化图

图 1.1　裸装球状高爆炸药在中心引爆后的冲击波流形成示意图

$\vec{D}$：引爆前沿；$\vec{S}$：空气冲击波；$\vec{C}$：火球接触表面；$\overleftarrow{S}_2$：“内嵌”的向后冲击波；→：向外；←：向内。

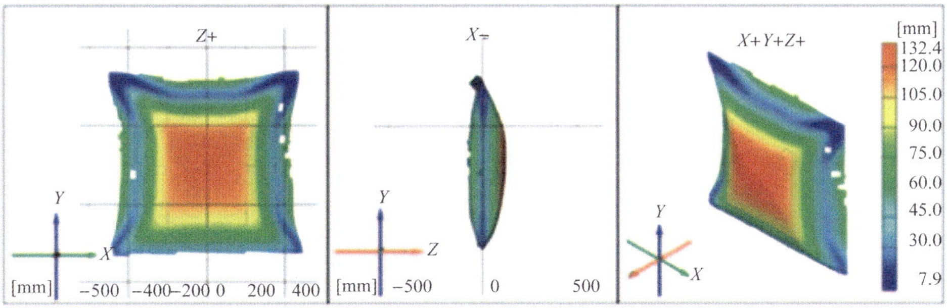

图 2.5　爆炸 5ms 后，*Z* 轴（左）、*X* 轴（中）、
等轴（右）的 DIC 方向视图（最大变形）

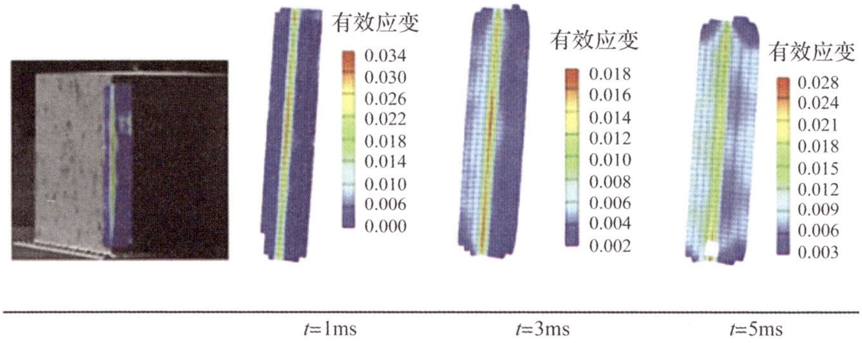

图 2.6　1ms、3ms、5ms 时，爆炸影响下容器焊缝的叠加应变场边视图与焊缝应变的 DIC

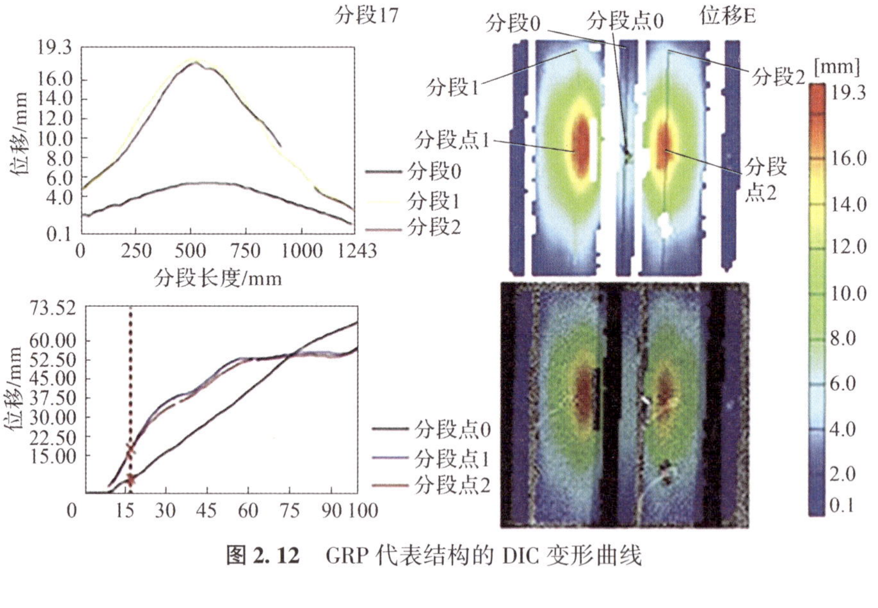

图 2.12　GRP 代表结构的 DIC 变形曲线

图 2.13　重量级鱼雷对前澳大利亚皇家海军舰艇 Torrens 号造成的灾难性船体损坏（图片由 RAN 友情提供）

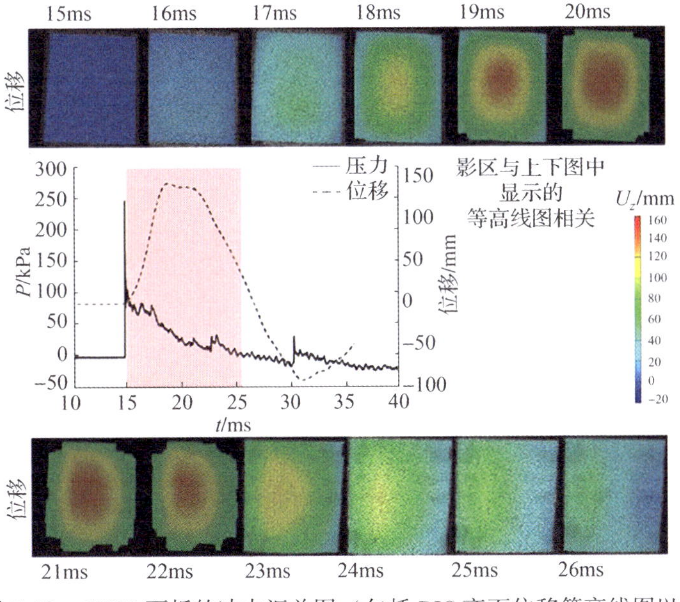

图 7.13　GFRP 面板的冲击汇总图（包括 DIC 离面位移等高线图以及使用 DIC 中心点测量值的压力－时间和位移－时间图）。DIC 分析对应于图中突出显示的区域

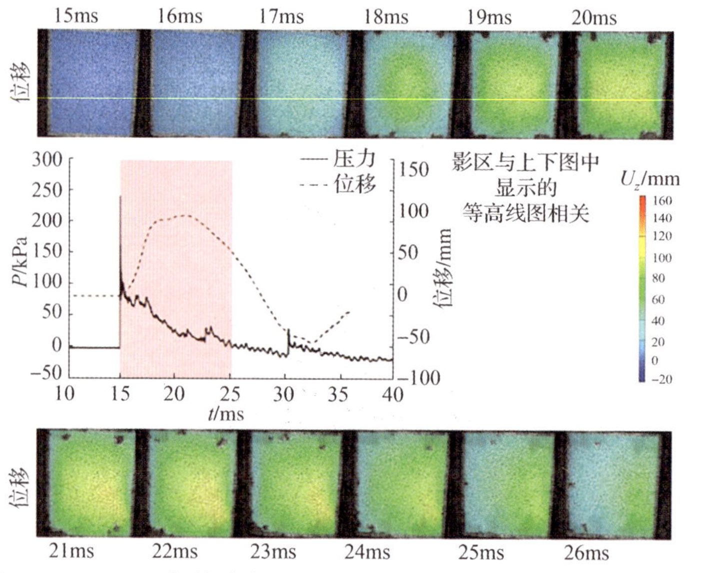

图 7.14 CFRP 面板的冲击汇总图（包括 DIC 离面位移等高线图以及使用 DIC 中心点测量值的压力－时间和位移－时间图）。DIC 分析对应于图中突出显示的区域

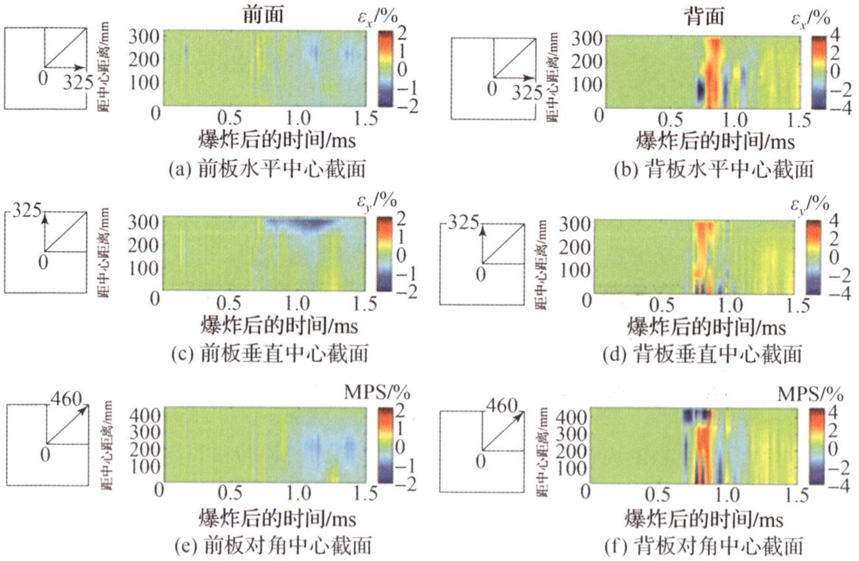

图 7.22 单芯 GFRP 夹芯板截面应变随时间变化图

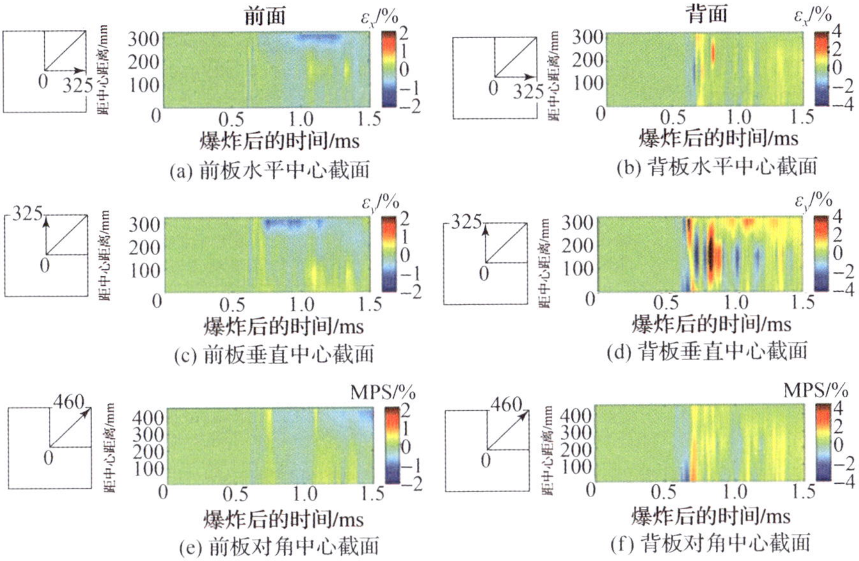

图 7.24　变芯 GFRP 夹芯板截面应变随时间变化图

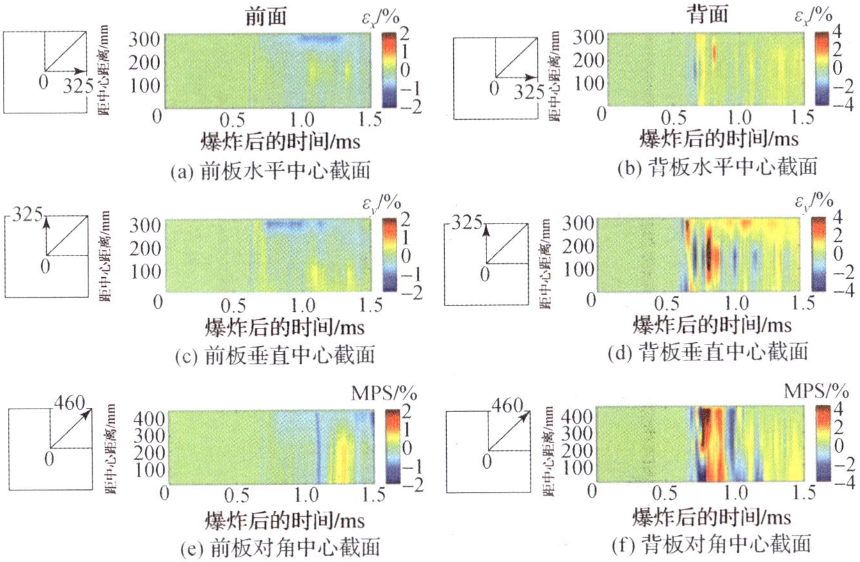

图 7.26　单芯 CFRP 夹芯板的应变随时间变化图

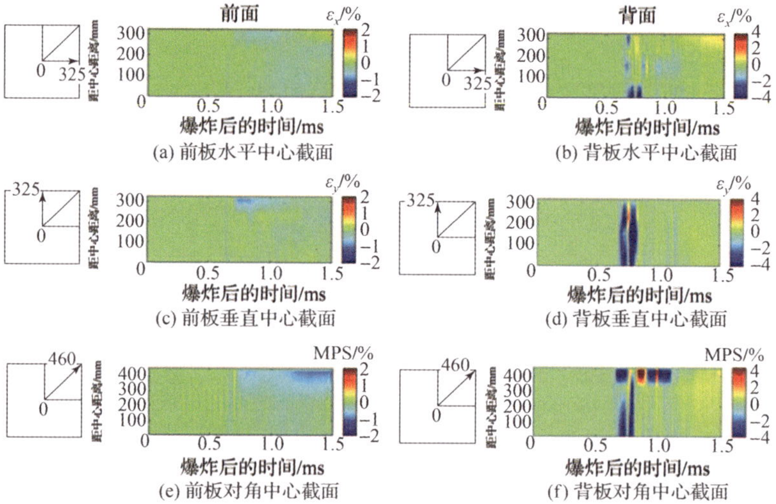

图 7.28 变芯 CFRP 夹芯板的应变随时间变化图

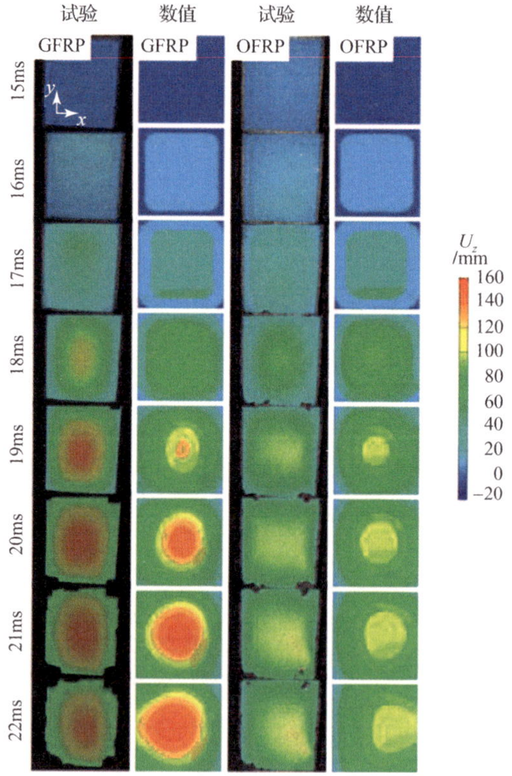

图 7.31 A 组 GFRP 面板和 CFRP 板通过试验和有限元（数值）分析得到的离面位移等高线图

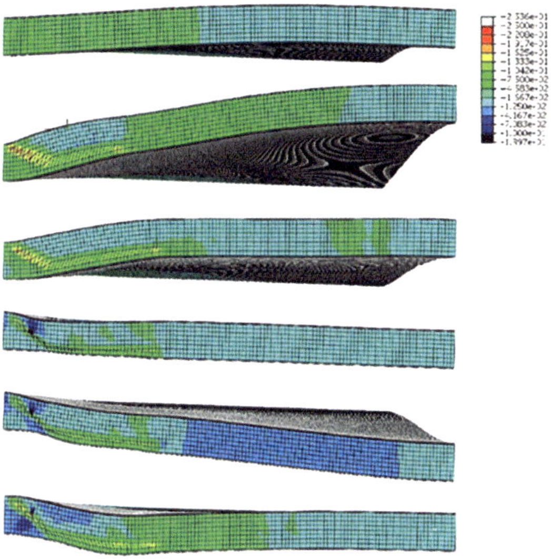

图 7.32 芯部开裂损伤模式下单芯 GFRP（B 组）
1/4 面板变形数值模拟顺序

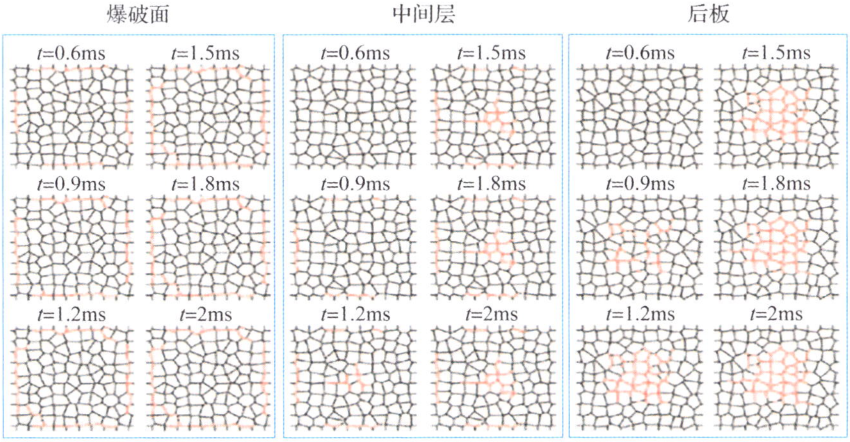

图 8.9 复合材料基准模型三个典型层中沃罗诺伊层合板之间内聚结合中裂纹扩展模式的快照图。连续的黑线表示完整的黏性单元，红色突显单元表示完全损坏的内聚结合

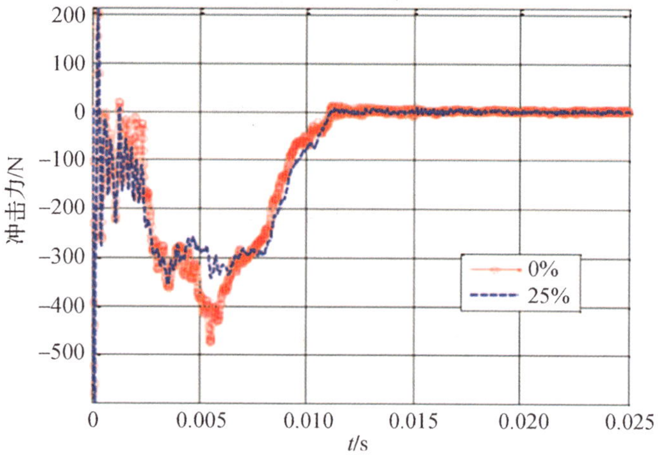

图 12.8　45°落角冲击情况下进行试验的冲击力－时程图（低注水量）

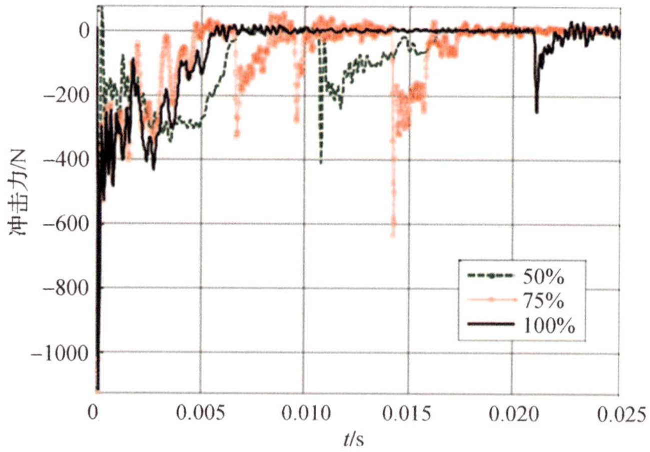

图 12.9　45°落角冲击情况下进行试验的冲击力－时程图（高注水量）

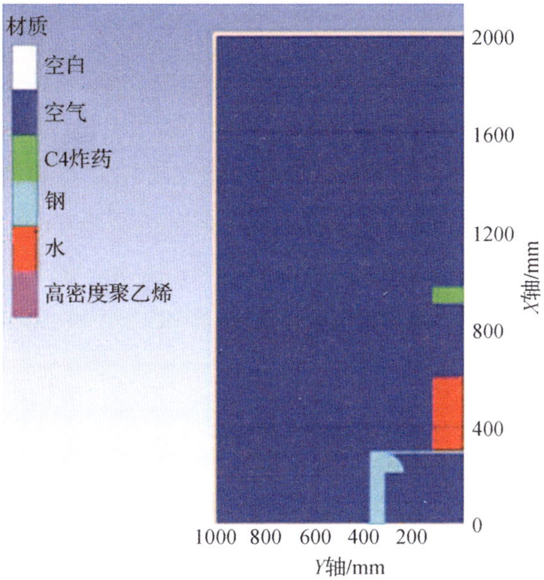

图 13.5 用于可变形靶板模拟的数值模拟模型，此处使用的注水容器尺寸为 245mm × 245mm × 300mm（边缘的橙色区域突出了模拟中使用的流出边界条件[10]）